"十四五"时期国家重点出版物出版专项规划项目
食品科学前沿研究丛书

油脂生物科学与技术

刘元法　徐勇将　陈　坚　主编

科学出版社
北　京

内 容 简 介

本书以未来健康油脂发展趋势和需求为核心，聚焦油脂生物科技创新和发展，分别从油脂生物科学基础、单细胞油脂技术、油料的生物解离制油技术、油脂的生物精炼技术、结构脂生物合成技术及油脂安全检测技术与质量控制六个方面，系统全面地介绍了生物科学技术在油脂生产制造和质量控制领域的应用，为推动我国食用油脂高质量的发展提供理论与技术支撑。

本书可作为高等学校食品、生物及相关本科专业参考书，同时也可供相关行业的科学研究与工程技术人员参考。

图书在版编目（CIP）数据

油脂生物科学与技术 / 刘元法，徐勇将，陈坚主编. —北京：科学出版社，2023.6

（食品科学前沿研究丛书）

"十四五"时期国家重点出版物出版专项规划项目

ISBN 978-7-03-075549-0

Ⅰ. ①油⋯　Ⅱ. ①刘⋯　②徐⋯　③陈⋯　Ⅲ. ①油脂制备–生产工艺　Ⅳ. ①TS225

中国国家版本馆 CIP 数据核字（2023）第 086207 号

责任编辑：贾　超　孙　曼/责任校对：杨　赛
责任印制：肖　兴/封面设计：东方人华

科 学 出 版 社 出版

北京东黄城根北街 16 号
邮政编码：100717
http://www.sciencep.com

北京九天鸿程印刷有限责任公司 印刷
科学出版社发行　各地新华书店经销
*
2023 年 6 月第 一 版　开本：720×1000　1/16
2023 年 6 月第一次印刷　印张：19　1/2
字数：400 000

定价：160.00 元
（如有印装质量问题，我社负责调换）

丛书编委会

总主编：陈　卫

副主编：路福平

编　委（以姓名汉语拼音为序）：

陈建设　　江　凌　　江连洲　　姜毓君

焦中高　　励建荣　　林　智　　林亲录

刘　龙　　刘慧琳　　刘元法　　卢立新

卢向阳　　木泰华　　聂少平　　牛兴和

汪少芸　　王　静　　王　强　　王书军

文晓巍　　乌日娜　　武爱波　　许文涛

曾新安　　张和平　　郑福平

本书编委会

主　　编：刘元法　徐勇将　陈　坚

副主编：谢云飞　刘延峰　郑召君

编　　委（以姓名汉语拼音为序）：

陈　坚　陈洪建　李　波　李　杨

李晓丹　刘延峰　刘元法　孟祥河

孙尚德　汪　勇　谢云飞　徐勇将

叶　展　张伟敏　郑召君

前　　言

油脂工业是粮油食品工业的重要组成部分，在国民经济建设中具有重要的作用和地位，油脂工业技术是涉及物理、化学、生物等多学科的工程技术，采用一系列科学手段，实现油料的预处理、油脂制取、精炼和深加工，满足食品工业需求。传统油脂加工技术存在能耗、水耗及排放高、资源利用率低、产品功能性差等诸多问题，与"双碳"目标严重背离，也是"健康中国"建设中的主要阻碍。生物科学与技术是指利用生物体（如动物、植物及微生物）来生产有用的物质或改良生物特性，以降低成本及创新物种的科学技术。近年来，随着生物相关工程科技的飞速发展，生物科学与技术在粮油食品领域中得到广泛应用，尤其是生物酶技术。相比于传统的油脂加工技术，生物技术普遍存在绿色低碳、提质高效、柔性适度等优势，对于生产高品质营养食用油脂产品，降低加工能耗具有重要的现实意义。

本书系统地论述了生物科学与技术在油脂工业中的相关研究与应用，围绕油脂生物科学基础、单细胞油脂制造、油料生物解离制油、油脂生物精炼、结构脂生物合成以及油脂安全检测与质量控制进行总结和探讨。第 1 章主要从油脂分子生物学、油脂系统生物学和油脂合成生物学三个方面概述了油脂生物科学基础。第 2 章介绍了单细胞油脂技术，包括产油单细胞种类、单细胞油脂发酵技术、单细胞油脂的提取与精炼。第 3～5 章分别介绍了油料的生物解离制油技术、油脂的生物精炼技术和结构脂的生物合成技术，从油脂制取、精炼和功能性脂质生产方面总结了生物科学与技术的研究与应用状况。鉴于油脂安全的重要性，第 6 章总结了生物科学与技术在保障油脂安全方面的应用情况，侧重于油脂的检测技术与油脂质量控制。

本书是多位教师合作的成果，陈坚院士负责全书整体框架设计与文稿审定。第 1 章由徐勇将编写，第 2 章由刘延峰编写，第 3 章由刘元法编写，第 4 章由叶展编写，第 5 章由郑召君编写，第 6 章由谢云飞编写。全书由刘元法、徐勇将、陈坚统稿。

　　为了使广大读者更系统全面地了解生物科学与技术在食用油脂方面的应用，特组织江南大学食品学院油脂与植物蛋白研究中心、食品安全与质量控制中心及江南大学生物工程学院油脂加工、检测与生物技术相关专家编写本书，旨在使读者洞悉生物科学与技术在油脂工业的研究与应用情况，为促进油料油脂绿色制造，倡导健康营养油脂生产提供参考。

　　由于编者水平有限，书中不妥之处在所难免，恳请专家、读者批评指正，以便不断进行改进和完善。

2023 年 6 月

目　　录

第1章　油脂生物科学基础

生物技术是一门涉及多领域的高新技术，它在解决疾病、食品、能源等重大问题上发挥了重要作用。生物技术的迅猛发展将为人们面临的各种重大问题提供更具前景的解决方案。在油脂相关领域，特别是油脂的高效合成、制备和应用方面，生物技术发挥了重要作用。

1.1　油脂分子生物学

分子生物学是从分子水平研究生物成分的结构与功能，从而阐明生命现象本质的科学，是当代生物科学的重要分支。

1.1.1　油脂类型及来源

动植物都含有油脂和类脂，它们统称为脂类。油脂从化学成分上讲，是由 1 分子甘油与 3 分子脂肪酸通过酯键相结合而成的三酰甘油（又称甘油三酯，TAG）。油脂是大多数生物中储存能量和供给能量的主要形式。类脂是构造或理化性质类似油脂的物质，主要包括磷脂、糖脂、蜡和甾族化合物。类脂是生物膜的主要组成成分，起着维持细胞的完整、区隔细胞内部不同结构的功能。脂类化合物的共同特征是：难溶于水而易溶于乙醚、氯仿、丙酮、苯等有机溶剂，能被生物体所利用，构成生物体的重要成分。

油脂主要分为植物油脂和动物油脂。

植物油脂主要来自一年生植物，如大豆、玉米、花生、菜籽和棉籽等；或者一些多年生的油料，如棕榈、橄榄和椰子。植物种子组织中的油脂聚集在直径约为 1.0 μm 的油脂体中。

动物油脂的来源为陆地动物和海洋动物。陆地动物油脂一般指乳脂和畜禽加工副产品炼制而来的油脂，如猪油、牛油、羊脂、家禽油等；海洋动物油脂一般来源于一些海洋哺乳动物（如鲸类）以及鱼类。动物的种类、品种以及成熟度都会影响动物油脂的品质。

除植物油脂和动物油脂外，微生物油脂越来越受到人们的广泛关注。微生物油脂是由酵母、霉菌、细菌和藻类等微生物在一定的条件下利用碳水化合物、普通油脂或一些碳氢化合物作为碳源、氮源从而合成的油脂，具有一定的商业价值。

1.1.2 植物油脂分子生物学

1. 植物油脂合成过程

植物种子中油脂的合成大致可以分为三个阶段：第一阶段是在质体中合成脂肪酸，第二阶段是在内质网中合成三酰甘油，第三阶段是生成的三酰甘油与油体蛋白结合形成油体的微粒体结构[1]。

第一阶段，脂肪酸的合成主要由脂肪酸合酶复合体催化进行。在种子的发育过程中，蔗糖作为合成脂肪酸的主要碳源，由蔗糖转运酶从光合作用器官转运到种子细胞中。蔗糖通过糖酵解途径生成己糖，并氧化成脂肪酸合成的前体物，即乙酰辅酶 A（CoA）。乙酰辅酶 A 经过乙酰辅酶 A 羧化酶羧化生成丙二酰辅酶 A，后者与酰基载体蛋白（acyl carrier protein，ACP）结合，生成丙二酰-酰基载体蛋白，并作为脂肪酸延长过程中碳链的供体，这个过程由丙二酰辅酶 A 酰基载体蛋白转移酶催化。随后，在脂肪酸合酶复合体的作用下，1 分子乙酰辅酶 A 与多分子丙二酰辅酶 A 经过缩合、羰基还原、脱水、再次还原等一列反应形成增加两个碳原子的酰基载体蛋白，再经过多次循环，生成含 12~18 个碳的脂肪酸。

第二阶段，生成的脂肪酸在内质网中形成三酰甘油。三酰甘油的合成前体是脂酰辅酶 A 和甘油-3-磷酸。脂酰辅酶 A 来自脂肪酸的活化，该步骤由单酰甘油（又称甘油单酯）酰基转移酶催化完成。甘油-3-磷酸和脂酰辅酶 A 在甘油-3-磷酸酰基转移酶作用下，形成 1-单酰甘油-3-磷酸；随后在溶血磷脂酸酰基转移酶作用下被进一步酰基化形成 1,2-二酰基甘油磷脂（磷脂酸)。磷脂酸在磷脂酸磷酸化酶作用下除去磷酸基，形成二酰甘油（又称甘油二酯，DAG）；最后在二酰甘油酰基转移酶作用下与另一分子脂酰辅酶 A 反应形成三酰甘油。三酰甘油所含的三个脂肪酸可以是相同的或不同的，可为饱和脂肪酸或不饱和脂肪酸。

第三阶段，合成的三酰甘油与油体蛋白结合形成油体。油料作物常见的油体蛋白有四种：Cruciferin、Napin、Caleosin 和 Oleosin。Cruciferin 又称为芸薹素，是一种高分子量的 12S 中性蛋白分子，由 6 个亚基组成。Napin 是一种低分子量的 1.7S 蛋白，由两个以二硫键连接的多肽链组成。Caleosin 是一种结合有 Ca^{2+} 的油体表面结合蛋白，在油体膜结构的改变和油体之间的相互作用中起重要作用。Oleosin 在三酰甘油积累的过程中附着在油体上，起稳定油体结构的作用。

2．脂肪酸合成

按照脂肪酸合成过程的先后顺序，植物中脂肪酸合成主要涉及乙酰辅酶 A 羧化酶和脂肪酸合酶。

1）乙酰辅酶 A 羧化酶

植物的乙酰辅酶 A 羧化酶催化乙酰辅酶 A 羧化生成丙二酰辅酶 A，是种子中脂肪酸合成的关键调控步骤，也是脂肪酸合成过程中的重要限速步骤，是脂肪酸合成反馈调节的作用位点[2]。乙酰辅酶 A 羧化酶存在于胞液中，其辅基为生物素，在反应过程中起到携带和转移羧基的作用。反应式如下：

$$ATP + 乙酰辅酶 A + 碳酸氢根 \Longleftrightarrow ADP + Pi + 丙二酰辅酶 A$$

乙酰辅酶 A 羧化酶生成的丙二酰辅酶 A 一部分存在于质体中，作为脂肪酸从头合成的前体；另一部分存在于细胞溶胶中，作为脂肪酸延长和一些代谢反应的前体。研究发现，在种子发育过程中乙酰辅酶 A 羧化酶基因表达量与种子的含油量具有相关性。

乙酰辅酶 A 羧化酶在变构效应剂的作用下，可在无活性的单体与有活性的多聚体之间互变。柠檬酸与异柠檬酸可促进单体聚合成多聚体，增强酶活性；而长链脂肪酸可加速解聚，从而抑制该酶活性。乙酰辅酶 A 羧化酶还可以通过环磷酸腺苷（cAMP）的磷酸化及去磷酸化修饰来调节酶活性。此酶经磷酸化后活性丧失，从而抑制脂肪酸合成；促进酶的去磷酸化作用，可增强乙酰辅酶 A 羧化酶活性，加速脂肪酸合成。

自然界中的乙酰辅酶 A 羧化酶可分为两种形式。一种是原核型，也称多亚基或异质型乙酰辅酶 A 羧化酶，存在于细菌、双子叶植物和非禾本科单子叶植物的细胞质中。它是可解离成多个功能蛋白的多酶复合体，包括生物素羧化酶亚基、生物素羧基载体蛋白亚基、α-羧基转移酶，以及植物中由叶绿体基因组编码的 β-羧基转移酶四种亚基，且以 $(BCCP)_4(BC)_2(\alpha\text{-}CT)_2(\beta\text{-}CT)_2$ 的复合体形式存在。另一种是真核型，也称多功能或同质型，只存在于真核生物中。它的肽链中含有三个功能结构域，即生物素羧化酶、生物素羧基载体蛋白和羧基转移酶，能够与原核形式的乙酰辅酶 A 羧化酶催化相同的反应，它主要在质体中起催化作用，这种乙酰辅酶 A 羧化酶一般以二聚体的形式存在。

A．原核型乙酰辅酶 A 羧化酶

典型的原核型乙酰辅酶 A 羧化酶来源于拟南芥，其 α-羧基转移酶和 β-羧基转移酶的亚基是物理上相连的。乙酰辅酶 A 羧化酶四个亚基的 mRNA 在合成脂肪酸组织中积累水平最高，包括快速生长组织中的膜结构和积累油脂的胚胎。进行转录和蛋白分析发现拟南芥生物素羧基载体蛋白 1 是组成型表达的，而生物素羧基载体蛋白 2 主要在种子中表达。原核型乙酰辅酶 A 羧化酶有些亚基的表达量很稳定，而另一部分亚基在外鞘部分表达量最高，不同的启动子对两种不同形式乙酰辅酶 A 羧化酶的表达起作用。同源的乙酰辅酶 A 羧化酶基因表现出同样的表达模式和相似的 mRNA 水平，这些基因在多倍体化之后都没有沉默或者获得新的组织特异性。

当生物素羧化酶基因表达水平被提高或略微降低时，并没有对植物表型产生明显影响；但当生物素羧化酶基因表达水平降低超过 25% 时，会导致在低光照条件下植物生长缓慢，且叶片脂肪酸的含量降低了 26%。生物素羧基载体蛋白基因也在拟南芥中被过量表达和反义抑制，但得到的结果却是这两种途径都导致了乙酰辅酶 A 羧化酶催化活性的降低。

B. 真核型乙酰辅酶 A 羧化酶

植物真核型乙酰辅酶 A 羧化酶的编码序列一般很长，油菜、拟南芥等物种乙酰辅酶 A 羧化酶的 mRNA 编码区长度高达 7 kbp，拟南芥中有两个拷贝，油菜中则更多。拟南芥真核型乙酰辅酶 A 羧化酶基因突变后会导致胚胎发育缺陷，并影响长链多不饱和脂肪酸的合成，导致甘油三酯的含量下降。将乙酰辅酶 A 羧化酶在油菜胚胎中进行反义抑制后，获得的转基因植株成熟种子的含油量比对照有显著的下降，并影响了碳水化合物代谢。

真核型乙酰辅酶 A 羧化酶过量表达可以提高植物的脂肪酸合成能力，从而提高植物的含油量。将真核型乙酰辅酶 A 羧化酶与叶绿体转运肽融合，在 Napin 启动子的作用下，成功将其在油菜的质体中过量表达，使乙酰辅酶 A 羧化酶活性比野生型对照提高了 10～20 倍，使种子脂肪酸的组成发生了变化，特别是油酸的含量大幅提高，且种子的含油量提高了 5%。将拟南芥真核形式的乙酰辅酶 A 羧化酶在马铃薯块茎的造粉体中过量表达，使三酰甘油的含量提高 5 倍。

乙酰辅酶 A 羧化酶的产物丙二酰辅酶 A 也是很多生化过程的必需底物，被转运到细胞的不同部位作为代谢的底物；在植物的生长代谢过程中，糖类和氨基酸可以在细胞与细胞之间进行转运，但每个细胞所需的脂肪酸是无法进行转运的，只能由细胞自身合成。

2）脂肪酸合酶

在植物中，脂肪酸合酶复合体是由 6 种不同的酶加上酰基载体蛋白组成的多酶系统，底物和中间产物分子在复合体的各个功能结构域中传递，直到完成脂肪酸的整个合成过程。合成的过程包括如下六步反应。①装载，由丙二酰辅酶 A：酰基载体蛋白转酰基酶催化；②缩合，由 β-酮酰-酰基载体蛋白合酶催化；③还原，由 β-酮酰-酰基载体蛋白还原酶催化；④脱水，由 β-羟酰-酰基载体蛋白脱水酶催化；⑤还原，由烯酰-酰基载体蛋白还原酶催化；⑥释放，由脂酰-酰基载体蛋白硫酯酶催化。

由 1 分子乙酰辅酶 A 与多分子丙二酰辅酶 A 重复进行以上反应过程，每一次循环使碳链延长两个碳，一般生成含 16～18 个碳的脂肪酸。

A. 酰基载体蛋白

酰基载体蛋白是一个低分子量的蛋白质，它的辅基是磷酸泛酰巯基乙胺。这个辅基的磷酸基团与酰基载体蛋白的丝氨酸残基以磷酯键相连，另一端的巯基与脂酰基形成硫酯键，这样形成的分子可把脂酰基从一个酶反应转移到另一酶反应。该蛋白一般由多基因编码，仅在拟南芥中就有 5 个拷贝，推测油菜单倍体基因组中可能有高达 35 种酰基载体蛋白，并存在种子特异的酰基载体蛋白。反义抑制拟南芥的酰基载体蛋白会降低叶片中的脂肪酸含量，同时影响脂肪酸的组成和植物的生理状况，表明酰基载体蛋白在脂肪酸生物合成和叶绿体膜的发育过程中占据重要地位。

B. 丙二酰辅酶 A：酰基载体蛋白转酰基酶

乙酰辅酶 A 羧化酶的产物丙二酰辅酶 A 的下一步反应是由丙二酰辅酶 A：酰基载体蛋白转酰基酶催化丙二酰辅酶 A 的转酰基作用，使丙二酰辅酶 A 结合到活化的酰基载体蛋白上，生成丙二酰-酰基载体蛋白，即脂肪酸生物合成过程中的延伸底物。反应过程如下：

$$丙二酰辅酶 A + ACP \Longleftrightarrow 辅酶 A + 丙二酰\text{-}ACP$$

大肠杆菌丙二酰辅酶 A：酰基载体蛋白转酰基酶基因的突变体称为 *fabD*，对其晶体结构研究发现其保守的 Gln11、Ser92、Arg117 和 His201 氨基酸残基形成一个阴离子洞，承担重要的催化功能。玉米的丙二酰辅酶 A：酰基载体蛋白转酰基酶基因则是直接通过基因功能互补的方法筛选出来的，利用玉米的丙二酰辅酶 A：酰基载体蛋白转酰基酶制作探针筛选油菜的 cDNA 文库，得到了油菜中丙二酰辅酶 A：酰基载体蛋白转酰基酶基因，将此基因在大肠杆菌 *fabD* 突变体中表达，发现它能恢复丙二酰辅酶 A：酰基载体蛋白转酰基酶基因的生物活性，证明它具有丙二酰辅酶 A：酰基载体蛋白转酰基酶的功能。大豆中的丙二酰辅酶 A：酰基载体蛋白转酰基酶基因至少有两种等位酶形式，虽然生化性质有所不同，但都能催化转酰基反应，其中丙二酰辅酶 A：酰基载体蛋白转酰基酶主要在种子中表达，而在叶子中两种形式都存在。

利用农杆菌介导的转化方法，将大肠杆菌的丙二酰辅酶 A：酰基载体蛋白转酰基酶基因转化到油菜和烟草中，在 *Napin* 启动子的作用下使其在种子中过量表达，使种子发育过程中丙二酰辅酶 A：酰基载体蛋白转酰基酶基因活性提高了 50 倍，但其活性提高并没有对脂肪酸的合成、种子的含油量等造成明显的影响，说明丙二酰辅酶 A 基因并非脂肪酸合成过程中的限速步骤。

C. β-酮酰-酰基载体蛋白合酶

在碳链延伸过程中，碳-碳键是通过产生 β-酮酰-酰基载体蛋白而形成的。这些循环聚合反应是由三种不同的 β-酮酰-酰基载体蛋白合酶共同催化完成的。

首先，由 β-酮酰-酰基载体蛋白合酶 3 以乙酰辅酶 A 和丙二酰-酰基载体蛋白为底物，生成 4 个碳原子的酰基载体蛋白，反应式如下：

$$乙酰辅酶 A + 丙二酰\text{-}ACP \Longrightarrow 3\text{-}酮脂酰\text{-}ACP + CO_2 + ACP$$

紧接着由第二种 β-酮酰-酰基载体蛋白合酶 1 作用于碳链长度介于 4～14 个碳之间的酰基载体蛋白，反应式如下：

$$酰基\text{-}ACP + 丙二酰\text{-}ACP \Longrightarrow 3\text{-}酮脂酰\text{-}ACP + CO_2 + ACP$$

最后，由 β-酮酰-酰基载体蛋白合酶 2 催化棕榈酰-酰基载体蛋白与丙二酰-酰基载体蛋白之间的聚合反应，产生硬脂酰-酰基载体蛋白，反应式如下：

$$棕榈酰\text{-}ACP + 丙二酰\text{-}ACP \Longrightarrow 3\text{-}酮基\text{-}硬脂酰\text{-}ACP + CO_2 + ACP$$

几乎所有的 β-酮酰-酰基载体蛋白合酶都有相似的活性中心，包含 Cys-His-His 的三联体组合和保守的赖氨酸残基，从大肠杆菌到人类都无例外。在植物中过量表达 β-酮酰-酰基载体蛋白合酶基因会降低脂肪酸合成的速度。在烟草中用 *CaMV35S* 启动子过量表达 *Cuphea hookeriana* 的 β-酮酰-酰基载体蛋白合酶基因时发现叶片中 C16:0 脂肪酸的含量增加，但转基因烟草种子的含油量比野生型低，且种子中油脂合成的速度也比野生型慢。敲除 β-酮酰-酰基载体蛋白合酶基因的调节序列可以增强中短链脂肪酸的合成。在油菜质体中表达大肠杆菌的 β-酮酰-酰基载体蛋白合酶基因会改变其种子脂肪酸的组成，导致 C14:0 脂肪酸的增加和 C18:1 脂肪酸的减少。

从菠菜叶片中纯化出 β-酮酰-酰基载体蛋白合酶后发现，它对碳链长度为 4～14 的酰基载体蛋白具有很高的活性，特别对 C6 酰基载体蛋白活性最高，但对 C16 和 C18 酰基载体蛋白基本没有活性，证明 β-酮酰-酰基载体蛋白合酶是在 C4～C14 酰基载体蛋白延长过程中起作用的合成酶。研究发现菠菜的 β-酮酰-酰基载体蛋白合酶催化从 C16 到 C18 脂肪酸的延伸过程。拟南芥 *fab1* 突变体是由 β-酮酰-酰基载体蛋白合酶的突变引起的，这种缺陷导致 C16:0 脂肪酸的增加，还会造成突变体在低温条件下的损伤和死亡，且其纯合突变体是致死的。另一种 *fab1-2* 突变体也是纯合致死的，与野生型相比其 C18 脂肪酸含量降低，而 C16 脂肪酸含量增高。将该基因用 RNA 干扰（RNAi）抑制后，β-酮酰-酰基载体蛋白合酶表达量降低，较小的转基因植株的胚胎可以发育，其 C16:0 会大量积累，在种子发育后期含量可高达脂肪酸总量的 53%；而表达量降低太多的植株会致死。β-酮酰-酰基载体蛋白合酶基因在除了根以外的组织中都有表达，其中在荚果中的表达量最高，将 β-酮酰-酰基载体蛋白合酶启动子连接 *GUS* 基因后在拟南芥中表达，发现它在胚胎、气孔保卫细胞、花序和花粉中都有活性。

植物中除了以上常见的 β-酮酰-酰基载体蛋白合酶基因以外，还有一些特殊的 β-酮酰-酰基载体蛋白合酶延长酶，催化生成不同碳链长度的脂肪酸，或者存在于特殊的细胞部位中。来自萼距花的 β-酮酰-酰基载体蛋白合酶是一种中等长度链特异性合成酶，将其导入油菜中，发现单独表达 β-酮酰-酰基载体蛋白合酶并不会影响种子脂肪酸的成分，但将其与月桂酸-酰基载体蛋白硫酯酶共同在油菜中表达，可获得辛酸 C8:0 和癸酸 C10:0 含量提高的植株。来自芫荽的一种种子特异的 β-酮酰-酰基载体蛋白合酶基因可以生成岩芹炔酸。

D. β-酮酰-酰基载体蛋白还原酶

β-酮酰-酰基载体蛋白还原酶催化脂肪酸合成途径的第一步还原反应，还原型烟酰胺腺嘌呤二核苷酸磷酸（NADPH）作为还原剂参与此反应，产物为 3-羟基-酰基载体蛋白。反应式如下：

$$3\text{-酮脂酰-ACP} + NADPH + H^+ \rightleftharpoons 3\text{-羟基-ACP} + NADP^+$$

β-酮酰-酰基载体蛋白还原酶基因在脂肪酸的合成过程中起辅助功能，其机理还没有被深入研究。

E. β-羟酰-酰基载体蛋白脱水酶

由 β-羟酰-酰基载体蛋白脱水酶催化随后的脱水反应，产物为 α,β-反式烯酰-酰基载体蛋白。反应式如下：

$$3\text{-羟基-ACP} \rightleftharpoons \text{烯酰-ACP} + H_2O$$

F. 烯酰-酰基载体蛋白还原酶

最后由烯酰-酰基载体蛋白还原酶催化第二次还原反应，此反应的还原剂也为 NADPH，反应式如下：

$$\text{烯酰-ACP} + NADPH + H^+ \rightleftharpoons \text{酰基-ACP} + NADP^+$$

产物是连接在酰基载体蛋白上的脂肪酸，它可以再次进入脂肪酸的碳链延伸反应的循环中，每一循环延伸两个碳原子单元，直到被硫酯酶从酰基载体蛋白上水解下来为止。

烯酰-酰基载体蛋白还原酶在油菜中很早就被仔细研究。由于烯酰-酰基载体蛋白还原酶可以与酰基载体蛋白相互作用，因此可以利用酰基载体蛋白来纯化烯酰-酰基载体蛋白还原酶，并成功克隆到油菜烯酰-酰基载体蛋白还原酶基因中。油菜的烯酰-酰基载体蛋白还原酶可以被苯甲酰甲醛抑制和共价修饰，而苯甲酰甲醛可以特异地修饰精氨酸残基，这表明该蛋白的两个精氨酸残基中至少有一个处在酶的活性中心。油菜的烯酰-酰基载体蛋白还原酶在种子油脂积累的过程中表达量提高，并在种子发育到 29 天时表达量达到最高，而在叶片中表达水平很低。

G. 脂酰-酰基载体蛋白硫酯酶

植物中脂肪酸的延伸程序一般在到达 16 或 18 个碳原子时停止，这时脂酰-酰基载体蛋白硫酯酶开始作用，将脂肪酸从酰基载体蛋白上水解下来，生成游离的脂肪酸，并从脂肪酸合酶复合体中释放出来。不同植物中存在不同脂肪酸碳链长度特异性的硫酯酶，一般而言，*FATA* 编码 C18 脂肪酸特异的酶，而 *FATB* 编码 C16 脂肪酸特异的酶。拟南芥 *FATA* 基因催化的反应如下：

$$\text{油酰-ACP} + H_2O \Longrightarrow \text{ACP} + \text{油酸}$$

拟南芥 *FATB* 基因催化的反应如下：

$$\text{棕榈酰-ACP} + H_2O \Longrightarrow \text{ACP} + \text{棕榈酸}$$

目前已在油菜、芥菜、向日葵、油棕、拟南芥、棉花、芫荽、红花等植物中克隆到了硫酯酶基因。硫酯酶基因存在保守序列，因此可根据其保守区序列使用生物信息学手段鉴定潜在的硫酯酶。用此手段从欧洲山杨中克隆到了 *PtFATB* 基因，发现它在叶子中表达量较高，而在根中表达量低。拟南芥的 *AtFATB1* 在体外条件下对长链酰基载体蛋白有更高的亲和性，利用 RNA 和蛋白质杂交分析发现，拟南芥内源的 *AtFATB1* 在花中的表达量较高，在叶片中表达量较低，花中约 50%的脂肪酸都是 C16:0。将拟南芥的 *AtFATB1* 的 cDNA 在种子中特异表达，会积累大量的 C16:0 脂肪酸。拟南芥中的脂酰-酰基载体蛋白白硫酯酶 AtFATA 和 AtFATB 的底物特异性不同，AtFATA 对 oleoyl-酰基载体蛋白的催化效率最高，其活性是棕榈酰-酰基载体蛋白的 75 倍；AtFATB 对棕榈酰-酰基载体蛋白的活性是其他脂肪酸的 2.5 倍。

拟南芥 *AtFATB* 突变后会对植物产生巨大的影响，其 C16:0 脂肪酸在叶片、花、根和种子中的含量均下降了 42%～56%，而 C18:0 含量也大幅下降，突变体的生长速率降低，在第 4 周时植株的净重仅有野生型的一半，且突变体植株的种子生存率较低，形态也发生了变化。尽管生长速率较慢，但其叶子中脂肪酸的合成增加 40%。将拟南芥的 *AtFATB1* 在种子特异的强启动子驱动下表达，可以使种子中 C16:0 脂肪酸大量积累。将拟南芥的硫酯酶基因转入小麦中，使其生长、器官发育异常，绿色和非绿色组织中脂肪酸的组成都发生了变化。

除了对食用植物油脂的需求外，科学家试图利用转基因油料作物生成罕见的脂肪酸。这些罕见脂肪酸一般在长度及不饱和键的分布上与常见脂肪酸不同，来自一些特殊植物或微生物的硫酯酶可以达到这一目的。在有些植物中存在一些对特殊脂肪酸特异的硫酯酶，如山竹种子中 C18:0 脂肪酸的含量高达 56%，其硫酯酶基因对 C18:0 脂肪酸的特异性最高，通过在转基因油菜中过量表达来自山竹的 *Gm-FATA1* 基因，可将油菜中 C18:0 的含量提高到 22%。

3. 脂肪酸去饱和酶

脂肪酸去饱和酶有许多种，可以分为两大类，一类在脂肪酸形成甘油酯之前引入第一个双键时起作用，仅包括硬脂酰载体蛋白去饱和酶，它是唯一的可溶性去饱和酶，存在于质体中；另一类在形成甘油酯之后对脂肪酸基团进一步去饱和时起作用，包括油酸去饱和酶及亚油酸去饱和酶。

负责进一步去饱和的脂肪酸去饱和酶都是膜整合蛋白，按酶的分布位置，油酸去饱和酶 2 与亚油酸去饱和酶 3 位于内质网膜上，负责除膜脂之外所有不饱和甘油酯的合成；油酸去饱和酶 6、亚油酸去饱和酶 7 及亚油酸去饱和酶 8 分布于质体膜上，负责质体膜、内膜膜脂的进一步去饱和。由于植物中 C18 不饱和脂肪酸的组成是决定油脂品质的重要指标之一，在生产上具有重要意义，因此催化 C18 脂肪酸进一步去饱和的酶及其编码基因一直受到研究者的普遍关注[3]。

1）硬脂酰载体蛋白去饱和酶

硬脂酰载体蛋白去饱和酶是一种 Δ-9 去饱和酶，在质体中催化 C18:0 脂肪酸在 C9 和 C10 之间去饱和生成 C18:1，这个反应发生在脂肪酸形成甘油酯之前，此时脂肪酸还连在酰基载体蛋白上。反应式如下：

$$\text{硬脂酰-ACP} + 2 \text{ 分子 铁红氧化还原蛋白 } + O_2 \Longrightarrow$$
$$\text{油酰-ACP} + 2 \text{ 分子 铁氧化还原蛋白 } + 2 H_2O$$

反义抑制低芥酸油菜的硬脂酰载体蛋白去饱和酶基因后，硬脂酸无法继续去饱和生成不饱和脂肪酸，使种子中硬脂酸的含量急剧上升，最高可达到脂肪酸总量的 40%[4]。

2）内质网油酸去饱和酶

内质网中油酸去饱和酶是一种 ω-6 去饱和酶，催化 C18:1Δ9 脂肪酸在 C12 和 C13 之间去饱和生成 C18:2Δ9，这个反应发生在脂肪酸形成甘油酯之后，由细胞色素 b 作为辅酶参与电子传递。反应式如下：

$$\text{磷脂酰胆碱(油酸)} + O_2 + cytb5_{red} \Longrightarrow \text{磷脂酰胆碱(亚油酸)} + 2H_2O + cytb5_{ox}$$

人们先后从拟南芥、棉花、大豆、亚麻、芝麻、烟草、橄榄树、花生、矮牵牛、小麦、欧芹、油桐和向日葵等植物中克隆到了内质网油酸去饱和酶基因。

由于 C18:1 脂肪酸的走向有两种可能，由内质网油酸去饱和酶去饱和 C18:2

脂肪酸或者由 *FAE1* 延长生成 C22:1，因此在高芥酸的植物中通过抑制内质网油酸去饱和酶基因的表达可以增加芥酸的含量，而在低芥酸或无芥酸的植物中则会造成 C18:1 脂肪酸的积累。在白菜型油菜中通过对内质网油酸去饱和酶基因反义抑制和共抑制，将芥酸的含量增加了 12%～27%，C18:1 脂肪酸含量也增加了 36%～99%；同时 C18:2 脂肪酸的含量降低了 3%～18%，C18:3 脂肪酸含量降低了 22%～49%。将烟草的内质网油酸去饱和酶通过 RNAi 抑制后，发现油酸含量大幅提高，而亚油酸和亚麻酸的含量降低，植株对高温和干旱胁迫的耐受能力都有所增强。通过 RNAi 抑制棉花的 *GhFAD2* 基因，使种子中油酸含量从野生型的 15%增加到 77%。通过 RNAi 抑制拟南芥的内质网油酸去饱和酶基因得到的植株与内质网油酸去饱和酶基因突变体具有相似的表型，最高甚至可以将油菜和芥菜中的油酸含量分别提高到 89%和 73%。种子中油酸含量增高、多不饱和脂肪酸含量下降的油料作物，不仅可以提高食用油的营养价值，还可以获得变质较慢的高品质油脂，对商业化食用植物油来说非常重要。

3）内质网亚油酸去饱和酶

内质网中油酸去饱和酶是一种 ω-3 去饱和酶，在内质网中催化 C18:2 脂肪酸继续去饱和生成 C18:3 脂肪酸，由细胞色素 b5 参与电子传递。反应式如下：

$$\text{磷脂酰胆碱（亚油酸）} + O_2 + \text{cytb5}_{red} \Longleftrightarrow \text{磷脂酰胆碱（亚麻酸）} + 2\,H_2O + \text{cytb5}_{ox}$$

内质网中油酸去饱和酶基因突变后，二价不饱和脂肪酸（C18:2、C20:2）去饱和生成三价不饱和脂肪酸（C18:3、C20:3）的能力大幅减弱，拟南芥的内质网中油酸去饱和酶基因突变后种子中 C18:3、C20:3 脂肪酸的含量大幅降低，而C18:2、C20:2 则大幅提高。使用 RNAi 抑制内质网中油酸去饱和酶基因后会导致亚麻酸含量的明显下降，得到明显的表型，但对植株的生存能力没有影响。

4）质体油酸去饱和酶

质体油酸去饱和酶也是一种 ω-6 去饱和酶，它与内质网油酸去饱和酶的功能相同，催化 C18:1 去饱和生成 C18:2 脂肪酸，只是在细胞中的定位不同。反应式如下：

$$\text{半乳糖脂(油酸)} + O_2 + 2\,\text{分子 铁红氧化还原蛋白} \Longleftrightarrow$$
$$\text{半乳糖脂(亚油酸)} + 2\,H_2O + 2\,\text{分子 铁氧化还原蛋白}$$

质体油酸去饱和酶虽然在脂肪酸的合成过程中起相对次要的作用，但对植物的生理功能非常重要。它与拟南芥的耐盐能力密切相关，受盐胁迫和渗透压的诱导[5]。内质网油酸去饱和酶与质体油酸去饱和酶基因的序列比较相似，定位在内质网中的称为内质网油酸去饱和酶，定位在质体中的称为质体油酸去饱和酶[6]。

5）质体亚油酸去饱和酶

与内质网亚油酸去饱和酶起相同催化功能的质体亚油酸去饱和酶 7 和 8 都是质体中的 ω-3 去饱和酶，催化 C18:2 脂肪酸去饱和生成 C18:3 脂肪酸。质体亚油酸去饱和酶的功能十分相似，唯一区别在于质体亚油酸去饱和酶 8 可以受低温诱导超量表达。它们催化的反应如下：

$$半乳糖脂(亚油酸) + O_2 + 2 \text{ 分子 铁红氧化还原蛋白} \Longrightarrow$$
$$半乳糖脂(亚麻酸) + 2 H_2O + 2 \text{ 分子 铁氧化还原蛋白}$$

利用免疫荧光和免疫金法发现大豆的质体亚油酸去饱和酶 7 基因是定位在叶绿体的类囊体膜上。三个 ω-3 去饱和酶基因都受外界伤害压力的诱导，内质网亚油酸去饱和酶 3 和质体亚油酸去饱和酶 7 在受到冷胁迫时转录水平下降，而质体亚油酸去饱和酶 8 在冷胁迫下表达量增高[7]。向日葵的 *HaFAD7* 基因主要在光合作用组织中表达[8]。

脂肪酸去饱和酶的活性受其基因表达的直接影响，因此对去饱和酶基因表达方式的深入研究，有助于人们通过基因工程手段调整植物膜和储油组织的脂肪酸组成，从而达到提高植物对外界胁迫的耐受能力，以及获得含有特定脂肪酸组成农产品的目的。目前人们已经培育出了许多可以产生各种新的或不常见的不饱和脂肪酸的转基因植株，在对脂肪酸去饱和酶结构有更加深入了解的前提下，可以根据工业需求人为地改变该酶的活性，生产具有特定用途的植物油[9]。

4. 三酰甘油合成酶

植物种子中储存的油脂主要以三酰甘油的形式存在，三酰甘油形式的产品在食品、保健品和工业产品方面存在巨大的社会经济价值。在三酰甘油的合成过程中，首先是甘油-3-磷酸和脂酰辅酶 A 在甘油-3-磷酸酰基转移酶作用下，形成 1-单酰甘油-3-磷酸；随后在溶血磷脂酸酰基转移酶（LPAAT）作用下被进一步酰基化形成 1,2-二酰基甘油磷脂；然后磷脂酸在磷脂酸磷酸化酶作用下除去磷酸基，形成二酰甘油；最后在二酰甘油酰基转移酶作用下与另一分子脂酰辅酶 A 反应形成三酰甘油。

1）甘油-3-磷酸酰基转移酶

甘油-3-磷酸酰基转移酶催化的反应如下：

$$脂酰辅酶 A + 甘油\text{-}3\text{-}磷酸 \Longrightarrow 辅酶 A + 1\text{-}单酰甘油\text{-}3\text{-}磷酸$$

豌豆的甘油-3-磷酸酰基转移酶蛋白很早就被纯化出来，并克隆到了其 cDNA 序列。将豌豆的甘油-3-磷酸酰基转移酶基因转入小麦中，发现其生长、器官发育、绿色和非绿色组织中脂肪酸的组成都发生了变化。

2）溶血磷脂酸酰基转移酶

溶血磷脂酸酰基转移酶催化反应如下：

$$脂酰辅酶 A + 1-单酰甘油-3-磷酸 \Longrightarrow 辅酶 A + 1,2-二酰基甘油磷脂$$

质体溶血磷脂酸酰基转移酶基因的功能缺失会使拟南芥的胚胎致死，将克隆到的拟南芥溶血磷脂酸酰基转移酶基因转入大肠杆菌 *lpaat* 突变体中，发现它能互补突变体的表型。油菜质体中的溶血磷脂酸酰基转移酶基因已经被克隆，并通过转入大肠杆菌突变体中验证了其功能。将酵母的溶血磷脂酸酰基转移酶基因转入拟南芥和油菜中，在 *CaMV35S* 启动子的驱动下可以提高种子的含油量。

3）二酰甘油酰基转移酶

最后一步是由二酰甘油酰基转移酶合成三酰甘油，催化的反应如下：

$$脂酰辅酶 A + 1,2-二酰基甘油磷脂 \Longrightarrow 辅酶 A + 三酰甘油$$

二酰甘油酰基转移酶是一个定位在内质网膜上的蛋白，并在质体和油体中存在，它在不同的物种中有不同的生化特性，由于目前已经确认过量表达二酰甘油酰基转移酶基因能够提高植物的含油量，因此它已经成为油料作物研究的焦点之一[10]。植物中二酰甘油酰基转移酶基因一般有 2 个以上的拷贝，一般认为 *DGAT1* 是泛组织表达的基因，而 *DGAT2* 是在种子中特异表达的基因。利用拟南芥 *DGAT1* 启动子加 *GUS* 报告基因研究其表达模式，发现它不仅在发育的种子和花粉中表达，还在萌发的种子和幼苗中表达[11]。

二酰甘油酰基转移酶催化三酰甘油合成的最后一步是将二酰甘油与酰基脂肪酸结合生成三酰甘油，也是三酰甘油合成的关键限速步骤。多项研究证实过量表达 *DGAT* 基因可以明显提高植物的含油量和种子的大小[12]。将二酰甘油酰基转移酶基因的 cDNA 转入 *tag1* 突变体中可互补其表型，而在野生型拟南芥种子中过量表达二酰甘油酰基转移酶基因可以提高种子的含油量和质量，且变化的水平与基因的表达强度相对应[13]。将来自酵母的 sn-2 酰基转移酶转入到拟南芥和油菜中，发现它能将种子的含油量提高 8%～48%。将来自土壤真菌 *Umbelopsis ramanniana* 的二酰甘油酰基转移酶基因转入大豆中，不但能将种子含油量提高 1.5%，而且不影响蛋白质含量。

为了进一步提高二酰甘油酰基转移酶的催化能力，人们通过定向进化的手段对二酰甘油酰基转移酶进行改造，成功提高了活性。通过对油菜 *BnDGAT1* 基因进行易错 PCR，得到了 *BnDGAT1* 基因的突变库，将突变体库转入酵母中，鉴定出了一些活性提高的二酰甘油酰基转移酶突变体，这种定向进化的方法得到的突变基因为植物基因工程提供更有效的选择[14]。

5. 油体蛋白

油体是植物种子中储存三酰甘油的亚细胞结构，存在于所有积累油的植物组织中。油体内部储藏有液态三酰甘油，外部则是由磷脂单分子层及油体蛋白组成的半单位膜所包裹。油体蛋白依附于油体表面，对维持油体的稳定极为重要，在植物种子成长过程中大量、特异性地表达，一般占种子总蛋白的 2%～10%。油体蛋白一般只在油体上积累且非常稳定，可通过漂浮离心将它与其他细胞组分分开，因此油体可作为在植物中表达外源重组蛋白的理想工具[15]。

目前已经纯化了多种植物的油体蛋白，如芝麻、油菜、向日葵、玉米、大豆、胡萝卜、拟南芥、花生、棉花、橄榄、百合、咖啡和大麦等。对不同植物油体蛋白基因核苷酸序列进行比较发现，不同油体蛋白除中部疏水区域高度保守外，N 端和 C 端的核苷酸序列差异都很大。但到目前为止，对油体蛋白的具体功能并不清楚，而且油体蛋白都由多基因编码，相互之间存在一定的同源性，命名也比较混乱。

1）Cruciferin 蛋白的功能

拟南芥中 Cruciferin 是一种 12S 球蛋白，是其含量最丰富的蛋白之一，它在内质网中以前体的形式生成，是油体的组装成分之一[16]。

2）Napin 蛋白的功能

Napin 是芸薹属植物中广泛存在的一类种子储藏蛋白，其生理作用是为种子发芽和幼苗早期提供氮源，也是油菜的主要过敏源之一[17]。一般在植物种子中特异表达，其启动子被广泛用作植物种子特异性的强启动子。Napin 是一种 2S 的蛋白，其成熟蛋白的平均分子质量是 13 kDa，由一个大亚基（9 kDa）和一个小亚基（4 kDa）通过二硫键连接形成，油菜种子中 Napin 蛋白由多个基因编码[18]。

3）Oleosin 蛋白的功能

Oleosin 是高度疏水的碱性小分子量蛋白，分子质量为 15～26 kDa，主要在种子中特异表达。Oleosin 镶嵌在油体表面，对维持油体的稳定极为重要，一方面在空间上阻碍油体分子间相互聚合，另一方面在种子发芽时，Oleosin 作为脂酶与油体间的结合位点。种子内的 Oleosin 具有亲水和亲脂双重特性，在植物种子中镶嵌在油体表面。

Millichip 等[19]纯化了向日葵的油体上结合的油体蛋白，发现其中主要是白蛋白和球蛋白。由于 Oleosin 也是在种子中特异的蛋白，在植物基因工程中其启动子也被用在种子中表达目的基因[20]。利用 RNAi 抑制大豆 Oleosin 表达后，油体减小成直径 50 nm 左右的小油体，聚集成油体/内质网复合体[21]。分析 Oleosin 的突变体发现，有两种 Oleosin 与拟南芥种子的抗寒能力有关，可提高拟南芥种子过冬的能力[22]。

4）Caleosin 蛋白的功能

Caleosin 是一种与 Ca^{2+}结合的油体表面蛋白，可嵌入到油体中[23]，帮助油体中油脂的降解，为种子发芽的过程提供能量，在稳定油体的构象过程中也起一定的作用[24]。从大麦的颖果纯化出两种 Caleosin，34 kDa 的 HvClo1 和 28 kDa 的 HvClo2，其中 HvClo1 是种子特异的，主要在胚胎发育的晚期表达；HvClo2 则主要在胚乳中表达。Caleosin 和 Caleosin 类似的蛋白不仅存在于油体中，而且在内质网膜等亚细胞结构中也存在。将拟南芥的 Caleosin 基因 *AtClo1* 在酵母中表达，发现油体的数目和大小都增加了，而且积累的油脂增加了 46.6%[25]。钙可影响拟南芥 Caleosin 的聚集状态、溶解性和在 SDS-PAGE 凝胶电泳中的泳动速度，即使低至 100 nmol/L 的钙离子也可以强烈影响油体的形状和结构[26]。

5）Steroleosin 蛋白的功能

Steroleosin 是种子油体中的一种固醇结合蛋白，在芝麻的三种 Sop1、Sop2 和 Sop3 中，Sop1 是一种具有 Ca^{2+}结合活性的 Steroleosin 蛋白，Sop2 存在于种子的油体中。从芝麻中克隆的两种 Steroleosin 都含有保守的 $NADP^+$结合结构域，但两者的固醇结合结构域不同[27]。

油体蛋白有许多优点：它在油料作物种子中表达水平高，占到油菜种子总蛋白的 8%～20%。当外源基因与油体蛋白融合表达时，表达产物通常也能达到很高的水平。植物油体基因属于多基因家族，基因的表达量非常强，由组织特异性的强启动子所调控。外源蛋白与油体蛋白形成的重组融合蛋白非常稳定，可在种子中长期、稳定储存。油体蛋白容易分离纯化，当外源基因插入油体蛋白的 N 端或 C 端时，形成的重组融合蛋白不会改变油体的结构，因此利用油体亲脂疏水的特性，将转基因植物种子经"粉碎-油体抽提-离心"处理，回收上层油相即可很方便地将融合蛋白与细胞其他组分分开。

利用种子油体蛋白作载体获得外源重组蛋白具有光明的前景，通过与营养价值高的外源蛋白或多肽融合，可改善种子的营养成分、提高种子的食用或饲料品质、生产固定化酶等，还可以利用花粉特异的油体蛋白生产外源重组蛋白，在植物雄性不育、自交不亲和、作物高产和基因工程安全性等方面发挥作用。随着对油体蛋白基因及其启动子研究的深入，以及基因工程技术的不断成熟，油体蛋白的应用将更加广泛[28]。

1.1.3　微生物油脂分子生物学

微生物油脂不仅是构成和维持微生物生命活动的基本物质，也是重要的工业原料。尤其是多不饱和脂肪酸具有多种生理功能，如降血脂、降糖、健脑益智等重要作用，逐渐引起国内外的广泛重视，因此，微生物油脂的研究将成为新世纪油脂工业的一个发展方向。微生物油脂的合成，与植物油脂的合成本质上是一致的，都是从乙酰辅酶 A 的羧化反应开始，经过链的延长及去饱和作用形成饱和的或者不饱和的脂肪酸，然后形成三酰甘油[29]。

1. 主要产油脂微生物

能够生产油脂的微生物有酵母、霉菌、细菌和藻类等[30]，其中真核的酵母、霉菌和藻类能合成与植物油组成相似的甘油三酯，而原核的细菌则合成特殊的脂类。目前研究得较多的是酵母、藻类和霉菌。

随着生命科学、能源产业的发展，微生物、原生动物、藻类等生命体用作新油脂原料正在成为现实，如丝状菌中的卵菌类、接合菌类；藻类中隐藻纲藻类、涡鞭毛藻类、黄菌色藻类等。

常见的产油脂酵母有浅白色隐球酵母、弯隐球酵母、弯假丝酵母、斯达氏油脂酵母、苗芽丝孢酵母、产油油脂酵母、胶黏红酵母、红冬孢酵母等[31]。

常见的产油霉菌有土曲霉、高山被孢霉、深黄被孢霉、拉曼被孢霉、紫癜麦角菌等[32]。

常见的产油微藻有普通小球藻、丛粒藻、盐生杜氏藻、粉核小球藻等。海生微藻中油脂含量都非常高，如金藻纲、黄藻纲、硅藻纲、红藻纲、褐藻纲、绿藻纲、绿枝藻纲、隐藻纲的微藻[33]。

2. 微生物油脂合成机理

产脂微生物在培养基中氮源耗尽并且有过量碳源用于脂类合成时，才能在细胞内累积较多的脂类。微生物产生油脂的过程，本质上与动植物产生油脂过程相似，都是从利用乙酰辅酶 A 羧化酶的羧化催化反应开始，经过多次链的延长，或再经去饱和酶的一系列去饱和作用等，完成整个生化过程。参与脂肪酸的合成过程主要有以下两个酶系[29]。

1) 丙二酰辅酶 A 为中心的酶系

此酶系的主要特征是使乙酸盐或乙酰辅酶 A 生成软脂酸，再合成脂肪酸。合成脂肪酸过程常停止在 C16 及 C18 酸阶段。过程如下：乙酰辅酶 A 与酰基载体蛋白在乙酰转移酶的作用下结合，同时，乙酰辅酶 A 在乙酰羧化酶的催化作用下生成丙二酰辅酶 A，丙二酰辅酶 A 再经丙二酰单酰基转酰酶活化生成丙二酰-酰基载体蛋白后，合成饱和脂肪酸[34]；不饱和脂肪酸的合成与生物膜的结合有关，微生物本身存在去饱和酶系，它是微生物通过氧化去饱和途径生成不饱和脂肪酸的关键酶，此过程发生在内质网中。此外，三硫基甘油也随之生成，由于解糖作用生成的甘油醛-3-磷酸经还原作用而生成甘油，再经一系列反应便生成三硫基甘油。

2）线粒体酶系

去饱和酶是微生物通过氧化去饱和途径，生成不饱和脂肪酸的关键酶，该过程称为脂肪酸氧化循环[34]。线粒体为脂肪酸氧化分解过程，此分解途径称为脂肪酸氧化循环，即脂肪酸受巯基激酶作用与辅酶 A 结合成活化型，经脱氢、加水、再脱氢的过程，每次减少 2 个碳原子而分解（β-氧化），生成的乙酰再进入循环，完全分解成 CO_2 和 H_2O。生物合成脂肪酸是 β-氧化的逆循环，不过 β-氧化系统酶不能合成长链脂肪酸，而需有新的酶（已经肯定的为 α-、β-烯脂酰辅酶 A 还原酶）及其他辅助因子（如磷酸吡哆醛或磷酸吡哆胺）的参与，才可能进行延长脂肪酸链的合成。因而线粒体酶系的合成途径不是新的长链脂肪酸的合成，而是脂肪酸碳链延长的合成[35, 36]。

3. 微生物油脂合成途径

微生物细胞中脂肪酸的合成需要有两个必备条件：一是乙酰辅酶 A，它是合成脂肪酸的前体；二是充足的 NADPH 供应，为脂肪酸合成的各反应提供还原力。一般认为，微生物的细胞内缺乏氮源时，腺苷一磷酸（AMP）脱氨酶活性增强，补充 NH_4^+ 用于各种代谢，导致胞内的 AMP 水平下降，引起受 AMP 变构激活的异柠檬酸脱氢酶（ICDH）活性下降，造成线粒体中异柠檬酸的累积[37]。线粒体中的乌头酸酶催化过度累积的异柠檬酸转化为柠檬酸，然后转运到细胞质中，由 ATP-柠檬酸裂解酶催化柠檬酸裂解生成乙酰辅酶 A 和草酰乙酸。乙酰辅酶 A 直接用于脂肪酸的合成；而草酰乙酸由苹果酸脱氢酶还原成苹果酸，再在苹果酸酶作用下氧化脱羧释放 NADPH。研究表明，产油微生物的油脂累积会受到苹果酸酶的调控，如果苹果酸酶的活性受到抑制，则油脂累积下降。这是因为虽然细胞代谢网络中有许多可生成 NADPH 的反应，但脂肪酸合成所需的 NADPH 几乎完全来自苹果酸酶催化的反应[38]。

乙酰辅酶 A 在羧化酶的催化下，与 CO_2 合成丙二酰辅酶 A。在脂肪酸合酶复合体的催化下继续进行多个反应，乙酰辅酶 A 与酰基载体蛋白结合为乙酰-酰基载体蛋白，然后与丙二酰辅酶 A 通过缩合反应形成乙酰乙酰-酰基载体蛋白，继续进行还原、脱水和再次还原三个步骤，脂肪酸链延长两个碳。脂肪酸链重复延长至合成生物体所需长度，部分脂肪酸再经去饱和作用形成不饱和脂肪酸[39]。

微生物中一些较为特殊的脂肪酸的合成可能与聚酮合酶途径有关。裂殖壶菌中二十二碳六烯酸的合成即被认为有聚酮合酶途径参与。聚酮合酶通过催化前体物质进行反复的缩合反应，可以形成多种聚酮体，再经过甲基化、氧化还原、糖基化和羟基化等修饰反应形成各种各样结构复杂的化合物[40]。根据聚酮合酶的结构及性质，聚酮合酶被分成Ⅰ型（又称模件型）、Ⅱ型（又称重复型）及Ⅲ型（又称查尔酮型）三大类。真菌中发现的聚酮合酶多为Ⅰ型。Ⅰ型聚酮合酶是由单个基因编码得到的多功能巨大蛋白，拥有多个相似的模块，在化合物合成的过程中一些结构域是重复使用的。Ⅰ型聚酮合酶的结构域包括酮体合成酶、酰基转移酶、脱水酶、甲基转移酶、烯脂酰还原酶、酮体还原酶、酰基载体蛋白和环化酶等，其中酮体合成酶、酰基转移酶和酰基载体蛋白为真菌聚酮合酶的基本结构域[40]。

1.1.4　动物油脂分子生物学

动物的三酰甘油合成的主要场所是脂肪组织，肝脏、肾、脑、肺、乳腺等组织也能合成三酰甘油，合成原料是磷酸甘油和脂肪酸。

1. 脂肪酸合成

1）乙酰辅酶 A 和丙二酰辅酶 A 合成

饱和脂肪酸的生物合成部位主要是细胞胞质，合成的直接原料是乙酰辅酶 A。凡是在体内能分解成乙酰辅酶 A 的物质都能合成脂肪酸，其中葡萄糖是乙酰辅酶 A 最主要的来源。在线粒体内生成的乙酰辅酶 A，需通过柠檬酸-丙酮酸循环穿出线粒体膜。

乙酰辅酶 A 与此循环中的草酰乙酸结合生成柠檬酸，后者通过线粒体内膜的柠檬酸载体转运至胞液。在 ATP 柠檬酸裂解酶作用下，柠檬酸脱去 2 个碳原子变成草酰乙酸，并释放出乙酰基。草酰乙酸脱氢后转变为苹果酸，经载体转运进入线粒体后再氧化成为草酰乙酸，与乙酰辅酶 A 缩合生成柠檬酸，继续重复上述过程，使线粒体中乙酰辅酶 A 不断进入胞液，从而合成脂肪酸。

在乙酰辅酶 A 羧化酶催化下，乙酰辅酶 A 在胞液中首先生成丙二酰辅酶 A，其辅基为生物素，在反应过程中起携带和转移羧基的作用。乙酰辅酶 A 羧化酶催化的反应是脂肪酸合成过程中的限速步骤。在变构效应剂的作用下，乙酰辅酶 A 羧化酶的无活性单体与有活性多聚体（有活性多聚体通常由 10～20 个单体线状排列构成）间可以相互转变。乙酰辅酶 A 羧化酶的活性主要受以下因素影响：①柠檬酸与异柠檬酸可促进单体聚合形成多聚体，增强酶活性；长链脂肪酸可加速多聚体的解聚，抑制酶活性。②乙酰辅酶 A 羧化酶依赖 cAMP 磷酸化后，活性丧失，如胰高血糖素及肾上腺素等能促进这种磷酸化作用，抑制脂肪酸合成；胰岛素则促进酶的去磷酸化作用，增强乙酰辅酶 A 羧化酶活性，加速脂肪酸合成。③长期高糖低脂饮食可诱导乙酰辅酶 A 羧化酶生成，促进脂肪酸合成；反之，高脂低糖饮食能抑制此酶合成，降低脂肪酸的生成。

2）软脂酸生物合成

在脂肪酸合成酶的催化下，以 NADPH+H$^+$为供氢体，1 分子乙酰辅酶 A 和

7分子丙二酰辅酶A经过缩合、还原、脱水、再还原等步骤，每次延长两个碳原子，最终合成十六碳的饱和脂肪酸，即软脂酸。

哺乳动物的脂肪酸合成酶是由一个基因编码、一条多肽链构成的多功能酶，具有7种酶活性，分别为丙二酰单酰转移酶、β-酮脂酰合成酶、β-酮脂酰还原酶、α,β-烯脂酰水化酶、α,β-烯脂酰还原酶、脂酰转移酶和硫酯酶。酶单体无活性，所以脂肪酸合成酶通常以二聚体形式存在，每个亚基均有一个酰基载体蛋白结构域，其辅基为4'-磷酸泛酰氨基乙硫醇，作为脂肪酸合成中脂酰基的载体。

经过酰基转移、缩合、加氢、脱水、再加氢反应，脂肪酸合成酶复合体催化合成的第1轮产物是丁酰-酰基载体蛋白，产物碳原子由2个增至4个。然后，E-泛酰巯基（即酰基载体蛋白的巯基）不仅可转移丁酰至E2-半胱-巯基，还可与另一个丙二酸单酰基结合，进行缩合、加氢、脱水、再加氢等步骤的第2轮循环。经7次循环后，生成十六碳脂酰E2，经硫酯酶水解，释放出软脂酸。

3）软脂酸加工和延长

长碳链脂肪酸（16C以上）的合成依赖于软脂酸的加工、碳链延长，在线粒体和内质网中进行，每次可延长2个碳原子。过程如下。

A. 线粒体脂肪酸延长途径

以乙酰辅酶A为二碳单位供体，经脂肪酸延长酶体系催化，与软脂酰辅酶A缩合生成β-酮硬脂酰辅酶A，然后由NADPH供氢，还原为β-羟硬脂酰辅酶A，再脱水生成α,β-烯硬脂酰辅酶A，最后还原为硬脂酰辅酶A。反应过程与β-氧化逆反应类似，每轮循环延长2个碳原子，反复进行可使碳链延长为24C或26C，但以十八碳硬脂酸为主。

B. 内质网脂肪酸延长途径

以丙二酰辅酶A为二碳单位供体，NADPH供氢，经脂肪酸延长酶体系催化，每进行缩合、加氢、脱水及再加氢等一轮反应，延长2个碳原子，反复进行可使碳链延长为24C或26C，但以十八碳硬脂酸为主。该过程与软脂酸合成相似，但脂酰基不是以酰基载体蛋白为载体，而是连接在辅酶A巯基上进行[41]。

2. 三酰甘油合成

肝脏、脂肪组织及小肠是人体合成三酰甘油的主要场所，合成所需的甘油及脂肪酸主要由糖代谢中间产物提供，也可利用膳食脂质消化吸收的产物合成。

1）单酰甘油途径

单酰甘油途径是小肠黏膜细胞合成三酰甘油的途径，主要利用脂肪消化吸收产物，由单酰甘油和脂肪酸合成三酰甘油。常把小肠黏膜细胞合成的三酰甘油称为外源性三酰甘油，而肝脏合成的三酰甘油称为内源性三酰甘油。

2）二酰甘油途径

二酰甘油途径是肝脏细胞和脂肪细胞合成三酰甘油的途径。在细胞内质网的脂酰辅酶 A 转移酶的作用下，1 分子 α-磷酸甘油和 2 分子脂酰辅酶 A 合成磷脂酸，后者在磷脂酸磷酸酶的作用下脱去磷酸，生成二酰甘油，然后在脂酰辅酶 A 转移酶的催化作用下再与 1 分子脂酰辅酶 A 合成三酰甘油[41]。

1.2　油脂系统生物学

系统生物学也称为整合生物学，是基于"系统科学"和"系统控制理论"的观点，从"系统"角度研究生物体，抛弃了生物学的"基因决定论"和"还原论"，开启了生物学领域研究的新方向。系统生物学采用高通量的组学研究手段大规模、系统地观察分子网络（包括 DNA、RNA 和蛋白质）复杂的相互关系。系统生物学是在基因组学、转录组学、蛋白质组学和代谢组学等深入发展的基础上产生并完善的[42]。系统生物学的研究内容主要包括：①阐明生物系统内的全部组分；②确定生物系统内全部组分之间相互作用构成的生物网络；③探究生物系统内信号转导过程；④揭示生物系统内部的生物进程或生物特性。

1.2.1　系统生物学概述

系统生物学概念自提出以来，在技术方面一直处于较快的发展和持续的更新中，目前已在医药、农林、食品等多个领域的基础、临床、生产研究中广泛应用。

基因组学旨在确定生物体中存在的遗传信息，常用的技术手段有全基因组测序、基因分型、表观基因组学等。基因组学可以解释油料作物的脂质积累和降解途径以及油分差异的调控机制，为实现优良品种的培育提供依据，并促进油脂追溯性和掺假的检测[43]。油料作物中油脂含量及组分受到遗传和环境等多种因素的影响。油脂基因组学中的基因组测序有助于确定基因的特征和差异基因的表达，为研究油料作物的代谢途径和油分差异的调控机制以及培育优良的油料作物提供种植策略和技术手段[44]。

转录组学主要研究细胞或组织所有基因转录及转录调控规律。定性和定量转录组的研究方法主要有基于杂交技术的基因芯片技术和基于测序分析的全基因组表达谱技术，其中 RNA-seq 技术是基于测序分析方法的最新代表，成为目前转录组研究的主要手段[45]。转录组学通过对油料作物基因进行高通量的全局分析，探讨物种间油分差异的调控因素，为遗传改良提供基础[46]；还可以对生物体内的基因表达进行分析，探究油脂及其伴随物对体内稳态的调节作用，明确油脂与营养之间的内在联系[47]。

蛋白质组学是以蛋白质组为研究对象，研究细胞、组织或生物体蛋白质组成及其变化规律的科学。蛋白质组学技术的发展已经成为现代生物技术快速发展的重要支撑，并将引领生物技术取得关键性的突破。蛋白质组学研究可以更好地理解油料作物中油脂的形成机理。

代谢组学是以生物系统中的代谢产物（由于实际分析手段的局限性，目前主要针对分子量 1000 以下的小分子）为分析对象，以高通量、高灵敏度、高分辨率的现代仪器分析方法为手段，结合模式识别等化学计量学方法，分析生物体系受刺激或扰动后（如将某个特定的基因变异或环境变化后）其代谢产物的变化或其随时间的变化规律。

英文中，早期的代谢组学研究使用了两个不同的术语：metabolomics 和 metabonomics。前者侧重以单个细胞作为研究对象，Fiehn 等[48]将其定义为定性和定量分析单个细胞或单一类型细胞的代谢调控和代谢流中所有低分子量的代谢产物。后者一般以动物的体液和组织为研究对象，Nicholson 等[49]将其定义为生物体对病理生理或基因修饰等刺激产生代谢物质动态应答的定量测定。随着代谢组学的研究发展，不管是在植物和微生物领域，还是在病理生理领域，这两个名词已经基本等同使用。目前国内的代谢组学研究小组达成共识，以 metabonomics 来表示"代谢组学"。在研究过程中，代谢组学的一些相关概念也不断被提出来，目前已获得广泛认同的研究层次有：①代谢物靶标分析；②代谢轮廓（谱）分析；③代谢指纹分析；④代谢组学。严格地说，只有第 4 层次才是真正意义上的代谢组学研究，但是目前还没有发展出一种可以涵盖所有代谢物而不管分子大小和性质的代谢组学技术。

代谢组学相对于其他组学更能反映生物体的整体信息，这是因为代谢物处于生物系统生化活动调控的末端，反映的是已经发生了的生物学事件，基因表达和蛋白质的变化对系统产生的影响都可在代谢物水平上得到体现，所以从理论上来说，代谢组学分析所提供的信息更能够揭示生物体系生理和生化功能状态，对进行功能基因组的研究提供了极大便利。代谢组学与转录组学和蛋白质组学等其他组学相比，具有以下优点：①代谢物可以反映基因和蛋白表达的微小变化；②代谢组学的研究不需进行全基因组测序或建立大量表达序列标签的数据库；③代谢物的种类远少于基因和蛋白质的数目；④研究中采用的技术更通用，因为代谢产物在各个生物体系中都是相似的。

近几年，组学技术在产油微生物中得到广泛应用，相关研究内容主要集中在以下几方面。第一方面是组学分析方法的评估和优化，涉及样品收集、前处理、提取、检测及数据分析等流程。第二方面是基于组学的分析结果，指导发酵工艺优化及过程控制。通过组学分析明确微生物在发酵过程中对环境及营养的响应,并针对性地对微生物发酵不同阶段的环境参数和包括基本营养物、中间代谢物在内的多种成分进行更为合理的阶段控制和补加。第三方面主要是采用单一组学或多组学整合技术从不同维度解析影响产油微生物生长、代谢及脂质合成的代谢及调控机制[50, 51]。通过组学分析确定菌株发酵过程中与菌株生长及目标产物合成相关的关键基因、蛋白和代谢途径,并提出合理的代谢工程策略。

1.2.2　系统生物学技术

系统生物学技术平台,如基因组学、转录组学、蛋白质组学、代谢组学、相互作用组学和表型组学等,构成了系统生物学的大科学工程[42]。

1. 基因组学

近十年来,由"下一代测序"(next generation sequencing, NGS)技术引领的基因组科学与技术正在迅猛发展,对科学总体发展和社会进步的影响巨大。

基因组学技术的发展主要涉及三个基本领域:DNA 技术、光电技术和计算机技术。首先,基因组学技术的实质是核苷酸(包括 DNA 和 RNA)技术,核心技术包括:DNA 杂交、桑格(Sanger)测序、寡聚核苷酸合成、聚合酶链式扩增(PCR)、RNA 逆转录等。其次,光电技术已经取代了基于生物化学原理的主要方法,成为 DNA 技术相关仪器的核心(如 CCD 照相机、激光管、微流控组件等)。最后,由于 DNA 技术产生大量的数据和信号,信息的存储、共享、挖掘和分析等成为信息利用的瓶颈,因此计算机技术的全面介入已成为必然。

1)高通量 NGS 技术

高通量 NGS 平台自 2005 年问世以来,已经历了 3 次大幅度的变革(主要是测序通量的大幅度增加)。单台设备日产数据量在 10^{10} bp(碱基对或核苷酸)水平,使测定个人基因组序列的成本降低至数千美元。高通量 NGS 技术已经成为生命科学领域中应用最为广泛的研究手段。现阶段市场主流设备主要包括 Illumina、Life Technologies 和 Roche 等公司的测序分析系统。

美国 Illumina 公司开发的高通量测序系统是依据合成酶促可逆链终止法原理[52],主要包括 2 个系列:单次运行数据产量最高的 HiSeq2000/2500 系统和中等通量个人型 MiSeq 系统。HiSeq2000/2500 系统可以在 2 周内完成 $6×10^{11}$ bp 数据,相当于覆盖一个人基因组 200 倍,试剂成本约 3 万美元,序列读长 $2×100$ bp。MiSeq 系统序列读长 $2×250$ bp,2 天产出约 $8×10^{9}$ bp 数据。

美国 Roche 公司开发的 454 系统依据合成酶促焦磷酸发光原理[52],可以获得 750 bp 的平均读长,但其总体通量较低,最新升级版本 GS FLX^{+}系统一天内可以产生 $7.5×10^{8}$ bp 数据,而个人化版本 Junior 系统仅能产生 $5×10^{7}$ bp 数据,单位产量成本较高，但读长上的优势是基因组学研究中不可或缺的因素，虽然其他系统也在读长上不断提升，但454系统仍在这一因素上独占鳌头。

美国Life Technologies公司收购Ion Torrent公司后，先后推出了Ion PGM和Ion Proton系统，这是目前上市的唯一一个利用电化学原理进行序列分析的测序系统，其测序反应在集成了数以亿计的电化学传感器的半导体芯片上完成[53]。最新上市的Ion Proton系统配合Ion PⅠ芯片，可以在2~4 h内获得10^9 bp数据，读长达到200 bp。预期半年后上市的Ion PⅡ芯片，则可以在一天内完成一个人的基因组测序工作（20倍覆盖）。

2）第三代单分子核酸测序技术

与NGS不同的第三代测序技术以单分子测序作为技术标志。目前存在于市场上的第三代测序技术仅有美国的Pacific Biosciences公司开发的RS系统和Helicos Biosciences的Heliscope系统。RS系统利用了物理学中零模波导的原理，将单个DNA链分子上的聚合反应通过荧光基团发光进行实时碱基识别[52, 54]。最新上市的XL试剂可以实现超过4300 bp的平均读长，每个SMRT芯片能够在1.5~2 h内产生（2~2.5）×10^8 bp数据。这一系统目前存在的最大问题是准确性仅仅达到85%。

近年来，物理学家对于利用核苷酸通过电场时的电位变化来测定序列进行了多种尝试。目前看来最可能实现市场化的是英国Oxford Nanopore Technologies公司开发的MinION和GridION系统。其原理是利用DNA单链通过由凝血素构成的纳米孔结构时，以电位差的变化测定DNA的序列。虽然该公司对这个系统的性能描述异常优异（如读长可达上万碱基），但至今尚未公开数据，市场上可行性尚不知。

Intel公司、普渡大学和伊利诺伊大学的科学家联合研发，以SOI-FET器件为信息获取器件，以螯合物为探针，实现了dNTP与单链DNA聚合反应的实时监测和表征[55]。基于通过测量纳米孔上结合的金属氧化硅电容的电压波动来获取核酸信息的原理，IBM公司和Roche公司合作，研究出了一种称为DNA晶体管的纳米器件，通过多层金属-介质结构，在多层金属层之间施加循环电场来控制DNA单链在纳米孔中的运动，从而实现对单核苷酸的识别和表征。

3）基因组学信息技术

基因组学研究产生了空前大量的以指数倍数生长的数据。按照一个人的基因组有30亿个核苷酸或bp计算，每个人的基因组信息（包括基因组序列和功能注视信息）大约需要3TB的数据储存空间。迄今，全球已经完成了人类基因组测序工作，这些未整理的数据为信息存储、传递和分析带来巨大的压力。同时，基因组信息的增长速度已经远远超过IT业的发展速度，因此如何有效和安全地使用这些信息，为发展中的信息产业带来挑战和机遇。

图形处理器（GPU）最初用于生命科学领域时主要是实现分子模型和蛋白质结构模拟的加速，随着 GPU 技术的发展，特别是在基因组学研究工作中对核酸序列的分析技术上，实现了巨大的加速作用。以下列举了几个较为典型的 GPU 基因组学分析软件[56]。

异构计算技术是在 GPU 并行加速技术上发展起来的新型计算技术，即利用 CPU 的逻辑运算能力和 GPU 浮点运算能力，甚至用现场可编程门阵列（field-programmable gate array，FPGA）技术完成部分固态计算任务，有效地利用不同计算架构下的最适计算能力，从而实现最大程度加速海量信息的分析和挖掘。虽然异构计算的优势明显，但需要根据应用的内容重新编写算法和软件代码，因此在系统移植上具有相当大的难度。不可否认的是，由于其高效性，异构计算仍然被认为是未来解决基因组学乃至生命科学海量数据分析的重要发展方向[57]。表 1-1 列举了目前主要的 GPU 基因组学分析软件。

表 1-1　典型的 GPU 基因组学分析软件

软件名	功能	对比软件	加速效果	开发机构
STOCHSIMGPU	生物系统随机性模拟	NRM	提速 85 倍	英国牛津大学
GBOOST	基因相互作用	BOOST	提速 40 倍	香港科技大学
MUMmer-GPU	短序列拼接	MUMmer	提速 10 倍	美国马里兰大学
GPU-Blast	序列比对	Blast	提速 3～4 倍	美国卡内基梅隆大学
SARUMAN	微生物基因组拼接	SARUMAN（CPU）	提速 25 倍（36bp）、5 倍（100bp）	德国比勒费尔德大学
DecGPU	短片段纠错	hSHREC	提速 22 倍	新加坡南洋理工大学

云计算是基于计算资源的网络化共享架构，一方面实现海量数据的云态存储，解决日益增长的数据存储需求，另一方面利用接入网络的计算资源，分配计算任务至空闲云端系统，降低计算资源的依赖程度。云计算已经在 Google 和 Amazon 的商业服务中实现，目前发展的主要限制因素是网络带宽对数据传输效率的影响[57]。云计算在生命科学乃至基因组学中实现广泛应用需要满足以下条件：适当的安全性、用户有效的通信能力、满足需求并具扩展性的存储能力、满足需求并具扩展性的分析能力、具扩展性的接收数据能力、数据移植的支持能力、与其他云系统的数据交互能力、与公用数据的交互能力等。这些需求既是云计算实现的技术瓶颈，又是云计算优势的体现。

2. 转录组学

后基因组时代，转录组学作为一个率先发展起来的技术，在生物学前沿研究中得到了广泛的应用。广义转录组是指从一种细胞或者组织的基因组所转录出来的 RNA 的总和，包括编码蛋白质的 mRNA 和各种非编码 RNA（rRNA、tRNA、snoRNA、snRNA、microRNA 和其他非编码 RNA 等）。狭义转录组是指所有参与翻译蛋白质的 mRNA 总和。

自从 20 世纪 90 年代中期以来，随着微阵列技术被用于大规模的基因表达水平研究，转录组学作为一门新技术开始在生物学前沿研究中崭露头角并逐渐成为生命科学研究的热点。

1）基于杂交技术的微阵列技术

基于杂交技术的 DNA 芯片技术只适用于检测已知序列，却无法捕获新的mRNA。细胞中 mRNA 的表达丰度不尽相同，通常细胞中约有不到 100 种高丰度 mRNA，其总量占总 mRNA 一半左右，另一半 mRNA 由种类繁多的低丰度mRNA 组成。因此杂交技术灵敏度有限，对于低丰度的 mRNA，微阵列技术难以检测，也无法捕获到目的基因 mRNA 表达水平的微小变化。

2）基于 Sanger 测序法的 SAGE 和 MPSS

基因表达系列分析（serial analysis of gene expression，SAGE）是以 Sanger 测序为基础用来分析基因群体表达状态的一项技术[58]。SAGE 技术首先是提取实验样品中 RNA 并反转录成 cDNA，随后用锚定酶切割双链 cDNA，接着将切割的 cDNA 片段与不同的接头连接，通过标签酶酶切处理并获得 SAGE 标签，然后通过 PCR 扩增连接 SAGE 标签形成的标签二聚体，最后通过锚定酶切除接头序列，以形成标签二聚体的多聚体并对其测序。SAGE 可以在组织和细胞中定量分析相关基因表达水平。在差异表达谱的研究中，SAGE 可以获得完整的转录组学图谱以及发现新的基因并鉴定其功能、作用机制和通路等。

大规模平行测序（massively parallel signature sequencing，MPSS，即高通量测序）是 SAGE 的改进版。MPSS 技术首先是提取实验样品 mRNA 并反转录为cDNA，接着将获得的 cDNA 均匀地加载到特制的小分子载体表面，然后在小分子载体上进行大量的 PCR 扩增，将所有 cDNA 游离的一端进行精准测序产生16～20 个碱基。每一特定序列在整个生物样品中所占的比例，就代表了含有该cDNA 基因在样品中几乎所有表达水平[59]。MPSS 技术对于功能基因组研究非常有效，能在短时间内捕获细胞或组织内全部基因的表达特征。MPSS 技术对于鉴定致病基因并揭示该基因在疾病中的作用机制等发挥了重要作用。

3）基于新一代高通量测序技术的转录组测序

自从 2005 年上市以来，第二代测序技术对基因组学的研究产生了巨大的影响并被广泛运用到了基因组测序工作之中。转录组测序也被称为全转录组鸟枪法测序（whole transcriptome shotgun sequencing，WTSS），以下简称 RNA-seq[60]。

众所周知，真核生物的基因由三类 RNA 聚合酶转录：RNA 聚合酶Ⅰ和Ⅲ负责其种类稀少、功能重要的看家非编码 RNA 基因的转录，包括 rRNA、tRNA、snoRNA、snRNA 等；而 RNA 聚合酶Ⅱ负责蛋白质编码基因和调控非编码 RNA 的转录，其转录在加工过程中均会加上 3′端多聚腺苷尾。RNA-seq 是对用多聚胸腺嘧啶进行亲和纯化的 RNA 聚合酶Ⅱ转录产生的成熟 mRNA 和 ncRNA 进行高通量测序。所获得的海量数据经过专业的生物信息学分析，即可以还原出一种细胞内基因表达的种种特征。如果对不同种类的细胞进行并行的 RNA-seq 及生物信息学分析，即可以获得多种基因表达调控的重要信息。第二代高通量测序技术赋予了 RNA-seq 超强的覆盖度和灵敏性，可以检出许多不曾被预测到的由可变剪接或可变 3′-多聚腺苷化位点选择导致的 mRNA 异构体，以及新的 ncRNA 和反义 RNA（antisense RNA）。它在研究真核生物的基因表达调控、癌症等疾病的发生机制和新治疗方案确定、遗传育种等方面具有不可估量的潜力，是后基因组时代改变人们的生命认知和生活质量的一股强劲力量。短短几年，该技术已经被广泛用于解析人类基因组可变剪接，以及从酵母到拟南芥到人的基因表达中的重要科学问题[61]。

3. 蛋白质组学

蛋白质组学就是从蛋白质的水平进一步认识生命活动的机理和疾病发生的分子机制[62]。蛋白质有其自身特定的活动规律，这些通常都无法直接从基因组的信息中反映出来。这是因为基因组是均一的，在同一生物个体的不同细胞中基本相同，而且它是静态的，比较稳定而不易改变。蛋白质组则具有多样性，同一生物个体的不同细胞中所含蛋白质的种类和数量都不相同，并且它是动态的，不断地改变着，即使是同一种细胞，在不同时期或在不同环境条件下，蛋白质组分也在不断地发生着变化。更重要的是，从基因中得到的蛋白质的信息是不完整的，如在基因组水平上无法获知蛋白质的结构形成、修饰加工、转运定位、蛋白质与蛋白质相互作用等活动。因此，若要精确地研究基因的功能，解释复杂的生命现象，就必然要在整体、动态、网络的水平上对蛋白质进行研究，即进行蛋白质组学的研究。

1）蛋白质组学研究的策略

蛋白质组学自出现起，就有两种研究策略。一种为"穷尽法"（或"竭泽法"），即采用高通量的蛋白质组研究技术，力图查清生物体内一切蛋白质，这种大规模、系统性的策略较符合蛋白质组学的本质。但是，由于蛋白质种类繁多，表达随空间和时间不断变化，且目前高通量研究的技术尚不成熟，短期内要分析生物体内所有的蛋白质是一个难以实现的目标，因此这方面的研究和投资与初期相比已有明显降温。人们逐渐转向另一种策略："差异法"（也称为"功能法"），它着重于寻找和筛选任何有意义的因素引起的不同样本之间的差异蛋白质谱（MS），试图揭示细胞对此因素的反应途径、进程与本质，同时获得对某些关键蛋白的认识和功能分析。这种观点更倾向于把蛋白质组学作为研究生命现象的手段和方法，技术上具有更高的可实现性，在疾病的早期诊断、病程监测、药效分析等方面的应用价值十分显著，是目前蛋白质组学在应用上最具前景的领域。

随着蛋白质组学研究的深入，又出现了一些新的研究趋势。

（1）相互作用蛋白质组学。又称为"细胞图谱"蛋白质组学，包含两个方面的内容：研究蛋白质之间相互作用的网络；分析蛋白质复合体的组成。

（2）亚细胞蛋白质组学。不同蛋白质在细胞中有不同的定位，在某一亚细胞结构内的所有蛋白质因相互作用较紧密而构成一个小整体，因此又派生出一个与空间密切相关的新领域——亚细胞蛋白质组学，如细胞器蛋白质组、核膜蛋白质组等。

（3）定量蛋白质组学。即对蛋白质的差异表达进行准确的定量分析，这标志着蛋白质组学研究开始从简单的定性朝向精确的定量方向发展，并逐渐成为蛋白质组研究的新前沿。

2）蛋白质组学研究技术

双向凝胶电泳（two-dimentional gel electrophoresis，2-DE）是目前蛋白质组学研究的常见技术。其原理简明，首先进行等电聚焦，蛋白质沿 pH 梯度分离，到达各自的等电点；随后沿垂直的方向按分子量进行分离。

1982 年固相化 pH 梯度应用于 2-DE，解决了 pH 梯度不稳的问题，对 2-DE 的重复性和分辨率的提高有里程碑的意义，使 2-DE 真正成为蛋白质组分析的核心技术。随后，为了分离复杂的蛋白样品和低拷贝蛋白，发展了窄固定化 pH 梯度（IPG）胶条技术[63]，把 pH 梯度范围缩小至 1～1.5，提高了等电聚焦的分辨率。还有超窄 pH 梯度胶的应用[64]，可减少 pH 相近的共同迁移蛋白质数量，显示出了更好的分离性能。近来，采用蛋白质组重叠群[65]，即利用多个不同 pH 梯度和分子量上相互重叠的 2-DE 图谱，拼接成一张完整的 2-DE，大大提高了分辨率和进样量，这对于低丰度蛋白的检出十分有利。

质谱的基本原理是在样品离子化后，根据不同离子质荷比的不同进行分离并确定分子量。以前的质谱由于难以解决高分子化合物的离子化问题而仅限于分析小分子化合物，直到基质辅助的激光解吸电离和电喷雾电离这两种新的电离技术的出现，才使质谱广泛用于蛋白质的鉴定，并已成为蛋白质组学研究的支撑技术。

质谱的装置和技术不断完善发展，已经大大提高了蛋白质组学的研究技术，如可以不再经过胶分离和酶解而直接用质谱鉴定蛋白质，先用蛋白质粗提物进行毛细管电泳分离，然后直接加至傅里叶离子回旋加速器核磁共振质谱仪，一次就能获得多个蛋白的精确分子量。一种基质辅助激光解吸电离四极杆飞行时间质谱（MALDI-Q-TOF MS），即把 MALDI 离子源与一个高效串联质谱仪相连，并结合肽质指纹图和肽序列标签对蛋白质进行鉴定，可大大提高鉴定的特异性和准确率[66]。此外，又出现了把两个飞行时间质量分析器串联在一起的 MALDI-TOF-TOF MS，它具有 MALDI-Q-TOF MS 的许多优点，使质谱真正发展为高通量的蛋白质测序工具[67]。

同位素标记亲和标签（isotope coded affinity tag，ICAT）技术目前已成为蛋白组研究的核心技术之一。它是在质谱技术的基础上发展起来的一种定量质谱法，能够精确地分析不同样品中蛋白质表达量的差异，从而使蛋白质组学真正成为一种差异显示技术[68]。此技术是用具有不同质量的小分子试剂 ICAT 去标记处于不同状态下的细胞中的蛋白质，再利用串联质谱技术，就能非常准确地比较出两份样品中蛋白质表达水平的不同。ICAT 技术的优点在于它可以对混合样品进行直接测试而不需分离，能够迅速地定性和定量鉴定低丰度蛋白质，故可用于快速临床诊断。因此，虽然 ICAT 还存在一些不足，但仍然具有巨大的应用价值。

蛋白质芯片的基本原理与基因芯片相似，为一些表面经过特殊修饰的载体，不同种类的芯片可以选择性地吸附不同的蛋白质。这些芯片可通过与特殊的配基、抗体、离子或疏水基团相连来选择性地吸附我们所需的目的蛋白质。蛋白质芯片一次可以快速分析多种蛋白质，因此是一项很有前途的技术。随着自动化的发展。一些实验室将蛋白质芯片技术与质谱联用，通过质谱直接显示反应结果。例如，生物传感芯片和质谱联用，可极大地提高自动化程度与分析检测的灵敏度[69]。还有新近发展的表面增强蛋白质芯片技术，也是一种基于质谱的蛋白组分析技术[70]。

3）蛋白质相互作用组学分析技术

酵母双杂交系统是当前广泛用于蛋白质相互作用组学研究的一种重要方法。其原理是当靶蛋白和诱饵蛋白特异结合后，诱饵蛋白结合于报道基因的启动子，启动报道基因在酵母细胞内的表达，如果检测到报道基因的表达产物，则说明两者之间有相互作用[71]，反之则两者之间没有相互作用。将这种技术微量化、阵列化后则可用于大规模蛋白质之间相互作用的研究。在实际工作中，人们根据需要发展了单杂交系统、三杂交系统和反向杂交系统等[70]。Angermayr 等设计了一个 SOS 蛋白介导的双杂交系统，可以研究膜蛋白的功能，丰富了酵母双杂交系统的功能。此外，酵母双杂交系统的作用也已扩展至对蛋白质的鉴定[72]。

在编码噬菌体外壳蛋白基因上连接一单克隆抗体的 DNA 序列，当噬菌体生长时，表面就表达出相应的单抗，再将噬菌体过柱，柱上若含目的蛋白质，就会与相应抗体特异性结合，这被称为噬菌体表面展示技术[73]。此技术也主要用于研究蛋白质之间的相互作用，不仅有高通量及简便的特点，还具有直接得到基因、高选择性地筛选复杂混合物、在筛选过程中通过适当改变条件可以直接评价相互结合的特异性等优点[74]。

表面等离子体共振（surface plasmon resonance，SPR）技术已成为蛋白质相互作用研究中的新手段。它的原理是利用一种纳米级的薄膜吸附上"诱饵蛋白"，当待测蛋白与诱饵蛋白结合后，薄膜的共振性质会发生改变，通过检测便可知这两种蛋白的结合情况。SPR 技术的优点是不需标记物或染料，反应过程可实时监控，测定快速且安全，还可用于检测蛋白与核酸及其他生物大分子之间的相互作用。

除以上技术外，用于蛋白质相互作用研究的方法还有亲和层析免疫沉淀、荧光能量转移技术、抗体与蛋白质阵列技术等，并且还不断有新的技术涌现出来。

4）蛋白质组生物信息学

蛋白质组学研究的整个过程中无论是双向电泳图谱的分析，还是质谱数据的解析，或是实验室间的相互比较，或是最终蛋白质组数据库的建立，其数据量之巨大在生物学上是史无前例的，这就必须要有高度自动化的处理，包括数据的输入、储存、加工、索取以及数据库之间的联系。因此生物信息学已成为蛋白质组学研究中一个不可缺少的组成部分，其应用主要包括：数据库建立、蛋白质结构预测、分子进化，以及各种分析、搜索软件的开发等。

蛋白质组数据库是蛋白质组研究水平的标志和基础，数据库的种类繁多，包括蛋白质序列数据库、质谱数据库、双向电泳图谱数据库等。最常用的数据库有 SWISS2PROT、TrEMBL 以及 NCBI 的非冗余蛋白质序列数据库。其中 SWISS2PROT 是真正的蛋白质序列数据库，也是目前世界上最大、种类最多的蛋白质组数据库，而 TrEMBL 是收集自动从核酸翻译而来还没有进入 SWISS2PROT 的蛋白质序列，nrNCBI 则包含了由 GenBank 中的 DNA 翻译而来的以及 PDB、SWISS2PROT 和 PIR 数据库中的蛋白质序列[75]。

目前许多与蛋白质组相关的分析、搜索软件可通过与 EXPASY 蛋白质组学服务器链接而获得。这些软件可用于查找所需信息，鉴定蛋白质的种类，分析蛋白质的理化特性，预测可能的翻译后修饰以及蛋白质的三维结构。蛋白质组研究中常用到的软件工具主要有蛋白质双向电泳图谱分析软件，比较知名的有 Melanie3、PDQuest6.1、Progenesis、Delta 2D 等。

随着蛋白质组数据库的不断完善和各种相关软件的不断发展，蛋白质组学必将如虎添翼，更加迅速地发展。

4. 代谢组学

依据代谢物物理化学参数的差异，采用不同的仪器分析方法，力求满足高选择性、高灵敏度、高通量、多维、动态、多参量的要求。早期的方法多使用单一仪器对简化的生物体系代谢产物进行分析，但是由于代谢产物的复杂性和多样性，单一的分析技术很难对它们进行无偏向的全面分析。随着代谢组学分析技术的发展，出现了多种联用仪器方法、多种组合仪器方法，几乎能够使用的实验仪器方法均已出现在代谢组学研究中，如色谱、质谱、核磁共振、红外光谱、电化学检测、紫外吸收、荧光散射、发射性检测和光散射等分离分析手段及其组合技术。较为典型的分析手段仍然是核磁共振技术、色谱、质谱及其联用技术。

1）核磁共振技术（NMR）

NMR 是当前代谢组学研究中的主要分析技术，特别是 ^{1}H-NMR，对含氢代谢产物均有响应，能完成代谢产物中大多数化合物的检测，满足了代谢组学对尽可能多的化合物检测的目标，它所产生的波谱可检测血浆、尿液、胆汁等生物基质中具有特殊意义的微量物质的异常成分。^{1}H-NMR 技术也具有两个明显的缺陷：灵敏度仍然不够高，分辨率低。近期，^{13}C-NMR 技术的应用，提高了分辨率[76]。新发展的魔角旋转技术使得人们可以研究以前难以用液体 NMR 研究的样品，如器官组织样品，从而得到完整的高分辨图[77]。活体磁共振波谱和磁成像等技术，能够无创、整体、快速地获得机体某一指定活体部位的 NMR 谱，直接鉴别和解析其中的化学成分[78]。

2）质谱技术

相对于 NMR 灵敏度低、检测动态范围窄等弱点，质谱具有较高的灵敏度和专属性，可以实现对多个化合物的同时快速分析与鉴定。相关质谱技术的主要进展简述如下。

傅里叶离子回旋共振-质谱：具有超高分辨率和准确度，可以配备大气压化学电离、纳升级电喷雾和基质辅助激光解吸等各种离子源，使核酸或蛋白质、多肽等不易挥发的生物大分子产生气化的带单电荷或多电荷的分子离子，在未知物确定上发挥了很大的作用[79]。

直接输注大气压电离化质谱技术：在代谢指纹的快速扫描中，除了常规的 NMR 和分子振动光谱等方法外，近年来一些适合于直接进样的质谱分析技术[80]得到了发展，其采用的"软"电离技术能很好地提供分子离子的指纹图。

基于多孔硅表面的解吸离子化技术：电喷雾解吸电离质谱技术[81]在常压下能将表面吸附的分析物进行解吸电离，无需样品前处理，也不受基体背景干扰，从而实现质谱对复杂样品的原位、高通量、非破坏分析，获得更直接和全面的样品信息。

3）色谱-质谱联用技术

色谱-质谱联用技术兼备色谱的高分离度、高通量及质谱的普适性、高灵敏度和特异性，越来越多的研究工作将色谱-质谱联用技术用于代谢组学研究。以下综述了主要的色谱-质谱联用技术及其最新动态。

气相色谱-质谱（GC-MS）：采用 GC-MS 可以同时测定几百种化学性质不同的化合物，包括有机酸、大多数氨基酸、糖、糖醇、芳胺和脂肪酸。GC-MS 具有较高的分辨率和检测灵敏度，并且有可供参考、比较的标准谱图库，可用于代谢产物的定性。但是 GC 不能直接得到体系中大多数难挥发代谢组分的信息，不能分析热不稳定物质和一些大分子代谢产物，对于挥发性较低的代谢产物需要衍生化处理，预处理过程烦琐。相转移催化（PTC）技术的利用，提高了衍生化的效率[82]。还有最近发展起来的二维 GC（GC×GC）技术，由于具有分辨率高、峰容量大、灵敏度高及分析时间短等优势，备受代谢组学研究者的青睐[83]。

液相色谱-质谱（LC-MS）：相对于 GC-MS，LC-MS 能分析更高极性和更高分子量的化合物，已被越来越多地用于代谢组学研究[84, 85]，它非常适合于生物样本中复杂代谢产物的检测和潜在标记物的鉴定。LC-MS 一个很大的优势是大多数情况下不需要对非挥发性代谢物进行化学衍生。过去几年，LC-MS 技术中的软电离方式使得质谱仪更加完善和稳健，超高效液相色谱（UPLC）/高分辨飞行时间质谱（TOFMS）技术[86, 87]及联机的 MarkerLynx 自动化数据处理软件的应用为复杂生物混合物提供了更好的分离分析能力；另外，现代离子阱多级质谱仪的发展使 LC-MS 可提供未知化合物的结构解析信息[88]。

毛细管电泳-质谱（CE-MS）：毛细管液相色谱质谱联用技术[89]也被用于代谢组学研究以提高代谢产物的检测灵敏度和通量。相对其他分离技术，CE-MS 具有几个重要的优势：高效分离率、微量进样量（平均注射体积 1~20 μL）以及快速分析。CE-MS 的最大优点是它可在单次分析实验中分离阴离子、阳离子和中性分子，因此 CE 可以同时获得不同类代谢物的谱图[90-92]。这使得它成为高通量非目标分析代谢组学研究中一个很有吸引力和发展前景的分析技术。

电化学阵列检测和质谱联用技术：已经广泛用于低分子量代谢产物的多组分分析，电化学质谱联用技术能够更广泛反映内源性代谢物的化学变化和浓度变化，有利于数据标准化、峰纯化和结构鉴定。此外，傅里叶变换红外光谱也被用于代谢组学研究以提高代谢产物的检测灵敏度和通量[93]。每种技术都有优缺点，多种技术联用提高了检测的灵敏度。

4）代谢组学数据处理方法

代谢组学得到的是大量、多维的信息，为了充分抽提所获得数据中的潜在信息，需将原始数据转变为适合于多变量分析的数据形式，代谢组学研究中通常运用统计分析方法，对采集的多维海量信息进行压缩降维和分析，得到有用信息。常用的统计模式识别方法有监督法和非监督法。其中主成分分析法和偏最小二乘法是最简单也是比较有效的模式识别方法。

数据处理中一些新的方法开发和应用有力地推动了代谢组学的发展。Saude 等[94]根据不同代谢物和内标物的纵向弛豫率,得到校正因子,对代谢物的定量结果进行校正,大大提高了定量准确率;OPLS(orthogonal PLS)分类模型能提高代谢组学数据有用信息的可视化和判别化程度,S-plot 作为一个能反映出代谢物与分类模型之间共方差和相关性的工具,被用于鉴别有统计学意义和生理学意义的代谢物;在线性最小二乘的基础上使用奇异值分解,能在一定程度上削弱峰重叠,有助于样品的定量化分析和化学成分鉴定[95]。同时,基于不同的分析技术,分别出现了一系列的相关软件。例如,针对 GC-MS 数据,产生的软件有 LECO 公司开发的 ChromaTOF 软件,Ion Signature Technology 公司开发的 IST 软件等;针对 LC-MS 数据,产生的软件有 Waters 公司开发的 MarkerLynx 软件,Agilent 公司开发的 Mass Hunter 软件等;针对 NMR 数据,产生的软件有 ProMetab 和 StePSM 等[96]。

5. 相互作用组学

生命活动中的各种功能和行为不是由单一分子完成的,都是通过体内各种分子的相互作用实现的。现在研究较多的是蛋白质间的相互作用。相互作用组学系统地研究各种分子的相互作用,包括蛋白质-蛋白质、蛋白质-核酸、蛋白质-代谢物的相互作用和这些作用形成的分子机制、途径和网络[42]。

研究分子相互作用的技术平台有三类:①分子生物学平台,主要是酵母双杂交和噬菌体展示系统;②生物化学技术平台,主要有免疫共沉淀、交联和结合试验;③蛋白质芯片技术平台。用酵母双杂交法分析了啤酒酵母系统 2039 个蛋白质之间的相互作用,结果鉴别了一个由 1548 个蛋白质参与包括 2358 个相互作用的巨型网络和几个较小的网络。用蛋白质芯片鉴别了啤酒酵母系统中 1.1 万个蛋白质-蛋白质相互作用。

相互作用组学研究可用于构建生物系统中的各种途径和网络,鉴别参与网络和途径的生物元件,形成系统生物学研究中的模块,进一步通过模块的相互作用研究构建完整的生命活动线路图。

6. 表型组学

目前,表型组学主要是细胞水平的研究,因为细胞作为生命活动的基本单元具有活生物体的主要性状,如信息传导、时空组织、繁殖、体内平衡和对环境变化的应答和适应等,而且可用细胞进行高通量全基因组水平的研究。

表型组学研究的主要技术平台是细胞芯片和组织芯片。细胞芯片是在全基因组水平对每个基因进行各种基因操作，包括基因敲除、基因导入、基因抑制和基因激活，构建相应的细胞株，并植入细胞芯片进行高通量的表型研究。组织芯片主要用于高通量的药理、毒理、病理研究[42]。

表型组学是系统生物学组学平台的终端，通过基因组学、转录组学、蛋白质组学、代谢组学、相互作用组学到表型组学完成了由基因序列到基本生命活动的全过程。已对大肠杆菌和酵母的糖代谢进行了从基因组到表型组的系统研究。细胞芯片也在新药和药靶的发现、新药评价等方面得到越来越多的应用，使新药研发从高通量过程逐步演变为高内涵过程。

1.2.3　系统生物学应用

近年来，应用基因工程和代谢工程等现代生物技术手段在提高植物种子油脂含量方面的研究日益增多，并且通过超表达参与油脂代谢的单个酶基因或基因组合提高种子油含量取得了可喜的进展。这些研究主要是通过以下几个方面实现提高种子油脂含量的。

（1）增加油脂合成底物［脂肪酸合酶（fatty acid synthase，FAS）和甘油骨架］的供应量，从而促进 TAG 的合成。

（2）超表达催化 TAG 合成的相关酶基因。

（3）超表达油脂合成相关转录因子。

（4）调节种子中不同代谢储存物质之间的碳流，实现碳流向油脂合成方向倾斜；另外通过修饰（超表达或抑制）特殊 FAS 合成相关酶基因，实现种子油脂成分的改变。

1. 基因工程

在基因组层面的应用主要通过比较基因组学分析，包括产油微生物彼此间比较（如高低产菌株）、产油和非产油菌株间比较，以及基于基因组的代谢网络模型构建。随着测序技术的进步和费用的下降，完成全基因组测序的微生物菌株数量逐年上升，这为产油微生物比较基因组研究提供了基础[97]。

此外，利用基因工程可以改变生物原有的遗传特性，增加原有代谢物的生成量或合成新的代谢物。随着基因工程相关技术的迅速发展，对产油微生物油脂积累代谢相关途径进行遗传学改造，以获得适合工业化生产的优良菌株已经成为研究的热点。迄今，由于产油酵母、霉菌的基因组测序工作处于起步阶段，遗传学背景并不清晰，缺乏成熟的遗传操作平台，因此，利用基因工程手段进行菌株改造还处在起步阶段。对于产油微藻，由于与其亲缘关系较近的几株微藻已经完成了全基因组测序，并且有比较成熟的遗传转化体系，对其的遗传学改造已经展开[98]。目前，大部分的研究工作集中在对一些非产油模式物种的遗传改造，并在促进细胞油脂合成方面取得了一定的进展，为今后对产油微生物的改造提供了有价值的研究背景。

1）TAG 合成途径关键酶的过量表达

细胞内油脂的生物合成包括三个关键步骤：①乙酰辅酶 A 羧化形成丙二酰辅酶 A，该步骤是脂肪酸生物合成的关键步骤；②酰基链的延长；③TAG 的形成。微生物体内油脂合成的几种关键酶，如乙酰辅酶 A 羧化酶（ACC）、FAS 及二酰甘油酰基转移酶（DGAT）等成为基因工程改造微生物油脂合成途径的主要靶点，国内外相关研究工作也围绕着这几种关键酶展开[99]。

2）油脂积累调控关键酶的过量表达

研究表明，相对于非产油微生物，产油微生物并不具有额外的油脂合成途径，其胞内油脂积累是通过一个可调控的高度偶联的代谢网络和选择性的物质运输系统来实现的。因此，除了 TAG 合成途径中的关键酶外，还有一些酶虽然不直接参与油脂的代谢，但是能够通过增加油脂合成所需的一些关键的中间代谢产物而对微生物胞内的油脂积累起到重要的调控作用。

3）油脂积累竞争途径的阻断

根据代谢工程的观点，将油脂合成的竞争途径阻断，同样能达到加强代谢流指向 TAG 合成路径的目的。微生物体内油脂合成积累主要的竞争途径包括：β-氧化、磷脂的生物合成及磷酸烯醇式丙酮酸（PEP）向草酰乙酸的转化。

β-氧化是真核生物降解脂肪酸的主要代谢途径，但由于 β-氧化对细胞能量的供应有着至关重要的作用，并且脂肪酸的大量积累会对细胞产生毒性。因此，不可能将这条途径完全阻断。目前还没有通过直接抑制 β-氧化而提高脂肪酸含量的报道。

磷脂由于与 TAG 有着相同的底物——磷脂酸，当磷脂酸转化为胞苷二磷酸-甘油二酯而非甘油二酯时，就进入了磷脂的生物合成途径。因此磷脂的生物合成成为 TAG 生物合成的另一个"竞争者"。如前所述，DGAT 的过表达能够有效地使磷脂酸流向 TAG 合成路径。另外，对磷脂合成途径的阻断，将导致额外的脂肪酸延长循环，造成非正常脂肪酸的形成[100]。

第三条竞争途径是 PEP 羧化酶（PEPC）催化 PEP 向草酰乙酸的转化。由于 PEP 同时为 TAG 的合成提供大量的丙酮酸及乙酰辅酶 A，因此，PEPC 活性的阻断将导致 PEP 主要流向 TAG 的生物合成。

A. 自由脂肪酸合成路径的改造

最早关于微藻脂肪酸合成相关酶的研究是乙酰辅酶 A 羧化酶（ACCase），它是脂肪酸合成过程中的关键酶，负责催化脂肪酸合成的第一步反应，将乙酰辅酶 A 催化成丙酮酸辅酶 A。ACCase 分为 2 类，即异质型和同质型[101-103]。在酵母和其他高等真核生物中 ACCase 的活性和表达量与脂肪酸含量有密切关系，Shi

等[104]发现在酿酒酵母中过量表达改造后酶活性提高的 ACCase 时，酿酒酵母油脂含量最多增加 65%。大肠杆菌中 ACCase 的过量表达使得总脂含量增加为原来的 6 倍[105]。但是，通过增加 ACCase 的表达量来促进脂肪酸合成在微藻中并不成功。Dunahay 等[106]增加硅藻中 ACCase 的表达量，尽管 ACCase 的表达量增加了 2~3 倍，但脂肪酸含量无明显增加。在隐秘小环藻、舟形藻中过量表达 ACCase 均未导致脂类含量明显增加。存在的原因可能有两个，一是 ACCase 酶结构复杂，碱基数多，对其改造难度较大；二是 ACCase 虽然是限速酶，但与终产物 TAG 的距离较远，加上微藻中还存在反馈抑制的调控，这大大减弱了 ACCase 的作用。

脂肪酸合酶是一个多亚基多酶复合体，脂肪酸合酶以丙二酰辅酶 A 为底物，每进行一个循环增加 2 个碳原子，最后形成 16C 的软脂酰-酰基载体蛋白和 18C 的硬脂酰-酰基载体蛋白，再形成二十二碳六烯酸（DHA）和花生四烯酸（ARA）等长链多不饱和脂肪酸[107, 108]，很多藻的脂肪酸合酶已经被发现。脂肪酸合酶作为一个多酶复合体，它的底物通常有多个酶结合位点，产物的合成由多个酶调节。因此，单一地改变其中一种酶活性，只能改变某一种油脂成分的含量，对脂肪酸总量的影响不大。2001 年，Dehesh 等[108]克隆了菠菜中 3-酮脂酰-酰基载体蛋白合成酶Ⅲ（KASⅢ）的 cDNA 序列，分别在烟草细胞、橄榄型油菜和拟南芥中进行过表达，结果增加了这 3 种植物中饱和脂肪酸（C16:0）的含量，总脂的合成率没有明显提高。以上研究说明，脂肪酸合酶多亚基、多调控机制的特性导致人们不能通过单一的酶基因改变来提高总的脂肪酸含量。

B. TAG 组装路径（Kennedy 路径）的改造

TAG 组装路径是指 TAG 的形成路径，脂肪酸在质体中形成后，被运送到细胞质的内质网上，与甘油进行组装，主要涉及甘油-3-磷酸脱氢酶（G3PDH）、甘油-3-磷酸酰基转移酶（GPAT）、溶血磷脂酸酰基转移酶（LPAAT）和二酰甘油酰基转移酶（DGAT）[109]。在胁迫条件下，TAG 合成量的显著增加与 4 种酶有密切的关系，它们是合成 TAG 的关键酶。目前，关于这些酶的研究主要集中在拟南芥、油菜等高等植物，在大肠杆菌、酵母和微藻中也有少量研究[110]。在不同的物种中酰基转移酶的存在形式是不同的。

a. 甘油-3-磷酸脱氢酶

G3PDH 负责将磷酸二羟基丙酮催化形成甘油-3-磷酸，该反应是甘油代谢途径中的限速步骤，在还原型烟酰胺腺嘌呤二核苷酸（NADH）的参与下催化磷酸二羟基丙酮生成甘油-3-磷酸，它决定了甘油合成量的多少[111]。这步反应严格说虽不算 Kennedy 途径，但为 Kennedy 路径提供前体物质，决定了目标产物的产量。

G3PDH 在植物和藻类中的研究报道较少。Vigeolas 等[112]将一种胞质酵母的

G3PDH 基因 *gpd*1 转化到油菜种子中，结果发现油菜种子中的含油量增加了 40%，这是因为微藻中与脂代谢相关的大部分基因序列与陆生植物的同源性较高。由此推测，G3PDH 的过表达或酶活性提高对微藻的油脂量变化有影响。

b. 甘油-3-磷酸酰基转移酶

GPAT 是 Kennedy 路径的第一个酰基转移酶，负责催化脂肪酰基转移到 3-磷酸甘油的 sn-1 位上，生成 1-单酰甘油-3-磷酸。目前，多种高等植物和藻类的 GPAT 基因序列已经被分离出来。Jain 等[113]在研究莱茵衣藻膜脂代谢时发现，在光刺激条件下，莱茵衣藻膜脂代谢增加的同时，GPAT 的酶活性提高至少 10 倍。由此推测微藻中脂产量与 GPAT 的活性有密切关系。通过分子生物学手段将大肠杆菌和红花的 GPAT 基因转移到拟南芥中，可以增加种子的含油量和质量，使得拟南芥油脂含量分别提高了 15%和 22%。Namrata 等[114]对 7 种藻类和 3 种高等植物质体中的 GPAT 进行了序列结构分析，研究 GPAT 的进化过程发现，莱茵衣藻、拟南芥和大豆的 GPAT 序列虽然不同，但都有保守的拓扑结构 14α 螺旋和 9β 折叠。这些研究为利用 GPAT 构建基因工程藻提供了重要依据。

c. 溶血磷脂酸酰基转移酶

LPAAT 负责催化脂酰 CoA 上的脂肪酸酰基转移到溶血磷脂酸的 sn-2 位，生成磷脂酸（PA）。对高等植物中的研究主要集中在花生、拟南芥和油菜中，它提高产油量的效果显著。将一个酵母的 sn-2 酰基转移酶转入到基因缺陷型的酵母中，证明该基因编码的酶可以催化 sn-1 位溶血磷脂酸，转入拟南芥后，它能使种子中的油脂含量提高 8%～48%，其中超长链脂肪酸所占比例明显增多[115]。Knutzon 等[116]将来自椰子中的 *lpaat* 基因和福尼亚月桂树中的硫酯酶基因共同转入油菜中，使得月桂酸产量提高，除了出现在固定位置 sn-1 和 sn-3 积累外，在 sn-2 位上也有积累，菜籽油中的月桂酸含量增加了 50%。

研究发现，莱茵衣藻在胁迫条件下脂肪酸含量增加时，*lpaat* 等基因的表达量也相应升高，利用基因敲除技术减少 *lpaat* 表达量后，中性脂含量降低了 20%[116]，由此推测，调节 *lpaat* 基因的表达量或者增加 LPAAT 酶的活性可以增加藻类脂肪酸含量。最近的研究表明，LPAAT 酶等作用下生成的磷脂对人类疾病（如 Chanarin-Dorfman 综合征、癌症、过度肥胖）和二十二碳六烯酸（DHA）的产量等均有影响[117, 118]。

d. 二酰甘油酰基转移酶

DGAT 是 TAG 合成的最后一个酶，催化二酰甘油生成 TAG，同时也可以催化磷脂酸生成二酰甘油，使其进入油脂生物合成路径，是 TAG 合成反应的重要限速酶。DGAT 主要分为 4 种类型：DGAT1、DGAT2、Cyto DGAT 和 WS/DGAT。DGAT1 和 DGAT2 蛋白主要结合在内质网膜上，是微粒体酶；Cyto DGAT 和 WS/DGAT 是近年发现的新类型。

DGAT 的过表达已经在酵母、哺乳动物、植物和昆虫中实现[119-121]，证实其对于脂肪酸含量有影响。最早关于 DGAT 影响产油量的报道是在 2001 年，Jako 等[13]将 DGAT 的 cDNA 导入野生型拟南芥中进行过量表达，结果 DGAT 的活性增加了 10%~70%，种子含油量也有所增加。将拟南芥的 *dgat* 基因分别在酵母和烟草中进行过量表达，使得酵母中 DGAT 活性增加了 200~600 倍，TAG 含量提高为原来的 3~9 倍，烟草中 TAG 含量提高 7 倍。Zhang 等[122]用特异性 hpRNA 沉默烟草中的 *DGAT1* 基因，烟草种子的含油量下降了 9%~49%。过量表达 DGAT 使得脂肪酸含量显著提高，这可能是因为 DGAT 催化两条相关代谢步骤，使得更多的二酰甘油生成 TAG。

C. 旁路代谢路径的调控

旁路代谢路径是指除脂肪酸代谢路径之外的其他代谢路径，如三羧酸（TCA）循环等。这些路径分担了部分碳流，使得流向脂肪酸合成的碳源变少，所以对于这些代谢路径中关键酶的调节通常会影响到脂肪酸的含量。

磷酸烯醇式丙酮酸羧化酶（PEPC）：PEPC 是一种在有机体中广泛存在的细胞质酶，主要存在于古细菌、细菌、单细胞绿藻和维管束植物等有机体中[123]。在 C4 植物和景天酸代谢植物中，PEPC 在 CO_2 固定过程中起到重要作用；在 C3 植物和非光合组织中，PEPC 在柠檬酸反应中催化不可逆反应，使得磷酸烯醇式丙酮酸盐生成草酰乙酸盐。所以，PEPC 是碳源是否流向脂肪酸合成链的关键酶。

在对 PEPC 的研究中，可以利用 RNA 沉默技术抑制 *pepc* 的表达。1999 年陈锦清等[124]发现，油菜籽中的 *pepc* 沉默后，产油量提高了 6.4%~18%，表明脂肪酸含量与 PEPC 酶活性为负相关，同样的研究结果也出现在微藻中。在莱茵衣藻和三角褐指藻中，利用 RNAi 技术使 *pepc1* 和 *pepc2* 基因沉默后，莱茵衣藻的油脂含量分别提高了 14%~28%和 20%[125]。另外，通过抑制 PEPC 酶活性，同样可以显著提高微藻（如绿藻、硅藻等）的脂含量[126, 127]。

柠檬酸合成酶（CIS）：柠檬酸合成酶是三羧酸循环的第一步，有多种同工酶，存在于各种亚细胞结构中，在多种生理代谢路径中起作用，位于线粒体中的柠檬酸合成酶在三羧酸循环中起到限制性酶的作用，负责将乙酰辅酶 A 催化成柠檬酸。

在对植物和动物的研究中发现，柠檬酸合成酶的作用主要集中在如下三个方面：①该基因的过表达可以促进农作物分泌柠檬酸，促进磷在土壤中的溶解，增加土壤中磷的利用率[128]；②增加细胞对铝毒素的抵抗作用[129]；③柠檬酸合成酶基因的表达与水果成熟过程中有机酸的积累有关。张秀梅等[130]发现，在松子果成熟期间，柠檬酸含量与柠檬酸合成酶的活性有关。

近年来，RNA 干扰技术逐渐被 microRNA 技术所代替。microRNA 是一类长度很短的由一段具有茎环结构的长度为 70~80 nt 的单链 RNA 前体经过 Dicer 加工之后的一类非编码的小 RNA 分子（21~23 个核苷酸），在动物和植物中广泛表达，是一类新型的调控基因表达的小分子 RNA，它作为基因表达的负调控因子，在转录后水平调节靶基因的表达。因此，利用 microRNA 技术调控的专一性更强，表达也更稳定，可控性更好[126, 131]。

2. 转录因子工程

在转录层面的应用主要包括转录组分析、转录因子挖掘、转录调控网络的构建。转录组是目前在产油微生物中应用最为广泛的组学技术。产油微生物自身具有较强的脂质积累能力，而特定营养或环境胁迫会诱导产油微生物胞内脂质积累量大幅提高。当外部营养或环境发生改变时，产油微生物最先做出的响应往往发生在调控层面，激发自身的抗逆信号响应途径，进而引发全局性代谢重编程[132]。

近年来转录因子工程得到了发展，即利用转录因子来调控一系列酶的丰度或活性，以提高这些酶参与合成的目标代谢物的产量。油脂的积累涉及油脂的生物合成及分解代谢，是一个非常复杂的系统，通过改变一种或几种基因显著提高油脂含量难度很大。针对以上问题，已有学者提出利用转录因子途径调控油脂的积累。该途径的主要优势在于，转录因子参与调控代谢途径中的一系列基因。因此，可以通过调控相关转录因子，进而带动 TAG 合成代谢途径中的一系列基因表达水平上调或下降，促使碳源流向 TAG 的合成路径并得到大量积累。虽然利用转录因子工程改造产油微生物的研究还处于襁褓期，但是对模式非产油菌株进行转录因子调控，以提高胞内油脂含量的研究已经展开，并取得了一定的进展[133]。

目前，几种产油微生物基因组中的转录因子已经被注释出来，而其中仅有少数几种转录因子的生物学功能得到确定。此外，与产油微生物油脂积累调控密切相关的转录因子的鉴定还鲜有报道[134]。因此，采用先进技术从庞大的基因组数据库中鉴定、纯化出转录因子并对其功能进行注释，对于利用转录因子工程理性改造产油微生物意义重大。当前，转录因子的鉴定手段主要是目标代谢物生产与非生产发酵条件下的转录组和蛋白质组的比较。

3. 蛋白质工程

在蛋白组翻译层面的应用主要包括全细胞蛋白质组分析、蛋白修饰组分析以及脂滴蛋白组分析。蛋白质工程就是通过对蛋白质化学、蛋白质晶体学和蛋白质动力学的研究，获得有关蛋白质理化特性和分子特性的信息，在此基础上对编码蛋白质的基因进行有目的的设计和改造，通过基因工程技术获得可以表达蛋白质的转基因生物系统，这个生物系统可以是转基因微生物、转基因植物、转基因动物，甚至可以是细胞系统[135]。

1）提高脂肪酶热稳定性

提高脂肪酶的热稳定性，除了满足特定生产过程（如高熔点油脂）或加快反应速率外，从宿主细胞中分离纯化的过程也更容易。尽管对酶的热稳定性有多种观点，然而目前对于分子机理没有普适的规则[136]，因此定向进化是有效可靠的方法。

2）改变不同链长脂肪酸选择性

对长链脂肪酸有选择性的脂肪酶对制备生物油脂具有应用价值[137]。对中、短链脂肪酸有选择性的脂肪酶，可用来富集 16C 以上的饱和脂肪酸或 18C 以上的多不饱和脂肪酸，或者用来合成中碳链结构脂质。研究表明：底物结合位点的形状、大小、疏水性和脂肪酶对链长的选择有相关性，而且只有少量的氨基酸位于结合位点内部，因此对这些氨基酸进行突变有望改变链长选择性[138]。

3）提高反式脂肪酸选择性

在油脂氢化的过程中会产生一定量的反式脂肪酸，过量摄入反式脂肪酸对健康存在负面影响。南极假丝酵母（*Candida antarctica*）产的脂肪酶 A（CALA）作为一种生物催化剂，对反式脂肪酸具有选择性，这一特性有望在部分氢化植物油中选择性地去除反式脂肪酸。有报道称 CALA 在酯化反应中，以正丁醇和反油酸为底物的酯化速率是正丁醇和油酸的 15 倍[139]。尽管 CALA 的三维结构已经被解析，但这种选择性的原因尚不明确。

4）提高抗氧化性

脂肪酶催化酯交换生产人造奶油的过程中，油脂中存在的氧化物会使蛋白失活，原因是植物油中含量高的不饱和脂肪酸容易产生过氧化反应，生成醛类。这些化合物会与蛋白表面亲核氨基酸发生反应，形成共价修饰或交联[140, 141]。根据这一机理可以针对赖氨酸、组氨酸和半胱氨酸进行氨基酸替换，无需进行全基因随机突变。

5）提高甲醇耐受性

脂肪酶催化制备生物柴油是目前的研究热点。由于作为底物之一的甲醇会使酶失活，因此提高脂肪酶对甲醇的耐受性会降低生产成本。除了脂肪酶固定化、生产工艺优化等方法外，蛋白质工程可以从源头上提高脂肪酶本身对甲醇的耐受性。有报道认为脂肪酶表面的疏水性和电荷分布是影响有机溶剂中稳定性的关键[142]。

6）提高酶活性

提高脂肪酶的活性是提高生产效率的基本需求。利用蛋白质工程提高脂肪酶活性的各种研究中，大多采用定向进化的手段。

4. 代谢工程

代谢工程技术作为构建微生物细胞工厂的重要方法，已经被成功应用于多种生物基产品的工业化生产，如青蒿素、N-乙酰氨基葡萄糖、黄酮类化合物等。传统代谢工程优化细胞生产性能时，通常是经过一轮工程改造后，验证并鉴定限速步骤，然后进行下一轮代谢改造，消除新的限速步骤，提高细胞生产能力，之后再鉴定限速步骤，再进行代谢改造[143, 144]。通常情况下，研究者会对关键代谢节点的基因进行过量表达，以期获得较高的转化率和产量。然而实际上，并不是所有的代谢改造都能达到提高目的产物的效果，因为过表达的合成途径会与宿主自身的代谢途径竞争共同的资源和能量，严重时会导致细胞进入应激状态，使得胞内代谢流量产生不平衡，造成中间代谢产物的大量积累，最终抑制胞内代谢活动，降低菌体的生理活性和发酵性能。代谢工程操作常常会影响细胞生长，降低其生长速率，甚至还会形成生长速率极慢的"病态"菌株[145]。此外，蛋白质、维生素、能源化合物及药物的微生物发酵合成，常常需要在宿主细胞中表达多个异源代谢途径，增加菌体的代谢负担。所以工程菌株通常会存在下列问题：①代谢途径不平衡造成中间代谢积累，降低产物得率；②细胞生长与产物合成途径竞争共同底物，影响产物得率和生产强度；③产物合成途径影响细胞正常代谢，导致限速步骤产生，抑制生物合成；④有毒代谢物的产生，抑制菌体生长。

为了解决上述问题，多种新的策略与工具被应用于代谢工程领域，如代谢进化、支架结构平衡代谢工程、模块途径工程、系统代谢工程以及代谢工程的动态调控策略。随着合成生物学的发展，通过合成生物学理念设计新的生物元件和装置，可以有效地、简便地实现对大规模生物途径的构建。

代谢工程的基本研究思路如图 1-1 所示，其中设计策略是基础，遗传修饰是关键，代谢分析则决定是否需要进行新一轮的代谢工程循环。最初的代谢工程设计策略主要针对单基因进行遗传修饰，往往不能显著改变整个代谢途径的通量。这表明由于代谢网络的复杂性，在代谢工程中简单地应用重组 DNA 技术，难以取得酶工程那样的快速突破。换言之，将细胞中的酶作为蛋白机器，虽然可以实现简单的催化反应，但却难以在复杂的代谢工程中有所作为。微生物代谢工程的目标是将微生物发展成单细胞或多细胞工厂，而工厂的复杂程度显然远远高于单一机器。为了理解这一复杂体系并能够将其成功用于工业生产，近年来围绕设计策略、遗传修饰和代谢分析方面发展了许多新方法。

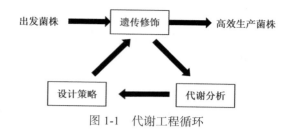

图 1-1　代谢工程循环

1）设计策略

传统的代谢工程是根据已知的遗传学和生化学研究，选择特定的基因（簇）进行过量表达或沉默表达/基因敲除。但是除了大肠杆菌、酿酒酵母等少数几种微生物外，大多数工业微生物的遗传和生化背景都不是非常清楚。基因组学和功能基因组学的发展，推动了一种新的代谢工程设计策略——反向代谢工程[145]。反向代谢工程的基本研究思想：首先，通过对实验室菌株（或野生型）的突变、定向进化和定向筛选，获得预期的表型，并确定基因型；然后，选择工业菌株并对其相应基因进行遗传操作，以期获得同样的表型。

反向代谢工程要回答两个关键问题：①如何运用突变或重组技术获得预期的表型？②如何快速找到突变表型所对应的基因型？相比较而言，第二个问题更困难一些。因为无论是利用传统诱变、恒化器培养，还是利用基因组重排，都可以通过定向筛选获得预期的表型。但获得这种表型的突变，可能随机发生在基因组的一个或多个位点。传统手段很难快速找到突变表型所对应的基因型。目前主要有两个新的手段可以快速找到突变表型所对应的基因型。一是利用全基因组测序来发现突变基因。二是利用 DNA 芯片对基因组序列已知的微生物进行转录组分析。通过提取微生物的 mRNA 反转录为带有红色或绿色荧光标记的 cDNA，然后和 DNA 芯片杂交，不仅可以分析野生型或突变株在不同时空下的基因表达谱，也可以容易地鉴别出野生型和突变株之间基因表达谱的差异，进而能够分析是哪些基因及其表达发生变化带来了表型的变化。

2）遗传修饰

宿主细胞的遗传可操作程度是进行遗传修饰的先决条件。遗传可操作程度主要包括：是否有合适的载体可以转化？转化效率及同源重组的频率是否足够高？载体是否带有强启动子以实现高效表达？目前，除酿酒酵母和大肠杆菌外，其他一些工业上重要微生物，如天蓝色链霉菌（抗生素）、产黄青霉（抗生素）、黑曲霉（有机酸）、谷氨酸棒杆菌（氨基酸）和乳酸乳球菌（发酵乳制品），均已开发出合适的表达或整合载体[146]。

质粒介导的单交换或双交换同源重组策略，已经成功地用于多种原核或真核微生物的基因敲除。前者通过在目标基因中插入一个质粒破坏阅读框；后者则通过在目标基因两侧进行两次重组将其删除或替换为其他基因。新的高效重组技术仍在不断开发。例如，利用聚合酶链式反应在选择性标记基因两侧接上与目标基因同源的寡核苷酸片段，然后将此线性基因片段转入酵母即可实现插入突变[147]。类似策略在大肠杆菌等革兰氏阴性菌中也有报道。

为了过量表达某个基因（簇），另一个必不可少的工具是强启动子[148]。糖酵解途径中酶的表达通常都是由组成型的强启动子控制的，这些启动子（如编码 3-磷酸甘油醛脱氢酶基因的启动子）可以上千倍地提高某一个或一系列酶的活性，因而在代谢工程中具有广泛的用途。大肠杆菌的 *lac* 启动子经异丙基硫代-β-D-半乳糖苷（IPTG）诱导后，可用于生产异源蛋白。但 IPTG 价格较贵，工业生产中难以大规模应用。因此有报道在大肠杆菌中应用营养物（如磷酸盐）控制的启动子，当磷酸盐被耗尽时基因开始表达[148]，在工业实践中具有应用潜力。若要将某种酶的表达严格控制在某一水平，可以使用可控表达的强启动子。应用于乳酸乳球菌的 *nisA* 启动子是一个很好的例子：当培养基中乳酸链球菌素的加入量为 0～10 ng/L 时，相应的基因表达可以在 0～100 倍之间变化[149]。

3）代谢分析

代谢分析是决定是否需要进行新一轮代谢工程循环的重要因素。微生物基因组测序计划的发展确定了大多数重要工业微生物的主要代谢途径。但是，微生物胞内的实际代谢通量分布并不清楚。20 世纪 90 年代发展的代谢通量分析是获得胞内通量分布的一种简单的方法。其基本原理是假设胞内代谢物浓度都处于拟稳态，根据物质平衡得到一系列关于通量的数学方程，然后通过测定其中一些通量的变化，来获得整个代谢网络的通量分布[148]。虽然已在许多微生物中得到验证，但是由于胞内代谢物的实际状态与假设有一定差距，因此有时候准确性不是很高。

由于代谢网络的实际执行者是蛋白质组，因此其在转录和翻译水平上也可以间接控制代谢通量。因此，在下一轮代谢工程开始之前，除了代谢组和流量组外，所有的 mRNA（转录组）、所有的蛋白质表达（蛋白质组）、所有的蛋白质-蛋白质之间以及蛋白质-DNA 之间的作用（交互组）也都可以用高通量的分析技术予以研究，并通过生物信息学分析获得改进细胞功能的新知识，用于指导代谢工程设计[150]。

后基因组时代的代谢工程是一个庞大的系统工程（图 1-2），需要由系统生物学家领衔，微生物学家、分析化学家、工程师和分子生物学家等多学科背景的人员共同参与，从基础研究和应用开发方面共同努力。生命科学和信息技术的快速发展，正为工业生物技术学者理解并利用微生物创造着前所未有的机遇。有理由相信，根据微生物代谢工程技术绘制的细胞工厂的蓝图，人类将创造多样化的细胞工厂，这些微米级的细胞工厂在社会的可持续发展中将扮演极其重要的角色。

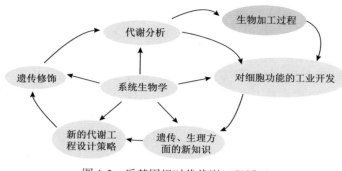

图 1-2　后基因组时代代谢工程循环

1.3　油脂合成生物学

　　合成生物学是以基因组学、系统生物学知识和分子生物学技术为基础，综合了科学与工程的一门新兴交叉学科。它使生命科学和生物技术研发进入了以人工设计、合成自然界中原本不曾出现的人造生命体系，以及对这些人工体系进行体内、体外优化，或利用这些人造生命体系研究自然生命规律为目标的新时代。

　　作为 21 世纪学科综合与技术整合的成果，合成生物学开启了"人造生命"的新纪元。在能源、医疗、材料、食品等社会领域，合成生物学具有广泛的应用价值；在生命科学、自然哲学等基础领域，合成生物学的研究意义更加重大。

1.3.1　合成生物学概述

　　生物系统是极其复杂的，尽管传统生物学通过解剖生命体以研究其内在构造，并提出了诸多理论，逐渐形成分子生物学、细胞生物学、系统生物学等知识体系，但人们对于生物系统的解读仍存在相当大的局限性。随着计算机科学、工程科学、数学、化学、物理学等领域的发展与普及，生物学研究以其基础知识为背景，在工程学思想的指导下，结合其他领域研究策略与成果，对生物系统进行更加深入的研究、设计和改造，由此合成生物学应运而生。简而言之，合成生物学采取"建物致知，建物致用"的理念，为理解生命原理、服务人类发展开辟了新途径，并逐渐发展成为生物学研究发展的新范式。

　　合成生物学中也引入了许多工程学概念，并衍生出许多专业术语，如生物元件、生物装置、基因回路、简约基因组、简约细胞、底盘细胞等。与系统生物学自上而下的策略相反，合成生物学采用自下而上的正向工程学策略，通过对标准化的生物元件进行理性的重组、设计和搭建，创造具有全新特征或性能增强的生物装置、网络、体系乃至整个细胞，以满足人类的需要。

1. 合成生物学主要研究内容

合成生物学引入工程学理念，强调生命物质的标准化，对基因及其所编码的蛋白表述为生物元件或生物积块，对元件所做的优化、改造或重新设计称为"元件工程"（图 1-3）[151]；由元件构成的具有特定生物学功能的装置称为"生物器件"或"生物装置"；对基因元件组成的代谢或调控通路表述为基因回路或基因电路、基因线路；对除掉非必需基因的基因组和细胞表述为简约基因组和简约细胞等。

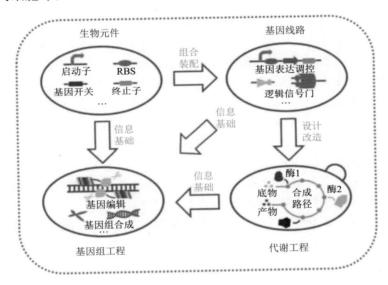

图 1-3　合成生物学研究内容

1）元件工程

在合成生物学中，将复杂的生命系统里最基础、功能最简单的单元统称为生物元件。作为最基础的"零件"，生物元件是合成生物学发展的基材，通过进一步改造可以成为标准化生物元件。目前，常见的生物元件主要包括：调控元件、催化元件、结构元件、操控和感应元件等。这些元件基本上是通过挖掘、搜集、表征和标准化后从自然界中获得。近年来，酶的定向进化改造以及高通量筛选等技术的发展为生物元件的扩充提供了条件。定向进化技术可提高天然酶的恶劣环境耐受性、立体/区域选择性、底物特异性、催化效率及产物抑制性等特征。人工元件共同构成合成生物学的元件库，建立与扩充元件库可以使利用合成生物学方法解决生物工程问题变得更加高效、规模化，从而推动合成生物学的进程[152]。

2）遗传线路工程

由启动子、阻遏子、增强子等调节元件及被调节基因构成的遗传装置，同时也是生命体对自身生命过程控制的动态调控系统。人工基因线路通过遗传线路工程合成，主要分为基本型和组合型两类。基本型人工基因线路是依据人类已知的生物学知识，借鉴电路的逻辑控制原理，设计并构建基因开关、放大器、振荡器、逻辑门、计数器等合成器件。它可以在生物中进行定向改造，实现疾病治疗等作用。

3）基因组工程

基因组工程是一项能够从头合成或重设计基因组的技术，它的产生主要是由于基因组测序、基因编辑和基因合成等技术的迅速发展。基因组拼装、转移技术等核心技术体系的不断完善有效地加速了合成生物学的发展，同时，新型 DNA 合成和大规模组装技术的发展，为基因簇甚至全基因组的合成铺平了道路[151]。人工构建细胞器染色体等基因组重新合成领域不断取得新的进展。从头设计基因组的能力使人们可以根据任意设计原则对基因信息进行工程设计，从而开辟了无需天然基因组作为模板即可构建具有任何所需特性的细胞的可能性。合成基因组技术有潜力提供大量新的和复杂的化学物质。通过设计序列实现设计功能，从而大大拓宽了合成生命的应用范围，推动了它在能源、药物和食品生产中的应用。近 20 年来，随着 DNA 合成和装配技术的改进，全基因组合成已成为设计和改造整个基因组的替代方法，合成具有与自然产生的基因组相同属性的基因组，可以作为一种验证信息的好方法。但是，基因组等合成仍面临着通量以及成本的极大挑战。

4）代谢工程

代谢工程主要是利用分子生物学手段尤其是 DNA 重组技术对生化反应进行修饰，对已有的代谢途径和调控网络进行合理的设计与改造，以合成新的产物，提高已有产物的合成能力或赋予细胞新的功能[151]。常用的构建途径是异源表达、细胞代谢反应的构建与调节。通过对代谢网络的解析，可以设计出产品的最佳合成途径，从而提高改造策略应用于合成路径的精确性。代谢工程以设计生物合成途径为基础，产品组合涵盖了简单的化学物质、非天然化合物以及具有复杂立体化学的大型生物分子。多个功能部件之间的协调相互作用，共同构成了一条产品的合成路径。通过整合来自不同生物的部分以构建最佳系统，然后将这些成分转移到所需的宿主细胞中进而设计新型的生物合成途径。

2. 合成生物学的意义和前景

合成生物学的发展正从优化基因元件与模块走向从头设计复杂代谢线路。多细胞体系因可实现代谢功能分工、复杂底物多组分利用及耐受复杂环境等，在医药、食品、化工、环境及能源等领域发挥着不可替代的作用，并已成为合成生物学发展的新方向。而材料介导的固定化细胞技术的发展与使用有效地提高了固定化细胞在复杂环境的适应性和生长代谢性能，开发操作简便、效率高、稳定性强及可连续操作的固定化体系将在生物发酵领域内得到更广泛的应用。这些新兴的、热门的技术在各个领域的成功应用充分证明了合成生物学是一项不断发展的技术，已经从非自然部分的简单构造发展成具有可能彻底改变生物医学和生物技术的大规模合成生物系统。目前，在多个领域中已经取得了显著的技术进步，包括 DNA 的廉价合成，多重、高效和简单的基因工程技术，大量的基因组序列的可用性和新型的化学生物工具的开发，使非自然生物学与自然生物学得到有效结合。越来越多的细胞正在被设计成能够生产各种各样的药物（包括青蒿素和阿片类药物），以及各种以前只能通过化工炼制生产的化学品。此外，全基因组的体外合成和全基因组介入技术已经开始出现，并产生了可以进一步利用扩大的化学空间来生产蛋白质的大肠杆菌菌株。随着基于 web 的 DNA 设计软件和用于管理、工程和分析大型 DNA 文库的质粒共享工具（Benchling 和 Addgene）的发展，定制 DNA 编码生物系统的设计和合成已经被简化。

1.3.2　细胞工厂设计与应用

化学法合成的产品类型遍布精细化学品到大宗化学品，深刻影响了现代社会的生活方式。但是在化学合成过程中往往存在中间产物不稳定、合成路径复杂、反应条件严格等限制因素，严重降低了化学品合成的生产强度及原子利用率。使用生物法生产化学品避免了上述问题，但是如何构建高效的微生物细胞工厂依然是人们必须要面对的一个巨大挑战。采用传统的诱变育种和菌株筛选方法，人们可以成功获得表型优异的菌株。但是这种非理性的改造过程不能满足现代化工业生产的需求。近年来涌现的基因工程手段，如采用基因敲除的方法实现前体物质的积累[153]，采用基因过表达的方法实现产物合成速率的提高[154]，使菌株的理性改造成为了现实。然而简单地通过操纵内源基因和引进外源路径对菌株进行改造，往往会出现有毒中间代谢物积累、辅因子失衡等问题，限制了菌株生产能力的进一步提高。如何解决这些问题，需要对微生物细胞工厂的构建过程，如代谢路径设计（发掘新的生化合成路线）、代谢路径构建（宿主内高效快速组装合成路径）、代谢路径评价（鉴定潜在代谢瓶颈）及代谢路径优化（实现合成路径效率的最优化）进行综合分析[155]。

1. 代谢路径的设计

尽管人们利用微生物生产了大量化学品，但是仍然存在部分产品难以通过菌株自身的代谢路径进行合成。因此，开发新的合成路径对于扩大细胞工厂产品谱是非常重要的。如何开发新的合成路径，主要包括以下四点。

1）信息挖掘

通过整合文献查阅平台（如 PubMed、MEDLINE 和 CiteXplore 等）和文本检索工具（如 Textpresso、Pub Finder、PubMatrix、LitMiner、WikiGene 和 MineBlast 等），不仅能获取已报道的信息，还能探寻到许多隐藏信息。借助信息挖掘，首先可以获得代谢路径信息，如路径中间代谢物、关键酶及其激活剂/抑制剂/辅因子信息；其次，可以获得代谢调控网络信息，如代谢物和蛋白质互作网络、转录调控网络和膜转运系统等信息；最后通过信息挖掘还可以获得细胞的表型特征，如底盘微生物的代谢底物谱、环境适应性及生理参数等[156]。

2）模型预测

随着基因组学的发展，人们建立了大量的微生物代谢网络模型，在 BiGG 数据库(http://bigg.ucsd.edu)中，已公布了 134 个代谢网络模型，涉及 78 种微生物。利用这些模型，人们可以建立起基因型和表型之间的桥梁，在指导代谢工程、推进生物学发现、评估表型现象、分析生物网络、研究细菌进化、探寻群落关系等方面起重要作用[157, 158]。其中，采用重设约束条件进行代谢靶点预测上，常用的技术手段有：①代谢流平衡分析，如 E-flux、FBAwMC、FBAME、Genomic-context analysis、pFBA、MD-FBA、DMMM、Dynamic FBA、SIM、SEM、SMM、PhPP、FBA、Geometric FBA、AOS、FVA、Bayesian FBA、FCF、FFCA 等[159]；②菌株设计分析，如 FSEOF、GDLS、CiED、OptGene、SA、SEAs、OptORF、OptStrain、OptReg、EMILiO、OptForce、Robust Knock-proxy、RobustKnock、Objective tilting、OptKnock 等[160, 161]；③热力学约束分析，如 EBA、ll-COBRA、NET analysis、TMFA、Thermodynamic realizability、Flux minimization 等；④调控合并分析，如 MBA、Shlomi-NBT-08、tFBA、MADE、GIMME、PROM、idFBA、iFBA、GeneForce、SR-FBA、rFBA 等。其中 OptKnock、OptForce、OptORF、OptGene、GDLS、OptStrain、FBA、FVA 等技术应用广泛，操作简单，更适合初学者使用[162]。未来将代谢网络、信号转导及蛋白质互作等模型整合为一个完整的全细胞网络模型，将从系统层面上提升现有的代谢工程模拟，使其更加理性和精确。

3）组学分析

高通量分析技术的进步，使得人们能获得大量的组学数据。包括：①组分数据库，涉及基因组学、转录组学、蛋白质组学、代谢组学、糖组学、脂质组学等；②互作数据库，涉及蛋白质-DNA 互作和蛋白质-蛋白质互作等；③功能数据库，涉及通量组学和表型组学等。整合上述组学数据，可为表征宿主细胞特征、预测其代谢效率、探索其新的功能基因和代谢路径提供基础[163]。

4）人工路径设计

合成生物学一个重要的方面就是根据实际需要进行新路径的人工设计，具体步骤包括：①使用 BNICE、DESHARKY、FMM、RetroPath 等电脑工具搜寻生产某种特定产品的可能路径[164]；②使用 DESHARKY，RetroPath 等软件进行路径的优先顺序排序[165]；③使用 COBRA、SurreyFBA、CycSim、BioMet、iPATH3、GLAMM 等工具箱建立代谢模型并预测上述路径在宿主菌中的表现[166, 167]；④通过比较目标产品合成路径的代谢通量大小，选择最优路径；⑤采用 RBS Calculator、Gene Designer、GeneDesign、DNAWorks、TinkerCell、GenoCAD、SynBioSS 等工具对选中路径催化效率进行重构优化[168]；⑥通过发酵过程参数的优化实现产品合成的工业化。

2. 代谢路径的构建

化学品的合成一般涉及多步酶催化反应，在路径设计完成后，需要将这些路径酶组装到一起。传统的酶切连接由于效率较低，已经不能满足合成生物学对路径组装的需求。根据工作原理，可以将最新出现的 DNA 片段组装技术分为以下几种。

1）限制性内切酶为基础的组装

这类组装包括如采用同尾酶连接法的 BioBrick 标准组装（$EcoR\,\mathrm{I}$、$Xba\,\mathrm{I}$、$Spe\,\mathrm{I}$、$Pst\,\mathrm{I}$）、BglBrick 标准组装（$EcoR\,\mathrm{I}$、$Bgl\,\mathrm{II}$、$BamH\,\mathrm{I}$、$Xho\,\mathrm{I}$）[169]、ePathBrick 标准组装（$Spe\,\mathrm{I}$、$Xba\,\mathrm{I}$、$Nhe\,\mathrm{I}$、$Avr\,\mathrm{II}$）等[170]，上述组装方法在合成生物学中应用广泛。以 II S 型限制性内切酶为基础的 Golden Gate 组装方法、GoldenBraid 2.0 标准组装、Modular cloning system 组装方法和甲基化辅助的 Tailorable Ends Rational 组装方法，因为识别位点和切割位点不重合，实现了无缝组装[171, 172]，是限制性内切酶为基础的组装方法的良好补充。

2）同源重组为基础的组装

这类组装主要基于同源序列和聚合酶延伸的方式工作，可以在体外完成。代表技术有重叠延伸 PCR、环形聚合酶延伸法、Gibson 组装、等温组装等。由于采用同源序列的组装方式，待组装片段的选择是任意的，而且可以实现多片段的一步组装。这类组装不用考虑限制性内切酶的选择，仅仅依靠宿主自身含有的同源重组酶进行组装。代表技术有酵母 DNA 组装技术、枯草杆菌 DNA 组装技术、大肠杆菌 Rec ET 组装系统和大肠杆菌 Red αβ 组装系统等[173]。

3）搭桥引物为基础的组装

代表技术有连接酶链式反应法、回形针组装法、单链组装法等。其中连接酶链式反应法应用最为广泛，这种方法利用嗜热性 Taq 连接酶在高温下修复缺口和连接 DNA 的功能，将首尾相连、重叠杂交的 5′端磷酸化的寡核苷酸片段连接起来，实现多片段的组装。

　　4）代谢路径的评估

　　在代谢工程改造中，完成人工设计代谢路径构建后，下一步将会放入底盘微生物细胞中进行验证，但是验证所获得的表型往往不是预期设计的。如何评估路径的有效性，区分实际表型与理想表型之间的差异，有以下五个潜在解决方向。

　　A. 模型技术

　　模型可以实现对特定路径的评估。例如，①借助基因组尺度代谢网络模型和一些算法如 FBA、MOMA、OptKnock、OptGene、ROOM 等，实现基因敲除与过表达、基因表达上调与下调等对应表型的预测[174]；②借助基因组尺度转录调控网络模型和一些电脑工具如 CARRIE、MEME、TRANSFAC、JASPAR 等，分析代谢路径中可能涉及的关键转录调节子及其与路径酶表达和其他调节子之间的关系[155]；③借助 STRING、DIP、3did 和 BIND 等数据库，可以构建基因组尺度蛋白质互作网络模型，探寻路径酶的结构、功能、代谢靶点和功能枢纽；④借助整合了多层次组学数据（包括代谢、环境波动、转录调控、信号转导和生化测试数据）的全细胞网络模型去模拟细胞的代谢状态，预测不同环境和基因改造条件下的表型输出结果[175]。

　　B. 反向代谢工程

　　生物系统非常复杂，基因型和表型并不是线性关系，所以传统的代谢工程改造过程往往难以获得预期表型[176]。反向代谢工程则是从表型筛选出发，通过比较筛选菌株与出发菌株之间的基因差异，进而指导代谢靶点的选择，这种操作方式大幅提高了改造的成功率[176, 177]。主要步骤有：①采用随机突变、基因过表达库、gTME、MAGE、TRMR、核糖体工程、基因组改组等非靶向型的技术手段构建突变菌株库[178]；②采用 pH、生长速率、荧光强度等指标高通量筛选获得所需要的表型；③采用基因组学、转录组学和蛋白质组学等手段比较筛选菌株与原始菌株之间影响表型差异的遗传信息；④采用点突变、同源重组和 CRISPR/Cas9 基因编辑手段将这种遗传信息转入到待改造菌株中获得预期表型[179]。

　　C. 组学技术

　　通过比较分析大量的组学数据，可以大幅推动菌株的改造过程。这种数据分析可以分为以下几个层面：①通过二代测序技术，比较分析基因组学数据，挖掘新的基因和探寻多基因互作的机理；②通过高通量微阵列芯片和 RNA 深度测序技术，分析转录组学数据，获取特定时间和环境条件下总 mRNA 的水平以指导代谢靶点的选择；③通过 2D 蛋白电泳、MS、LC-MS 等检测手段研究蛋白质组，分析在特定合成路径条件下，不同基因改造靶点所引起的蛋白表达水平的差异及其互作关系[180]；④通过核磁共振、HPLC、MS 等精确检测手段，分析代谢物组数据，以实现中间产物的转运和辅因子供给的平衡；⑤借助同位素标记技术，分析代谢流数据，获得引入代谢波动后量化的代谢流分布情况，以指导下一步的改造。

D. 定向工程

定向工程的主要技术思路是将一条多个酶参与的代谢路径从胞内转移到胞外微体系中，并系统性地对每种酶在整个多酶催化体系中的贡献进行比较分析，以实现对人工设计路径的催化效率评价[181]。具体包括以下几个步骤：①通过体外路径重建及稳态动力学分析获得合成路径中的限速瓶颈及路径酶之间的最优催化比例；②针对路径瓶颈，通过基因过表达等手段实现体内理性改造；③工程菌表型分析和蛋白质组分析，以评估改造策略的有效性；④引入辅因子工程、模块路径工程及蛋白质工程等多种基因调控手段进一步提高细胞工厂的生产效率[181, 182]。

E. 传感器工程

主要包括信号输入模块和信号输出模块，利用这些传感器感应代谢路径中小分子的变化情况可以筛选出宿主细胞内最优的合成路径，获得代谢流的平衡以降低菌体的负荷压力，同时通过构建复杂的闭环控制系统实现化学品合成能力的提高[183]。常见的传感器包括：①RNA 传感器，如天然 RNA 响应调控元件和工程 RNA 响应调控元件[184]；②蛋白质传感器，如转录激活子传感器、转录因子传感器、酵母三杂交传感器、化学互补传感器等[185]。

3. 代谢路径的优化

细胞的代谢活动是严格受控的，外源路径的引入所造成的酶表达量的改变及中间代谢物水平的波动常常会对细胞自身代谢活动产生严重的影响。因此引入外源路径后需要对细胞代谢进行优化，目前的技术手段从调控等级上可以分为以下七级。

1）DNA 水平调控

A. 启动子工程

利用启动子工程策略，可以实现路径酶的差异表达，实现代谢流的平衡，提高细胞工厂的生产效率。主要技术方向包括以下四个方面。①启动子文库构建：借助已报道的如 iGEM、Plant CARE 等在线分析工具设计不同强度的合成启动子，实现酶表达水平的大范围调节[186]；②启动子替换：利用 iGEM、CellML 等软件选择合适强度的启动子替换合成路径中限速酶自身的启动子，以增加全路径的催化效率；③RBS 调控：利用 RBSCalculator、RBSDesigner 等预测软件，控制路径酶的转录起始速率[187]；④借用 GeneSplicer 和 SplicePort 等在线工具预测和改变核糖核酸酶切割位点，构建 mRNA 二级结构库，实现多基因路径间隔区的组合优化及多酶表达水平的优化[155]。

B. 基因组工程

众所周知，细胞表型往往受多基因控制，因此需要针对多个基因进行遗传修饰，以获得表型优异的突变株[188]。基因组工程主要包括：①全局转录调控机器。通常情况下单个转录因子能够调控多个基因的转录表达。通过易错 PCR 或 DNA 改组的方法对转录因子特别是全局转录因子进行随机突变，结合高通量筛选方法，就能得到表型优异的菌株。②多元自动化基因组工程。基于 λ 噬菌体 Red 重组酶的同源重组系统，通过导入人工合成 DNA 单链，实现在宿主细胞的基因组多位点的修饰（包括插入、替换及删除等），从而获得多种多样的基因突变型菌株。③可追踪多元重组工程。将带标签的双链 DNA 同源重组到宿主细胞的基因组上，构建大量突变菌株进行筛选。该技术最大的优势是可以在非常短的时间内，只需消耗较低的成本就可以获得上千个基因敲除或过表达的突变菌株，之后辅助微阵列技术就能对这些文库进行简单快速的追踪，使基因功能研究的通量提高了几个数量级。需要注意的是，该技术通常只能对单个细胞产生单个基因修饰[165]。

C. 基因编辑技术

基因编辑技术的出现，使人类对细胞的改造上升了一个新的台阶。针对不同的产品合成路径，人们实现了对动物、植物和微生物的理性编辑。根据工作原理，基因编辑技术可以分为三类[189]：①锌指核酸酶编辑技术；②类转录激活因子效应物核酸酶编辑技术；③CRISPR/Cas 编辑技术。尤其是最近非常热门的 CRISPR/Cas9 编辑技术具有多位点、高通量、高效率的基因编辑特征，进一步提高了理性重排生物合成路径和消除代谢负反馈调节的效率，弥补了如随机突变、Cre/loxp 同源重组和 Flp/FRT 同源重组等传统基因编辑手段非理性、易留疤的缺陷。

2）RNA 水平调控

RNA 分子由于自身可以形成多种二级结构并拥有不同功能的特征，被广泛应用到合成生物学研究中，其中的典型代表就是利用合成 RNA 开关调控代谢流，实现产品的过量积累。主要包括：①核酶开关。通过适配子序列构成了细胞敏感器（感应区），通过核酶序列可以控制胞内代谢物时空波动（执行区）[190]。②核糖开关。由一类如 Ado Cbl、FMN、S-腺苷甲硫氨酸和甘氨酸核糖开关等顺式编码的调控 RNA 组成，通过诱导目的基因的转录终止或者抑制转录起始来实现对基因表达的调控，其结合配体可以是胞内代谢物、辅酶和金属离子等，因此应用非常广泛[191, 192]。③反义 RNA 开关。由两部分组成，一部分是识别特定 mRNA 的结合区域，一部分是招募辅助蛋白的支架区域。通过控制 mRNA

降解速率，反义 RNA 开关可以针对多个基因表达进行多尺度的调控[193]。

3）蛋白质水平调控

A. 蛋白质工程

蛋白质改造技术是合成生物学的重要组成部分，通过对酶性质和酶元件的设计，合成生物学可以获得人们所需要的高效合成路径。蛋白质工程主要研究方向有：①增加酶的活性。不同于传统加大蛋白表达量的做法（易形成包涵体并加重菌体代谢负荷），采用易错 PCR、点突变和交叉延伸技术改变底物结合口袋和蛋白编码序列的方式可以实现酶活性的提高[194]。②改变底物和产物的特异性。由于天然酶催化底物谱较窄，难以合成许多非天然化合物，同时某些底物特异性不高的酶在催化反应中，容易催化底物类似物生成副产物，降低了产品的纯度。针对活性位点和结合口袋进行易错 PCR、定点突变、DNA 改组可以调整底物特异性，实现路径催化效率的提高[195]。③修饰调控元件。当产品浓度达到一定阈值时，代谢路径随即启动负反馈调控。通过对转录调控蛋白进行化学突变、DNA 改组及定点饱和突变，可以降低负反馈调节，提高路径催化效率[196]。

B. 转录因子工程

转录因子是一类由 DNA 结合域、转录调控区、核定位序列构成的特异性蛋白。通过与启动子区的相互作用，转录因子可以实现对目的基因转录速率的调控[197]。常见的转录因子包括：①锌指蛋白转录因子。锌指蛋白转录因子通常具有 TFIIIA、Cys2-His2、Cys4、Cys、Cys4-His-Cys3 等锌指模块结构，可以特异性结合 DNA、RNA 和蛋白质。因此人们可以利用这种特性对多个转录因子基因进行调控。②MYB 和 bHLH 转录因子。前者包括 MYB 转录因子家族（MYB30、MYB114 和 PAP1），后者包括 bHLH 转录因子家族（MYC2、MYC3 和 MYC4），这两类转录因子之间也可以相互作用以实现对代谢的复杂调控。③ORCA 蛋白。主要包括 ORCA、ORCA2 和 ORCA3 蛋白，存在于植物中，可以参与次级代谢调节[155]。

4）路径水平调控

A. 结构生物学

代谢路径的中间产物的过量积累可能对宿主细胞产生毒性。解决这些问题的一个新兴策略是借助脚手架技术在空间上拉近路径酶的距离，构建出多酶复合结构。常用的技术手段有以下几种。①DNA 脚手架技术：利用 DNA 和蛋白质之间可以通过锌指 DNA 结合域结合的原理，将路径酶按照不同的顺序、比例及空间位置在 DNA 链上进行排布，以提高底物浓度，增加路径催化效率[198]。②RNA 脚手架技术：利用 RNA 适配体域与路径酶的结合作用，将路径酶以多维的空间结构组装在一起，增加路径催化效率。③蛋白脚手架技术：利用蛋白质互作域与特异性蛋白结合的原理，将这些互作域融合到支架蛋白上，招募特定路径酶结合，从而缩短路径酶的距离，增加路径催化效率[199]。

B. 区间工程

区间工程可以使产物合成路径与胞内自身代谢路径交互影响最小化。将路径酶反应从无限制的胞质环境转换到具有膜结构的细胞器中，降低了底物扩散效应和酶催化的空间距离，提升了细胞工厂合成目标化学品的能力。区间工程主要涉及的改造对象包括：①线粒体，包含许多中心代谢路径（如柠檬酸循环、氨基酸合成和脂肪酸代谢），而这些代谢路径能为化学品的生产提供广泛的前体谱。在狭小封闭的线粒体进行催化反应，会进一步提高底物浓度，进而提高催化反应的速率和产品的生产强度。②过氧化物酶体，由一层膜包裹的大量蛋白矩阵构成，与其他细胞器不同的地方在于清空这些膜内蛋白不会影响菌体自身代谢，这种密闭微环境也为合成路径的区间化提供了可能[200]。③羧酶体，蓝藻细菌固定 CO_2 的主要场所，富含碳酸酐酶和核酮糖 1,5-二磷酸羧化酶/加氧酶，适合进行涉及碳固定的催化反应[201]。

C. 模块路径工程

在涉及多条路径的优化中，采用逐一路径代谢工程优化的方式往往需要经历多轮的菌株构建、筛选、优化等改造，时间和经济成本非常高。为了解决这一问题，路径模块化这一概念应运而生，采用人为划分的方式，将多条路径划分为多个小模块。通过在转录（如启动子、基因拷贝数）、翻译（如核糖体结合位点）或酶的催化特性等水平对这些路径模块进行调整，对少量条件进行摸索，不需要高通量筛选就可实现路径的优化。根据实际的操作方式，模块路径工程主要划分为三种类型：①生化反应为基础的模块化。以路径中间代谢物浓度等生化指标为模块划分依据，通过优化不同模块的表达强度，降低中间代谢物的过量积累，以避免对菌体产生毒害作用和负反馈调节[202]。②代谢节点为基础的模块化。以分支代谢路径和中心代谢路径为模块，通过优化不同模块的表达强度，控制代谢流在这些路径的分布，实现菌体生长和产品合成的最优协同[181]。③酶转换数为基础的模块化。针对路径中酶催化效率不同的情况，以酶转换数为指标将不同酶促反应划分成不同模块，通过优化不同模块的表达强度，构建最适的底物通道，实现底物转运效率和催化效率的提高[203]。

5）代谢物水平调控

A. 辅因子工程

辅因子可以作为胞内合成代谢和分解代谢的还原力载体，决定胞内还原力平衡、能量平衡及碳流分布情况。辅因子工程主要涉及两方面的研究内容：①辅因子特异性的改变。采用酶工程改造或筛选新酶源的方式改变合成路径中辅因子特异性，如将 NADH 依赖型酶更改为 NADPH 依赖型酶。通过这种辅因子特异性的改变可以实现胞内辅因子的平衡，弥补基因改造所造成的辅因子失衡的负面影响[204]。②辅因子再生。对于辅因子依赖型的合成路径，利用辅因子的再生可以大幅增加辅因子的供给，提高路径催化效率。如降低糖酵解路径碳流、增加戊糖磷酸路径碳流以及引入 NADH 转氢酶、NOX、AOX、POS5 酶等技术手段均可以实现对胞内 NADH/NADPH 比例的调节[205]。

B. 转运工程

转运工程主要是利用膜转运系统，及时将胞内合成的产物泵至胞外，降低胞内产物的浓度以避免形成产物抑制和生长毒性，同时阻止胞外环境中已积累的产品进入胞内，避免其再次被分解利用。转运工程可以划分为两大类：①ABC 转运系统，其结构包含两个位于胞质为水解 ATP 提供能量的核苷酸结合域，两个跨膜以形成底物运输通道的结构域。根据其不同的工作模式，一种是输出泵，主要负责将胞内积累的产品运输至胞外，阻止其胞内的大量积累。而另一种则是输入泵，增强底物吸收的能力，以促进细胞的生长需要[206]。②第二类输出泵，主要由三种蛋白亚基组成[一个胞质膜输出蛋白、一个周质连接蛋白和一个外膜输出蛋白（依靠质子/钠离子梯度为能量）]。第二类输出泵也能有效输出胞内特定成分，增加细胞工厂的生产效率[207]。

6）细胞水平调控

细胞形态对于某些化学品的合成非常重要，采用经验主义的发酵过程控制，如改变 pH、搅拌、培养基组分可以改变细胞形态。但实际上，细胞的形态往往受上述条件的组合影响，所以在过程条件-形态-产量三者之间建立关联非常困难。对于真菌形态控制，常用的手段有：①过程添加微粒，通过添加不同种类、不同粒径、不同浓度的微粒，真菌的形态可以实现从菌球到菌丝的理性控制。②基因操作改变细胞膜的组成，目前该技术已经应用到了淀粉酶和青霉素的生产中[208]。对于细菌形态控制，常用的手段有：①改变培养基流体力学性质，影响菌球的形成[209]；②基因工程手段改造，如过表达细胞分裂相关基因 *FtsZ*，使棒状细胞变成微细胞以实现高密度发酵；过表达细胞二分裂相关基因 *SulA* 和 *MinCD*，使棒状细胞变为丝状细胞以增加胞内代谢物的积累；改变细胞形态维持蛋白 *MreB* 的表达，使棒状细胞变为球状细胞增加单细胞的体积。通过理性控制细胞的形态，可以进一步增加细胞工厂的生产效率。

7）群落水平调控

A. 人工合成群落

微生物之间的交流主要采用两种模式，第一种是接触依赖型的交流，如生物分子和电信号的交换。第二种则是非接触型的交流，如代谢物和信号分子的释放与接收。目前人工合成群落的研究热点主要包括：①构建同种微生物不同菌株之间的通信系统；②构建可控制时空行为的同种微生物之间的通信系统；③构建单向通信的双菌混合系统；④以代谢物互换或者群体感应为基础构建双向通信系统等。

B. 合成微生物生态系统

该系统主要依靠微生物非接触型交流，如基于群体感应的小分子的释放与接收。通过响应这些小分子物质的种类和浓度，菌株能获得附近菌株种类、菌体浓度等信息，进而调控自身特定基因的表达强度。通过构建合成微生物生态系统，人们可以加深对细胞-细胞间通信、多细胞时空动态行为及群体稳定性等生态理论的认识[210, 211]。

1.3.3 油脂微生物工厂

微生物油脂又称单细胞油脂，是产油微生物在一定条件将碳水化合物转化为储存在菌体内的油脂，主要含有不饱和脂肪酸组成的三酰甘油，其脂肪酸组成与植物油如棕榈油、大豆油、菜籽油等相似。微生物资源丰富，种类繁多，部分油脂含量可高达 50%～70%。此外，产油微生物还具有碳源利用广谱、生长速率快、容易大规模培养等特点。

1. 微生物油脂合成代谢调控

微生物高产油脂的一个关键因素是培养基中碳源充足，但其他营养成分，特别是氮源缺乏。在这种情况下，微生物不再进行细胞繁殖，而是将过量的碳水化合物转化为脂类。虽然阐明从脂肪酰辅酶 A 合成三酰甘油的途径在油脂合成中非常重要，但该途径并不是产油微生物所特有的。事实上，产油微生物对油脂积累的重要调控元件是有关脂肪酸合成的一些因素。

目前，人们对产油酵母和产油霉菌利用葡萄糖为碳源积累三酰甘油的代谢途径已有比较深入的认识，图 1-4 简要说明了产油酵母中与三酰甘油合成代谢调控相关的一些重要步骤。当产油微生物培养基中可同化氮源耗尽并且可同化碳源丰富的情况下，三酰甘油积累过程被激活。这个过程牵涉到微生物代谢和与代谢相关的一系列生理生化过程的变化。首先，当氮源枯竭时，产油微生物的 AMP 脱氨酶活性增加，AMP 脱氨酶将 AMP 大量转化为肌苷一磷酸和氨，相当于微生物对缺氮的一种应激反应。通常产油酵母线粒体中 I 酶都是 AMP 依赖型脱氢酶，细胞内 AMP 浓度的降低将减弱甚至完全停止该酶的活性[212]。因此，异柠檬酸不再被代谢为 2-酮戊二酸，三羧酸循环陷入低迷状态，代谢路径发生改变。线粒体中积累的柠檬酸通过线粒体内膜上的苹果酸-柠檬酸转移酶转运进入细胞溶胶中[213]，在 ATP：柠檬酸裂解酶的作用下裂解生成乙酰辅酶 A 和草酰乙酸。这样，微生物在氮源枯竭、蛋白质合成停滞的情况下仍可将葡萄糖有效地代谢为乙酰辅酶 A，并在脂肪酸合成酶的作用下完成脂酰辅酶 A 的合成。然而，在产油真菌 *M. circinelloides* 和 *M. alpina* 中 ICDH 的体外活性并不完全依赖于 AMP[214]，即当环境氮源耗竭后，AMP 的浓度降低，仍然可以调节 ICDH 的活性，激活这些真菌的油脂积累代谢。在产油接合菌中，只有当无细胞抽提物中检测不出 ICDH 活性时，油脂的积累过程才会启动[215]。如果能发展一种选择性抑制产油微生物 ICDH 的工具，也许可以在更宽松的培养基条件下使微生物在菌体内大量富集油脂。因此，我们正以油脂酵母为模型，探索专一性调控 ICDH 体内活性的化学生物学方法。然而到目前为止，产油微生物在响应限氮条件时 AMP 脱氨酶的上游信号传导机制还很不明确。另一个很基础的问题是，产油微生物为什么选择 AMP，而不是体内其他更易得到的含氮有机分子来作为氮的补充来源？

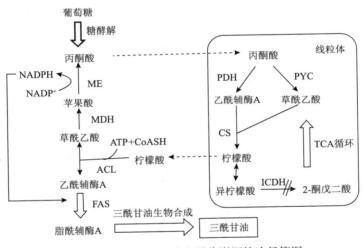

图 1-4   产油酵母油脂积累代谢调控途径简图

产油微生物油脂合成代谢调控中有两个关键酶，即柠檬酸裂解酶（ACL）和苹果酸酶（ME）。ACL 在细胞溶胶中催化柠檬酸裂解反应，提供油脂合成所需的乙酰辅酶 A，ACL 的活性与产油微生物的油脂积累能力具有很强的相关性。然而有一小部分的酵母菌具有 ACL 活性，但油脂的积累仍然不会超过生物量的10%。因此，ACL 是油脂积累的一个先决条件，但并不是有这种酶的微生物都是产油微生物[216]。在不同酵母和真菌中也没有发现油脂积累的程度和 ACL 的活性具有明确的定量关系。

ACL 催化反应的另一产物草酰乙酸首先由苹果酸脱氢酶（MDH）还原成苹果酸，再在 ME 作用下氧化脱羧得到丙酮酸，并释放 NADPH。其中丙酮酸可透过线粒体膜进入线粒体，参与新一轮循环，而 NADPH 作为脂肪酸合成酶进行链延伸必不可少的辅助因子留在细胞溶胶中。线粒体中的丙酮酸既可以通过丙酮酸脱氢酶产生乙酰辅酶 A，又可在丙酮酸羧化酶的作用下产生草酰乙酸。这两个产物在柠檬酸合成酶催化下合成柠檬酸，即 ACL 的底物，完成产油微生物三酰甘油合成调控最重要的代谢循环。值得注意的是，线粒体中的乙酰辅酶 A 无法直接穿透线粒体内膜而进入细胞溶胶中参与脂肪酸合成。

脂肪酸合成不仅需要连续供给乙酰辅酶 A 用于碳链延伸，还需要提供足够的 NADPH。每一个乙酰辅酶 A 单元在新生脂肪酸碳链上延伸时需消耗两个当量的 NADPH 用于还原反应。研究表明，产油微生物油脂积累的多少与 ME 的代谢调控有关，如果 ME 受到抑制，则油脂积累下降。这是因为虽然微生物代谢途径中有许多生成 NADPH 的过程，但 FAS 几乎只能利用由 ME 产生的 NADPH（图 1-4）。因此，有人认为产油微生物中 FAS 和 ME 等可能有机地复合在一起，形成脂代谢体[217]。研究推测真菌 M. circinelloides 至少含有六个 ME 同工酶，在不同的时空范围内或不同的生长环境下同工酶的活性表现出对不同代谢途径的调控过程[218]。但目前尚未见分离出产油微生物 ME 基因的报道。最近 dos Santos 等[219]以酿酒酵母为模型，利用基因工程方法成功实现对 ME 表达量的调控。因此，如果能鉴定和分离产油微生物的 ME 基因，就可以利用基因工程手段甚至化学生物学手段选择性调控 ME 的活性，提高微生物产油能力。相应地，本实验室已通过常规诱变等方法筛选得到一株具有较高产油能力的油脂酵母，正在开展该酵母菌中 ME 基因的分离和鉴定工作。

最后需要特别说明的是，当外界条件改变时产油微生物体内的三酰甘油也可能被降解。例如，只要培养基中碳源耗竭后产油霉菌 M. isabellina 就会大量分解储存的三酰甘油；对于 C. echinulata，则还需要培养环境中有较丰富的铁离子、镁离子或酵母提取物时才会启动降解储存三酰甘油的机制[215]。这些结果对产油微生物的发酵工程设计具有重要参考价值。

尽管目前对产油微生物三酰甘油生物合成和代谢调控机制的研究已取得了重要进展，但尚未见通过基因调控手段增加细胞内油脂储存含量的成功例子。因此，微生物产油脂领域具有广阔的研究发展空间。应充分利用现代分子生物学、化学生物学和生物化工技术的最新成果，加快对产油微生物菌种筛选、改良、代谢调控和发酵工程的研究，降低获取微生物油脂的成本，使微生物产油的研究领域取得更快的发展。

2. 微生物油脂的生产工艺

在微生物生产油脂的基本工艺中，首先对菌种进行筛选，以筛选出产油脂高的菌株；然后利用物理或化学的方法灭菌或去除设备中所有的生命物质，并依次对菌体进行收集和预处理菌体的细胞壁，以便分离油脂、蛋白质等物质；再依据实际情况选用合适的提取方法对微生物油脂进行提取；最后进行水化脱胶、碱炼等步骤对油脂进行精炼，即可获得高品质的微生物油脂。

1）预处理

在微生物产油过程中，必须先对菌体进行预处理，这是一个非常重要的工序。因为大部分微生物油脂结合于坚固的细胞壁之中，分离提取十分困难，所以需要进行预处理。预处理的方法主要有细胞干磨法、细胞自溶法（菌体在 50℃下溶胀 2～3 d）、蛋白质变性法、冻结和解冻以及超声波粉碎法等。国内最常用的方法是细胞干磨法中的掺砂共磨法，但此方法易引起细胞的破坏而导致实际产油量低，故需对其进行优化：先将湿细胞过滤，再用细砂研磨，最后烘干，产油率比干磨法提高了 6.12%[30]。

2）油脂提取

微生物油脂的提取方法有：索氏提取法、超临界 CO_2 法、酸热法和有机溶剂法等。

索氏提取法产油率最高，但也最耗时间。样品必须先干燥处理，且需要样品量大。一般情况下，索氏提取法不适用于对菌株进行初筛。但因其具有准确和高效的特点，在进行高产菌株的复筛和培养条件的优化时，常作为首要采用的方法。

超临界 CO_2 法在常温下就能进行，可有效防止油脂的氧化和分解，提取环保，且安全系数高，故可用于提取和分离生理活性物质。尽管超临界 CO_2 法萃取油脂的效果较索氏提取法稍差，但其脂肪酸的组成和含量是相近的，而且需要样品量小，处理能力比索氏提取法强[220]。超临界流体萃取作为溶剂萃取的一种替代方法，在食品、医药和营养领域中具有商业应用价值。

酸热法是利用盐酸使细胞壁的紧密结构变得松散，尤其是细胞壁中的糖和蛋白质成分，再经过沸水浴及速冻方法，继续破坏细胞壁，再以有机溶剂提取细胞中的油脂。此方法简便、快捷，样品不用进行任何预处理，生产能力大，且对真菌油脂中有效成分的提取较索氏提取法和超临界 CO_2 法高，但无法有效地提取细胞膜中富含的多不饱和脂肪酸[221]。

有机溶剂法是最简单的方法，但其破坏细胞能力较差，提取油脂效果不佳。由于酵母菌的细胞壁较薄，因此用有机溶剂法提取酵母菌中的油脂优于提取霉菌中的油脂。提取油脂常用的有机溶剂有乙醚、氯仿、石油醚和乙醚-乙醇等。

随着现代生物技术的高速发展，以及能源危机和环境问题的日益凸显，未来微生物油脂研究的主要方向可能在于：继续探索或筛选出产油率高及不饱和脂肪酸丰富的菌种；利用农副产品或其他廉价原料，降低微生物培养的成本，加快微生物油脂的工业化进程；优化微生物发酵生产油脂的工艺条件；开发微生物的一些功能性油脂，加快推广其在医药、保健食品等方面的应用。微生物油脂的生产技术在不断提高，其必将成为新世纪油脂工业中最重要的研究热点之一，并在促进人类的医疗保健方面和解决人类面临的能源资源危机问题中起到重要的作用。

参 考 文 献

[1] Hills M J. Control of storage-product synthesis in seeds. Current Opinion in Plant Biology, 2004, 7(3): 302-308.

[2] 王伏林, 吴关庭, 郎春秀, 等. 植物中的乙酰辅酶 A 羧化酶(AACase). 植物生理学通讯, 2006, (1): 10-14.

[3] Kinney A J, Cahoon E B, Hitz W D. Manipulating desaturase activities in transgenic crop plants. Biochemical Society Transactions, 2002, 30(6): 1099-1103.

[4] Fofana B, Cloutier S, Duguid S, et al. Gene expression of stearoyl-ACP desaturase and Δ12 fatty acid desaturase 2 is modulated during seed development of flax (Linum usitatissimum). Lipids, 2006, 41(7): 705-712.

[5] Zhang J T, Zhu J Q, Zhu Q, et al. Fatty acid desaturase-6 (Fad6) is required for salt tolerance in Arabidopsis thaliana. Biochemical and Biophysical Research Communications, 2009, 390(3): 469-474.

[6] Ge Y, Chang Y, Xu W L, et al. Sequence variations in the FAD2 gene in seeded pumpkins. Genetics and Molecular Research, 2015, 14(4): 17482-17488.

[7] Tang S, Guan R, Zhang H, et al. Cloning and expression analysis of three cDNAs encoding omega-3 fatty acid desaturases from Descurainia sophia. Biotechnology Letters, 2007, 29(9): 1417-1424.

[8] Venegas-Caleron M, Muro-Pastor A M, Garces R, et al. Functional characterization of a plastidial omega-3 desaturase from sunflower (Helianthus annuus) in cyanobacteria. Plant Physiology and Biochemistry, 2006, 44(10): 517-525.

[9] Napier J A. The production of unusual fatty acids in transgenic plants. Annual Review of Plant Biology, 2007, 58(1): 295-319.

[10] Lung S C, Weselake R J. Diacylglycerol acyltransferase: a key mediator of plant triacylglycerol synthesis. Lipids, 2006, 41(12): 1073-1088.

[11] Lu C L, de Noyer S B, Hobbs D H, et al. Expression pattern of diacylglycerol acyltransferase-1, an enzyme involved in triacylglycerol biosynthesis, in Arabidopsis thaliana. Plant Molecular Biology, 2003, 52(1): 31-41.

[12] Weselake R J, Shah S, Tang M, et al. Metabolic control analysis is helpful for informed genetic manipulation of oilseed rape (Brassica napus) to increase seed oil content. Journal of Experimental Botany, 2008, 59(13): 3543-3549.

[13] Jako C, Kumar A, Wei Y, et al. Seed-specific over-expression of an *Arabidopsis* cDNA encoding a diacylglycerol acyltransferase enhances seed oil content and seed weight. Plant Physiology, 2001, 126(2): 861-874.

[14] Siloto R M, Truksa M, Brownfield D, et al. Directed evolution of acyl-CoA:diacylglycerol acyltransferase: development and characterization of *Brassica napus* DGAT1 mutagenized libraries. Plant Physiology and Biochemistry, 2009, 47(6): 456-461.

[15] Capuano F, Beaudoin F, Napier J A, et al. Properties and exploitation of oleosins. Biotechnology Advances, 2007, 25(2): 203-206.

[16] Wan L, Ross A R, Yang J, et al. Phosphorylation of the 12S globulin cruciferin in wild-type and *abi1-1* mutant *Arabidopsis thaliana* (thale cress) seeds. Biochemical Journal, 2007, 404(2): 247-256.

[17] Puumalainen T J, Poikonen S, Kotovuori A, et al. Napins, 2S albumins, are major allergens in oilseed rape and turnip rape. Journal of Allergy and Clinical Immunology, 2006, 117(2): 426-432.

[18] Gehrig P M, Krzyzaniak A, Barciszewski J, et al. Mass spectrometric amino acid sequencing of a mixture of seed storage proteins (napin) from *Brassica napus*, products of a multigene family. Proceedings of the National Academy of Sciences of the United States of America, 1996, 93(8): 3647-3652.

[19] Millichip M, Tatham A S, Jackson F, et al. Purification and characterization of oil-bodies (oleosomes) and oil-body boundary proteins (oleosins) from the developing cotyledons of sunflower (*Helianthus annuus* L.). Biochemical Journal, 1996, 314(1): 333-337.

[20] Che N, Yang Y, Li Y, et al. Efficient LEC2 activation of OLEOSIN expression requires two neighboring RY elements on its promoter. Science China Life Sciences, 2009, 52(9): 854-863.

[21] Schmidt M A, Herman E M. Suppression of soybean oleosin produces micro-oil bodies that aggregate into oil body/ER complexes. Molecular Plant, 2008, 1(6): 910-924.

[22] Shimada T L, Shimada T, Takahashi H, et al. A novel role for oleosins in freezing tolerance of oilseeds in *Arabidopsis thaliana*. The Plant Journal: For Cell and Molecular Biology, 2008, 55(5): 798-809.

[23] Naested H, Frandsen G I, Jauh G Y, et al. Caleosins: Ca^{2+}-binding proteins associated with lipid bodies. Plant Molecular Biology, 2000, 44(4): 463-476.

[24] Poxleitner M, Rogers S W, Lacey Samuels A, et al. A role for caleosin in degradation of oil-body storage lipid during seed germination. The Plant Journal: For Cell and Molecular Biology, 2006, 47(6): 917-933.

[25] Froissard M, D'andrea S, Boulard C, et al. Heterologous expression of AtClo1, a plant oil body protein, induces lipid accumulation in yeast. FEMS Yeast Research, 2009, 9(3): 428-438.

[26] Purkrtova Z, Le Bon C, Kralova B, et al. Caleosin of *Arabidopsis thaliana*: effect of calcium on functional and structural properties. Journal of Agricultural and Food Chemistry, 2008, 56(23): 11217-11224.

[27] Lin L J, Tzen J T. Two distinct steroleosins are present in seed oil bodies. Plant Physiology and Biochemistry, 2004, 42(7-8): 601-608.

[28] Cahoon E B, Shockey J M, Dietrich C R, et al. Engineering oilseeds for sustainable production of industrial and nutritional feedstocks: solving bottlenecks in fatty acid flux. Current Opinion in Plant Biology, 2007, 10(3): 236-244.

[29] 刘波, 孙艳, 刘永红, 等. 产油微生物油脂生物合成与代谢调控研究进展. 微生物学报, 2005, 45(1): 153-156.

[30] 马艳玲. 微生物油脂及其生产工艺的研究进展. 生物加工过程, 2006, 4(4): 7-11.

[31] 徐华顺, 罗玉萍, 李思光, 等. 微生物发酵产油脂的研究进展. 中国油脂, 1999, 24(2): 34-37.

[32] 相光明, 刘建军, 赵祥颖, 等. 产油微生物研究及应用. 粮食与油脂, 2008, (6): 7-11.

[33] Chisti Y. Biodiesel from microalgae. Biotechnology Advances, 2007, 25(3): 294-306.

[34] 米铁柱, 张梅, 甄毓. 微藻类脂肪酸生物合成的研究进展. 中国海洋大学学报, 2018, 48(11): 60-70.

[35] Wynn J P, Ratledge C. Malic enzyme is a major source of NADPH for lipid accumulation by *Aspergillus nidulans*. Microbiology, 1997, 143(1): 253-257.

[36] 咸漠, 甄明, 康亦兼, 等. 深黄被孢霉生物转化十六醇合成油脂的研究. 高等学校化学学报, 2000, 21: 1108-1110.

[37] Wei T, Sufang Z, Qian W, et al. The isocitrate dehydrogenase gene of oleaginous yeast *Lipomyces starkeyi* is linked to lipid accumulation. Canadian Journal of Microbiology, 2009, 55(9): 1062-1069.

[38] Ratledge C, Wynn J P. The biochemistry and molecular biology of lipid accumulation in oleaginous microorganisms. Advances in Applied Microbiology, 2002, 51: 1-51.

[39] Ratledge C. Regulation of lipid accumulation in oleaginous micro-organisms. Biochemical Society Transactions, 2002, 30: 1047-1050.

[40] Nicholson T P, Rudd B A M, Dawson M, et al. Design and utility of oligonucleotide gene probes for fungal polyketide synthases. Chemistry & Biology, 2001, 8(2): 157-178.

[41] 汤其群. 生物化学与分子生物学. 上海: 复旦大学出版社, 2015.

[42] 杨胜利. 系统生物学研究进展. 中国科学院院刊, 2004, 19(1): 31-34.

[43] Babu B K, Mathur R K, Anitha P, et al. Phenomics, genomics of oil palm (*Elaeis guineensis* Jacq.): way forward for making sustainable and high yielding quality oil palm. Physiology and Molecular Biology of Plants, 2021, 27(3): 587-604.

[44] Lin P, Wang K, Wang Y, et al. The genome of oil-Camellia and population genomics analysis provide insights into seed oil domestication. Genome Biology, 2022, 23(1): 14.

[45] Hrdlickova R, Toloue M, Tian B. RNA-Seq methods for transcriptome analysis. Wiley Interdisciplinary Reviews-RNA, 2017, 8(1): 1-24.

[46] Yang S, Miao L, He J, et al. Dynamic transcriptome changes related to oil accumulation in developing soybean seeds. International Journal of Molecular Sciences, 2019, 20(9): 2202.

[47] Liu D, Yu L, Wei L, et al. BnTIR: an online transcriptome platform for exploring RNA-seq libraries for oil crop *Brassica napus*. Plant Biotechnology Journal, 2021, 19(10): 1895-1897.

[48] Fiehn O, Kopka J, Dörmann P, et al. Metabolite profiling for plant functional genomics. Nature Biotechnology, 2000, 18(11): 1157-1161.

[49] Nicholson J K, Lindon J C, Holmes E. 'Metabonomics': understanding the metabolic responses of living systems to pathophysiological stimuli via multivariate statistical analysis of biological NMR spectroscopic data. Xenobiotica: the Fate of Foreign Compounds in Biological Systems, 1999, 29(11): 1181-1189.

[50] Bhutada G, Kavšček M, Hofer F, et al. Characterization of a lipid droplet protein from *Yarrowia lipolytica* that is required for its oleaginous phenotype. Biochimica et Biophysica Acta(BBA)- Molecular and Cell Biology of Lipids, 2018, 1863(10): 1193-1205.

[51] Kerkhoven E J, Kim Y M, Wei S, et al. Leucine biosynthesis is involved in regulating high lipid accumulation in *Yarrowia lipolytica*. mBio, 2017, 8(3): e00857-17.

[52] Zhou X, Ren L, Li Y, et al. The next-generation sequencing technology: a technology review and future perspective. Science China-Life Sciences, 2010, 53(1): 44-57.

[53] Rothberg J M, Hinz W, Rearick T M, et al. An integrated semiconductor device enabling non-optical genome sequencing. Nature, 2011, 475(7356): 348-352.

[54] Levene M J, Korlach J, Turner S W, et al. Zero-mode waveguides for single-molecule analysis at high concentrations. Science, 2003, 299(5607): 682-686.

[55] Credo G M, Su X, Wu K, et al. Label-free electrical detection of pyrophosphate generated from DNA polymerase reactions on field-effect devices. Analyst, 2012, 137(6): 1351-1362.

[56] Matthew D. Next-Gen GPUs. https://www.genomeweb.com/informatics/next-gen-gpus(2011-8-01).

[57] Schadt E E, Linderman M D, Sorenson J, et al. Computational solutions to large-scale data management and analysis. Nature Reviews Genetics, 2010, 11(9): 647-657.

[58] van Ruissen F, Baas F. Serial analysis of gene expression (SAGE)//Fisher P B. Cancer Genomics and Proteomics: Methods and Protocols. Totowa: Humana Press, 2007: 41-46.

[59] Brenner S, Johnson M, Bridgham J, et al. Gene expression analysis by massively parallel signature sequencing (MPSS) on microbead arrays. Nature Biotechnology, 2000, 18(6): 630-634.

[60] Wang Z, Gerstein M, Snyder M. RNA-Seq: a revolutionary tool for transcriptomics. Nature Reviews Genetics, 2009, 10(1): 57-63.

[61] Tang F, Barbacioru C, Wang Y, et al. mRNA-Seq whole-transcriptome analysis of a single cell. Nature Methods, 2009, 6(5): 377-382.

[62] Wasinger V C, Cordwell S J, Cerpa-Poljak A, et al. Progress with gene-product mapping of the Mollicutes: *Mycoplasma genitalium*. Electrophoresis, 1995, 16(7): 1090-1094.

[63] Görg A. Advances in 2D gel techniques. Trends in Biotechnology, 2000, 18: 3-6.

[64] Wagener R, Kobbe B, Stoffel W. Quantification of gangliosides by microbore high performance liquid chromatography. Journal of Lipid Research, 1996, 37(8): 1823-1829.

[65] Fey S J, Larsen P M. 2D or not 2D. Two-dimensional gel electrophoresis. Current Opinion in Chemical Biology, 2001, 5(1): 26-33.

[66] Shevchenko A, Loboda A, Shevchenko A, et al. MALDI quadrupole time-of-flight mass spectrometry: a powerful tool for proteomic research. Analytical Chemistry, 2000, 72(9): 2132-2141.

[67] Medzihradszky K F, Campbell J M, Baldwin M A, et al. The characteristics of peptide collision-

induced dissociation using a high-performance MALDI-TOF/TOF tandem mass spectrometer. Analytical Chemistry, 2000, 72(3): 552-558.

[68] Jensen P K, Pasa-Tolić L, Anderson G A, et al. Probing proteomes using capillary isoelectric focusing-electrospray ionization Fourier transform ion cyclotron resonance mass spectrometry. Analytical Chemistry, 1999, 71(11): 2076-2084.

[69] Nelson R W, Nedelkov D, Tubbs K A. Biosensor chip mass spectrometry: a chip-based proteomics approach. Electrophoresis, 2000, 21(6): 1155-1163.

[70] Paweletz C P, Trock B, Pennanen M, et al. Proteomic patterns of nipple aspirate fluids obtained by SELDI-TOF: potential for new biomarkers to aid in the diagnosis of breast cancer. Disease Markers, 2001, 17(4): 301-307.

[71] Graves P R, Haystead T A J. Molecular biologist's guide to proteomics. Microbiology and Molecular Biology Reviews, 2002, 66(1): 39.

[72] 司英健. 蛋白质组学研究的内容、方法及意义. 国外医学（临床生物化学与检验学分册）, 2003, (3): 167-168.

[73] 曾嵘, 夏其昌. 蛋白质组学研究进展与趋势. 中国科学院院刊, 2002, (3): 166-169.

[74] Yanagida M. Functional proteomics; current achievements. Journal of Chromatography B: Analytical Technologies in the Biomedical and Life Sciences, 2002, 771(1-2): 89-106.

[75] Crawford M E, Cusick M E, Garrels J I. Databases and knowledge resources for proteomics research. Trends in Biotechnology, 2000, 18(1): 17-21.

[76] Keun H C, Ebbels T M D, Antti H, et al. Analytical reproducibility in ^{1}H NMR-based metabonomic urinalysis. Chemical Research in Toxicology, 2002, 15(11): 1380-1386.

[77] Griffin J L, Cemal C K, Pook M A. Defining a metabolic phenotype in the brain of a transgenic mouse model of spinocerebellar ataxia 3. Physiological Genomics, 2004, 16(3): 334-340.

[78] Bollard M E, Stanley E G, Lindon J C, et al. NMR-based metabonomic approaches for evaluating physiological influences on biofluid composition. NMR in Biomedicine, 2005, 18(3): 143-162.

[79] Brown S C, Kruppa G, Dasseux J L. Metabolomics applications of FT-ICR mass spectrometry. Mass Spectrometry Reviews, 2005, 24(2): 223-231.

[80] Dunn W B, Bailey N J C, Johnson H E. Measuring the metabolome: current analytical technologies. Analyst, 2005, 130(5): 606-625.

[81] Takáts Z, Wiseman J M, Gologan B, et al. Mass spectrometry sampling under ambient conditions with desorption electrospray ionization. Science, 2004, 306(5695): 471-473.

[82] Kaal E, de Koning S, Brudin S, et al. Fully automated system for the gas chromatographic characterization of polar biopolymers based on thermally assisted hydrolysis and methylation. Journal of Chromatography A: Including Electrophoresis and Other Separation Methods, 2008, 1201(2): 169-175.

[83] Lenz E M, Wilson I D. Analytical strategies in metabonomics. Journal of Proteome Research, 2007, 6(2): 443-458.

[84] Wilson I D, Plumb R, Granger J, et al. HPLC-MS-based methods for the study of metabonomics. Journal of Chromatography B: Analytical Technologies in the Biomedical and

Life Sciences, 2005, 817(1): 67-76.

[85] Wagner S, Scholz K, Sieber M, et al. Tools in metabonomics: an integrated validation approach for LC-MS metabolic profiling of mercapturic acids in human urine. Analytical Chemistry, 2007, 79(7): 2918-2926.

[86] Wilson I D, Nicholson J K, Castro-Perez J, et al. High resolution "ultra performance" liquid chromatography coupled to oa-TOF mass spectrometry as a tool for differential metabolic pathway profiling in functional genomic studies. Journal of Proteome Research, 2005, 4(2): 591-598.

[87] Yin P, Zhao X, Li Q, et al. Metabonomics study of intestinal fistulas based on ultraperformance liquid chromatography coupled with Q-TOF mass spectrometry (UPLC/Q-TOF MS). Journal of Proteome Research, 2006, 5(9): 2135-2143.

[88] Tolstikov V V, Fiehn O. Analysis of highly polar compounds of plant origin: combination of hydrophilic interaction chromatography and electrospray ion trap mass spectrometry. Analytical Biochemistry, 2002, 301(2): 298-307.

[89] Granger J, Plumb R, Castro-Perez J, et al. Metabonomic studies comparing capillary and conventional HPLC-oa-TOF MS for the analysis of urine from Zucker obese rats. Chromatographia, 2005, 61(7-8): 375-380.

[90] Britz-Mckibbin P, Terabe S. High-sensitivity analyses of metabolites in biological samples by capillary electrophoresis using dynamic pH junction-sweeping. Chemical Record, 2002, 2(6): 397-404.

[91] Soga T, Ohashi Y, Ueno Y, et al. Quantitative metabolome analysis using capillary electrophoresis mass spectrometry. Journal of Proteome Research, 2003, 2(5): 488-494.

[92] Soga T, Ueno Y, Naraoka H, et al. Pressure-assisted capillary electrophoresis electrospray ionization mass spectrometry for analysis of multivalent anions. Analytical Chemistry, 2002, 74(24): 6224-6229.

[93] Johnson H E, Broadhurst D, Kell D B, et al. High-throughput metabolic fingerprinting of legume silage fermentations via Fourier transform infrared spectroscopy and chemometrics. Applied and Environmental Microbiology, 2004, 70(3): 1583-1592.

[94] Saude E J, Slupsky C M, Sykes B D. Optimization of NMR analysis of biological fluids for quantitative accuracy. Metabolomics, 2006, 2(3): 113-123.

[95] Xu Q, Sachs J R, Wang T C, et al. Quantification and identification of components in solution mixtures from 1D proton NMR spectra using singular value decomposition. Analytical Chemistry, 2006, 78(20): 7175-7185.

[96] 卢红梅, 梁逸曾. 代谢组学分析技术及数据处理技术. 分析测试学报, 2008, 27(3): 325-332.

[97] Guarnieri M T, Levering J, Henard C A, et al. Genome sequence of the oleaginous green alga, *Chlorella vulgaris* UTEX 395. Frontiers in Bioengineering and Biotechnology, 2018, 6: 37.

[98] Courchesne N M D, Parisien A, Wang B, et al. Enhancement of lipid production using biochemical, genetic and transcription factor engineering approaches. Journal of Biotechnology, 2009, 141(1-2): 31-41.

[99] Athenstaedt K, Daum G. Lipid storage: yeast we can! European Journal of Lipid Science and

Technology, 2011, 113(10): 1188-1197.

[100] Jiang P, Cronan J E. Inhibition of fatty acid synthesis in *Escherichia coli* in the absence of phospholipid synthesis and release of inhibition by thioesterase action. Journal of Bacteriology, 1994, 176(10): 2814-2821.

[101] Rylott E L, Rogers C A, Gilday A D, et al. Arabidopsis mutants in short- and medium-chain acyl-CoA oxidase activities accumulate acyl-CoAs and reveal that fatty acid beta-oxidation is essential for embryo development. Journal of Biological Chemistry, 2003, 278(24): 21370-21377.

[102] Martin F, Judy S, Amine A, et al. Peroxisomal acyl-CoA synthetase activity is essential for seedling development in *Arabidopsis thaliana*. Plant Cell, 2004, 16(2): 394-405.

[103] Germain V, Rylott E L, Larson T R, et al. Requirement for 3-ketoacyl-CoA thiolase-2 in peroxisome development, fatty acid β-oxidation and breakdown of triacylglycerol in lipid bodies of *Arabidopsis* seedlings. The Plant Journal: for Cell and Molecular Biology, 2001, 28(1): 1-12.

[104] Shi S, Chen Y, Siewers V, et al. Improving production of malonyl coenzyme A-derived metabolites by abolishing Snf1-dependent regulation of Acc1. mBio, 2014, 5(3): e01130-14.

[105] Davis M S, Solbiati J, Cronan J E. Overproduction of acetyl-CoA carboxylase activity increases the rate of fatty acid biosynthesis in *Escherichia coli*. The Journal of Biological Chemistry, 2000, 275(37): 28593-28598.

[106] Dunahay T G, Jarvis E E, Roessler P G. Genetic transformation of the diatoms *Cyclotella cryptica* and *Navicula saprophila*. Journal of Phycology, 1995, 31(6): 1004-1012.

[107] Radakovits R, Jinkerson R E, Darzins A, et al. Genetic engineering of algae for enhanced biofuel production. Eukaryotic Cell, 2010, 9(4): 1535-9778.

[108] Dehesh K, Tai H, Edwards P, et al. Overexpression of 3-ketoacyl-acyl-carrier protein synthase III s in plants reduces the rate of lipid synthesis. Plant Physiology, 2001, 125(2): 1103-1114.

[109] Griffiths M J, Harrison S T L. Lipid productivity as a key characteristic for choosing algal species for biodiesel production. Journal of Applied Phycology, 2009, 21(5): 493-507.

[110] Mutanda T, Ramesh D, Karthikeyan S, et al. Bioprospecting for hyper-lipid producing microalgal strains for sustainable biofuel production. Bioresource Technology, 2010, 102(1): 57-70.

[111] Larkum A W D, Ross I L, Kruse O, et al. Selection, breeding and engineering of microalgae for bioenergy and biofuel production. Trends in Biotechnology, 2012, 30(4): 198-205.

[112] Vigeolas H, Waldeck P, Zank T, et al. Increasing seed oil content in oil-seed rape (*Brassica napus* L.) by over-expression of a yeast glycerol-3-phosphate dehydrogenase under the control of a seed-specific promoter. Plant Biotechnology Journal, 2007, 5(3): 431-441.

[113] Jain R K, Coffey M, Lai K, et al. Enhancement of seed oil content by expression of glycerol-3-phosphate acyltransferase genes. Biochemical Society Transactions, 2000, 28(6): 958-961.

[114] Namrata M, Kumar P P. In search of actionable targets for agrigenomics and microalgal biofuel production: sequence-structural diversity studies on algal and higher plants with a focus on GPAT protein. Omics: A Journal of Integrative Biology, 2013, 17(4): 173-186.

[115] Zou J, Katavic V, Giblin E M, et al. Modification of seed oil content and acyl composition in

the brassicaceae by expression of a yeast sn-2 acyltransferase gene. Plant Cell, 1997, 9(6): 909-923.

[116] Knutzon D S, Hayes T R, Wyrick A, et al. Lysophosphatidic acid acyltransferase from coconut endosperm mediates the insertion of laurate at the sn-2 position of triacylglycerols in lauric rapeseed oil and can increase total laurate levels. Plant Physiology, 1999, 120(3): 739-746.

[117] Eto M, Shindou H, Shimizu T. A novel lysophosphatidic acid acyltransferase enzyme (LPAAT4) with a possible role for incorporating docosahexaenoic acid into brain glycerophospholipids. Biochemical and Biophysical Research Communications, 2014, 443(2): 718-724.

[118] Pingitore P, Pirazzi C, Mancina R M, et al. Recombinant PNPLA3 protein shows triglyceride hydrolase activity and its I148M mutation results in loss of function. Biochimica et Biophysica Acta (BBA) - Molecular and Cell Biology of Lipids, 2014, 1841(4): 574-580.

[119] Bouvier-Navé P, Benveniste P, Oelkers P, et al. Expression in yeast and tobacco of plant cDNAs encoding acyl CoA:diacylglycerol acyltransferase. European Journal of Biochemistry, 2000, 267(1): 85-96.

[120] Zheng P, Allen W B, Roesler K, et al. A phenylalanine in DGAT is a key determinant of oil content and composition in maize. Nature Genetics, 2008, 40(3): 367-372.

[121] Lardizabal K, Effertz R, Levering C, et al. Expression of *Umbelopsis ramanniana* DGAT2A in seed increases oil in soybean. Plant Physiology, 2008, 148(1): 89-96.

[122] Zhang F Y, Yang M F, Xu Y N. Silencing of DGAT1 in tobacco causes a reduction in seed oil content. Plant Science, 2005, 169(4): 689-694.

[123] Deng X, Li Y, Fei X. The mRNA abundance of *pepc2* gene is negatively correlated with oil content in *Chlamydomonas reinhardtii*. Biomass and Bioenergy, 2011, 35(5): 1811-1817.

[124] 陈锦清, 郎春秀, 胡张华, 等. 反义 PEP 基因调控油菜籽粒蛋白质/油脂含量比率的研究. 农业生物技术学报, 1999, (4): 316-320.

[125] Deng X, Cai J, Li Y, et al. Expression and knockdown of the *pepc1* gene affect carbon flux in the biosynthesis of triacylglycerols by the green alga *Chlamydomonas reinhardtii*. Biotechnology Letters, 2014, 36(11): 2199-2208.

[126] Molnar A, Bassett A, Thuenemann E, et al. Highly specific gene silencing by artificial microRNAs in the unicellular alga *Chlamydomonas reinhardtii*. The Plant Journal: for Cell and Molecular Biology, 2009, 58(1): 165-174.

[127] de Riso V, Raniello R, Maumus F, et al. Gene silencing in the marine diatom *Phaeodactylum tricornutum*. Nucleic Acids Research, 2009, 37(14): e96.

[128] 童晋, 詹高淼, 王新发, 等. 油菜柠檬酸合酶基因的克隆及在逆境下的表达. 作物学报, 2009, 35(1): 33-40.

[129] Barone P, Rosellini D, Lafayette P, et al. Bacterial citrate synthase expression and soil aluminum tolerance in transgenic alfalfa. Plant Cell Reports, 2008, 27(5): 893-901.

[130] 张秀梅, 杜丽清, 孙光明, 等. 菠萝果实发育过程中有机酸含量及相关代谢酶活性的变化. 果树学报, 2007, (3): 381-384.

[131] Zhao T, Wang W, Bai X, et al. Gene silencing by artificial microRNAs in *Chlamydomonas*. The Plant Journal: for Cell and Molecular Biology, 2009, 58(1): 157-164.

[132] 卢恒谦, 陈海琴, 唐鑫, 等. 组学技术在产油微生物中的应用. 生物工程学报, 2021,

37(3): 846-859.

[133] 郭小宇, 杨兰, 李宪臻, 等. 提高微生物油脂生产能力的研究进展. 微生物学通报, 2013, 40(12): 2295-2305.

[134] Courchesne N M D, Parisien A, Wang B, et al. Enhancement of lipid production using biochemical, genetic and transcription factor engineering approaches. Journal of Biotechnology, 2009, 141(1): 31-41.

[135] 罗云波. 食品生物技术导论. 北京: 中国农业大学出版社, 2002.

[136] de Miguel Bouzas T, Barros-Velázquez J, Villa T G. Industrial applications of hyperthermophilic enzymes: a review. Protein and Peptide Letters, 2006, 13(7): 645-651.

[137] Hwang H T, Qi F, Yuan C, et al. Lipase-catalyzed process for biodiesel production: protein engineering and lipase production. Biotechnology and Bioengineering, 2014, 111(4): 639-653.

[138] Yang J, Koga Y, Nakano H, et al. Modifying the chain-length selectivity of the lipase from *Burkholderia cepacia* KWI-56 through *in vitro* combinatorial mutagenesis in the substrate-binding site. Protein Engineering, 2002, 15(2): 147-152.

[139] Borgdorf R, Warwel S. Substrate selectivity of various lipases in the esterification of *cis*- and *trans*-9-octadecenoic acid. Applied Microbiology and Biotechnology, 1999, 51(4): 480-485.

[140] Buko V U, Artsukevich A A, Ignatenko K V. Aldehydic products of lipid peroxidation inactivate cytochrome P-450. Experimental and Toxicologic Pathology: Official Journal of the Gesellschaft für Toxikologische Pathologie, 1999, 51(4-5): 294-298.

[141] Pirozzi D. Improvement of lipase stability in the presence of commercial triglycerides. European Journal of Lipid Science and Technology, 2003, 105(10): 608-613.

[142] Chakravorty D, Parameswaran S, Dubey V K, et al. Unraveling the rationale behind organic solvent stability of lipases. Applied Biochemistry and Biotechnology, 2012, 167(3): 439-461.

[143] Liu L, Liu Y, Shin H D, et al. Developing *Bacillus* spp. as a cell factory for production of microbial enzymes and industrially important biochemicals in the context of systems and synthetic biology. Applied Microbiology and Biotechnology, 2013, 97(14): 6113-6127.

[144] Liu Y, Shin H D, Li J, et al. Toward metabolic engineering in the context of system biology and synthetic biology: advances and prospects. Applied Microbiology and Biotechnology, 2015, 99(3): 1109-1118.

[145] Venayak N, Anesiadis N, Cluett W R, et al. Engineering metabolism through dynamic control. Current Opinion in Biotechnology, 2015, 34: 142-152.

[146] de Vos W M, Hugenholtz J. Engineering metabolic highways in *Lactococci* and other lactic acid bacteria. Trends in Biotechnology, 2004, 22(2): 72-79.

[147] Storici F, Lewis L K, Resnick M A. *In vivo* site-directed mutagenesis using oligonucleotides. Nature Biotechnology, 2001, 19(8): 773-776.

[148] Nielsen J. Metabolic engineering. Applied Microbiology and Biotechnology, 2001, 55(3): 263-283.

[149] Hugenholtz J, Sybesma W, Groot M N, et al. Metabolic engineering of lactic acid bacteria for the production of nutraceuticals. Antonie van Leeuwenhoek, 2002, 82(1-4): 217-235.

[150] Nielsen J. It is all about metabolic fluxes. Journal of Bacteriology, 2003, 185(24): 7031-7035.

[151] 严伟, 信丰学, 董维亮, 等. 合成生物学及其研究进展. 生物学杂志, 2020, 37(5): 1-9.

[152] 崔颖璐, 吴边. 符合工程化需求的生物元件设计. 中国科学院院刊, 2018, 33(11): 1150-1157.

[153] Harder B J, Bettenbrock K, Klamt S. Temperature-dependent dynamic control of the TCA cycle increases volumetric productivity of itaconic acid production by *Escherichia coli*. Biotechnology and Bioengineering, 2018, 115(1): 156-164.

[154] Zhang Q, Yao R, Chen X, et al. Enhancing fructosylated chondroitin production in *Escherichia coli* K4 by balancing the UDP-precursors. Metabolic Engineering, 2018, 47: 314-322.

[155] Chen X, Gao C, Guo L, et al. DCEO biotechnology: tools to design, construct, evaluate, and optimize the metabolic pathway for biosynthesis of chemicals. Chemical Reviews, 2018, 118(1): 4-72.

[156] Ye C, Xu N, Dong C, et al. IMGMD: a platform for the integration and standardisation of in silico microbial genome-scale metabolic models. Scientific Reports, 2017, 7(1): 727.

[157] Lewis N E, Nagarajan H, Palsson B O. Constraining the metabolic genotype-phenotype relationship using a phylogeny of in silico methods. Nature Reviews. Microbiology, 2012, 10(4): 291-305.

[158] Kim T Y, Sohn S B, Kim Y B, et al. Recent advances in reconstruction and applications of genome-scale metabolic models. Current Opinion in Biotechnology, 2012, 23(4): 617-623.

[159] David L, Marashi S A, Larhlimi A, et al. FFCA: a feasibility-based method for flux coupling analysis of metabolic networks. BMC Bioinformatics, 2011, 12(1): 236.

[160] Kim J, Reed J L. OptORF: optimal metabolic and regulatory perturbations for metabolic engineering of microbial strains. BMC Systems Biology, 2010, 4: 53.

[161] Pharkya P, Burgard A P, Maranas C D. OptStrain: a computational framework for redesign of microbial production systems. Genome Research, 2004, 14(11): 2367-2376.

[162] Ranganathan S, Suthers P F, Maranas C D. OptForce: an optimization procedure for identifying all genetic manipulations leading to targeted overproductions. PLoS Computational Biology, 2010, 6(4): e1000744.

[163] Yugi K, Kubota H, Hatano A, et al. Trans-omics: how to reconstruct biochemical networks across multiple 'omic' layers. Trends in Biotechnology, 2016, 34(4): 276-290.

[164] Chae T U, Choi S Y, Kim J W, et al. Recent advances in systems metabolic engineering tools and strategies. Current Opinion in Biotechnology, 2017, 47: 67-82.

[165] Choi K R, Shin J H, Cho J S, et al. Systems metabolic engineering of *Escherichia coli*. EcoSal Plus, 2016, 7(1): 1-56.

[166] Gevorgyan A, Bushell M E, Avignone-Rossa C, et al. SurreyFBA: a command line tool and graphics user interface for constraint-based modeling of genome-scale metabolic reaction networks. Bioinformatics, 2011, 27(3): 433-434.

[167] Yamada T, Letunic I, Okuda S, et al. iPath 2.0: interactive pathway explorer. Nucleic Acids Research, 2011, 39(2): 412-415.

[168] Richardson S M, Nunley P W, Yarrington R M, et al. GeneDesign 3.0 is an updated synthetic biology toolkit. Nucleic Acids Research, 2010, 38(8): 2603-2606.

[169] Vick J E, Johnson E T, Choudhary S, et al. Optimized compatible set of BioBrick[TM] vectors

for metabolic pathway engineering. Applied Microbiology and Biotechnology, 2011, 92(6): 1275-1286.

[170] Xu P, Vansiri A, Bhan N, et al. ePathBrick: a synthetic biology platform for engineering metabolic pathways in *E. coli*. ACS Synthetic Biology, 2012, 1(7): 256-266.

[171] Engler C, Kandzia R, Marillonnet S. A one pot, one step, precision cloning method with high throughput capability. PLoS One, 2008, 3(11): e3647.

[172] Weber E, Engler C, Gruetzner R, et al. A modular cloning system for standardized assembly of multigene constructs. PLoS Clinical Trials, 2017, 6(2): e16765.

[173] Gibson D G, Young L, Chuang R Y, et al. Enzymatic assembly of DNA molecules up to several hundred kilobases. Nature Methods, 2009, 6(5): 343-345.

[174] Kim B, Kim W J, Kim D I, et al. Applications of genome-scale metabolic network model in metabolic engineering. Journal of Industrial Microbiology & Biotechnology, 2015, 42(3): 339-348.

[175] Xu N, Ye C, Liu L. Genome-scale biological models for industrial microbial systems. Applied Microbiology and Biotechnology, 2018, 102(8): 3439-3451.

[176] Oud B, van Maris A J A, Daran J M, et al. Genome-wide analytical approaches for reverse metabolic engineering of industrially relevant phenotypes in yeast. FEMS Yeast Research, 2012, 12(2): 183-196.

[177] Ghosh C, Gupta R, Mukherjee K J. An inverse metabolic engineering approach for the design of an improved host platform for over-expression of recombinant proteins in *Escherichia coli*. Microbial Cell Factories, 2012, 11(1): 93.

[178] Choi K R, Jang W D, Yang D, et al. Systems metabolic engineering strategies: integrating systems and synthetic biology with metabolic engineering. Trends in Biotechnology, 2019, 37(8): 817-837.

[179] Jiang Y, Chen B, Duan C, et al. Multigene editing in the *Escherichia coli* genome via the CRISPR-Cas9 system. Applied and Environmental Microbiology, 2015, 81(7): 2506-2514.

[180] Redding-Johanson A M, Batth T S, Chan R, et al. Targeted proteomics for metabolic pathway optimization: application to terpene production. Metabolic Engineering, 2011, 13(2): 194-203.

[181] Gao C, Wang S, Hu G, et al. Engineering *Escherichia coli* for malate production by integrating modular pathway characterization with CRISPRi-guided multiplexed metabolic tuning. Biotechnology and Bioengineering, 2018, 115(3): 661-672.

[182] Ninh P H, Honda K, Sakai T, et al. Assembly and multiple gene expression of thermophilic enzymes in *Escherichia coli* for *in vitro* metabolic engineering. Biotechnology and Bioengineering, 2015, 112(1): 189-196.

[183] Rogers J K, Taylor N D, Church G M. Biosensor-based engineering of biosynthetic pathways. Current Opinion in Biotechnology, 2016, 42: 84-91.

[184] Win M N, Smolke C D. Higher-order cellular information processing with synthetic RNA devices. Science, 2008, 322(5900): 456-460.

[185] Tang S Y, Cirino P C. Design and application of a mevalonate-responsive regulatory protein. Angewandte Chemie International Edition in English, 2011, 50(5): 1084-1086.

[186] Kelwick R, Bowater L, Yeoman K H, et al. Promoting microbiology education through the iGEM synthetic biology competition. FEMS Microbiology Letters, 2015, 362(16): 1-8.

[187] Shukal S, Chen X, Zhang C. Systematic engineering for high-yield production of viridiflorol and amorphadiene in auxotrophic *Escherichia coli*. Metabolic Engineering, 2019, 55: 170-178.

[188] Cong L, Ran F A, Cox D, et al. Multiplex genome engineering using CRISPR/Cas systems. Science, 2013, 339(6121): 819-823.

[189] Doudna J A, Charpentier E. The new frontier of genome engineering with CRISPR-Cas9. Science, 2014, 346(6213): 1258096.

[190] Felletti M, Stifel J, Wurmthaler L A, et al. Twister ribozymes as highly versatile expression platforms for artificial riboswitches. Nature Communications, 2016, 7: 12834.

[191] Serganov A, Nudler E. A decade of riboswitches. Cell, 2013, 152(1-2): 17-24.

[192] Pham H L, Wong A, Chua N, et al. Engineering a riboswitch-based genetic platform for the self-directed evolution of acid-tolerant phenotypes. Nature Communications, 2017, 8(1): 411.

[193] Yang Y, Lin Y, Li L, et al. Regulating malonyl-CoA metabolism via synthetic antisense RNAs for enhanced biosynthesis of natural products. Metabolic Engineering, 2015, 29: 217-226.

[194] Leonard E, Ajikumar P K, Thayer K, et al. Combining metabolic and protein engineering of a terpenoid biosynthetic pathway for overproduction and selectivity control. Proceedings of the National Academy of Sciences of the United States of America, 2010, 107(31): 13654-13659.

[195] Song W, Wang J H, Wu J, et al. Asymmetric assembly of high-value α-functionalized organic acids using a biocatalytic chiral-group-resetting process. Nature Communications, 2018, 9(1): 3818.

[196] Gao C, Xu P, Ye C, et al. Genetic circuit-assisted smart microbial engineering. Trends in Microbiology, 2019, 27(12): 1011-1024.

[197] Hsia J, Holtz W J, Maharbiz M M, et al. Modular synthetic inverters from zinc finger proteins and small RNAs. PLoS One, 2016, 11(2): e0149483.

[198] Lee J H, Jung S C, Bui L M, et al. Improved production of L-threonine in *Escherichia coli* by use of a DNA scaffold system. Applied and Environmental Microbiology, 2013, 79(3): 774-782.

[199] Yu T, Gao X, Ren Y, et al. Assembly of cellulases with synthetic protein scaffolds *in vitro*. Bioresources and Bioprocessing, 2015, 2(1): 16.

[200] Deloache W C, Russ Z N, Dueber J E. Towards repurposing the yeast peroxisome for compartmentalizing heterologous metabolic pathways. Nature Communications, 2016, 7: 11152.

[201] Agapakis C M, Boyle P M, Silver P A. Natural strategies for the spatial optimization of metabolism in synthetic biology. Nature Chemical Biology, 2012, 8(6): 527-535.

[202] Chen X, Zhu P, Liu L. Modular optimization of multi-gene pathways for fumarate production. Metabolic Engineering, 2016, 33: 76-85.

[203] Yim S S, Choi J W, Lee S H, et al. Modular optimization of a hemicellulose-utilizing pathway in *Corynebacterium glutamicum* for consolidated bioprocessing of hemicellulosic biomass. ACS Synthetic Biology, 2016, 5(4): 334-343.

[204] Chen X, Li S, Liu L. Engineering redox balance through cofactor systems. Trends in

Biotechnology, 2014, 32(6): 337-343.

[205] Chen X, Li Y, Tong T, et al. Spatial modulation and cofactor engineering of key pathway enzymes for fumarate production in *Candida glabrata*. Biotechnology and Bioengineering, 2019, 116(3): 622-630.

[206] Kell D B, Swainston N, Pir P, et al. Membrane transporter engineering in industrial biotechnology and whole cell biocatalysis. Trends in Biotechnology, 2015, 33(4): 237-246.

[207] Zhang C, Chen X, Stephanopoulos G, et al. Efflux transporter engineering markedly improves amorphadiene production in *Escherichia coli*. Biotechnology and Bioengineering, 2016, 113(8): 1755-1763.

[208] Driouch H, Hänsch R, Wucherpfennig T, et al. Improved enzyme production by bio-pellets of *Aspergillus niger*: targeted morphology engineering using titanate microparticles. Biotechnology and Bioengineering, 2012, 109(2): 462-471.

[209] Elhadi D, Lv L, Jiang X R, et al. CRISPRi engineering *E. coli* for morphology diversification. Metabolic Engineering, 2016, 38: 358-369.

[210] Doong S J, Gupta A, Prather K L J. Layered dynamic regulation for improving metabolic pathway productivity in *Escherichia coli*. Proceedings of the National Academy of Sciences of the United States of America, 2018, 115(12): 2964-2969.

[211] Gupta A, Reizman I M B, Reisch C R, et al. Dynamic regulation of metabolic flux in engineered bacteria using a pathway-independent quorum-sensing circuit. Nature Biotechnology, 2017, 35(3): 273-279.

[212] Botham P A, Ratledge C. A biochemical explanation for lipid accumulation in Candida 107 and other oleaginous micro-organisms. Journal of General Microbiology, 1979, 114(2): 361-375.

[213] Palmieri L, Palmieri F, Runswick M J, et al. Identification by bacterial expression and functional reconstitution of the yeast genomic sequence encoding the mitochondrial dicarboxylate carrier protein. FEBS Letters, 1996, 399(3): 299-302.

[214] Wynn J P, Hamid A A, Li Y, et al. Biochemical events leading to the diversion of carbon into storage lipids in the oleaginous fungi *Mucor circinelloides* and *Mortierella alpina*. Microbiology, 2001, 147(10): 2857-2864.

[215] Papanikolaou S, Sarantou S, Komaitis M, et al. Repression of reserve lipid turnover in *Cunninghamella echinulata* and *Mortierella isabellina* cultivated in multiple-limited media. Journal of Applied Microbiology, 2004, 97(4): 867-875.

[216] Adams I P, Dack S, Dickinson F M, et al. The distinctiveness of ATP:citrate lyase from *Aspergillus nidulans*. Biochimica et Biophysica Acta(BBA)-Protein Structure and Molecular Enzymology, 2002, 1597(1): 36-41.

[217] Linn T C, Srere P A. Binding of ATP citrate lyase to the microsomal fraction of rat liver. The Journal of Biological Chemistry, 1984, 259(21): 13379-13384.

[218] Song Y, Wynn J P, Li Y, et al. A pre-genetic study of the isoforms of malic enzyme associated with lipid accumulation in *Mucor circinelloides*. Microbiology, 2001, 147(6): 1507-1515.

[219] dos Santos M M, Raghevendran V, Kötter P, et al. Manipulation of malic enzyme in

Saccharomyces cerevisiae for increasing NADPH production capacity aerobically in different cellular compartments. Metabolic Engineering, 2004, 6(4): 352-363.

[220] 李丽娜, 于长青. 超临界 CO_2 萃取微生物油脂中 ARA 工艺条件的优化. 中国粮油学报, 2010, 25: 59-64.

[221] 孔凡敏, 赵祥颖, 田延军, 等. 酸热法提取酵母油脂条件的研究. 中国酿造, 2010, (5): 143-146.

第2章 单细胞油脂技术

单细胞油脂（single cell oil，SCO）是指利用产脂微生物如丝状真菌、酵母或单细胞藻类进行发酵培养，在微生物体内合成脂质成分，再经提取精炼工艺制备获得的可供食用的油脂。传统的基于动植物提取的功能性油脂已经无法满足人民日益增长的巨大需求，因此亟须发展一种可持续、廉价的获取功能性油脂的方法。单细胞油脂应运而生，随着单细胞油脂研究的不断推进和深入，越来越多的产脂微生物及其产脂的分子机制逐渐被揭示。随着分子操作技术的不断演化，微生物油脂的发酵技术逐渐得到分子水平的优化，经过分子改造的微生物在产油能力上大幅提升。除上游菌种改造之外，下游的提取和精炼技术也在不断推进。微生物菌种的改造和分离提取技术同时发展，为单细胞油脂的产业化奠定了基础。

2.1 产脂微生物的种类

2.1.1 丝状真菌

高山被孢霉（*Mortierella alpina*）是一种可积累大量花生四烯酸（arachidonic acid，AA)的产油丝状真菌，可生产高达菌体干重 50%的脂质，其中 AA 含量丰富，在总脂肪酸中占比可达到 30%~40%[1]，其所产脂肪酸主要被组装到甘油骨架上以三酰甘油（triacylglycerol，TAG）形式存在。二酰甘油酰基转移酶（diacylglycerol acyltransferase，DGAT）是 TAG 生物合成途径的关键酶，对于高山被孢霉 TAG 的生产具有重要意义。通过高山被孢霉生产的油脂被美国食品药品监督管理局（FDA）鉴定为一般认为安全（GRAS 认证），所产的 AA 已用作婴幼儿配方奶粉的添加剂[2]。

目前尚不清楚含油真菌是如何进化的，但有研究团队指出，基于脂质代谢基因的系统发育结果与基于 440 个核心同源物构建的系统发育结果一致[3]。这表明脂质代谢基因的进化历史主要由垂直遗传而不是横向基因转移主导。此外，脂质代谢基因的分化水平低于核心直系同源物。例如，在裂殖酵母属中，核心直系同源物的平均氨基酸同一性为 64%[3]。研究表明，脂质代谢基因的突变率低于核心直系同源基因的平均突变率。基因的低突变率差异表明它们对生物体的生存至关重要。

　　研究人员鉴定出高山被孢霉的 18 种脂肪酶包含Ⅱ型脂肪酶、Ⅲ型脂肪酶以及 PGAP1 样、CVT17 或 DUF2424 结构域脂肪酶。Ⅱ型脂肪酶、Ⅲ型脂肪酶可作为甘油酯脂肪酶发挥作用，其水解酰基甘油中的酯键，释放二酰甘油、单酰甘油、甘油和游离脂肪酸（free fatty acid，FFA）。具有 PGAP1 样结构域的脂肪酶可作为糖基磷脂酰肌醇（GPI）脱酰酶发挥作用。这种去酰化对于 GPI 锚定蛋白从内质网到高尔基体的有效运输很重要。具有 CVT17 结构域的脂肪酶可以作为细胞液泡内的自噬酶发挥作用。具有 DUF2424 结构域的脂肪酶的功能仍然未知[2]。

2.1.2　酵母

1. 酿酒酵母

　　酿酒酵母（Saccharomyces cerevisiae）具有遗传操作简单、代谢网络清晰、生长速率快、翻译后修饰且具有真核细胞特有的亚细胞结构等特性，随着合成生物学技术的应用，研究人员将酿酒酵母发展成为重要的细胞工厂，其中就有研究团队通过重新编程酿酒酵母，将其改造为产油酵母，其最高产油量已达 33.4 g/L[4]。

　　微生物细胞工厂通常通过在不破坏天然代谢特征的情况下建立新的生物合成途径来构建，这可以促使通量重新定向到所需的产品。例如，工程酿酒酵母是一种理想的细胞工厂，这是因为它在恶劣的工业条件下具有稳健性，另外从葡萄糖中过度生产化学物质通常会受到其固有的发酵代谢的阻碍，其中大部分葡萄糖被分流到乙醇中[5, 6]。由于 Crabtree 效应，在高糖浓度的完全有氧条件下，发酵代谢也占主导地位。尽管 Crabtree 效应已被广泛研究，但在酿酒酵母中的触发机制仍然未知[7]，这阻碍了工程师生产乙醇以外的其他化学品。由于阻断乙醇发酵会导致生长缺陷[8]，为了支持目标产品的生产，需要完全重新编程细胞代谢。

　　为了将酿酒酵母重新编程为产生游离脂肪酸的酵母，进行了三个连续的代谢重新布线步骤。首先，建立了游离脂肪酸生产的有效途径。其次，通过确保途径中间体的平衡来提高游离脂肪酸生产能力，通过上调磷酸戊糖途径（PPP）来匹配 NADPH 需求，并通过下调 TCA 循环来微调 ATP 供应。最后，取消了乙醇发酵并进行了适应性实验室进化，以建立稳定的重新布线的代谢网络[4]。

　　通过模拟产油酵母的代谢，对酿酒酵母进行了主要的代谢重编程，以实现有效的脂肪生成代谢。中央代谢重新连接导致菌株产生的游离脂肪酸滴度为 33.4 g/L，这是微生物发酵报道的最高滴度。通过实验室进化进一步消除了游离脂肪酸过度生产时菌株中的乙醇发酵，成功地重新编程乙醇发酵以生产游离脂肪酸。基因组测序和代谢结果表明丙酮酸激酶突变对于平衡糖酵解和细胞生长至关重要。根据研究结果，可以得出结论，尽管经过数百万年的进化，酵母代谢是相对可塑性的，并且通过广泛的工程和适应性实验室进化的结合，可以完全重新编程酵母代谢网络的功能[4]。

2. 解脂耶氏酵母

解脂耶氏酵母（*Yarrowia lipolytica*）是被广泛研究和工程化的产油酵母。随着不同的分子和生物信息学工具的发展，系统代谢工程策略可以应用在该酵母中，使它可以产生常见和非常见的脂肪酸。常见的脂肪酸通过多种途径的作用并积累，如脂肪酸/三酰甘油的合成、转运和降解。非常见的脂肪酸是指对普通脂肪酸的酶促修饰，以产生不是在宿主中自然合成的化合物。

解脂耶氏酵母是一种二态性、非致病性子囊菌酵母。它通常存在于疏水性基质的环境中，如乳制品和含油废物。因此，已在受油污染的土壤、海洋环境、沉积物样品和废水中分离出多种菌株[9]。重要的是，对该酵母的安全性进行了评估[10]，这一安全认证对于扩大解脂耶氏酵母发酵产品的应用范围显得尤为重要，同时解脂耶氏酵母已广泛用于生产脂质和脂质衍生化合物[11]，如生物柴油、食用油等。

大量的工业应用促进了解脂耶氏酵母生理特征的基础研究和代谢工程工具的开发。其中，高通量技术使分析大量组学数据成为可能，以在系统水平上研究细胞代谢和生理学[12]。最近已获得这些系统生物学数据并分析了解脂耶氏酵母菌。在这方面，转录组学分析揭示了发酵 32 h 内四种不同的转录谱，并确定了可能参与产油物种代谢的基因[13, 14]。进行蛋白质组学分析以研究参与赤藓糖醇渗透反应[15]的蛋白质。最后，通过使用 ^{13}C 进行代谢通量分析（MFA）研究了该酵母中的代谢通量组学[16, 17]。值得注意的是，代谢通量分析最近揭示了磷酸戊糖途径是脂质生产所需辅因子的主要来源[18]。代谢组学和脂质组学研究表明，细胞壁生物发生蛋白可能是增加脂质积累的靶点[19]。

解脂耶氏酵母作为微生物油脂重要的生产者，成为研究脂肪酸代谢和脂质积累的单细胞模式生物。下面总结了常见脂质合成和降解所涉及的最重要的过程和基因[20]，并将常见的脂质定义为由酵母天然大量合成并可以积累和储存的脂质（如三酰甘油或甾醇酯）。

在耶氏酵母的细胞质中合成常见脂肪酸，乙酰辅酶 A 可以来自 *ACS* 基因（乙酰辅酶 A 合成酶，YALI0F05962g）、丙酮酸脱氢酶复合物、氨基酸降解途径或 *ACL* 基因（ATP 柠檬酸裂解酶 YALI0E34793g 和 YALI0D24431g）[21]。*ACL* 基因仅存在于产油酵母的基因组中。乙酰辅酶 A 羧化酶 YALI0C11407g（ACC1）可以将乙酰辅酶 A 转化为丙二酰辅酶 A。ACC1 的过表达与脂质过度生产有关[22]。脂肪酸合成酶复合物（YALI0B15059g 和 YALI0B19382g）使用乙酰辅酶 A 作为起始分子和丙二酰辅酶 A 作为延伸单位产生酰基辅酶 A，在脂肪酸主链上添加两个碳。大多数释放的酰基辅酶 A 对应于 16 个或 18 个碳的链长。

此后，这些 C16:0 和 C18:0 活化分子可以作为延长酶与去饱和酶的底物。延长酶负责链的延长并将产生长链脂肪酸（YALI0B20196g）或极长链脂肪酸（YALI0F06754g）。位于内质网（ER）中的去饱和酶发生第一次去饱和（Δ9 去饱和酶 OLE1，YALI0C05951g）以产生棕榈油酸（C16:1）或油酸（C18:1），或者产生第二个双键（Δ12 去饱和酶 FAD2，YALI0B10153g)主要生产亚油酸（C18:2）。出乎意料的是，OLE1 的过表达可以增加脂质的产量。解脂耶氏酵母在脂质体中积累脂质。它主要由中性脂质形成，特别是 TAG（85%）和一些甾醇酯（SE，8%）[23]。TAG 通过 Kennedy 途径形成，其中预先形成的二酰甘油通过 LRO1（磷脂: 二酰甘油酰基转移酶，YALI0E16797g）从磷脂或通过 DGA1 和 DGA2（分别为 YALI0E32769g/YALI0D0798g）从酰基辅酶 A 转化为 TAG。SE 由酰基辅酶 A 形成，甾醇由 ARE1（YALI0F06578g）[24, 25]形成。这些反应可能发生在 ER 和脂质体之间，这是因为在那里发现了相关的酶[23]。过表达 DGA1 和 DGA2 的代谢工程方法已经成功地提高了脂质的产量[22-24]。脂质体是一种动态结构，一旦培养基中的营养物质耗尽，它就可以释放存储的额外碳源。因此，TAG 是细胞内脂肪酶的底物，会在脂质体表面释放游离脂肪酸。与酿酒酵母不同，在解脂耶氏酵母中有两个酶：TGL4（YALI0F10010g），一种定位于脂质体界面的活性脂肪酶，以及 TGL3（YALI0D17534g），一种 TGL4 的正调节因子。值得注意的是，这两种酶的空间分布因培养基成分和细胞的生理状态而异，表明存在复杂的调节。重要的是，从生物技术的角度来看，这些基因的单一或双重缺失会导致脂质积累能力增加两倍[26]。

　　解脂耶氏酵母还能合成各类非常见脂肪酸，如共轭亚油酸（CLA）、蓖麻油酸（RA）、二十碳五烯酸（EPA）和二十二碳六烯酸（DHA）等（图 2-1）。

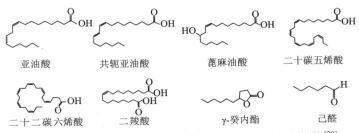

亚油酸　　　　共轭亚油酸　　　　蓖麻油酸　　　　二十碳五烯酸

二十二碳六烯酸　　　二羧酸　　　　γ-癸内酯　　　　己醛

图 2-1　解脂耶氏酵母中生产的非常见脂肪酸的化学结构[20]

　　共轭亚油酸（CLA）是亚油酸的十八碳二烯酸异构体。它们是功能性食品，因此被用作膳食补充剂成分。CLA 的潜在益处是预防代谢疾病和癌症、抗动脉粥样硬化和抗肥胖以及促进免疫系统调节[27]。蓖麻油酸（RA）是一种羟基化的非常见脂肪酸，有多种工业应用。RA 被认为是化学工业的可再生材料，可将其用于双键反应（氧化、聚合、氢化、环氧化、卤化、加成反应、磺化和复分解）和羟基反应（脱水、水解、苛性熔融、热解、烷氧化、酯化、卤化、氨基甲酸酯形成和磺化）[28]。

3. 圆红冬孢酵母

圆红冬孢酵母（*Rhodosporidium toruloides*）属于红酵母中的担子菌门，锈菌亚门，微葡萄孢菌纲，锁掷酵母目，红冬孢酵母属，最早由日本学者 Saito 从中国大连分离得到。一直以来，圆红冬孢酵母被当作产油酵母并被广泛研究，通过高密度发酵，产油量可高达 100 g/L[29]。圆红冬孢酵母在生产三酰甘油方面也有巨大的优势，但对其产油的分子基础的理解是有限的，主要是因为天然产油物种的遗传背景仍然不明晰。直到 2012 年，朱志伟等利用多组学技术，全面分析了一个 20.2 Mb 的基因组后，圆红冬孢酵母的产油能力才逐步被揭示出来[30]。圆红冬孢酵母包含 8171 个蛋白质编码基因，其中大多数具有多个内含子，包括新型脂肪酸合酶的基因将参与非产油酵母中之前不存在的新的代谢途径。转录组学和蛋白质组学数据表明，限氮条件下的脂质积累与脂肪生成、含氮化合物再循环、大分子代谢和自噬的诱导相关，研究人员根据 KEGG 和 SGD 数据库，重建了其胞内的代谢网络，包括糖酵解、磷酸戊糖途径、TCA 循环、脂肪酸合成途径、类异戊二烯生物合成途径、三酰甘油和磷脂的生物合成途径、脂肪分解、线粒体中的 β-氧化和乙醛酸循环[30]。

研究人员在圆红冬孢酵母中发现了一种新的脂肪酸合酶系统[30]。脂肪酸合酶系统通常分为两种变体，即分离的 II 型系统和整合的 I 型多酶系统。在真菌中，脂肪酸合酶系统通常由八个不同的域组成，并组织成两个亚基或一个多肽[31]。虽然分裂脂肪酸合酶系统在真菌中很常见，但圆红冬孢酵母中的脂肪酸合酶系统分裂成一种新形式，由两个亚基组成：β-亚基（Fas1），其中包含酰基转移酶和烯酰还原酶结构域，以及 α-亚基（Fas2），其中包括所有其他的域。Fas2 中存在两个具有 76%序列相似度的酰基载体蛋白（ACP）结构域，并且这两个 ACP 与来自其他物种的 ACP 具有高度相似性。在蛋白质组学分析期间，采用 LC-MS/MS（液相色谱-串联质谱法）也发现了来自不同 ACP 的独特肽，这表明脂肪酸合酶系统与两个 ACP 蛋白的表达。由于 ACP 在链延长过程的迭代底物穿梭中具有关键作用，串联 ACP 的存在可以通过在脂肪酸合酶系统[32]的反应室中提供更高的中间浓度来提高脂肪酸生物合成的功效。

早期的生化研究表明，氮限制是引发脂质过度生产的主要调节因素[33, 34]。在产油真菌中，线粒体 NAD$^+$依赖型异柠檬酸脱氢酶（IDH）依赖于 AMP，在氮限制条件下，由于 AMP 脱氨酶活性，细胞 AMP 水平降低，从而导致 IDH 活性受损。因此，线粒体柠檬酸盐积累并从线粒体渗透到细胞质中，在那里它作为 ACL 的底物，形成用于脂肪酸生物合成的乙酰辅酶 A。此外，胞质 NAD$^+$

依赖的苹果酸酶（ME）被认为是补充 NADPH 以进行从头脂肪生成的关键酶，氮限制促进了脂质积累，并且代谢通量被重新分配用于脂质生物合成。

氮限制可以开启产油微生物[33, 34]的脂质合成。氮限制导致细胞质中的氨基酸（尤其是谷氨酰胺和亮氨酸）饥饿，从而抑制了 NPR2/3 或 GTR1/2 复合物的 TOR 复合物 1（营养信号的全局调节剂）的活性[35]。保守的 TOR 复合物存在于圆红冬孢酵母中，并且 NPR2 的表达在该生物体中氮饥饿时确实被下调。失活的 TORC1 抑制翻译起始和核糖体生物发生并激活自噬。结果，蛋白质合成被阻断，自噬相关蛋白水解被激活，从而回收氨基酸。在酿酒酵母中，氮源分解代谢抑制（NCR）相关基因通过控制 GATA 转录因子的易位[36]受 TOR 信号调节以响应氮饥饿。在圆红冬孢酵母中发现了 11 个假定的 GATA 型转录因子，并且被 GATA 因子识别的 HGATAR（H=A、C 或 T，R=A 或 G）基序在那些上调的氮代谢基因的上游区域中过表达。蛋白质翻译、TOR 信号的释放也受到抑制；因此，氮饥饿导致含氮大分子（即核酸和蛋白质）的生物合成受阻。受抑制的 TOR 信号级联也可以激活自噬[37]，并且在氮饥饿时诱导了许多自噬相关基因。结果导致游离氨基酸和脂肪酸分别在蛋白质和膜脂降解时释放。同时，通过清除细胞器为脂滴形成腾出更多空间，自噬也被证明在脂滴生物合成中起到重要作用[38]。

2.1.3　单细胞藻类

隐甲藻（*Crypthecodinium cohnii*）是一种海生异养双鞭毛甲藻，属于从原核生物向真核生物的过渡类型。隐甲藻中多不饱和脂肪酸主要为 DHA，其存在于不同的脂质成分中，其中中性脂质占 71.5%，极性脂质占 28.5%。主要的中性脂质成分三酰甘油占 44%~76.4%，含有 C22:6n3 为 25%，C18:1n9 为 13%，C16:1 为 1%，C14:1 为<1%，C18:0 为 1%，C16:0 为 25%，C14:0 为 28%，C12:0 为 6%，C10:0 为 1%。其生长和其他微生物一样受到诸多因素影响[39]。有研究人员发现，在 15~30℃范围内培养隐甲藻，高温有利于细胞比生长速率的提高，但低温有利于 DHA 的大量积累，采用变温的方式进行培养，有利于提高不饱和脂肪酸的产量。隐甲藻的生长及不饱和脂肪酸的积累都需要氧气，培养过程中应保持溶氧不低于 30%。低的溶氧会使细胞生物量及不饱和脂肪酸产量下降。pH 也是影响生长和产物积累的重要因素，当 pH 为 6.00~7.14 时有利于 DHA 的积累[39]。

虽然前期学者开展了系列研究，但截至最近的文献报道，隐甲藻合成 DHA 的生物途径仍不明确。通过同位素标记的方法，在培养基中添加 ^{13}C 乙酸和 ^{13}C 丁酸盐表明隐甲藻合成 DHA 的基本建筑构件是 C2 单元，无法直接利用加入培养液中的外源脂肪酸中间体，如丁酸、油酸等[40]。此外，通过添加外源 ^{14}C 乙酸

或者 ^{14}C 碘苯腈辛酸酯，根据 DHA 中 ^{14}C 的分布也推断出碘苯腈辛酸酯是作为 C2 单元参与 DHA 合成的[41]，说明隐甲藻 DHA 的生物合成与其他脂肪酸的生物合成是区分开来的。同时，采用 ^{14}C 标记的 C10～C18 脂肪酸，其中油酸被标记而 DHA 未被标记，通过前体和产物关系也能推断出油酸与 DHA 的合成途径不同，而已知的其他 n-3 不饱和脂肪酸途径也不适用于隐甲藻[41]。

近年来，对寇氏隐甲藻的改造和发酵的生产研究投入了大量的精力，但 DHA 生产过程中的产量低、成本高等瓶颈问题仍然存在。

2.2　微生物油脂的发酵技术

脂肪酸的产生始于乙酰辅酶 A 羧化酶（ACC1）催化的乙酰辅酶 A 的缩合。脂肪酸链通过迭代克莱森缩合延长，丙二酰辅酶 A 作为增量单元，脂肪酰基辅酶 A 作为终产物（图 2-2）[42, 43]。释放的脂肪酰基辅酶 A 参与甘油三酯组装和甾醇酯形成，用于脂滴（LD）生成[44]。脂肪酰基辅酶 A 可以直接转化为

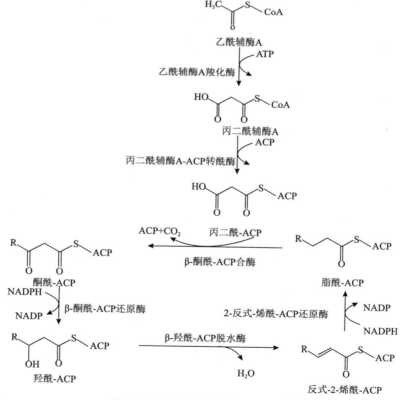

图 2-2　酿酒酵母中脂肪酸的合成[51]

不同的脂肪酸衍生化合物，如脂肪酸乙酯（FAEE）、脂肪醇（FAL）和游离脂肪酸[45-49]。由于低水平的胞质乙酰辅酶 A 和长链酰基辅酶 A 对脂肪酸生物合成的反馈抑制，脂肪酸的生物合成在酿酒酵母中受到限制。因此，增加细胞溶质乙酰辅酶 A 的含量有利于产生脂肪酸及其衍生产物[50]。

酿酒酵母作为典型的模式微生物，其代谢网络最为清晰，且相关的研究最为丰富，本节将以酿酒酵母为例，列举当前能够提高发酵过程中乙酰辅酶 A 含量的策略。

2.2.1　辅酶 A 的生物合成途径供应乙酰辅酶 A

辅酶 A（CoA）生物合成需要五种必需酶（由 *cab1*～*cab5* 编码）来催化五步反应[52]（图 2-3）。CoA 结构的骨架：巯基乙胺、4'-磷酸泛酸、磷酸化的 AMP 分别由半胱氨酸、泛酸和 ATP 产生。由于 CoA 是乙酰辅酶 A 生物合成的前体，因此调节 CoA 代谢是增加乙酰辅酶 A 库的有效策略，证明 CoA 的改善促进了乙酰辅酶 A 的产生[53]。ATP 依赖型泛酸激酶的过表达和/或泛酸的补充改善了 CoA 的形成，并将柚皮素的产量提高了两倍[54]，同时产生了 34 mg/L 的正丁醇[55]。此外，这些策略对其他微生物也有积极影响。例如，在大肠杆菌中 CoA 和乙酰辅酶 A 的形成分别提高了 10 倍和 5 倍[56]，乙酰辅酶 A 衍生的化合物 3-HP 在大肠杆菌中增加了 1.1 g/L。粟酒裂殖酵母[57]在工业条件下加入泛酸是不经济的，因此用泛酸的生产代替了泛酸的加入。Schadeweg 等报道过表达的胺氧化酶 Fms1 可导致泛酸的过量生产，与反应物（165 mg/L）相比，正丁醇增加了 243 mg/L[58]。为了克服泛酸激酶的反馈抑制，Wei 等引入了反馈不敏感突变泛酸激酶和泛酰巯基乙胺-磷酸腺苷酸转移酶，使乙酰辅酶 A 含量增加了 2.75 倍[59]。这些研究表明，泛酸和泛酸激酶是提高 CoA 和乙酰辅酶 A 含量的关键因素。考虑到工业化生产，用体内生产泛酸代替体外加入泛酸更为经济。

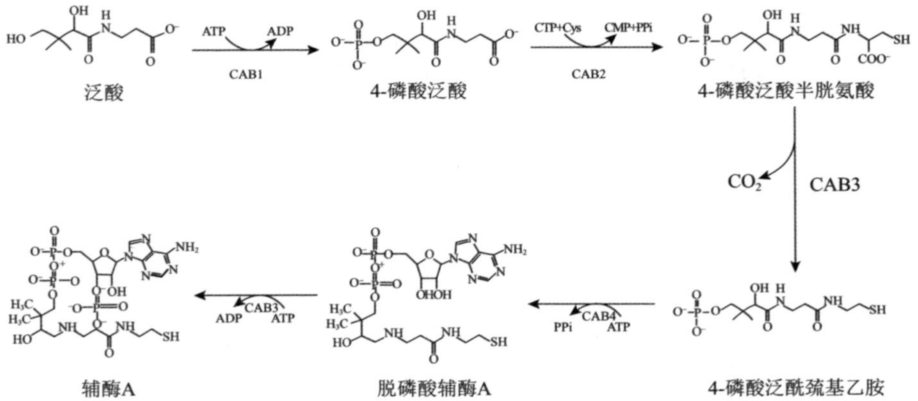

图 2-3　酿酒酵母中辅酶 A 的合成[51]

2.2.2 中枢线粒体代谢途径供应乙酰辅酶 A

线粒体中乙酰辅酶 A 的供应有两种途径[60]。乙酰辅酶 A 由丙酮酸脱氢酶（PDH）复合物通过丙酮酸作为前体的脱羧作用产生，并参与三羧酸循环以提供碳源和能量。乙酰辅酶 A 也可以通过另一种机制在线粒体基质中形成，它是由乙酰辅酶 A 水解酶（ACH1）催化的[61]。事实上，这种酶催化短链有机酸和不同辅酶 A 酯（琥珀酰辅酶 A + 乙酸酯 ⇌ 琥珀酸酯 + 乙酰辅酶 A）之间的辅酶 A 基团的可逆转移反应[62]。这是从乙酸盐生产线粒体乙酰辅酶 A 的另一种途径。相反，乙酸可以通过 PDH 旁路途径形成并从线粒体转运到细胞质中以产生乙酰辅酶 A。因此，细胞溶质乙酰辅酶 A 可以从 ACH1 过表达的线粒体中增加。Chen 等研究表明当 PDH 旁路不能满足丙酮酸脱羧酶阴性菌株对细胞溶质乙酰辅酶 A 的需求时，细胞溶质乙酰辅酶 A 通过 ACH1 的过表达得到改善[63]。因此，ACH1 具有在线粒体和细胞质中保持乙酰辅酶 A 稳态的灵活而重要的功能。

线粒体乙酰辅酶 A 不能直接从线粒体穿透线粒体膜到达细胞质。因此，不能使用线粒体乙酰辅酶 A 作为细胞质中异质化合物生物合成的底物。要么将异源途径植入线粒体，要么将辅因子、中间体和产物从线粒体中运输出来以产生乙酰辅酶 A 衍生物。Yee 等的研究表明香叶醇的生物合成途径靶向线粒体，使香叶醇含量增加了 6 倍[64]。线粒体乙酰辅酶 A 用于促进异戊二烯的产生，并通过线粒体工程将异戊二烯的产量增加了 2.1 倍[65]。据报道只有少数异源产物在酵母线粒体基质中合成[66, 67]，这是因为缺乏一些异源产物生物合成所需的底物，如辅因子等。线粒体中的生物合成受到空间的限制，这是因为线粒体空间小于细胞质空间。考虑到这些因素，在细胞质中生物合成异源产物是有益的。在这种情况下，将乙酰辅酶 A 从线粒体中运输出来是细胞质中异源产物生物合成所必需的。乙酰辅酶 A 可以通过酿酒酵母中的线粒体柠檬酸-2-酮戊二酸转运蛋白 Yhm2 以柠檬酸盐的形式从线粒体中转运出来[68]，随后乙酰辅酶 A 从胞质柠檬酸盐中再生。有必要过表达不同来源的 ATP 依赖型柠檬酸裂解酶（ACL），这是因为在酿酒酵母中不存在 ACL[69]，所以需要在酿酒酵母中探索 ACL 的高酶活性。

乙酰辅酶 A 含量和乙酰辅酶 A 衍生产物滴度可以通过在酿酒酵母中过表达不同来源的 ACL 来提高。例如，拟南芥 ACL 的过表达使 1-十六醇的滴度从 140 mg/L 提高到 217 mg/L[70]。此外，来自解脂耶氏酵母的 ACL 过表达使 1-十六醇增加至 330 mg/L，相对于对照菌株（140 mg/L）[70]，使正丁醇提高两倍[71]并使游离脂肪酸增加 26%[72]。此外，线粒体异柠檬酸脱氢酶（由 *IDH1/IDH2*

编码）基因被删除以阻断下游途径，导致柠檬酸的积累，柠檬酸进一步被 ACL 的过表达裂解，最终导致脂肪酸滴度增加 42%[73]。Kim 等采用了类似的策略，乙酰辅酶 A 的形成提高了 2～2.5 倍，总脂肪酸增加了 37.1%[74]。然而，TCA 循环的阻塞导致 ATP 生物合成减少和细胞生长减慢[50]，而 ACL 催化的反应伴随着能量消耗，可能会加剧代谢紊乱，进而减少产物合成。

2.2.3　逆 β-氧化途径供应乙酰辅酶 A

逆 β-氧化途径几乎是 β-氧化途径的逆向过程（图 2-4）。产生的原因是 β-氧化过程中的酶都有可逆性，但由于真核系统严重的区室化，因此逆 β-氧化途径的构建相对困难。近几年，在研究人员的努力下，成功构建了能够合成中链脂肪酸的逆 β-氧化途径。

为了在酿酒酵母中构建反向 β-氧化循环，克隆了许多编码来自不同物种的 β-氧化途径的基因。相应的酶包括：①大肠杆菌和酵母 β-氧化酶[75, 76]；②与大肠杆菌逆 β-氧化途径酶具有高度同源性的蛋白质[77]；③可能具有所需功能或类似活性的酶。

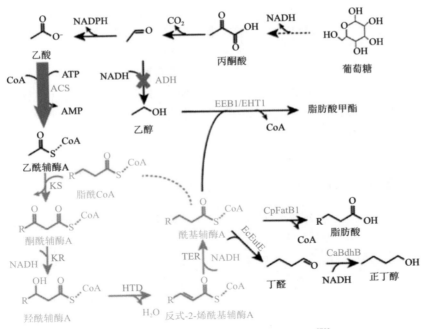

图 2-4　在酿酒酵母中构建逆 β-氧化途径[78]

使用乙酰辅酶 A 作为底物，在硫解方向上产生 β-酮酰基辅酶 A 合酶（KS）的活性。从酿酒酵母和大肠杆菌中克隆了几个 KS 候选基因。来自丙酮丁醇梭菌的硫解酶（CaThl）参与正丁醇的发酵[79]。乙酰转移酶（ERG10、EcAtoB 和 EcYqeF）和酰基转移酶（cytoFOX3 和 EcFadA）都被纳入分析，显示出短链特异性和广泛的特异性[80, 81]。不幸的是，从大肠杆菌中克隆的酶都没有功能。通过去除过氧化物酶体靶向序列，FOX3 被重新定位到细胞质并表达相应功能。尽管 cytoFOX3 的活性低于 ERG10，但预计这种 β-氧化酶对不同链长的底物表现出广泛的特异性[75, 76]。因此，选择 cytoFOX3 来构建反向 β-氧化途径。

　　β-氧化的第二步和第三步由多功能酶 FadB 和 FOX2 分别在大肠杆菌和酿酒酵母中进行[80]。不幸的是，它们中的任何一个都不能在酿酒酵母中表达出活性。因此，通过 BLAST 搜索鉴定并克隆了更多的 FOX2 同源物。细胞质和过氧化物酶体之间蛋白质折叠环境的差异可能会阻止所有 FOX2 同源物在酿酒酵母细胞质中的功能表达。与酿酒酵母不同，研究人员发现除了过氧化物酶体中的经典系统外，一些产油酵母的线粒体中还具有另一套 β-氧化系统[20]。因此，线粒体 β-氧化酶是从解脂耶氏酵母中克隆的。来自丙酮丁醇梭菌的 β-羟基丁酰辅酶 A 脱氢酶（CaHbd）和来自拜氏梭菌的巴豆酶（CbCrt）[82]被作为阳性对照。线粒体 β-氧化系统中有两种独立的酶具有 β-酮脂酰辅酶 A 还原酶（KR）和 β-羟酰辅酶 A 脱水酶（HTD）活性，分别为 YALI0C08811g 和 YALI0B10406g。这与过氧化物酶体系统不同，在过氧化物酶体系统中，多功能酶可以催化 β-氧化的第二步和第三步。因此，选择这两种酶来构建逆 β-氧化途径。

　　β-氧化的第一步是唯一不可逆的步骤，由脂肪酸氧化酶在氧分子的参与下进行。相反，参与脂肪酸生物合成且仅催化还原方向反应的反式-2-烯酰辅酶 A 还原酶（TER）为逆 β-氧化途径的最后一步。几种 TER，如来自细小眼虫（EgTer）和齿状密螺旋体（TdTer）的 TER，在大肠杆菌中，已被表征并能够显著提高正丁醇[83, 84]和短链脂肪酸[85]的产量。

2.2.4　非氧化糖酵解途径供应乙酰辅酶 A

　　非氧化糖酵解（NOG）途径依赖于通用磷酸酮醇酶（Xfspk），它可以将 5-磷酸木酮糖、6-磷酸果糖和 7-磷酸景天酮糖（S7P）转化为乙酰磷酸和 4-磷酸赤藓糖（E4P）或甘油醛-3-磷酸（GAP）。磷酸酮醇酶可以与磷酸转乙酰酶（Pta）偶联，后者催化乙酰磷酸（AcP）和乙酰辅酶 A 之间的可逆反应，形成一条有吸引力的途径来增加乙酰辅酶 A 的供应，而不会造成任何碳损失。磷酸酮醇酶是 6-磷酸果糖分流中的关键酶，它通过碳重排可以将 1 mol 6-磷酸果糖转化为 3 mol AcP 而不会损失任何碳，因此具有很大的提高产量的潜力。但它仍有一个瓶颈，需要通过磷酸酮醇酶分流的循环来解决，最终使用来自双歧杆菌的磷酸酮醇酶，即 GATHCYC 途径，解决了 NOG 途径的瓶颈问题（图 2-5）。

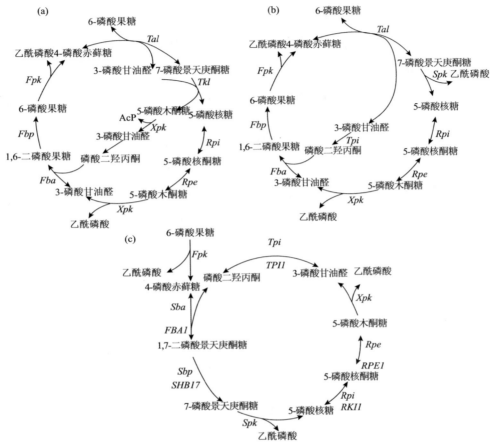

图 2-5　三种碳节约途径：（a）非氧化糖酵解；（b）转酮醇酶分流；（c）GATHCYC 途径[86]

2.3　微生物油脂的提取

　　微生物油脂主要是微生物利用碳水化合物合成的甘油酯，其脂肪酸组成与植物油相似，因其能替代植物油作为生物柴油生产的原料油而受到广泛关注。由于产油微生物大多具有较坚韧的细胞壁，如要提取其胞内油脂，需先进行细胞破碎才可进行后续的相关操作。然而，目前微生物油脂的相关研究多侧重于产油微生物的筛选与培养条件的优化等方面，而微生物油脂提取方法和过程的研究同样重要。油脂的提取方法不但影响微生物油脂的得率，而且影响油脂脂肪酸组成。因此，快速高效的微生物油脂提取方法也是决定微生物发酵产油脂产业化的一个重要因素。

目前主流的提取方法有蜗牛酶法、超声波破碎（ultrasonic disruption）法、超临界二氧化碳法、细胞匀浆机破碎法、研磨法以及酸热法。

2.3.1　蜗牛酶法

蜗牛酶法即先用蜗牛酶对微生物的细胞壁进行破壁裂解，然后用乙醚、石油醚等提取其中的油脂。蜗牛酶的裂解效率并不随酶量的增加而增加。当添加的酶量过少时，无法裂解完全，当添加的酶量过多时，又会引起产物抑制，从而影响酶活，因此针对不同的微生物，选择合适的酶量尤为重要[87]。

2.3.2　超声波破碎法

超声波破碎法适用于大多数微生物的破碎，能量利用率低，操作过程中产生大量热需要冷却，一般只用于实验室规模。其主要原理是在液体声波的作用下发生空化作用，空穴在形成、增大和闭合的过程中会形成剪切力及冲击波，破碎细胞，从而释放油脂。

2.3.3　超临界二氧化碳法

二氧化碳是一种惰性、廉价、容易获得、无臭、无味、环境友好的溶剂。超临界技术是一个绿色可持续的过程[88]，溶剂能力和选择性可以根据操作条件进行调整。可以用超临界二氧化碳（$SCCO_2$）和乙醇作为共溶剂提取酵母脂质。CO_2是一种非极性溶剂并且不是用于提取磷脂的有效溶剂。然而，$SCCO_2$可用于提取中性脂质，如甘油三酯，并通过添加不同组成的极性共溶剂（如乙醇），可以更有效地提取甘油三酯，也可以提取分离磷脂。

$SCCO_2$萃取制取油脂与传统提取法相比具有许多优点，在较低温度下提取，能稳定地处理对温度敏感的物质；产品不含残留溶剂；通过调节温度和压力，溶剂的溶解度可得到改变，可选择性地分离非挥发物；溶剂回收简单；无毒无害，无环境污染问题，因而使得这一技术在石油、医药、食品、化工等领域有着广泛的应用前景。

有研究人员在 Separex Chimie Fine（SF 300 型）的中试装置中进行超临界萃取[89]，它包括两个串联的旋风分离器，可操作的最大 CO_2 流速为 6 kg/h。提供不同容量的萃取筒：54 cm^3、104 cm^3 和 228 cm^3。在这项工作中，共溶剂（乙醇质量分数 9%）用于增加 CO_2 的溶解能力并且在分离器中还可更容易地机械回收提取物。加热系统设置在所需温度（40℃）；提取圆筒中装入一定量的基质（小容量 33 g，中等容量 60 g，最大容量 140 g）并放置在提取容器内。一旦高压萃取器容器关闭，在所需温度下将 CO_2 泵入萃取器直至达到操作压力（20 MPa）；

然后将给定量的乙醇泵入容器中，以获得作为共溶剂的乙醇所需的质量百分比。在上述条件下进行 15 min 静态提取，随后以所需的流速泵送溶剂和共溶剂，流速设置为 30 g/min。萃取压力由背压调节器（BPR）维持。BPR 的出口管线通过另一个 BPR 阀连接到第一个调节为 7.0 MPa 的分离器，该阀的出口管线连接到在 5.0 MPa 下运行的最后一个分离器。在总提取时间（120～180 min）内，在所有情况下都采集了不等时间间隔（12～18 min）的样品。在 15 cm³ 容量的玻璃小瓶中收集来自隔板底部的样品。然后在带有真空泵的旋转蒸发器中在 40℃ 下回收乙醇。在 228 cm³ 萃取容器中进行了额外的研究，以检查在可能的外部传质问题方面的停留时间不足是否会影响萃取结果。

2.3.4 细胞匀浆机破碎法

利用细胞匀浆机的匀浆刀在高速旋转过程中产生的机械切力，对产油酵母进行物理破碎。再经乙醚、石油醚提取，即可获得酵母油脂。其中，菌体是否为干菌体或湿菌体对细胞匀浆机破碎细胞的影响很小，破碎后提取所得油脂产量及油脂得率相差不大。当干、湿菌体破碎时间为 10 min 时，所得油脂得率最大，但最大值仅为 7.1%[87]。

2.3.5 研磨法

细胞悬浮液在破碎室内与玻璃或氧化锆微珠一起高速研磨或搅拌，细胞与微珠相互之间碰撞，产生碰撞、剪切力，使细胞破碎。通常微珠粒径与待破碎细胞的直径比数值在 30～100 范围内较合适，可使细胞破碎率最高。研磨法可以大规模操作，能够达到较高的破碎率，但能量利用率较低，破碎中大分子目标产物容易失活，同时存在浆液分离困难的问题。大部分微生物均可以利用研磨法进行破碎，与高压匀浆法相比，该方法比较容易受操作条件的影响。

2.3.6 酸热法

酸热法主要原理是采用盐酸破坏细胞壁中的蛋白质和糖，使密致紧凑的细胞壁变得疏松，随后对微生物进行沸水浴和速冻处理，进一步破坏细胞壁的完整性，之后即可用有机溶剂对细胞中的油脂进行高效的提取。相对而言，酸热法提取油脂的能力强，且操作简单，单位产量极高，适合用于菌株筛选。研究酸热法中各种变量对酸热法提取效率的影响，旨在找到酸热法最合适的提取条件，以提高酸热法的生产效率。目前主要研究的变量为盐酸浓度、酸热时间及无水乙醇的用量。

有研究结果表明[90]，在酸热法中，盐酸浓度、酸热时间等对油脂提取得率的影响至关重要，基本可以确定，0.5 g 干细菌使用 10 mL 4 mol/L 盐酸进行 8 min 的酸热反应，使用 5 mL 的无水乙醇进行必要的静置后，能够最经济高效地萃取酵母中的脂质。

2.4　微生物油脂的精炼

传统的油脂精炼工艺存在脱胶及中和工段皂脚多，中性油损失大，在脱色和脱臭过程中反式脂肪酸、3-氯丙醇酯、缩水甘油酯含量增加等问题，且我国在 2000 年左右建设的精炼油生产线部分设备老化或损坏，能耗大，面临技术改造和升级。随着市场品牌的竞争、油脂精炼技术的进步、对食用油脂质量安全和环保要求的提高，为了控制植物油精炼过程中的反式脂肪酸、3-氯丙醇酯和缩水甘油酯含量，保留甾醇、维生素 E 等活性物质等，需改进油脂精炼生产工艺和设备，如在脱胶及中和工段引进酶法脱胶和纳米中和工艺，改进脱色、脱臭工艺和设备，对成品油充氮保鲜延长货架期等，控制反式脂肪酸增量在 1.2%以内、3-氯丙醇酯含量小于等于 2.5 mg/kg、缩水甘油酯含量小于等于 1 mg /kg[91]。

二十二碳六烯酸（DHA）作为人体必需的脂肪酸之一，它可以促使婴幼儿脑部发育、保护视力和提高机体免疫能力。使用有机溶剂提取和精炼藻油 DHA 过程中会造成藻油中有机溶剂残留和重金属污染的问题，以及由于 DHA 易氧化会引起藻油 DHA 色泽、熔点和风味的改变。随着国内及国际市场上对藻油 DHA 的质量标准不断提高，常规的藻油提取精制工艺获得的微藻 DHA 产品的有机溶剂残留、重金属超标以及色泽和抗氧化等指标很难达到产品的质量标准。研究人员对藻油 DHA 的提取精炼技术进行了深入研究，并优化干法分提（物理分提）技术和抗氧化剂在藻油中的应用，为工业化生产高品质藻油 DHA 产品提供解决方法[92]。

2.4.1　微藻 DHA 脱胶工艺

因为 DHA 毛油中含有较多的磷脂、黏液质、蛋白质和糖基甘油二酯等胶溶性杂质，这些杂质不仅严重影响毛油的质量和稳定性，还将给油脂后续的精炼和油脂深加工造成许多的麻烦。例如，毛油在碱炼、脱酸及水洗的操作过程中经常发生的乳化现象，直接导致油皂、油水分离困难，导致油脂的精炼损耗率上升并且提高了辅助材料的使用量；又如，在吸附脱色的操作过程中，未经过脱胶的油脂会增加脱色吸附剂的使用量，降低脱色的效果，增加脱色的困难；除此之外，油脂的物理精炼及脱臭工艺要求不允许使用未经过脱胶的油脂。所以，脱除毛油中的胶溶性杂质是毛油精炼的必要前提条件。

　　脱胶工艺是采用物理、化学等方法去除毛油中胶溶性杂质的过程。水化脱胶、酸炼脱胶、吸附脱胶是常用脱胶的方法，而热聚脱胶及化学试剂脱胶等其他方法一般少用。水化脱胶一般用于食用油的精炼，强酸酸炼脱胶则常见于工业用油的精炼生产[92]。

　　水化脱胶指将一定比例的电解质水溶液（如热水或稀碱、食盐溶液、磷酸等），在搅拌情况下与热毛油相互混合，利用油中胶溶性杂质的亲水特性，使油中的胶溶性杂质吸水后凝聚，再利用自然沉降或离心分离的脱胶方法，在胶溶性杂质的凝聚沉降过程中，磷脂是主要的被凝聚物质，同时还会吸附其他的蛋白质、糖基甘油二酯、黏液质和微量金属离子等物质[92]。磷脂与水之间发生水化反应后，吸附其他的胶溶性杂质，导致其体积不断变大，而且经过不断碰撞聚集，逐渐析出并悬浮在油中，当吸收的水分不断增加时，导致它的膨胀程度也不断增大，由小胶粒相互碰撞凝聚变成大的胶粒，这对后续的重力沉降或离心分离操作非常有利。影响水化脱胶的因素主要有操作温度、加水量、混合强化和电解质。毛油中胶体分散相开始产生凝聚时的温度称为凝聚临界温度。水化脱胶操作温度一般都要稍高于临界温度，这样才有利于絮凝效果。水化脱胶过程中水的主要作用是将油中的磷脂浸湿，导致内盐式磷脂转化成水化式磷脂；然后产生水化作用，改变凝聚临界温度；再促使其他的亲水性胶质吸水后改变极化度；最后导致油中的胶粒不断凝聚或絮凝。在水化操作中，必须添加合适的用水量才能形成稳固的水化混合双分子层结构，促使胶粒絮凝良好。如果添加的水量不够，磷脂水化效果不佳，胶粒的絮凝效果就差；如果加水量太多，将会形成局部的水/油或油/水乳化情况，导致无法分离。在水化脱胶的过程中，一定要使用机械混合的方法，目的是获得足够均匀的混合体系。在混合的过程中，既要求物料有足够的均匀分散度，同时又要求它不能形成油/水或水/油乳化状态。混合强度的调整是根据水化操作条件的变化而变化的，刚开始加水混合时，混合强度要大些，速率可以控制在 60～70 r/min，随着水化程度进行得越来越快时，混合强度反而要越来越慢，一直到水化结束时，搅拌速率最好控制在 30 r/min 以下，这样才能形成好的絮凝效果，有利于后续的沉降或离心分离操作。电解质在水化脱胶中的作用是促进胶粒絮凝，降低絮凝胶体的含油量，加快沉降速率，提高水化得率及产品质量。在生产过程中，电解质种类的选择必须考虑毛油的质量、脱胶油的品质、水化工艺参数或水化操作等条件。在水化脱胶过程中，如果胶质没有脱干净、胶粒絮凝效果差或操作中产生乳化现象时，可以选择添加某种电解质。食盐或磷酸三钠的添加量是油重的 0.2%～0.3%；明矾和食盐的添加量则各占油重的 0.05%。假如精炼油的第一道精炼工序是脱胶的话，那么可以按油重 0.05%～0.3%的比例添加 85%的浓磷酸，这种操作工艺对脱胶非常有效，且有利于后道工序的处理[92]。

2.4.2　微藻 DHA 脱色工艺

毛油中的色素包括叶绿素、胡萝卜素，还有某些糖类、蛋白质的分解产物等[92]。吸附脱色法是油脂脱色最常用的方法之一。其原理是在热油中添加一定比例的吸附力强的吸附剂，利用吸附剂吸附油中的色素及其他杂质，通过过滤器将吸附剂和脱色油分离，达到去除油中色素及杂质的效果。吸附剂的品种有膨润土、活性白土、活性炭、凹凸棒土。天然膨润土的脱色系数较低，脱色能力差，吸油率大。活性白土是一种具有较高活性的吸附剂，其采用膨润土作为原料，经过化学处理加工而成。活性白土对色素及胶态物质的吸附能力特别强，对一些极性基团或碱性原子团具有更强的吸附能力。活性炭是一种采用木屑、蔗渣、谷壳、硬果壳等物质为原料，经化学或物理方法活化处理而成的脱色吸附剂[92]；它的特点：孔隙疏松，比表面积大，脱色系数很高，吸附高分子物质能力强；它的缺点：价格昂贵，吸油率高，通常情况下，经常与漂土或活性白土按一定比例混合使用。凹凸棒土是一种主要成分是二氧化硅的富镁纤维状土。其土质细腻，脱色效果好，吸油率低，过滤性能好。油脂在吸附脱色过程中会发生热氧化副反应，这种副反应对脱色有两个方面的影响，其一，油中的部分色素因发生氧化反应而褪色，其二，因氧化而使色素固定或产生新的色素，从而影响成品的稳定性。一般脱色过程采用负压真空条件，热氧化副反应较弱，真空度为 0.096 MPa 左右。脱色过程的操作温度与油脂的品种、吸附剂的品种和操作压力等因素有关。例如，脱除红色素的温度要比脱除黄色素的温度高；在常压条件下脱色及使用活性度低的吸附剂需要较高的操作温度；在减压条件下使用活性度高的吸附剂则适宜在较低的温度下脱色。吸附剂与色素间的吸附平衡决定了脱色操作中油脂与吸附剂在最高温度下的操作时间，在搅拌效果好的条件下，一般 20～30 min 就能达到吸附平衡，完成脱色过程，如果过分延长时间，有可能使油脂色度上升[92]。

2.4.3　微藻 DHA 脱臭工艺

每种油脂都有它本身固有的风味，而经过脱酸、脱色处理的油中还会含有微量的醛类、酮类、烃类、低分子脂肪酸、甘油酯的氧化物以及白土、残留溶剂的气味等，脱臭的目的就是除去这些不良的气味。

脱臭的方法有很多，包括真空汽提法、气体吹入法、加氢法等[92]。真空汽提法是最常用的一种脱臭方法，即在高温、高真空的条件下，结合直接蒸汽汽提等措施将油中易挥发的不良组分蒸馏去除。脱臭的机理：在相同真空及温度的条件下，油中的臭味小分子组分比甘油三酯更容易挥发，因此脱臭一般采用水蒸气蒸馏。水蒸气蒸馏的原理：当过热的水蒸气与含有臭味成分的油相互接触时，水蒸气被迅速挥发的臭味组分所饱和，臭味组分和水蒸气一起从油中逸出，达到脱臭目的。

影响脱臭的因素有温度、操作压力、通汽速率与时间、脱臭设备结构、微量金属和前处理的方法。在脱臭过程中，蒸汽的消耗量和脱臭时间与操作温度有直接的关系。在相同的真空度条件下，温度越高，油中游离脂肪酸及臭味组分挥发得越快，可是，过高的温度将导致油脂发生分解、聚合和异构化反应，从而影响产品的质量，增加了油脂的损耗率。操作压力对脱臭的时间也有直接的影响，如果在条件相同的情况下，压力越低，脱臭的时间就越短。蒸馏塔的真空度高，能有效地避免油脂的水解，降低脱臭的蒸馏损耗。生产中一般要求真空度为 300～400 Pa 即可[92]。在条件相同的脱臭过程中，通汽速率越大，汽化效率也越大。但是要防止油脂产生飞溅现象。在条件相同的脱臭操作中，蒸发效率与通汽时间有直接关系。所以，要使脱臭油达到规定的质量标准，就要保证有足够的通汽时间，但同时要防止发生油脂的聚合和分解反应。脱臭设备的结构会影响脱臭的效果，常用的脱臭设备结构有板式、填料式、离心接触式几种。油脂加工过程给油脂带来了铜、铁、锰、钙和镁等金属离子，这些微量的金属离子是导致油脂加速氧化的"元凶"。所以，脱除金属离子是油脂脱臭前必需的准备工作。影响脱臭油品质的因素不仅有脱色油的品质，还有脱臭前处理方法。这些方法包括酸炼脱胶、碱炼脱酸、脱色去除微量金属离子和热敏性物质。如果在前处理工序中没有完全脱除热敏性物质，这些热敏性物质将会在脱臭的高温过程中分解出影响脱臭油质量的物质[92]。

2.4.4　微藻 DHA 脱蜡工艺

蜡质大部分存在于油料的皮壳中，还有一部分存在于植物的细胞壁中。蜡在高温的情况下溶解于油脂。一般的毛油含蜡量非常少，但有的较高。例如，米糠油的含蜡量达到 1%～5%，而玉米胚芽油含蜡量少，仅有 0.01%～0.04%[92]。

油中如果含有少量的蜡质，一方面将直接导致油品的透明度下降，从而降低了油脂的品质；另一方面，蜡的工业用途广泛，可用于制作蜡纸、防水剂、光泽剂等。所以，最终目的是先将蜡从油中脱除，并进一步提取蜡质以综合利用。

在高温条件下，蜡完全溶解于油脂中，随着温度的慢慢下降，蜡分子在油中的溶解度不断下降，当温度小于 30℃时，蜡分子形成结晶并析出晶体，这时的蜡与油形成一种比较稳定的胶体系统，在低温条件下保持一定的时间后，油中的晶体相互凝聚转变成较大的晶粒，导致密度不断增加，从而胶体系统转变成悬浊液体系。通过过滤或离心分离的方法将蜡从油中分离出来，要想取得良好的分离效果必须满足以下两个条件：一是结晶出的蜡晶体要大而结实，二是油脂和蜡形成的悬浊液黏度比较低。

影响脱蜡的因素有脱蜡温度、降温速率、结晶时间、搅拌速率、助晶剂、输送和分离方式、油脂品质。

在脱蜡的降温过程中，当脱蜡温度高于蜡凝固点时，油澄清透明，流动性好，随着温度的降低，油逐渐变浑浊，流动性变差；当脱蜡温度低于蜡的凝固点时，蜡分子形成结晶并析出晶体。所以脱蜡温度一定要低于蜡的凝固点才能保证蜡的完全析出，达到好的脱蜡效果。可是温度也不能太低，否则会导致油中熔点较高的固脂在低温条件下不断结晶析出，造成油脂黏度升高，给后续的油蜡分离造成很多的麻烦，同时也会降低油脂的脱蜡率。常规脱蜡法的结晶温度一般控制在 20～30℃，如果采用溶剂法脱蜡，一般结晶的温度控制在 20℃左右。脱蜡的结晶过程是一个缓慢变化的物理过程。脱蜡的结晶过程共分为三个步骤：第一步骤，先加热含蜡油脂，熔化油中的蜡晶，人工控制降温过程；第二步骤，晶核的形成；第三步骤，晶体的成长。脱蜡过程中有两个要素决定了晶粒的大小，一个是晶核生成速率，另一个是晶体生长速率。在降温速率很缓慢的情况下，油中高熔点的蜡首先达到凝固点后析出结晶，后面因继续降温而析出的蜡分子与前面结晶析出的蜡产生碰撞，并且以已析出的蜡晶为核心逐渐长大，产生的晶粒大而少，有利于过滤分离。如果脱蜡降温的速率过快，油中的高熔点蜡和较低熔点的蜡基本同时析出，导致晶粒多而小，过滤时损耗大。如果用来降温的冷却剂的温度与油温相差太大，那么降温速率不好控制。总之，脱蜡的降温过程是要缓慢进行的，但是在生产中也不能太慢，可以通过冷却试验确定一个最适宜脱蜡的降温速率[92]。

脱蜡的降温过程必须缓慢地进行，目的是形成的晶粒大而少，有利于过滤分离。所以，当温度逐渐下降到产生大量晶体时，进入养晶阶段，此时要在该温度下保持一定的时间，从而保证结晶的效果。

脱蜡的结晶过程必须在低温条件下进行，同时在结晶过程中会释放热能，所以要经常使用冷却水进行料液的冷却，因此搅拌条件必不可少，搅拌的主要作用一方面是使油中各处的降温均匀，另一方面促使晶核与不断析出的蜡分子相互碰撞，促进晶粒的均匀成长。如果不搅拌，结晶速率太过缓慢，结晶效果不好，导致分离困难。如果搅拌太快的话，晶粒会被搅拌叶打碎，晶体无法正常成长。脱蜡结晶过程的搅拌速率一般控制在 10～13 r/min，如果是大直径的结晶罐一般会采用低一点的搅拌速率。搅拌速率的选择依据：首先要有利于蜡晶的缓慢析出，晶粒的均匀成长，其次是减少晶簇的形成。

根据脱蜡方法的不同采用不同的助晶剂。助晶剂的种类有溶剂、表面活性剂、凝聚剂等。

脱蜡结晶过程结束后，需要使用输送泵输送物料，但是结晶后油中含有蜡晶，如果使用普通的输送泵会破坏已经生成的蜡晶，影响产品质量和得率。一般生产中可使用往复式柱塞泵，因为该泵产生的紊流比较弱、剪切力低，适合输送含有晶粒的油脂，另外还可以使用压缩氮气，而最好的方法是使用真空吸滤方式。脱蜡结晶的最终目的是要得到高质量的脱蜡油和良好的得率，而蜡-油分离是重要的工序，一般使用板框压滤机作为蜡-油分离的设备。在过滤过程中对过滤压力的控制要得当，如果过滤压力太高的话，蜡晶滤饼会被挤压变形，从而堵塞过滤网的缝隙，导致过滤速率降低，过滤效率差。但是如果过滤压力太低的话，同样会导致过滤速率慢，过滤效率差。可以采用在油中添加助滤剂的方式来提高过滤机的过滤速率。

如果油脂在脱蜡之前没有将油中的胶溶性杂质脱除干净，这些杂质会导致油的黏度增加，影响晶体的正常成长，降低油中晶粒的硬度，给油、蜡的正常分离造成麻烦，同时还会导致过滤出来的蜡饼含油率高。因此，油脂在脱蜡之前必先脱胶。

参 考 文 献

[1] 李俊, 曹珺, 唐鑫, 等. 高山被孢霉中二酰甘油酰基转移酶 2 同源基因的克隆、表达和活性分析. 微生物学通报, 2021,48(12): 4600-4611.

[2] Wang L, Chen W, Feng Y, et al. Genome characterization of the oleaginous fungus *Mortierella alpina*. PLoS One, 2011, 6(12): e28319.

[3] Tatusov R L, Natale D A, Garkavtsev I V, et al. The COG database: new developments in phylogenetic classification of proteins from complete genomes. Nucleic Acids Research, 2001, 29(1): 22-28.

[4] Yu T, Zhou Y J, Huang M, et al. Reprogramming yeast metabolism from alcoholic fermentation to lipogenesis. Cell, 2018, 174(6): 1549-1558.

[5] Zhou Y J, Buijs N A, Zhu Z, et al. Production of fatty acid-derived oleochemicals and biofuels by synthetic yeast cell factories. Nature Communications, 2016, 7: 11709.

[6] Pronk J T, Steensma H Y, Vandijken J P. Pyruvate metabolism in *Saccharomyces cerevisiae*. Yeast, 1996, 12(16): 1607-1633.

[7] Hammad N, Rosas-Lemus M, Uribe-Carvajal S, et al. The Crabtree and Warburg effects: do metabolite-induced regulations participate in their induction? Biochimica et Biophysica Acta-Bioenergetics, 2016, 1857(8): 1139-1146.

[8] Flikweert M T, de Swaaf M, van Dijken J P, et al. Growth requirements of pyruvate-decarboxylase-negative *Saccharomyces cerevisiae*. FEMS Microbiology Letters, 1999, 174(1): 73-79.

[9] Zinjarde S, Apte M, Mohite P, et al. *Yarrowia lipolytica* and pollutants: interactions and applications. Biotechnology Advances, 2014, 32(5): 920-933.

[10] Groenewald M, Boekhout T, Neuveglise C, et al. *Yarrowia lipolytica*: safety assessment of an oleaginous yeast with a great industrial potential. Critical Reviews in Microbiology, 2014,

40(3): 187-206.

[11] Beopoulos A, Cescut J, Haddouche R, et al. *Yarrowia lipolytica* as a model for bio-oil production. Progress in Lipid Research, 2009, 48(6): 375-387.

[12] Jang Y S, Park J M, Choi S, et al. Engineering of microorganisms for the production of biofuels and perspectives based on systems metabolic engineering approaches. Biotechnology Advances, 2012, 30(5): 989-1000.

[13] Morin N, Cescut J, Beopoulos A, et al. Transcriptomic analyses during the transition from biomass production to lipid accumulation in the oleaginous yeast *Yarrowia lipolytica*. PLoS One, 2011, 6(11): e27966.

[14] Mansour S, Bailly J, Delettre J, et al. A proteomic and transcriptomic view of amino acids catabolism in the yeast *Yarrowia lipolytica*. Proteomics, 2009, 9(20): 4714-4725.

[15] Morin M, Monteoliva L, Insenser M, et al. Proteomic analysis reveals metabolic changes during yeast to hypha transition in *Yarrowia lipolytica*. Journal of Mass Spectrometry, 2007, 42(11): 1453-1462.

[16] Christen S, Sauer U. Intracellular characterization of aerobic glucose metabolism in seven yeast species by ^{13}C flux analysis and metabolomics. FEMS Yeast Research, 2011, 11(3): 263-272.

[17] Blank L M, Lehmbeck F, Sauer U. Metabolic-flux and network analysis in fourteen hemiascomycetous yeasts. FEMS Yeast Research, 2005, 5(6-7): 545-558.

[18] Wasylenko T M, Ahn W S, Stephanopoulos G. The oxidative pentose phosphate pathway is the primary source of NADPH for lipid overproduction from glucose in *Yarrowia lipolytica*. Metabolic Engineering, 2015, 30: 27-39.

[19] Pomraning K R, Wei S W, Karagiosis S A, et al. Comprehensive metabolomic, lipidomic and microscopic profiling of *Yarrowia lipolytica* during lipid accumulation identifies targets for increased lipogenesis. PLoS One, 2015, 10(4): e0123188.

[20] Ledesma-Amaro R, Nicaud J M. *Yarrowia lipolytica* as a biotechnological chassis to produce usual and unusual fatty acids. Progress in Lipid Research, 2016, 61: 40-50.

[21] Vorapreeda T, Thammarongtham C, Cheevadhanarak S, et al. Alternative routes of acetyl-CoA synthesis identified by comparative genomic analysis: involvement in the lipid production of oleaginous yeast and fungi. Microbiology-Sgm, 2012, 158: 217-228.

[22] Tai M, Stephanopoulos G. Engineering the push and pull of lipid biosynthesis in oleaginous yeast *Yarrowia lipolytica* for biofuel production. Metabolic Engineering, 2013, 15: 1-9.

[23] Athenstaedt K, Jolivet P, Boulard C, et al. Lipid particle composition of the yeast *Yarrowia lipolytica* depends on the carbon source. Proteomics, 2006, 6(5): 1450-1459.

[24] Athenstaedt K. YALI0E32769g (DGA1) and YALI0E16797g (LRO1) encode major triacylglycerol synthases of the oleaginous yeast *Yarrowia lipolytica*. Biochimica et Biophysica Acta(BBA)-Molecular and Cell Biology of Lipids, 2011, 1811(10): 587-596.

[25] Beopoulos A, Haddouche R, Kabran P, et al. Identification and characterization of DGA2, an acyltransferase of the DGAT1 acyl-CoA: diacylglycerol acyltransferase family in the oleaginous yeast *Yarrowia lipolytica*. New insights into the storage lipid metabolism of oleaginous yeasts. Applied Microbiology and Biotechnology, 2012, 93(4): 1523-1537.

[26] Dulermo T, Treton B, Beopoulos A, et al. Characterization of the two intracellular lipases of *Y.*

lipolytica encoded by *TGL3* and *TGL4* genes: new insights into the role of intracellular lipases and lipid body organisation. Biochimica et Biophysica Acta(BBA)-Molecular and Cell Biology of Lipids, 2013, 1831(9): 1486-1495.

[27] Ando A, Ogawa J, Kishino S, et al. Conjugated linoleic acid production from castor oil by *Lactobacillus plantarum* JCM 1551. Enzyme and Microbial Technology, 2004, 35(1): 40-45.

[28] Mutlu H, Meier M A R. Castor oil as a renewable resource for the chemical industry. European Journal of Lipid Science and Technology, 2010, 112(1): 10-30.

[29] Czabany T, Athenstaedt K, Daum G. Synthesis, storage and degradation of neutral lipids in yeast. Biochimica et Biophysica Acta (BBA)-Molecular and Cell Biology of Lipids, 2007, 1771(3): 299-309.

[30] Zhu Z, Zhang S, Liu H, et al. A multi-omic map of the lipid-producing yeast *Rhodosporidium toruloides*. Nature Communications, 2012, 3(1): 1112.

[31] Jenni S, Leibundgut M, Boehringer D, et al. Structure of fungal fatty acid synthase and implications for iterative substrate shuttling. Science, 2007, 316(5822): 254-261.

[32] Johansson P, Wiltschi B, Kumari P, et al. Inhibition of the fungal fatty acid synthase type I multienzyme complex. Proceedings of the National Academy of Sciences of the United States of America, 2008, 105(35): 12803-12808.

[33] Ratledge C, Wynn J P. The biochemistry and molecular biology of lipid accumulation in oleaginous microorganisms. Advances in Applied Microbiology, 2002, 51(1-44): 1-51.

[34] Li Y, Zhao Z, Bai F. High-density cultivation of oleaginous yeast *Rhodosporidium toruloides* Y4 in fed-batch culture. Enzyme and Microbial Technology, 2007, 41(3): 312-317.

[35] Sancak Y, Peterson T R, Shaul Y D, et al. The Rag GTPases bind raptor and mediate amino acid signaling to mTORC1. Science, 2008, 320(5882): 1496-1501.

[36] Beck T, Hall M N. The TOR signalling pathway controls nuclear localization of nutrient-regulated transcription factors. Nature, 1999, 402(6762): 689-692.

[37] Wullschleger S, Loewith R, Hall M N. TOR signaling in growth and metabolism. Cell, 2006, 124(3): 471-484.

[38] Rodriguez-Navarro J A, Cuervo A M. Autophagy and lipids: tightening the knot. Seminars in Immunopathology, 2010, 32(4): 343-353.

[39] 贾文斌, 辛富刚, 孙玉霞, 等. 隐甲藻生产二十二碳六烯酸(DHA)的研究进展. 中国农学通报, 2019, 35(30): 84-90.

[40] de Swaaf M E, de Rijk T C, van Der Meer P, et al. Analysis of docosahexaenoic acid biosynthesis in *Crypthecodinium cohnii* by ^{13}C labelling and desaturase inhibitor experiments. Journal of Biotechnology, 2003, 103(1): 21-29.

[41] Beach D H, Harrington G W, Gellerman J L, et al. Biosynthesis of oleic acid and docosahexaenoic acid by a heterotrophic marine dinoflagellate *Crypthecodinium cohnii*. Biochimica et Biophysica Acta (BBA) - Lipids and Lipid Metabolism, 1974, 369(1): 16-24.

[42] Gonzalez-Mellado D, Salas J J, Venegas-Caleron M, et al. Functional characterization and structural modelling of *Helianthus annuus* (sunflower) ketoacyl-CoA synthases and their role in seed oil composition. Planta, 2019, 249(6): 1823-1836.

[43] Li X, Guo D, Cheng Y, et al. Overproduction of fatty acids in engineered *Saccharomyces*

cerevisiae. Biotechnology and Bioengineering, 2014, 111(9): 1841-1852.

[44] Kohlwein S D, Veenhuis M, van der Klei I J. Lipid droplets and peroxisomes: key players in cellular lipid homeostasis or a matter of fat-store 'em up or burn 'em down. Genetics, 2013, 193(1): 1-50.

[45] Jin G, Zhang Y, Shen H, et al. Fatty acid ethyl esters production in aqueous phase by the oleaginous yeast *Rhodosporidium toruloides*. Bioresource Technology, 2013, 150: 266-270.

[46] Reddy M V, Kumar G, Mohanakrishna G, et al. Review on the production of medium and small chain fatty acids through waste valorization and CO_2 fixation. Bioresource Technology, 2020, 309: 123400.

[47] Runguphan W, Keasling J D. Metabolic engineering of *Saccharomyces cerevisiae* for production of fatty acid-derived biofuels and chemicals. Metabolic Engineering, 2014, 21: 103-113.

[48] Shin K S, Lee S K. Introduction of an acetyl-CoA carboxylation bypass into *Escherichia coli* for enhanced free fatty acid production. Bioresource Technology, 2017, 245: 1627-1633.

[49] Ye H, He Y, Xie Y, et al. Fed-batch fermentation of mixed carbon source significantly enhances the production of docosahexaenoic acid in *Thraustochytriidae* sp. PKU#Mn16 by differentially regulating fatty acids biosynthetic pathways. Bioresource Technology, 2020, 297: 122402.

[50] Tang X, Feng H, Chen W N. Metabolic engineering for enhanced fatty acids synthesis in *Saccharomyces cerevisiae*. Metabolic Engineering, 2013, 16: 95-102.

[51] Zhang Q, Zeng W, Xu S, et al. Metabolism and strategies for enhanced supply of acetyl-CoA in *Saccharomyces cerevisiae*. Bioresource Technology, 2021, 342: 125978.

[52] Nielsen J. Synthetic biology for engineering acetyl coenzyme A metabolism in yeast. mBio, 2014, 5(6): e02153.

[53] Krivoruchko A, Zhang Y, Siewers V, et al. Microbial acetyl-CoA metabolism and metabolic engineering. Metabolic Engineering, 2015, 28: 28-42.

[54] Liu W, Zhang B, Jiang R. Improving acetyl-CoA biosynthesis in *Saccharomyces cerevisiae* via the overexpression of pantothenate kinase and PDH bypass. Biotechnology for Biofuels, 2017, 10: 41.

[55] Schadeweg V, Boles E. *n*-Butanol production in *Saccharomyces cerevisiae* is limited by the availability of coenzyme A and cytosolic acetyl-CoA. Biotechnology for Biofuels, 2016, 9: 44.

[56] Vadali R V, Bennett G N, San K Y. Applicability of CoA/acetyl-CoA manipulation system to enhance isoamyl acetate production in *Escherichia coli*. Metabolic Engineering, 2004, 6(4): 294-299.

[57] Takayama S, Ozaki A, Konishi R, et al. Enhancing 3-hydroxypropionic acid production in combination with sugar supply engineering by cell surface-display and metabolic engineering of *Schizosaccharomyces pombe*. Microbial Cell Factories, 2018, 17(1): 176.

[58] Schadeweg V, Boles E. Increasing *n*-butanol production with *Saccharomyces cerevisiae* by optimizing acetyl-CoA synthesis, NADH levels and *trans*-2-enoyl-CoA reductase expression. Biotechnology for Biofuels, 2016, 9: 257.

[59] Wei L, Wang Q, Xu N, et al. Combining protein and metabolic engineering strategies for high-level production of *O*-acetylhomoserine in *Escherichia coli*. ACS Synthetic Biology, 2019, 8(5):

1153-1167.

[60] Weinert B T, Iesmantavicius V, Moustafa T, et al. Acetylation dynamics and stoichiometry in *Saccharomyces cerevisiae*. Molecular Systems Biology, 2014, 10(1): 716.

[61] Buu L M, Chen Y C, Lee F J S. Functional characterization and localization of acetyl-CoA hydrolase, Ach1p, in *Saccharomyces cerevisiae*. Journal of Biological Chemistry, 2003, 278(19): 17203-17209.

[62] Fleck C B, Brock M. Re-characterisation of *Saccharomyces cerevisiae* Ach1p: fungal CoA-transferases are involved in acetic acid detoxification. Fungal Genetics and Biology, 2009, 46(6-7): 473-485.

[63] Chen Y, Zhang Y, Siewers V, et al. Ach1 is involved in shuttling mitochondrial acetyl units for cytosolic C2 provision in *Saccharomyces cerevisiae* lacking pyruvate decarboxylase. FEMS Yeast Research, 2015, 15(3): fov015.

[64] Yee D A, Denicola A B, Billingsley J M, et al. Engineered mitochondrial production of monoterpenes in *Saccharomyces cerevisiae*. Metabolic Engineering, 2019, 55: 76-84.

[65] Lv X, Wang F, Zhou P, et al. Dual regulation of cytoplasmic and mitochondrial acetyl-CoA utilization for improved isoprene production in *Saccharomyces cerevisiae*. Nature Communications, 2016, 7: 12851.

[66] Avalos J L, Fink G R, Stephanopoulos G. Compartmentalization of metabolic pathways in yeast mitochondria improves the production of branched-chain alcohols. Nature Biotechnology, 2013, 31(4): 335-341.

[67] Farhi M, Marhevka E, Masci T, et al. Harnessing yeast subcellular compartments for the production of plant terpenoids. Metabolic Engineering, 2011, 13(5): 474-481.

[68] Castegna A, Scarcia P, Agrimi G, et al. Identification and functional characterization of a novel mitochondrial carrier for citrate and oxoglutarate in *Saccharomyces cerevisiae*. Journal of Biological Chemistry, 2010, 285(23): 17359-17370.

[69] Tang X, Chen W N. Investigation of fatty acid accumulation in the engineered *Saccharomyces cerevisiae* under nitrogen limited culture condition. Bioresource Technology, 2014, 162: 200-206.

[70] Feng X, Lian J, Zhao H. Metabolic engineering of *Saccharomyces cerevisiae* to improve 1-hexadecanol production. Metabolic Engineering, 2015, 27: 10-19.

[71] Lian J, Si T, Nair N U, et al. Design and construction of acetyl-CoA overproducing *Saccharomyces cerevisiae* strains. Metabolic Engineering, 2014, 24: 139-149.

[72] Ghosh A, Ando D, Gin J, et al. C-13 Metabolic flux analysis for systematic metabolic engineering of *S. cerevisiae* for overproduction of fatty acids. Frontiers in Bioengineering and Biotechnology, 2016, 4: 76.

[73] Lyu X, Ng K R, Lee J L, et al. Enhancement of naringenin biosynthesis from tyrosine by metabolic engineering of *Saccharomyces cerevisiae*. Journal of Agricultural and Food Chemistry, 2017, 65(31): 6638-6646.

[74] Kim D H, Kim I J, Yun E J, et al. Metabolic engineering of *Saccharomyces cerevisiae* by using the CRISPR-Cas9 system for enhanced fatty acid production. Process Biochemistry, 2018, 73: 23-28.

[75] Trotter P J. The genetics of fatty acid metabolism in *Saccharomyces cerevisiae*. Annual Review of Nutrition, 2001, 21: 97-119.

[76] van Roermund C W T, Waterham H R, Ijlst L, et al. Fatty acid metabolism in *Saccharomyces cerevisiae*. Cellular and Molecular Life Sciences, 2003, 60(9): 1838-1851.

[77] Dellomonaco C, Clomburg J M, Miller E N, et al. Engineered reversal of the β-oxidation cycle for the synthesis of fuels and chemicals. Nature, 2011, 476(7360): 355-359.

[78] Lian J, Zhao H. Reversal of the β-oxidation cycle in *Saccharomyces cerevisiae* for production of fuels and chemicals. ACS Synth Biol, 2015, 4(3): 332-341.

[79] Lutke-Eversloh T, Bahl H. Metabolic engineering of *Clostridium acetobutylicum*: recent advances to improve butanol production. Current Opinion in Biotechnology, 2011, 22(5): 634-647.

[80] Hiltunen J K, Mursula A M, Rottensteiner H, et al. The biochemistry of peroxisomal beta-oxidation in the yeast *Saccharomyces cerevisiae*. FEMS Microbiology Reviews, 2003, 27(1): 35-64.

[81] Steen E J, Chan R, Prasad N, et al. Metabolic engineering of *Saccharomyces cerevisiae* for the production of *n*-butanol. Microbial Cell Factories, 2008, 7: 36.

[82] Lee S Y, Park J H, Jang S H, et al. Fermentative butanol production by clostridia. Biotechnology and Bioengineering, 2008, 101(2): 209-228.

[83] Shen C R, Lan E I, Dekishima Y, et al. Driving forces enable high-titer anaerobic 1-butanol synthesis in *Escherichia coli*. Applied and Environmental Microbiology, 2011, 77(9): 2905-2915.

[84] Bond-Watts B B, Bellerose R J, Chang M C Y. Enzyme mechanism as a kinetic control element for designing synthetic biofuel pathways. Nature Chemical Biology, 2011, 7(4): 222-227.

[85] Clomburg J M, Vick J E, Blankschien M D, et al. A synthetic biology approach to engineer a functional reversal of the β-oxidation cycle. ACS Synthetic Biology, 2012, 1(11): 541-554.

[86] Hellgren J, Godina A, Nielsen J, et al. Promiscuous phosphoketolase and metabolic rewiring enables novel non-oxidative glycolysis in yeast for high-yield production of acetyl-CoA derived products. Metabolic Engineering, 2020, 62: 150-160.

[87] 王莉, 宋兆齐, 李江涛, 等. 不同提取工艺对产油酵母油脂产率的影响. 中国油脂, 2014, 39(7): 13-16.

[88] Bogel-Lukasik E, Bogel-Lukasik R, da Ponte M N. Effect of flow rate of a biphasic reaction mixture on limonene hydrogenation in high pressure CO_2. Industrial & Engineering Chemistry Research, 2009, 48(15): 7060-7064.

[89] Hegel P E, Camy S, Destrac P, et al. Influence of pretreatments for extraction of lipids from yeast by using supercritical carbon dioxide and ethanol as cosolvent. Journal of Supercritical Fluids, 2011, 58(1): 68-78.

[90] 常艳红. 酸热法提取酵母油脂条件的研究. 中国石油和化工标准与质量, 2012, 33(13): 17.

[91] 左青, 左晖. 油脂精炼工艺和设备的改进实践. 中国油脂, 2020, 45(10): 22-27.

[92] 黄淮新. 微藻 DHA 精炼工艺的过程优化. 厦门: 厦门大学, 2017.

第3章 油料的生物解离制油技术

生物解离技术是指油料作物在机械破碎的基础上，采用能降解油料细胞壁或对脂蛋白、脂多糖等复合物有降解作用的酶（纤维素酶、半纤维素酶、果胶酶、蛋白酶、葡聚糖酶、淀粉酶等）作用于油料，使油脂从油料籽叶细胞或脂蛋白质、脂多糖的复合物中释放出来，以水为溶剂，使亲水性物质进入水相，利用油相与水相密度差异及不相容性，采用物理方法将其分离的方法。

生物解离技术作为一种新兴的油脂和蛋白同步提取方法，产品的营养价值保存良好，能满足人们的消费需求；产品没有化学溶剂残留，能满足人们的食品安全需求；产品加工过程中不使用化学试剂，能满足国家和人民的环境保护要求；产品加工对油料的利用程度高，既可得到高回收率的油脂，又可得到营养价值较高的蛋白产品，提高了油料加工企业的经济效益和产品附加值。因此，生物解离技术被油脂科学界称为"一种油料资源的全利用技术"。

3.1 概　　述

3.1.1 油料生物解离技术的概念

首先介绍一下油料生物解离技术发展的重要概念。

（1）水代法（aqueous extraction processing）是一种利用水作为溶剂同时提取油脂和蛋白质的提油方式，优于传统的压榨法和浸出法。水代法水相制备的油脂磷脂含量低，能够减少精炼加工过程中油的损失。由于蛋白质变性或溶剂残留的问题，传统工艺制备的蛋白质主要用作饲料和肥料，经济效益较低，相比之下，水代法水相制备的蛋白质具有可接受的提取率（75%）、优良的营养性和功能特征。

（2）水酶法（aqueous enzymatic extraction processing）是一种新型植物油提取技术，主要利用生物酶制剂辅助破坏植物细胞壁或溶解细胞中可溶性物质，同时减少乳状液的生成和对已经产生的乳状液进行破乳，使油释放出来，再利用水与油的互不相溶的特性，在加热的条件下，通过油和水的密度差进行分离，实现植物油的提取。

（3）水媒法（aqueous medium extraction processing）在国内由杨瑞金等最先提出，它是以水作为提取溶剂的油脂提取方法的总称，主要包括水代法、水酶法、乙醇辅助水提法等。水媒法的重要技术特点是：提取介质为纯水或可食用物质溶液；辅以的食品级酶、超声波、微波等都是符合食品加工要求的助剂或加工手段；生产过程条件温和、环保；在确保食用油质量安全的前提下，能同时提取食用油脂和蛋白(花生、大豆、玉米胚芽)、茶皂素(油茶籽)等高附加值产品，提高油料资源利用率。

3.1.2　油料生物解离技术的发展历程

生物解离技术从提出至今已有 40 多年的历史。进入 20 世纪，随着微生物技术在酶生产中的应用和推广，工业化产酶降低了酶制剂的价格，采用生物解离提油技术引起了国内外研究者的兴趣。

1956 年，Sugarman 首次提出以水为溶剂同时提取花生油和蛋白质的加工工艺[1]。1959 年，Subrahmanyan 等[2]也进行了花生中油脂和蛋白质分离的相关研究，随后以水作为提取溶剂的油脂提取方法开始受到更多人的关注。但上述研究中油提取率比较低，而且所得到的分离蛋白中脂肪含量接近 9%～10%。1972 年，Rhee 等[3]对水代法提取花生油和蛋白质的工艺条件进行优化。此时，研究人员已经认识到油料的粉碎程度对水代法提取植物油效果会有很大影响。1983 年，Fullbrook[4]用蛋白质水解酶原本想制备可溶性的西瓜籽蛋白水解物，由于西瓜籽中含有约 30%的脂肪，因此 Fullbrook 首先用有机溶剂除去脂肪得到脱脂的蛋白粉，但随后在利用脱脂蛋白进行酶解的过程中，意外发现随着水解的进行有额外的油被释放出来。随后 Fullbrook 进行了用酶从菜籽与大豆中提取油和蛋白质的相关实验，取得了预期的效果。酶的应用一定程度上增加了油和蛋白质的得率，但此时的实验用酶仍是粗酶液，对油提取率的贡献仍然有限。20 世纪 90 年代至今，随着商业酶的发展和应用，水酶法提取植物油的相关研究逐渐增多，主要体现在相关文献骤然增多，同时科研工作者开始将水酶法应用到多种油料中，包括椰子、葵花籽、米糠、大豆、玉米胚芽[5-10]等。1996 年，Rosenthal 等[10]提出蛋白质和油脂的提取率与细胞壁破坏程度相关，蛋白质的提取符合溶解扩散机制。蛋白质的溶解有利于油脂的溶出，油和蛋白质的提取率均受 pH、温度等参数的影响。2007 年，Lamsal 等[9]利用轧胚和螺杆挤压对大豆进行破碎，采用该原料进行水酶法提取实验，油提取率可达到 88%。2008 年，Chabrand 等[11]针对水酶法提取大豆过程中产生的乳状液的破除方法进行了研究，发现冷冻解冻和酶处理可以用来进行破乳。2009 年，Wu 等[12]发表了关于水酶法产生乳状液破除的相关文章，主要涉及酶法破乳和乳状液稳定性与粒径和

pH 的关系。为了追求更高的油提取率和蛋白质得率，科研人员不约而同地在反应阶段和破乳阶段都选择添加更多的酶来解决问题，但是酶的添加量过高也会增加水酶法提取工艺的加工成本。可能是考虑到了这样的问题，2009 年，Campbell 等[13]选择用水代法对大豆油进行提取。由于粉碎和反应过程均没有酶的参与，因此给大豆的细胞破碎方法及破碎效果带来了挑战。没有酶辅助提取的条件下大量的乳状液产生。新产生乳状液的破乳又成为新的问题。虽然 Campbell 等提出了一些解决办法，但最终的油提取率只有 84.8%。2009 年，de Moura 等[14]对大豆油的水酶法提取进行了小规模扩大实验（2 kg），通过轧胚和挤压后的大豆，经两次酶解提取，最后 99%的油都被提取出来，残渣中仅剩 1%的含油量，然而 86%的油进入了乳状液中，12%的油残留在水相中。而后并没有提出如何解决乳状液和水相中油的回收方案。

在国内水酶法提取植物油技术的起步较晚，20 世纪 90 年代才陆续有相关研究的报道。王璋等[15]在国内首次利用酶法从全脂豆粉中同时提取大豆油和大豆水解蛋白质。而后 2002 年王瑛瑶等[16]进行了花生中油和蛋白质的水酶法提取，并提出碱性条件下有利于油和蛋白质的提取。同年王素梅等[17]进行了玉米胚芽油的水酶法提取，油提取率达到 88.18%。2009 年，李杨等[18]利用挤压膨化作为预处理进行了大豆的水酶法提取，油的提取率达到 91.67%，但其油提取率的计算方法与 de Moura 等[14]的计算方式一致，没有针对最终拿到多少清油进行进一步描述。国内也有其他学者针对菜籽[19]、油茶籽[20]等油料的相关研究。但是都是拘泥于提取工艺的优化，鲜有提及有关水酶法作用机理的探讨。

3.1.3　油料生物解离技术的优势和面临的挑战

随着社会经济的持续发展和人民对美好生活的需求持续更新，油料加工行业也在不断调整和丰富。我国油脂的消费需求在总量上已经达到较高水平，可能会趋向稳定，但对食用油的消费结构和营养品质则提出更高的要求。特别是近年来植物基食品的快速发展反映出人类在饮食结构上积极调整的意识。油料作物不仅是油脂的来源，更是食品蛋白质的重要源头，因此，如何综合利用油料资源，特别是其蛋白质成分，是当前产业发展最为重要的考虑方面。目前，为了适应全球经济发展形势的变化和我国新时代社会主义建设的需求，油脂行业正在积极推动碳达标行动，这也要求我们重新审视浸出法的溶剂使用和环境风险，而节能降耗减排的需求也推动了生物解离等油料加工技术的应用。

当然，基于理念革新提出的油料生物解离技术是一种综合开发技术，其内涵既有经济方面的考虑，又有资源和环境等考虑。概括来说，其优势主要体现在以下几方面。

（1）生物解离技术主要采用温和的条件进行油料加工，油料破碎后的处理温度往往在 60℃左右，一方面油脂及其伴随物等热敏组分得到较好的保护，另一方面几乎没有反式脂肪酸等有害物质的生成。

（2）与压榨和溶剂浸出法相比，生物解离技术可以同时提取油料中的油脂和蛋白质，由于反应条件温和，无需使用有机溶剂，油料蛋白质的功能性质和营养价值被较好地保留，可以更合理地实现油料资源的综合利用。

（3）生物解离法提取的油脂，毛油品质高，伴随物保留率高，后继精炼工艺大幅简化。

（4）生物解离法工艺绿色，资源综合利用率高，特别是对于多不饱和脂肪酸含量较高的油料，提供了新的加工选择。

当然，油料生物解离技术仍旧面临不少挑战，具体包括以下几方面。

（1）含油原料的粉碎。对每一种油脂提取方法而言，油料的粉碎都非常重要，生物解离法也不例外，而且要求更高。油料子叶细胞的破碎与其油脂和蛋白质的提取率相关性较高。残渣中油和蛋白质含量的高低直接影响油和蛋白质的提取率。对于高含油量的油料作物，粉碎后的物料黏度很高，在扩大生产时就需要慎重考虑设备的性能，以满足生产需求。

（2）生物酶的成本。生物解离法提取油脂的工艺中，酶的添加既可以用于辅助细胞破碎，又可以防止提取过程中乳状液生成和破除乳状液。为了提高油脂和蛋白质的提取率，酶的添加量可能达到 1%～2%。酶的价格昂贵，对生物解离技术的产业化应用造成很大的成本限制。

（3）降低乳状液的生成。生物解离法加工油料过程中，提取液中油和蛋白质含量高，经过搅拌、输送和离心过程会产生稳定的乳状液，如果分离后的水相中含有高含量的油，这部分油几乎难以分离，最终增加油料蛋白粉或水相的含油量。因此分离过程中避免或减少乳状液生成的问题亟待解决。

（4）破除乳状液。采用生物解离法加工油料，在离心分离反应体系时，一般情况仅会有少量的清油漂浮在表面，大部分油进入乳状液中，因此乳状液的破乳十分关键。现有报道的方法有些周期较长，有些成本过高，得率多为80%～90%，还无法满足产业化生产的需求，因此更高效的乳状液破除技术仍需要研究开发。

（5）油脂风味。部分油料如花生、菜籽和芝麻等的传统加工工艺中由于美拉德反应产生的风味在水媒法加工技术中可能受限，考虑到热处理强度对油料组分的影响以及风味组分与非油脂成分的结合等，采用生物解离法提取的油脂，其风味还需要更进一步的研究。

3.2　油料生物解离制油预处理技术

在生物解离工艺中，油料的分子结构特征对提高油料有效成分的得率起着重要的作用。若要提高生物解离效果及效率，降低油料的粒径，提高油料的解离程度，进而提高油脂的提取率，需要对油料进行预处理。通过不同预处理技术使油料的高度压缩的结构松散开，暴露出分子内部酶的作用位点，以利于酶的结合，提高酶的作用效果。

研究发现细胞壁是有效成分释放的主要障碍。植物油料细胞壁是植物细胞特有的结构，主要由纤维素、半纤维素、木质素和果胶等物质组成。油料细胞表面坚韧的细胞壁将油脂、蛋白质等物质包裹在内，在细胞内，油脂通常与其他大分子结合，构成脂多糖和脂蛋白等复合体。油脂及其伴随物是以极小直径的球形"油脂体"存在的，每个油脂体外面都由一层蛋白质为主要成分的边界膜包围着。Tzen 等[21]在 1992 年提出了油脂体结构模型，分析了油质体的分布规律及其存在状态，认为油脂体内部主要为三酰甘油（TAG）的液态基质，外部则为磷脂单分子层及嵌入其内的油脂体结合蛋白组成的半单位膜，这个半单位膜的基本单位是由 13 个磷脂分子和 1 个油脂体结合蛋白分子组成的，镶嵌于半单位膜上的油脂体蛋白分子主要为油素蛋白，其疏水区域为长约 11 nm 的柄状结构。因此，只有将油料组织的细胞结构和油脂复合体破坏，才能将有效的成分（油脂、蛋白及功能性成分等）提取出来。

目前油料生物解离预处理技术有超微粉碎技术、挤压膨化技术、超声辅助技术等。

3.2.1　超微粉碎技术

在生物解离工艺中，油料的粉碎程度对提高油料有效成分的得率起着重要的作用。在酶解前，通过机械作用降低油料的粒径、破坏油料的细胞壁，增加物料与酶的接触面积，提高酶作用效果，有助于细胞内有效成分的释放。不同油料的细胞大小和细胞壁不同，所能承受的外力程度也不同，因此，细胞壁厚大小与细胞大小的比值和出油率相关。

油料粉碎方法分为干碾压法和湿研磨法，目前采用较多的是干法粉碎，这是因为湿法粉碎易产生乳化现象，影响提取率。根据粉碎的粒径又可分为普通机械粉碎和超微粉碎。

超微粉碎技术是一项新型的精细粉碎加工技术，通过利用机械及流体作用力克服体内的凝聚力使物料破壁至粉碎，使粒径在 3mm 以上的物料颗粒碎到 10～25 μm 的技术。超微粉碎技术会显著改变粉体的持油力、膨胀度和流动性等理化特性，使得物料更加适应生产加工的需要。同时，超微粉碎技术加工形成的粉体微细化特性显著改变油脂的释放和生物利用度。

1. 超微粉碎技术原理及特点

目前，将超微粉碎生产技术主要划分为两类，分别是化学法和机械粉碎法。化学法主要是使用化学试剂处理的方式，其原料产量较低，同时有较高的技术加工成本，技术应用范围受限制。机械粉碎法的加工成本与化学合成方法相比稍低、产量更大，是目前制备超微破碎粉体的最主要的粉碎方式，现已大规模应用在各类工业生产中。超微粉碎还可以再细分为干法和湿法两种。超微粉碎分类、原理及特点见表 3-1。

表 3-1　超微粉碎分类、原理及特点

种类	原理	特点
气流式	气体通过压力放射产生作用力，使物料受到强烈的冲击和碰撞，粉碎物料	粉碎比大，该过程生产工艺设备结构紧凑，磨损小，组装拆卸容易；生产过程中的物料可自动加工分级；气流收缩吸热；可以使产品冷却；无菌条件下操作
高频振动式	通过振动棒快速振动的相互作用力，使物料内部件受到强烈外力冲击、摩擦和快速振动剪切，迅速准确地粉碎物料	安全性高、卫生、噪声小、拆卸容易、操作简单，可控制温度
旋转球磨式	通过球或棒形磨介的作用力对物料内部形成冲击和振动产生力，快速研磨粉碎物料	粉碎比大，结构简单，容易装配，产品粒径小
胶体磨	利用转子产生强烈剪切、摩擦的速度梯度，粉碎物料	省时，得率大，制品粒径可控，操作简单，方便清洗
均质机	利用高压使得液料高速流过狭窄的缝隙时而受到强大的剪切力，使液滴或颗粒产生变性或破碎，以达到微粒化的目的	适合黏度低的制品

2. 超微粉碎技术的特点

1）粉碎速率快，温度可控性好

超微粉碎技术的整个过程中基本不会产生过热情况，低温状态下也可以工作，是一种低温研磨技术。微粉工艺过程持续时间短，大部分的含有生物活性的化学成分基本不会被该过程破坏，有利于制成所需的高品质微粉产品。超微粉碎技术可以根据不同物料的需要，采用中、低或者超低温粉碎，让物料的性质及加工要求达到所需的效果。

2）粉体粒径小且分布均匀，改良物料理化性质，提高反应速率

由于超微粉碎技术在原料上使用的外力分布是很均匀的，得到的粉末粒径分

布均匀。经过各种超微粉碎处理技术，物料的密度和表面积逐渐增大，当进行各种生物、化学反应时接触面积增大，溶解速率、反应速率等提高。

3）节省加工原料，提高原料利用率

有些物料不适合采用常规的粉碎方法，形成颗粒较大会造成原材料的大量浪费，而且大部分物料还需要经过加工过程才能达到被利用的要求。因此，超微粉碎技术生产的产品可以直接应用于生产过程中，适用于特殊的原料加工。

4）减少周围环境污染，提高加工物料质量

超微粉碎的整个加工过程是在封闭环境中进行的，在此加工过程中防止外界污染的同时也不会对外界造成污染。超微粉碎技术是一个物理加工过程，不会掺杂和混入其他物质，该技术保证了原料的天然性和安全性。

3. 超微粉碎技术存在的不足

超微粉碎技术是一项新加工技术，仍处于发展阶段，尚缺少相关技术标准、评价标准等，具体问题主要包括以下两个方面。

（1）超微粉碎技术处理中缺乏对粉体颗粒大小的测量与描述方法。因为原料特性如材料的机械性能、物质含水量等，以及超微粉碎工艺，如时间、入磨粒径、物料填充率等的不同，导致了粉状物质粒子的不同形态和结构等特征差别较大，其中粉状物质粒径和群集特征的测量与定量研究尤为关键，这些特征主要涉及粉状物质粒子的尺寸分布、形态结构的均一性、组成成分等。目前，使用的方法主要包括筛分法、沉降法、激光法、显微镜法、扫描电镜法等，通过对各种方法的对比研究，确立细化颗粒的表征特性及其粒径范围，创建适合不同产品原料的测定方法和粒径范围标准，可以指导超微粉碎加工工艺优化，实现高效率、低能耗下粒径的精准控制，证实了构建超微粉碎加工技术标准体系的必要。

（2）缺乏对原料超微粉碎加工适应性评价。并不是所有产品都适宜超微粉碎加工，也不是粉末越细越好。对于一些富含芳香性和具有挥发性的化学物质，超微粉碎过后的颗粒破壁率都比较高，就可能会直接造成一定的挥发性化学物质含量的损失，尤其是那些含量比较少的化学成分。还有一些淀粉含量高的油料，采用超微粉碎技术释放大量淀粉后会影响其他有效成分的释放和吸收。

3.2.2　挤压膨化技术

1. 挤压膨化技术原理

挤压膨化技术也称组织化或结构化技术，即将物料在专门的挤压膨化设备内进行一定的湿热处理，并经捏合、挤压（加热或加压）、胶融、喷出膨化成型以及冷却干燥等过程，使其成为具有某种结构化产品或符合进一步加工要求的中间产物。挤压膨化机的典型结构和物料在机内挤压膨化的基本过程如图 3-1 所示。

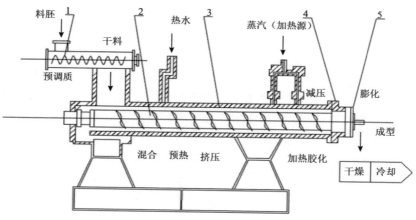

图 3-1　单螺杆挤压膨化机示意图

1.预调质装置；2.挤压螺杆（断续齿）；3.机膛（带螺旋槽或刮刀）；4.模板（孔板）；
5.切割器（包括传动、轴向可移式或旁切式）

　　物料在机膛内随挤压螺杆的推进，分三个阶段受到不同的作用：第一阶段为进料段，物料被推进混合直到开始压紧；第二阶段为预热压缩段，物料在不断挤压下形成面团，面团中的蛋白质、淀粉和糖类等受到水分、温度、机膛内壁之间的剧烈摩擦发热以及螺旋剪切力的作用，逐渐形成胶状融合体；第三阶段为喷出膨化段，即胶状融合体被推进到模板附近，物料更快地升温，胶体中水分迅速形成蒸汽，由模板孔喷出。由于机膛内外压力差，物料中水分骤然蒸发，使产品形成多孔结构，并由切割器切割成所需的形状，最后经干燥及冷却，即得到产品或中间产物。

　　将油料进行有效的湿热处理，有利于提高出油率。其主要原因是：①料胚经过高温（120～180℃）挤压的作用，能迅速而彻底地破坏油料细胞，使油脂微滴均匀扩散并凝聚；②淀粉糊化，蛋白质结构化形成了多孔而结实的颗粒"熟胚"，从而降低了粉末度，提高了浸出的渗透性，也提高了浸出速度和处理量；③湿热处理能有效地降低或消除油料中多种酶的不良影响。

　　挤压膨化设备有单螺杆挤压机、双螺杆挤压机和多螺杆挤压机，目前应用较多的是单螺杆和双螺杆挤压膨化机，三螺杆挤压膨化机是近年来出现的新产品。三种挤压膨化机的性能见表 3-2。

表 3-2　单、双、三螺杆挤压膨化机的性能比较

性能	单螺杆挤压膨化机	双螺杆挤压膨化机	三螺杆挤压膨化机
齿合区	无	一个	两个或三个
自洁性	无	优	优

续表

性能	单螺杆挤压膨化机	双螺杆挤压膨化机	三螺杆挤压膨化机
混合效果	较差	好	混合效果更强, 物料易均匀化和微粒化
颗粒成品粒径	>1.5mm,生产 2mm 以 下微粒较困难	<1.5mm,可生产 0.4mm	可以更细更均匀
适用范围	小,含水油料受限	较广泛,可生产高油、 高水分物料	非常广,适用于含挥发性 气体多、排气要求高的物料
剪切频率和剪切力	剪切频率小,剪切力强	剪切频率大,剪切力弱	剪切频率大,剪切力强
产量	较小	大	更大
产品质量	较差	好	

单螺杆挤压膨化机虽然生产成本、能耗较低,但是工艺参数较难控制,机器不容易清洗,产品形态较差,对原料要求高,主要用于淀粉含量较高的物料,不适用于油料作物。随着挤压膨化技术的发展,随后出现了双螺杆挤压膨化机和三螺杆挤压膨化机,其中三螺杆挤压膨化机混合特性好,节能环保,生产效率高,前景可观,但其设计及作用机制方面研究不足,该技术还处于理论阶段,应用于实际生产还需要进一步深入研究。双螺杆挤压膨化机以其性能佳、效率高、成本低、产品质量好和适用范围广而广泛应用于油脂加工行业。

2. 挤压膨化技术发展现状

有关挤压膨化技术在制油工业中的应用,最早是由美国安德森公司于 1955 年在螺旋压榨机基础上研制的 ANDESM-IBEC 膨化机,从最初的谷物膨化、植物蛋白膨化直到 1961 年在米糠制油中首次使用,1962 年申请了专利。1964 年 SOLVES 型米糠膨化机正式投入使用。1965 年巴西开展了米糠制油工艺的研究,并于 1971 年将这一技术应用于玉米胚芽油的生产和大豆、棉籽浸出前的预处理[22]。1976 年美国从巴西引进此种膨化机并应用到棉籽的生产中。从 1988 年美国 60%的大豆和棉籽制油工艺中应用此设备,到 1997 年美国的 80%大豆和 90%棉籽应用此设备,以及现今的巴西 2000～3000 t/d 大油厂也都运用挤压机来看,国外已把挤压膨化机真正作为油脂浸出工厂的标准设备[23]。早期的膨化机的应用是对中低含油量的大豆坯、棉籽饼等油料进行膨化浸出,现在挤压膨化技术已成功地应用于全榨工艺预处理和蒸炒工序中。在一次或两次压榨法制油中应用膨化机来进行压榨前的预处理,膨化出的物料直接进入压榨机,残油可降至 5%,经膨化后压榨机的处理量可提高 3 倍。它比直接浸出厂的加工成本每吨减少 1 美元,预榨浸出厂的生产效率提高 1～2 倍,加工成本降低 1.5 美元[24]。由于应用早期油料膨化机处理高含油油料困难，安德森公司又在闭壁式挤压机基础上研制出开槽壁式挤压机 HIVES 系列，并于 1990 年获得专利。这就缓解了闭壁式挤压机对高含油油料加工中，由于释放油多累积在挤压机内产生油的缓动，干扰稳定状态操作的问题。据报道，美国的安德森公司产的用于高含油油料处理的挤压机的产量已达 300 t/d，以色列 HF 公司的高油分油料挤压机的处理量也达到了 200 t/d 的水平[25]。此外，有研究者研制了用于向日葵籽挤压膨化预处理制油的双螺杆挤压机，探讨了单、双螺杆挤压机处理脱壳与不脱壳向日葵籽所获得油脂质量的差异，并确定了双螺杆挤压膨化预处理的双螺杆挤压机，探讨了单、双螺杆挤压机处理脱壳向日葵籽所获得油脂质量的差异，并确定双螺杆挤压机直接膨化乙醇浸提的新工艺[26]。

我国挤压膨化技术在油脂工业中的应用与国外相比起步较晚，20 世纪 90 年代初刘大川、倪培德等纷纷撰文分析、探讨挤压膨化预处理在我国油脂行业应用的前景，从而拉开了我国在此领域研究的序幕[27]。从油脂行业在 1988 年首次引进膨化技术与设备以来，安陆粮食机械厂首先研制并生产出了 MKL-100 型米糠保鲜机和 6MKB-10 型米糠膨化机[28]。高含油油料挤压机最初只是对预榨饼进行处理以提高浸出效率，随着高含油油料挤压膨化机问世后，武汉食品工业学院研制的 YGPH-175 型膨化机在 1994 年和 1996 年分别对棉籽、菜籽制油工艺取得小试成功[29]。贾富国等将挤压膨化预处理技术应用到大豆油脂提取中，实验表明挤压后的大豆膨化物的浸出时间和粕残油率都比大豆轧坯片浸出提油有明显的优势[30]。徐红华等将挤压膨化预处理浸出制油与传统的溶剂浸出法进行了对比实验，结果表明挤压膨化预处理工艺可以降低毛油中游离脂肪酸和磷脂的含量[31]。申德超等利用自制的单螺杆油料挤压机研究了用于浸油的菜籽挤压膨化预处理工艺的可行性，且实验结果良好[32]。孙培灵等将挤压膨化处理技术应用到脱壳菜籽油的提取中，研究表明，挤压系统参数对脱壳菜籽油的游离脂肪酸及油脂稳定性的影响较大，且油脂稳定性好于传统压榨油和不脱壳挤压油[33]。潘小莉研究了双螺杆挤压预处理对浸出法提取大豆油得率的影响，研究发现挤压参数对大豆粕残油率影响程度大小顺序依次为：物料水分、模孔直径、螺杆转速、套筒温度[34]。李杨等研究了大豆经过挤压膨化后纤维降解对水酶法提取大豆油脂得率的影响，研究表明挤压参数对大豆纤维的降解有一定的影响规律，且纤维降解程度对提油率有很大的影响，但不完全取决于纤维降解程度[35]。

3. 真空挤压膨化技术

真空挤压膨化技术是一项新技术，破壁效率高、提油效果好。东北农业大学江连洲团队将真空挤压膨化技术与生物解离技术相结合，利用响应面分析法对真空挤压膨化预处理工艺进行优化，确定最优工艺条件，对大豆进行研究，发现总蛋白提取率高达 92.17%，比传统湿热预处理工艺提高了近 14%，同时提油效果显著，总油提取率高达 93.61%。

　　真空挤压膨化设备与传统挤压膨化装置具有较大的差别：真空挤压膨化机中真空泵进风口与负压罐出风口相连接，端盖与出料口分别装配在负压泵上端与下端底部，真空表安装在端盖上与负压罐相通，在负压罐内下部装有上下两片电控插板，支架上分别装配有套筒、喂料装置、传动装置，电机与传动装置通过皮带相连接，两根螺旋方向相反的螺杆在同一水平面内相互平行地装配在套筒内，喂料口装配在套筒后侧外部，在套筒前端安装模板，模板与负压罐通过出料管相连接（图 3-2）。

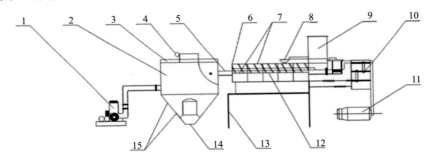

图 3-2　真空挤压膨化机示意图

1.真空泵；2.负压罐；3.端盖；4.真空表；5.出料管；6.模板；7.套筒；8.喂料口；9.喂料系统；10.传动装置；
11.电机；12.螺杆；13.支架；14.出料口；15.电控插板

3.2.3　超声辅助技术

　　超声技术是 21 世纪发展起来的高新技术，已引起美国、德国、加拿大、日本、瑞士和中国等很多国家科技工作者的广泛关注。超声技术的发展正从学术上给化学、化工、食品、生物、制糖、医药等学科的研究开拓了新的领域，并从应用上对上述工业产生重大影响。超声波为频率高于 20 kHz 的声波，是一种机械振动在媒质中的传播过程，在传播过程中，超声波与媒质的相互作用，可以使超声波的相位和幅度等发生变化；功率超声波则会使媒质的状态、组成、结构和功能等发生变化。超声技术在食品工业中的应用可分为两类：一类是频率高、能量低（一般小于 1 W/cm^2）的检测超声波，其频率多以 MHz 为单位；另一类是频率低、能量高（通常为 10～100 W/cm^2）的功率超声波，其频率则以 kHz 为单位。

　　超声波辅助水酶法技术作为一种新兴的油脂提取技术，能够强化植物中油脂的提取、加速传热和传质过程。研究表明，植物组织在超声波处理过程中，细胞间发生快速的挤压和碰撞，从而产生了空化效应，进而破坏植物细胞壁和改变细胞内物质的状态，有利于植物细胞内油脂的释放。超声波辅助水酶法具有操作简单、浸提温度低、提取时间短、提取率高等优点。一般认为超声强化传质机理有以下三种。

1）机械作用

超声波的机械作用是由超声压强和辐射压强引起的。超声压强给予悬浮体与溶剂不同的加速度，导致溶剂与悬浮体之间产生摩擦，进而使细胞壁上的成分溶于溶剂中。辐射压强引起骚动效应，该效应引起细胞组织变形，蛋白质变性。

2）热效应

超声波通过两种途径将声能转化为热能：一是细胞介质不断吸收超声波的能量并转化为热能；二是超声传播过程中悬浮体与溶剂间产生的内摩擦引起介质温度升高。这种热效应导致介质的温度升高，加速有效成分的溶解。且由于这种效应是在瞬间完成的，因此待提取成分的性质基本不变。这就是超声热效应作用原理。

3）空化效应

液体中存在一些气泡，当一定频率的超声作用于液体时，这些气泡在声波稀疏阶段迅速长大，然后在声波压缩阶段绝热压缩，最后溃灭。溃灭过程中，气泡内部达到上千个大气压和几千摄氏度的高温，并伴有强烈的冲击波，这种现象即为空化现象。空化效应可以造成细胞壁破裂、细化颗粒物质并制造乳浊液，加速有效成分进入溶剂进而增加提取效率。

除上述三种作用原理外，超声波还具有生物、化学、扩散、乳化、凝聚等次级效应。凝聚作用可使悬浮于液体中的颗粒聚集沉淀，加速植物有效成分在溶剂中的扩散，缩短提取时间并提高提取率。

有研究探讨了超声波预处理对水酶法应用于麻风树籽仁油提取的影响，结果表明提取时间平均减少了 12 h，油脂提取率也从 67%增加到 74%，大大提高了提取率。张妍等研究了超声波预处理辅助水酶法提取菜籽油，在 40℃和 350 W 条件下超声处理 60 min，油脂提取率提高至 67.55%。此外，韩宗元等研究了油茶籽的超声预处理水酶法工艺，在最佳的超声条件下油茶籽水相蛋白的提取率显著提高。

超声波预处理工艺对生物解离制油油脂提取率的影响主要在于超声波功率、超声波处理时间和超声过程中的温度。研究发现超声波功率对生物解离大豆油提取率具有显著的作用，当超声波功率增大时，会提高超声波在液体中的分散效应，使液体产生空化作用，从而使液体中的固体颗粒或细胞组织破碎，进而提高游离油提取率。超声波预处理时间也是影响超声效果的重要因素之一，由于超声波作用在开始的时间内对细胞膜的破碎作用比较大，溶出物多，提油率不断升高；但随着超声时间的延长，温度急剧升高，导致油脂析出效率降低，使得提油率降低。因此，应在考察超声时间对生物解离大豆油的影响基础上，选出最优超声时间。超声波预处理温度对提油效率的影响，是因为温度与分子扩散运动密切相关，超声温度过低，分子扩散运动小，物料的空化作用不够完全，从而降低了提油率；温度过高，由于物料部分糊化，也可能使得提油率降低，并且有研究表明超声温度过高，提高了蛋白质的吸油性作用，不利于油脂的释放。

综上所述，超声波预处理操作简单，处理条件温和，能使水酶法提取时间更短，提取率升高，同时对蛋白质的提取有一定的促进作用。

3.2.4　其他预处理工艺

其他预处理方式还有超高压预处理、微波辅助技术、真菌固态发酵预处理、脉冲电场预处理工艺和复合预处理工艺等。

1. 超高压预处理工艺

超高压预处理工艺是近年来新兴的食品加工高新技术，它可使食品中的酶、蛋白质、核酸和淀粉等生物大分子改变活性、变性或糊化，而食品的天然味道、风味和营养价值不受或很少受影响，具有低能耗、高效率、无毒素产生等特点，超高压预处理能够促进化合物从细胞中释放出来，其主要影响蛋白质三级、四级结构的非共价键，蛋白经超高压处理工艺处理后，其结构变松散，更有利于后续生物酶解。

2. 微波辅助技术

生物解离法提取油脂的过程中，油料预处理对油脂提取效果影响较为显著。国内外有很多关于微波辅助提油的研究，微波辅助提油能有效提高油脂得率，并能有效抑制脂肪酸及脂肪氧化酶活性。有研究者利用微波辅助溶剂浸提法提取橄榄油，发现与传统溶剂浸提法相比，该方式所需时间短，油脂得率高，且溶剂使用量较少；还有研究利用微波辅助溶剂浸提法对棉籽油进行提取，研究表明微波辅助提取方式在缩短提取时间和降低溶剂用量的同时，提高了棉籽油的储藏稳定性；此外，也有利用微波辅助水酶法提取普洱茶籽油的研究，最终所得普洱茶籽油不饱和脂肪酸含量高于压榨法，说明微波辅助提取能够较好地保持油脂的营养价值。

3. 真菌固态发酵预处理工艺

油料种子中油料包裹在细胞质的蛋白质中间，称为油脂体，常规油料作物的提油方法，如机械压榨法，不能有效地分解细胞壁和分解包裹在细胞壁中的蛋白质，因此导致较多的油脂残留在饼粕中，提油率不高，油料的固态发酵预处理工艺是有效解决该问题的途径之一。研究也发现，利用黄曲霉和黑曲霉固态发酵大豆，后续再经过水酶法进行酶解，油脂提取率得到显著升高。

4. 脉冲电场预处理工艺

高压脉冲电场是一种非热食品加工方法，它是以高电压（0～50 kV）、短脉冲（0～2000 μs）及温和的温度条件处理液态或半固态食品。高压脉冲电场预处理工艺是将破碎油料置于两电极间，然后反复施加高脉冲电压进行油料处理，进而使微生物的细胞膜穿孔、破裂，油料中酶的结构破坏，从而达到杀菌和酶钝化的目的，可为后续采用生物酶对油料的水解提供优质原料，提升油脂与蛋白质品质。

除了上述四种工艺外，还有将不同工艺组合而形成的复合预处理工艺，复合预处理工艺各取所长，实现油料的高效预处理，为后续油料生物酶解奠定基础，同时提升油料蛋白副产物的品质，提高利用率。

3.3　油料生物酶解技术

传统的油脂制取方法主要有压榨法和浸出法，这两种传统制取方法在油脂工业中被广泛应用，其虽然能得到油料中大部分油脂，但在制油过程中，由于涉及高温等极端条件，油料蛋白质变性严重，必需氨基酸被破坏，无法在后续直接应用于食品工业，造成大量优质蛋白资源的浪费，而且还存在毛油成分复杂、精炼工艺烦琐、溶剂残留、生产安全性差等问题。

生物解离工艺是在油料机械破碎预处理的基础上，利用对油料种子细胞中纤维骨架、脂蛋白、脂多糖有降解作用的酶，进一步破坏大豆籽粒细胞结构，降解包裹油脂体的膜，使其中的油脂释放出来。酶解作用条件温和，所制毛油杂质含量低，精炼工序简单，同时，避免了油料高温预处理，油料蛋白质等其他成分也得到了有效保护，对后续的制取、分离和加工利用都十分有利。此外，制油过程中或制油后均可提取多种有效成分，可保证对油料资源的充分利用。该制油方法一直是国内外研究的热点和焦点，其也必将成为食用油脂提取技术领域的未来发展方向。本节将对油料生物酶解技术进行阐述，重点围绕酶制剂的使用、酶解的不同工艺及酶解提取的机制和典型酶法制油工艺进行介绍。

3.3.1　油料生物解离酶制剂

1. 酶制剂用于油料生物解离制油的发展

早在 20 世纪 50 年代，人们就观察到酶处理对油料出油量有明显影响，但当时酶制剂的价格昂贵,人们并未进行深入研究。至 20 世纪 70 年代,随着微生物技术在生产中的应用与推广,工业化大量产酶降低了酶制剂的价格,应用生物酶技术处理植物油料提取植物油脂,再次引起国内外学者的兴趣[36]。

　　20 世纪 80 年代,研究者采用酶制剂从西瓜籽中提取营养性的可溶性水解蛋白时,发现随着水解的进行,部分油被释放出来,随后其继续采用酶从菜籽和大豆籽粒中提取油与蛋白质,取得了预期的效果[37]。20 世纪 90 年代,科学家 Bouvier 和 Entressangles 首次将纤维酶和果胶酶应用于提取油棕榈中的棕榈油[38]。后续 Tano-Debrah 等利用电子显微镜分析了生物酶作用于油料籽粒的过程,结果发现,酶处理能急剧降解牛油树籽的细胞壁结构,从而强有力地证明了酶解制取油脂工艺的可行性和科学性[39]。在 20 世纪 90 年代,国内江南大学王璋教授指导研究生林岚,首次利用碱性蛋白酶和中性蛋白酶从全脂大豆粉中同时制取大豆油和大豆水解蛋白,表现出良好的效果[40]。曾祥基也将生物解离技术用于提取大豆、花生仁、油菜籽、橄榄、葵花籽、椰子中的油脂,并进行了初步研究,且提出了针对不同物料使用酶的种类以及相关工艺参数的范围[41]。后续江南大学王素梅进一步对玉米胚芽酶法制取油脂工艺及其潜在机理进行了系统的研究,利用扫描电镜、透射电镜及光学显微镜研究酶解过程中玉米胚芽微观组织结构的变化,揭示了玉米胚芽生物解离制油工艺的机理[42]。但是,在 2005 年以前,酶制剂在生物解离提油方面的应用仅局限于高含油作物,如菜籽、花生等,在此之后,通过改善预处理工艺,以及对酶解后破乳研究的不断深入,酶法制油技术逐渐从高含油作物转向低含油作物,如大豆,用于制备植物油脂及高品质蛋白。

　　近些年,酶法生物解离技术在制备大豆蛋白方面被广泛研究,并被广泛应用,其对于满足市场对高品质大豆蛋白的需求发挥着重要作用。在大豆生物解离过程中,生物酶发挥着重要作用。在大豆籽粒中,油脂主要存在于细胞内部,一般与其他大分子物质如多糖、蛋白形成复合物,构成脂多糖与脂蛋白等复合体。在制取油脂时,只有将油料组织的细胞结构和油脂复合体破坏,才能达到有效提取其中油脂的目的。经过对油料进行适当预处理之后,再利用对油料组织,以及脂多糖、脂蛋白等复合体有降解作用的生物酶处理油料,通过对细胞结构的破坏,以及酶对油脂复合体的分解作用,增加油料组织中油的流动性,从而使油游离出来。同时酶还能破坏油料在磨浆等过程中形成的包裹在油滴表面的脂蛋白膜,降低乳状液的稳定性,从而提高游离油得率。此外,由于酶反应专一、高效、条件温和,对榨油后的油料饼粕蛋白理化性质影响较小,保证了在提油的过程中,同时获取高质量的蛋白产品,有利于油料资源的综合利用[43]。

2. 常用的生物解离制油酶制剂类型

由于不同油料组织成分不同，生物解离制油所采用的酶制剂也有所区别。有研究报道，对大豆结构以及其中复合物进行处理，所用的酶包括纤维素酶、半纤维素酶（破坏细胞壁）、果胶酶（破坏细胞膜）和 α-蛋白酶等。因此，在实际应用中，需要根据油料结构特点选用合适的酶类，以达到高效降解油料、释放油脂的目的。生物解离制油常用的酶类包括纤维素酶、果胶酶、蛋白酶，以及由不同酶类组成的复合酶。

1）纤维素酶

纤维素酶属于糖苷水解酶，是一类能够将纤维素降解为葡萄糖的多组分酶系的总称，它们协同作用，分解纤维素产生寡糖和纤维二糖，最终水解为葡萄糖。一般植物油料，如大豆，其细胞壁的主要组成成分是纤维素、半纤维素和果胶物质。利用纤维素酶处理植物组织，降解植物细胞壁的纤维素骨架，破坏植物细胞壁，可使细胞内的有效成分充分游离出来。但是，在实际生产中，单独使用纤维素酶通常对出油率作用不太显著，例如前人利用纤维素酶、蛋白酶及两种酶的混合物提取全脂豆粉中的大豆油，结果表明，加入蛋白酶可使提油率从 68% 提高到 88%，而加入纤维素酶对提油率没有显著影响，其原因是在大豆细胞被充分破坏后，阻碍油脂释放的主要因素是油脂与蛋白质之间的亲和力，而纤维素酶对于破坏这种非共价结合力并不能发挥作用[44]。

2）半纤维素酶

半纤维素是植物细胞壁的重要组成部分，约占植物干重的 35%，在自然界中含量仅次于纤维素。与纤维素相比，半纤维素成分复杂，包括木聚糖、甘露聚糖和半乳聚糖等，其结构与组成在相关研究中已有详细报道。半纤维素的复杂结构决定了半纤维素的降解需要多种酶的协同作用；此外，半纤维素酶产生菌一般也都产生纤维素酶，即同时分泌两类酶的混合物，因此，应用传统的微生物学和生物化学方法，研究半纤维素酶就遇到了许多困难，随着分子生物学技术的不断发展，当前人们对半纤维素酶，以及产半纤维素酶菌种的研究不断深入。例如，目前应用重组 DNA 技术，已能使编码半纤维素酶各酶组分的基因在无纤维素酶和半纤维素酶的微生物中克隆表达，这也证实了半纤维素酶各酶组分分别是由不同的基团编码的。和纤维素一样，半纤维素也是一类结构和成分十分复杂的物质，主要包括甘露聚糖、木聚糖及多聚半乳糖等，因此，半纤维素酶类相应包括甘露聚糖酶、木聚糖酶、多聚半乳糖酶等。半纤维素酶在油料生物酶法制油过程中，可以水解植物油料细胞壁，促进细胞裂解，加速油脂析出，对于提升制油效率具有重要作用。

3）果胶酶

果胶是一组聚半乳糖醛酸，它是存在于所有高等植物细胞壁的一种结构多糖，在植物组织中与纤维素、半纤维素、木质素和蛋白质等相互交联，使细胞组织结构坚固，表现出固有的形态。由于动物体内缺乏降解果胶的酶类，因而果胶通常被认为是饲料中的抗营养因子。果胶酶是一个多酶复合体系，是所有能够分解果胶质酶的总称，可裂解单糖之间的糖苷键，并脱去水分子，分解包裹在表皮中的果胶，促进植物组织的分解，降低内容物的黏度。从广义上讲，果胶酶可以被分为三种类型：原果胶酶，其可以把不溶于水的原果胶分解为可溶于水的高聚合体果胶；果胶酯酶，其可以脱去果胶中的甲氧基基团，促使果胶的脱甲酯作用；解聚酶，其能够促使果胶中 D-半乳糖醛酸的 α-1,4-糖苷键裂解。近来针对果胶酶，人们提出了更详细的分类方法，即原果胶酶、多聚半乳糖醛酸酶、裂解酶和果胶酯酶。因此，在酶法制油工艺中，果胶酶的作用和纤维素酶、半纤维素酶的作用类似，均是作用于细胞壁，裂解细胞壁，促进植物油脂的析出。

　　4）蛋白酶

　　在采用机械、热处理或酶解破壁后，蛋白油脂体系暴露出来，此时采用蛋白酶水解，破坏蛋白体系，油脂得到释放。常用的蛋白酶有碱性蛋白酶（如 Alcalase 2.4L、Protex 6L）、酸性蛋白酶（如 Viscozyme L）、中性蛋白酶（如 Protex 7L）和木瓜蛋白酶等。油料作物形成的脂蛋白特性不同，选用的酶种类也有所不同，最普遍的是碱性蛋白酶。冯红霞等分别比较了酸性蛋白酶（Viscozyme L）、中性蛋白酶（Protex 7L）和碱性蛋白酶（Alcalase 2.4L）对酶法提取油茶籽油的四相（即游离油、水解液、乳状液、残渣）分布的影响，结果表明，碱性蛋白酶对水解包裹在油体表面的油体膜蛋白及亲脂性蛋白具有更有效的作用[45]。研究者李杨通过对中性蛋白酶、木瓜蛋白酶、风味蛋白酶、碱性蛋白酶及复合蛋白酶对提取大豆油脂和蛋白能力的测定，也发现利用碱性蛋白酶制取油脂，其总油提取率和总蛋白提取率均优于其他蛋白酶的效果[46]。也有研究证实利用 Protex 6L 碱性蛋白酶进行生物解离制取大豆油时，相比于其他酶类，其油脂得率最高[47]。

　　5）复合酶制剂

　　由于酶的专一性，采用单一类型的纯酶制剂在酶解工艺中有很大局限性，因此，选择几种合适的酶类进行混合使用，或进行分步酶解，将会使细胞降解更彻底，油脂的提取效果更好。例如，可以根据大豆细胞壁的化学组成，实验中多选取纤维素酶、半纤维素酶和果胶酶对油料细胞壁水解，再利用蛋白酶水解细胞中的脂蛋白成分，从而提升大豆油提取效果，这样经过复合酶酶解处理后，油料细胞结构被充分破坏，使得酶的作用位点暴露，更有利于蛋白酶的作用[48]。

总之，水酶法的原理是在机械破碎的基础上，对油料组织以及脂质复合体进行酶解处理。纤维素酶、半纤维素酶、果胶酶等作用于细胞壁，将其裂解，而蛋白酶类则主要渗透到细胞里面的脂质体膜内，对脂多糖、脂蛋白进行降解，这样综合作用，从而有利于油脂从脂质体中释放，提高出油率。

3.3.2　油料酶法生物解离机理

在植物油料中，油脂通常以球状或椭球状脂类体的形式存在于油籽细胞之中（如大豆脂类体直径为 0.2～0.5 μm，花生仁约为 1 μm）。该脂类体是油脂与其他大分子（如蛋白质、碳水化合物等）结合，构成脂蛋白、脂多糖等复合体的存在形态。因此，只有将油料细胞结构及这些脂类复合体破坏，才能提取其中的油脂。以生物酶法酶解大豆制取大豆油为例，因为酶水解大豆主要是破坏大豆的细胞壁，从大豆的细胞构造来讲，大豆细胞壁的物质组成大致如下：纤维素约占 24%，半纤维素占 28%，果胶占 30%，阿拉伯半乳聚糖占 12%，其他占 6%。水相酶法提油工艺是在已知细胞壁组成成分和含量以及细胞主要结构的基础上，使用相应种类与数量的酶来破坏细胞壁，裂解细胞以促进油脂释放[49]。

研究表明，利用纤维素酶处理油料可降解植物细胞壁中的纤维素骨架，进而破坏细胞壁。对于大豆酶法制油来讲，破壁酶主要是破坏细胞壁，蛋白酶主要是水解蛋白与油脂的脂蛋白复合体，释放结合态油脂，从而进一步提高得油率，同时提高了蛋白质的品质。对于大豆乳液，用纤维素酶、果胶酶、蛋白酶等多种酶复合时会比单一的一种酶作用更加彻底，破坏细胞壁和释放结合态脂的能力相对较强，因而，除了用提高酶量这种方法来提高得油率以外，还可以用多种酶复合来提高酶解破壁作用，进而可以在降低酶总用量的条件下达到较好的破壁效果。之所以单一酶的破壁效果不好，是因为植物细胞壁以纤维素、半纤维素结合为骨架，并与果胶、少量蛋白质等不溶性大分子结合而成，单一的酶并不能完全使游离态与结合态的油脂充分释放出来。

细胞壁破坏导致蛋白质暴露，所以生物解离提取油脂过程有利于蛋白酶对蛋白质的攻击，使得蛋白质水解和油脂释放更充分。挤压膨化破坏细胞壁的同时也破坏细胞中的蛋白质，蛋白质被拉长，由颗粒状态变为纤维状态。因为细胞破坏充分、蛋白质被拉长，酶作用位点充分暴露，所以在后期蛋白酶水解过程中大部分蛋白质被水解，从而有利于油脂释放和聚集。生物解离过程中，蛋白质水解与油脂释放同步进行，并且蛋白质的水解状态对油脂释放起到决定性影响。水解液中的大颗粒为脂蛋白或脂多糖等复合物，小颗粒为水解后生成的肽。研究表明，在最优水解条件下，Alcalase 碱性蛋白酶水解膨化大豆粉 3.6 h 后，油脂已经被充分释放出来。水解过程中蛋白质没有完全被水解为多肽时，脂肪与蛋白复合物内的油脂就可以充分释放，并且水解离心后残渣中已经没有明显的蛋白体存在，剩余物质大部分为不溶性碳水化合物[50]。

之前研究采用 Alcalase 2.4L、Cellulase A、Multifect Pectinase FE、Viscozyme L 这四种酶对挤压膨化辅助生物解离提取大豆油脂的工艺进行了对比，结果表明，应用 Alcalase 2.4L 进行醇解得到了最高的提油率，这说明选用 Alcalase 2.4L 在大豆生物解离过程中，可以显著提高大豆油脂的提取率。应用 Cellulase A 的提油率与应用 Viscozyme L 的提油率相似，低于 Alcalase 2.4L 的提油率，但高于 Multifect Pectinase FE 的提油率。分析这四种酶酶解后的提油率可以得出，挤压膨化作用对大豆细胞壁的破坏作用比较完全，因此对细胞壁有降解作用的 Cellulase A、Multifect Pectinase FE、Viscozyme L 三种酶并没有显著地增加油脂提取率，而是对细胞壁几乎无作用的碱性蛋白酶 Alcalase 2.4L 获得了最高的提油率。由此可知，Alcalase 2.4L 通过水解蛋白从而释放了大豆细胞内的油脂[43]。

相关研究也说明了大豆子叶细胞内油脂与蛋白相结合的这一特点，因此，通过挤压膨化作用不能完全破坏大豆子叶细胞内的油脂与蛋白这种结合体系，促进油脂游离。并且这种油脂与蛋白的结合体系也无法被纤维素酶、果胶酶、多糖酶破坏掉。Cellulase A、Viscozyme L 这两种酶的提油率稍高于 Multifect Pectinase FE，原因可能是大豆细胞并没有完全被挤压膨化作用所破坏掉，通过 Cellulase A 或 Viscozyme L 的作用后得到进一步破坏，并释放出了相对于经 Multifect Pectinase FE 处理后更多的油脂[51]。

3.3.3　油料生物解离技术基本方案

油料酶解工艺是生物酶法制油过程中最重要和关键的过程，其是指油料在机械预处理作用的基础上，采用对油料籽粒细胞及脂多糖、脂蛋白等复合体有降解作用的酶，如纤维素酶、半纤维素酶、蛋白酶、果胶酶等，进一步破坏细胞结构，分解脂蛋白、脂多糖等复合结构，从而增加油的流动性，使油从组织中游离出来的过程。油料的酶解工艺按照所用酶的类型，主要分为单一酶酶解工艺和复合酶酶解工艺；按照技术工艺的差异，则又分为高水分酶法制油工艺、溶剂-水酶法制油工艺和低水分酶法制油工艺[52]。它们与原料品种、成分、性质以及产品质量要求等密切相关，一般情况可根据需要进行技术方案选择。

1. 高水分酶法制油工艺

将脱皮、脱壳后的高油分油籽先磨成浆料，同时加水[料水质量比为 1∶（4～6）]。而后加酶，水作为分散相，酶在此水相中进行水解，使油脂从固体油料中析出，而固体油料中的亲水性物质进入水相中，与油脂通过重力、离心力或滗滤作用而分离。生物酶的作用还可以防止脂蛋白膜形成乳化，有利于油水分离，同时水相又能分离出磷脂等类脂物，提高了油脂的纯度，因此，该工艺也属于改进型水代法制油工艺的范畴。适用于大多数高油分油料，如葵花籽仁、花生仁、棉籽仁、可可豆、牛油树果以及玉米胚芽等，有较为广泛的应用，并取得良好效果。因此，该工艺用在大豆加工方面，则主要为了生产大豆蛋白，通过该工艺生产大豆蛋白的基本工艺流程如图 3-3 所示。

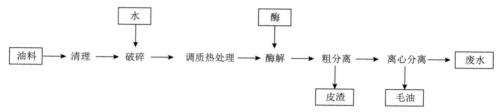

图 3-3　高水分酶法制油工艺生产大豆蛋白工艺流程

2. 溶剂-水酶法制油工艺

在上述水相酶法解离处理的基础上，加入有机溶剂作为油脂的分散相，萃取油脂，可以达到提高出油效率的目的。一般而言，溶剂可以在酶解处理之前或之后加入，有研究报道，在酶处理前添加溶剂，水酶法制油工艺的出油率更高。酶解的作用既使油能容易地从固相中，即蛋白质体系中分离，又容易和水相有效地分离。形成溶剂相的混合油与水相一般采用滗析或离心机进行分离。这种方法适用范围与上述水相酶处理工艺相同，一般不适于低含油油料，如大豆等。溶剂-水酶法制油工艺的基本流程如图 3-4 所示。

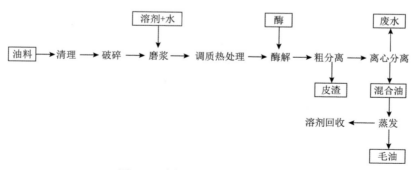

图 3-4　溶剂-水酶法制油工艺流程

3. 低水分酶法制油工艺

低水分酶法制油工艺是酶解作用在较低水分条件下进行的一种酶法制油技术方案，是对传统制油工艺的优化与完善。由于酶解作用所需要的水分较低

（20%～70%），工艺中不需油、水分离工序。与上述两种工艺相比，该工艺无废水产生。但是水分低也会引起酶作用效率的下降，并且当油料粉碎颗粒大时，不宜使用酶解处理。因此，该工艺仅适用于高油分软质油料（如葵花籽仁、脱皮卡诺拉籽等）。其基本工艺流程如图 3-5 所示。

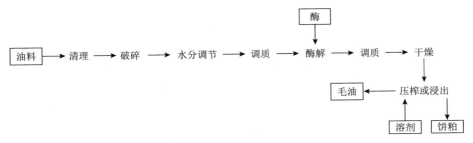

图 3-5　低水分酶法制油工艺流程

4. 水酶法提取大豆油基本工艺流程

大豆作为我国的大宗油料之一，其是优质食用油脂和植物蛋白的主要来源，2021 年我国大豆油的消费量为 1600 万 t，约占全球大豆油总消费量的 28.2%。相比于传统的压榨和浸出工艺，水酶法工艺生产大豆油，对于提升油脂品质，保证大豆蛋白的功能特性具有显著优势。因此，对于生产高品质大豆蛋白，水酶法是典型的制备工艺。水酶法提取大豆油基本工艺流程包括清选脱皮、粉碎研磨、调质提取、分离及后处理等过程。大豆脱皮后，将大豆研磨成一定粒径的料浆，调整固液比，添加一定种类、浓度的酶制剂，在适当的条件下进行酶解。酶解结束后，在离心机上分离提取浆料，得到液相的油、水解液、乳状液以及固相的湿渣[49]。液相经破乳、分离得到油脂，基本过程如图 3-6 所示。

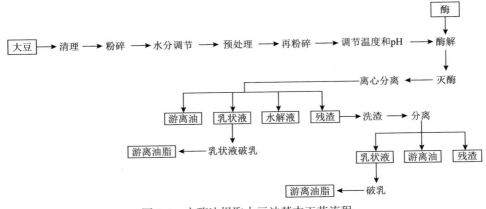

图 3-6　水酶法提取大豆油基本工艺流程

3.3.4　生物解离制油工艺的主要影响因素

在生物酶解油料工艺过程中，影响油脂提取率的主要因素有固液比、搅拌速率、酶的种类和添加量、酶解温度、酶解时间和体系反应 pH 等。这些操作参数影响油料籽粒细胞中蛋白质和油脂体之间的相互作用、稳定性，最终影响油脂的可提取性。其中物料固液比、搅拌速率、物料破碎程度等，影响着解离过程中传质的速率及酶的相对作用面积，进而影响酶解制油效率；而酶的种类、添加量、酶解时间、反应体系的温度及 pH 等影响着蛋白质的溶解性及油脂的可游离性，它们是酶解制油过程中的重要影响因素。

1. 油料料坯的破碎度

在大豆生物解离工艺中，对籽粒细胞组织的破坏程度与油脂的提取率密切相关，油籽的破碎度对酶处理提高出油率具有重要影响。在酶解前，油料的组织被充分破坏，易于油脂与细胞内水溶性成分的分离，也扩大了酶的相对作用面积和扩散速率。然而虽然物料破碎程度大，有利于油脂的萃取，但粉碎度过大，颗粒太小，则易导致油水乳化，增加破乳难度，降低出油率。一般情况下，油料破碎度越大，出油率越高。采用机械粉碎，最大程度破坏油籽细胞，作为水酶处理的前道工序十分关键。研究发现，未经破碎的油籽进行酶解的出油率极低（油菜籽约为 6.9%）；轧坯（0.8 mm）后酶解出油率最高达 39.8%；轧坯、磨碎后酶解的出油率可达 40.4%。因此，油籽必须进行粉碎或研磨成细的颗粒才能有效地进行酶解作用。一般认为，低水分工艺要求油料粒径为 0.75～1.0 mm；高水分酶解工艺要求颗粒粒径在 0.2 mm 以下，有些油籽，如可可豆、牛油树籽、花生仁、芝麻、椰子等则要求研磨成微粒，目数以 150～200 目为宜[52]。

2. 酶种类与浓度

油料生物解离工艺可使用的酶有纤维素酶、半纤维素酶、果胶酶、蛋白酶、α-淀粉酶、β-葡聚糖酶等。其中，纤维素酶可降解植物细胞壁纤维素骨架，崩溃细胞壁，使油脂容易游离出来；蛋白酶可水解蛋白质，并对细胞中脂蛋白以及磷脂与蛋白质复合形成的、包裹于油滴外的一层蛋白膜进行破坏，使油脂被释放出来；α-淀粉酶、果胶酶、β-葡聚糖酶等对淀粉、果胶质、脂多糖等进行水解与分离，不仅有利于提取油脂，还可保护油脂、蛋白质、胶质等可利用成分的品质，同时酶的作用可破坏脂蛋白膜，降低乳状液的稳定性，从而提高提油率。

生物酶法制油工艺中酶解作用的效果与底物油料细胞的组成密切相关。酶的专一性决定了采用单一纯酶在酶解工艺中有很大的局限性。由于油籽细胞组成的复杂多变选择合适的几种酶混合使用，将会使细胞降解更彻底、效果更好。酶浓度（用量）的确定，是直接影响工艺效果和经济成本的一项重要的技术参数，一般认为，酶浓度的增加，会提高出油率和分离效果，但考虑到成本，酶的添加量也存在一个适宜范围，即所谓"经济浓度"。需按油料品种、含油率、制油方式等因素，通过实验来确定酶的种类和用量，并且生物酶法制油工艺中酶的用量与酶种类、活性有关。一般来说，酶的添加量与提取率成正比，但当酶的用量增加到某一浓度后，继续增加则对提取率贡献不大，且消耗较大，选择合适酶种及较经济的用量，即"经济浓度"，是生物解离技术能否真正应用于工业化生产的关键。例如，生物解离提取大豆油工艺中，一般酶的用量为 1%～5%。

3. 酶处理温度、pH 与时间

酶处理温度、pH 与时间这些参数一般取决于酶的种类、特性和来源，参考必要的实验而定。酶解温度应该选择酶的最适反应温度，以使酶保持在最大活性范围，过低或过高均不利于油脂提取。酶处理温度一般在 40～55℃，也有采用变温操作程序的工艺情况，如常用的升温程序为：50℃，60 min；63℃，120 min；80℃，13 min 灭酶，其可以应用于大豆、油菜籽等油料的生物酶解制油工艺方面。

酶解 pH 的选择除考虑酶活性外，还需考虑油脂及植物蛋白等产品的解离状态，已有研究表明，实际 pH 往往与理论最佳 pH 间存在一定偏差。因此，实际操作过程中，应当根据油脂得率、蛋白副产品得率、生产周期及能耗等多重因素，综合考虑选择最佳的酶解温度、时间和 pH。目前，在油料生物解离制油工艺中，最常用的酶为碱性蛋白酶，其应用于提取大豆油时，pH 应控制在 8～10，温度一般在 40～60℃，酶解时间为 3～6 h。

酶法制油工艺中酶处理时间没有统一标准，其需要经过生产实践，综合考虑出油率、经济性等诸多因素而定，但是在多数情况下，酶解作用时间在 1～1.5 h，总范围在 0.3～3 h，也有的工艺中，酶解时间长达 6 h。一般情况下，酶解时间的延长可增大油料细胞的降解程度，使油的得率增高，但反应时间过长有可能使乳状液趋于稳定，而造成破乳困难。

4. 料液比和溶剂加入量

在生物解离工艺中，料液比是影响提取率的另一重要因素，酶解处理时的加水量与工艺类型有关，一般高水分酶处理工艺的加水量较多，其对提高出油率影响较大。理论认为酶法制油工艺中，加水量越大提取率越高。料液比降低会使底物浓度减小，对酶解有利；反之，料液比过大，难以使物料浸没，油脂提取不完全，油料损失较大，不利于离心分离。

料水比的确定以达到最大出油率为基准，低的如可可豆水酶法制油，其仅为

1∶1，花生仁水酶法制油，其为 1∶2；高的，如椰子、蓖麻籽等酶法制油，可达到 1∶4，油梨籽水酶法制油料水比为 1∶5，花生仁提取蛋白时，料水比甚至达到 1∶6。而在实际应用中，因为受设备和能耗等条件的限制，生物解离提取大豆油的料液比（质量比）以 1∶（3～10）为宜。

在溶剂水相制油工艺中，溶剂的作用仅仅是协助水提取油脂，其加入量一般较少，一般为加水量的一半左右。在低水分酶法预处理制油工艺中，控制水分在 15%～50%，但应注意操作过程。首先将料坯调质、干燥使水分降至 10%以下，然后加入用缓冲介质稀释的酶液，要达到确保酶解作用活性的最高水分含量，如油橄榄为 35%，大豆仅 15%～20%。同时，要注意在酶解后，料坯制油前，仍应将料坯调节到入榨水分（3%～6%）或浸入水分（约 10%），此时，料坯必须进行烘干，或膨化成型后冷却、干燥，该过程同时也能起到后阶段灭酶的作用。部分常见油料水酶法预处理制油工艺条件见表 3-3。

表 3-3　部分常见油料水酶法预处理制油工艺条件

油料	酶种类	酶活力/（U/g）	酶浓度	温度/℃	时间/h	料液比
椰子	聚糖酶+α-淀粉酶+蛋白酶	—	10 g/L（质量浓度）	40	0.33	1∶4
油梨	α-淀粉酶	—	10 g/L（质量浓度）	65	1	1∶5
葵花籽	纤维素酶	—	1%（质量分数）	45	8（6）	30%～40%
卡诺拉籽	果胶酶	—	0.12%（质量分数）	50	6	30%
油菜籽	纤维素酶、蛋白酶	—	约5%（质量分数）	50	12	1∶1.5
花生仁	果胶酶+纤维素酶	—	0.3%（质量分数）	49	4	1∶2（1∶6）
蓖麻仁籽	纤维素酶+半纤维素酶+果胶酶+蛋白酶	222.73	约1%（质量分数）	45～50	约3.5	14%
玉米胚芽	纤维素酶+α-淀粉酶	—	8 g/L（质量浓度）	约55	约6	1∶5

5. 其他影响因素

1）后续制油方式

后续制油方式对水酶法制油效果产生影响，研究发现采用水酶法处理牛油树籽制取油脂时，高水分酶法工艺一般采用离心分离法，其要比传统振荡浮选法（滗析法）的出油率高 3.5%。

2）离心机的类型及其参数

离心机的转速、分离因素等对工艺存在影响，研究发现在提取椰子油时，转速在 10000 r/min（分离时间 10 min）以上时，出油率最高；处理蓖麻籽料时离心机转速 4000 r/min 以上，分离时间 15 min，出油率可提高至 92.1%；处理玉米胚芽油时分离机转速 3500 r/min 以上即可。

3）酶液中添加助剂

在一定的条件下添加助剂对提高酶的相对活性、改善出油状况具有一定的效果。例如，一价或二价的阳离子（如 2%～4%的 NaCl、0.5%～1.5%的 CaCl₂）可以活化果胶酶，而在一定浓度下对纤维素酶和蛋白酶无影响，其对于处理较黏稠、呈乳胶状的油橄榄料浆，提高其出油率，表现出良好的效果。经过实践应用的助剂，目前主要有无机非金属盐类、甲基纤维素、不溶性聚乙烯氯戊环酮等。

综上所述，在生物解离工艺中，影响最终得率的因素复杂，因此，应以提油率为指标，综合多种因素对酶解参数进行选择，从而确定最优工艺。

3.3.5　生物解离制油工艺对油脂品质的影响

由于水酶法制油工艺有效避免了传统制油工艺预处理阶段的高温处理过程、压榨法的高温压榨条件以及浸出法中浸出溶剂的使用，其和传统工艺相比，得到的油和蛋白质没有溶剂残留，且由于工艺条件温和，水酶法同步提取油脂和蛋白质品质更好。有研究发现，溶剂水酶法提取的油脂的不饱和脂肪酸含量、酸值、碘值、过氧化值、不可皂化物的含量以及色泽等基本指标，优于溶剂浸出法和压榨法。另有研究也表明，无论采用直接水酶法还是压榨后水酶法提取油脂，提取率均高于传统压榨法的提取率，并且水酶法得到的油脂的品质优于直接的压榨法。经比较水酶法和溶剂浸出法提取的大豆油，发现两种方法提取的毛油在碘值、酸值、不可皂化物、杂质含量等方面都没有显著的差别[49]。

对挤压膨化后水酶法提取工艺（最优参数条件下制取油脂）、水酶法提取工艺（最优参数条件下制取油脂），以及传统溶剂萃取工艺得到的大豆油脂品质进行比较和分析，结果见表 3-4。

表 3-4　不同工艺大豆油品质比较

	项目	挤压膨化后水酶法	超声波辅助乙醇破乳	非膨化处理水酶法	溶剂浸提
色泽	罗维朋 25.4 mm	—	—	—	Y60、R4.0
	罗维朋 133.4 mm	Y30、R2.0	Y30、R2.0	Y30、R3.5	—
	气味、滋味	气味、口感良好	气味、口感良好	气味、口感良好	具有大豆固有的气味和滋味

续表

项目	挤压膨化后水酶法	超声波辅助乙醇破乳	非膨化处理水酶法	溶剂浸提
透明度	澄清、透明	澄清、透明	澄清、透明	—
水分及挥发物含量/%	0.01	0.01	0.01	0.02
不溶性杂质含量/%	0.01	0.01	0.01	0.01
酸值/（mgKOH/g）	0.12	0.13	0.13	0.20
过氧化值/（mmol/kg）	0.6	0.7	0.8	1.2
280℃加热试验	无析出物	无析出物	无析出物	微量析出物
烟点/℃	180	180	180	
0℃储藏、5.5 h冷冻后状态	澄清、透明	澄清、透明	澄清、透明	浑浊
溶剂残留量/（mg/kg）	—	—	—	80

注："—"表示无相关数据；R表示红色值；Y表示黄色值。

在传统工艺过程中，由于过度加热，蛋白质中一些必需氨基酸的营养效力降低，从而导致蛋白质的生物价降低。水酶法工艺避免了对蛋白质的严重破坏，可从豆粕中回收蛋白质，生产食用级蛋白质产品。水酶法在提取油和回收原料中蛋白质的同时，也有效地除去了一些油料中的有毒或抗营养因子，如葵花籽中的咖啡酸和绿原酸、油菜籽中的含硫化合物、花生中的黄曲霉毒素、棉籽中的一些非棉酚类色素。

3.4　生物酶法制油破乳工艺

植物油料细胞经过生物酶法解离后，释放出油脂体及游离油脂，而油料中的蛋白质作为界面活性物质极易吸附在油水界面上，不可避免地形成稳定的乳状液。在乳状液形成过程中，蛋白质倾向于以大分子结构慢速分散到界面，而在到达界面后，其分子结构舒展打开，内部疏水氨基酸暴露，与乳状液中的磷脂通过疏水作用和氢键结合形成稳定的界面膜，该膜具有一定的厚度、强度、黏弹性，同时能提供静电排斥力，防止油脂重新聚集，维持乳状液稳定性。这种乳状液通常难以分离，极大限制了油脂得率和生物酶法制油技术的推广应用。因此，破乳是生物酶法制油技术实现工业化亟待解决的关键问题，也是生物解离提油工艺中的重点和难点。破乳的核心是将影响乳状液稳定性的因素破坏，常用的破乳技术有物理破乳、化学破乳和生物酶制剂破乳。物理破乳是通过物理手段加速乳状液液滴的聚集与凝聚而使乳状液失稳；化学破乳则是通过化学试剂使乳状液界面膜的性质发生改变，从而使乳状液失稳；生物酶制剂破乳是通过酶的作用改变界面蛋白的分子结构，从而使乳状液界面膜改变，乳状液失去稳定性。

3.4.1　物理破乳技术

物理破乳技术主要是通过施加外力（重力、离心力等）或能量（热量、电磁能量）等破坏乳状液的界面膜，使其发生聚集破乳。物理破乳技术有加热破乳、冷冻解冻、重力和离心分离、微波破乳、超声波破乳等。

1. 加热破乳

乳状液经加热处理后，分子热运动增加，使油滴相互碰撞的机会和聚集程度增加，同时高温会破坏界面蛋白的功能性质，降低界面膜的强度和乳液体系的黏稠度，一定程度上降低了乳状液的稳定性，从而实现破乳。而在一定程度加热时，乳状液的蛋白质可以产生稳定的纳米颗粒和聚集体，进而提升连续相的黏度，并在油滴上形成第二层蛋白质层，进一步强化乳状液稳定性。此时乳状液从单峰粒径分布变为双峰粒径分布，具有更大的粒径。高温可能会通过改变蛋白质的粒径、二级结构和表面疏水性而影响乳化性能。当温度高于蛋白质变性点时，蛋白质展开，静电斥力降低，并暴露出巯基和二硫键，二者形成共价分子间二硫键，疏水键与二硫键相互作用，致使变形蛋白质聚集。

加热破乳效果与乳状液本身以及热加工方式息息相关。研究发现，乳状液的稳定性随着温度升高，从 52.2% 降至 48.2%，乳清浓缩蛋白的乳化能力降低。利用煮沸的方法对菜籽油乳状液进行破乳，最终破乳率达到 90% 以上。大豆乳状液通过水浴或油浴加热方式破乳的最佳条件为乳状液体积分数 85%、pH 4.5、加热时间 15 min、加热温度 120℃，此时破乳率高达 90.76%。而水酶法提取花生蛋白和油脂过程中产生的乳状液在 90℃ 条件下加热 10 min 后，以 3000 r/min 离心 20 min，破乳率仅为 32.7%。

通过常压加热、低温真空蒸馏和高温蒸馏对菜籽油乳状液进行破乳，从破乳效果来看，高温蒸馏的油水分离程度最高，其次是低温真空蒸馏，常压加热破乳效果较差。从外观上看，60℃ 下真空蒸馏效果最好，游离油的色泽浅，清澈透明；常压蒸馏获得的游离油色泽尚可，但比真空蒸馏的颜色深；高温 105℃ 下蒸馏游离油色泽深，这主要是因为在高温作用下，少量可溶性蛋白质变性，产生有色物质，这也可能是高温作用下油脂发生氧化所致。从能耗上看，三种加热方式均耗能，其中高温蒸馏与低温真空蒸馏通过加热除去大量水分，温度越高，能耗越大。从游离油的质量上看，高温蒸馏与低温真空蒸馏除去的是大部分水分，少量蛋白质及其他可溶性杂质仍残留在菜籽油中，需进一步清除。

2. 冷冻解冻

人们很早就开始将冷冻解冻技术用于食品储存，至今已有上千年的历史。目前，该技术又普遍应用于石油化工、食品、建筑、国防、畜牧业、废水处理、医疗卫生等行业。

冷冻解冻破乳是一种有效的物理破乳方法，是利用温度的调节实现对乳状液的结构和性状的改变，从而达到破乳的目的。冷冻解冻破乳方法分为两步，在冷冻过程中，乳状液出现油相结晶，当脂肪晶体出现在相邻油滴之间时，界面膜会被刺穿导致油滴聚集，破坏油体结构的完整性；解冻是将乳化体系水浴加热，使温度升高，黏度降低，增加了油水之间的相互碰撞，有利于油水分离，达到破乳的目的。

冷冻解冻破坏水包油乳状液的机制主要包括冰晶挤压、界面膜破坏、连续相网络、乳化剂重新排列等几种方式。值得一提的是，在冷冻过程中往往是几种破乳机制同时作用，起到协同破乳的效果。

（1）冰晶挤压：这也是目前大部分学者认同的主流破乳机制。冷冻过程中生成的冰晶对油滴存在挤压作用，油滴会在少量未冻结水区域被浓缩，促使其发生絮凝和聚集。

（2）界面膜破坏：冰晶形成过程中，尖锐的树杈结构会刺破界面膜进入油滴，造成部分聚集，在解冻过程中界面张力作用促使冰晶发生聚集并实现破乳。

（3）连续相网络：对于冷冻过程中只有油滴凝固时，会形成庞大的三维空间网络结构，该结构在熔化过程中坍塌，油滴发生聚集，在乳液中形成相互连通的"油"通道，在界面张力及重力作用下发生彻底分相。

（4）乳化剂重新排列：油水界面膜上的水分子由于被冻结分离而失去了对活性剂分子的定向作用，相邻液滴界面膜中的乳化剂分子交织在一起，在解冻过程中，乳化剂分子重新进行排列，存在缺陷的界面膜促使液滴产生聚集。

（5）其他：除上述几种破乳机制外，还有学者提出乳化剂失活和界面静电斥力降低等理论。

在冷冻解冻破乳技术中，界面膜、油相、水相以及操作条件等均会对乳液冷冻解冻稳定性以及破乳效果产生影响。

1）界面膜

界面膜是影响乳状液稳定性的主要因素。界面张力是两相在界面上相互排斥和各自尽量缩小彼此接触面积而形成的相互作用力，是乳状液界面膜稳定存在的主要作用力。在冷冻过程中，无论是发生单相冷冻还是双相冷冻，生成的冰晶都会对界面膜产生一个挤压作用，使界面膜变形。因此，界面膜的扩张性和可压缩性直接关系到乳液的冻融稳定性以及破乳效果。而界面膜的强度主要受乳化剂影响，许多大分子组成的界面膜具有较高的黏弹性，在冷冻解冻过程中可以很好地稳定乳液。研究发现，当界面处的乳化剂最先被冻结时，乳液冷冻解冻稳定性较好，破乳效果差；一些大分子量的蛋白质分子稳定的乳液界面膜耐挤压能力强，经过多次循环冷冻解冻稳定性依然较好，而蛋白质结构则还会影响过冷度以及结晶量；小分子乳化剂稳定的乳液界面膜较脆弱，经过一次冷冻解冻循环就出现破乳。

2）油相

油相的黏度随温度的降低而增大，且不同油相之间的黏度差别很大。黏度越高，在冷冻过程中液滴之间发生碰撞的概率越小。黏度也会影响冰晶生长过程的形态。水酶法提油后的乳液中富含油脂，会容易冻结成较大的结晶，相邻油滴的界面膜在冷冻过程中容易发生接触，出现部分聚集，冷冻解冻稳定性差，易发生破乳。

3）水相

含水量不会显著影响乳液的凝固点，但高浓乳液对温度非常敏感，只要操作温度低于水相凝固点，经过单次循环冷冻解冻就可以完全破乳，而当水相中加入盐离子后，乳液经过单次冷冻解冻不会破乳。这是由于盐离子的结合水作用会减慢结晶速率，增大水相的过冷度，一小部分未冻结的盐离子浓缩液也起到了保护界面膜的作用。另外，盐离子还会使乳液中的颗粒发生絮凝或在界面上排布更加紧密，界面膜强度增加，乳液更加稳定。

4）操作条件

根据不同的破乳机制，冷冻温度需要至少低于连续相或分散相中某一相的凝固点。冷冻温度并不是越低越好，冷冻温度的选择直接决定了冷冻速率，影响着冰晶生长趋势及冷冻微观过程，对最终破乳结果有重要影响。而适宜的冷冻速率则由待处理体系决定，研究发现慢速冷冻可以得到较高的脱水率，而也有学者发现液氮的破乳效果更加理想。在解冻条件方面，研究发现，微波解冻脱水率最高且水质最优；而对于高含水量的乳液，随着解冻速率加快，破乳率降低；同样解冻温度下，空气缓速解冻脱水效果好于水浴，这归因于加热介质导热系数的不同。另外，冷冻时间也决定了冰晶能否充分生长，而且不同体系的导热速率也存在差异，因此冷冻时间也对最终破乳结果有影响，乳液存在一个最佳冷冻时间，超过此时间后破乳率不会继续增加，反而造成能源浪费。

有学者对比了低温水浴法、冰箱冷冻法、液氮冷冻法、干冰法四种冷冻方法的破乳效果，破乳效果最佳的是低温水浴法和干冰法，对于所有含水量达到60%的体系，其破乳效果都超过 70%，同时验证出水结冰引起的体积膨胀和油水界面张力是导致破乳的主要因素。对水酶法提取大豆油过程中形成的乳状液进行了冷冻解冻破乳研究，破乳率很高；对水酶法提取花生蛋白和油脂过程中产生的乳状液进行了冷冻解冻破乳研究，乳状液在−20℃冷冻 15 h，然后在 35℃解冻 2 h，3000 r/min 离心 20 min，破乳率达到 91.6%；对水酶法从菜籽中提取油脂和蛋白质过程中产生的乳状液的破乳问题进行了研究，将乳状液在 4℃下放置 1 d 后，在不同转速下离心 20 min，吸取上层清油，弃去水相，离心后得到的残余乳状液在−18℃下冷冻 20 h 后，40℃水浴中解冻 2 h，离心（10000 r/min，20min）后吸取清油，总破乳率约为 75%；利用冷冻解冻-离心结合的方法对菜籽油乳状液进行破乳，最终破乳率达 75%。尽管冷冻解冻方法可以破乳，但耗能较大，需要专门的设备，这无疑会显著增加生产成本。因此，若要提高水酶法工艺的经济效益，必须进行低成本破乳后回收油脂。

3. 重力和离心分离

重力和离心分离是两种相对简单的物理破乳方法，均是利用重力和离心力作用下的油水密度差异实现破乳。在重力和离心力作用下，由于密度不同，油相上升，水相下降，液滴发生聚合，从而实现了两相的分离。重力和离心分离这两种方法经常联用，工艺流程简单，应用最早也最广泛，适用于乳状液结构和化学组成比较简单的体系。对于重力和离心分离破乳方法而言，只是通过重力和离心力来加速不同相合并和分层，并不能完整分离。

4. 微波破乳

微波破乳是一种很有应用前景的破乳方法，比传统加热法更有效，且不会产生额外的污染。微波波长为 1 mm～1 m，它是介于红外线和无线电波之间的频率介于 300 MHz～300 GHz 之间的电磁波。微波破乳具有效率高、加热均匀、环保节能的优点，借助分子的自由运动还会产生热效应，可以替代传统加热手段。同传统加热破乳法的机理不同，微波破乳法是微波热效应和非热效应的共同作用，主要形式如下。

（1）热效应：微波加热相较于传统加热方式无滞后效应，加热更快、更均匀。由于水分子比油相吸收更多的能量而发生膨胀，水滴膨胀使得油水界面膜受压变薄，促进排液和界面膜的破裂，同时油的溶解度因受热而增大，使得界面膜强度减弱而更容易破裂。

（2）非热效应：将乳化体系置于高频电磁场中，极性水分子和带电液滴随电场变化而迅速转动或产生电荷位移，打乱了液-液界面间电荷的有序排列，破坏了双电层结构，导致 ζ 电位急剧减小。当 ζ 电位对水分子的作用减弱后，失去电位保护的液滴自由上下运动，相互碰撞和结合，从而破坏油体结构，导致破乳。此外，微波形成的高频磁场将非极性的油分子磁化，并形成与油分子轴线呈一定角度的涡旋电场，该电场能减小分子间的引力，降低油相黏度，利于油水分离。

　　温度是破乳的关键影响因素，高破乳率的最佳温度范围为 55～90℃。除此之外，微波强度也是重要的参数之一，显著影响乳液的电位。微波强度与破乳效果在一定范围内呈线性关系，强度过大时，油脂与蛋白质会重新结合，破乳率反而降低。研究发现，通过微波破乳工艺处理水酶法制得的大豆乳状液，最佳作用条件为微波作用时间 49 s、微波强度 700 W、pH 4.66、乳状液体积分数 82%，破乳率可达到 75.88%；在功率 850 W、频率 915 MHz 微波辐射 2 min，3000 r/min 离心 20 min 的条件下，水酶法提取花生油和蛋白过程中产生的乳状液的破乳率为 44.5%左右。微波破乳法与加热法相比，油脂得率更高，其比冷冻解冻法速度更快，并且不使用溶剂，破乳率高。微波破乳法在较短的时间内获得了与冻融法相似的游离油得率，且所得油的脂肪酸组成与加热法、冷冻解冻法没有明显差异，但氧化稳定性要好于加热法。

5. 超声波破乳

　　超声波在介质中传播，会产生力学、热学、光学和电学等一系列效应，可简单分为热效应和非热效应，其中非热效应包括空化作用和位移效应。超声波破乳主要是利用超声波的热效应及非热效应中的位移效应，诱导液滴发生位移，增加碰撞频率来实现油水分离，适用于各种类型的乳状液。主要作用模式归纳如下。

　　（1）热效应有助于减小油水界面膜的强度，使乳状液更易破裂，同时还能降低油的黏度，减小了乳状液中水沉降的阻力，从而有利于油水分离。

　　（2）超声波的机械振动作用可使水滴产生位移效应，能量辐射到油水乳状液中，液滴不断地向波节或波腹移动，聚集并发生碰撞形成较大的液滴，在重力作用下沉降分离。

　　20 世纪末就有关于超声波破乳的报道，在加入破乳剂的情况下，脱水率达 99%～100%，不加破乳剂，室温脱水率大于 75%，超声波对一些用化学破乳不起作用及比较稳定的乳状液破乳能收到令人满意的效果。有学者利用超声波和超滤膜来处理用非离子乳化剂稳定的 W/O 型乳状液，结果表明膜过程不能使油水完全分离，而超声波可以使油水完全分离，加入破乳剂、提高温度、降低 pH 都可以加快油水分离过程。采用超声辅助微波辐射对水酶法制取菜籽油过程中产生的乳状液进行破乳，发现最优破乳工艺条件为乳状液体积分数 60%、pH 5.0、超声强度 400 W、超声温度 40℃、超声作用时间 30 s，微波强度 600 W，微波作用时间 70 s，破乳率可达 96.30%。

　　油水乳状液超声波破乳效果的影响因素有很多，如超声波频率、场强、时间、温度等，其中最主要的研究对象是频率和场强。场强必须控制在空化阈以下，否则会发挥致乳作用，即油水两相形成更加稳定的乳状液。因此，超声波兼具破乳和制乳的作用，需要对场强与超声时间等因素进行控制，否则会造成已经分离的乳液二次乳化。

　　6. 电破乳

　　电破乳法是 20 世纪 90 年代发展起来的破乳方法，主要是利用电流产生高频振荡电场具有的位移效应、热效应及电中和作用来改变乳状液的性质，使油水乳状液分散液滴不断发生碰撞、聚集以及结合，最终在重力作用下实现油水分离。

　　对不同物性参数下油水乳状液电破乳效率的联合作用规律进行研究发现，含水率过大易造成乳状液的电导率发生剧增，统筹考虑油水分离的电能耗，一般将含水率控制在 25%为宜；避免分散液滴产生电分散、破乳剂达到浊点以及热负荷增加，温度控制在 70℃为佳；无机盐能降低油水乳状液的稳定性，但过高的含盐浓度，使得乳状液的电导率增加，能耗也有所上升；控制乳状液中固体微粒的粒径不小于几十微米，避免掺混与油湿润角小、具有亲油特性的固体微粒，因为该类型固体颗粒会促进电破乳的进程。

　　电破乳技术相对成熟，工业中已有不少应用，但若乳状液的含水率过高，两电极间容易产生导通电流，无法建立稳定的电场。因此，电破乳常作为脱水的最后一个环节。虽然电破乳技术成本相对较低且没有额外的污染，常被用作复杂情况的解决方案，但分离效率低是其唯一明显的缺点。

　　7. 其他破乳方式

　　除以上介绍的物理破乳技术外，还存在其他物理破乳方式。现阶段，技术较为成熟且较传统法更高效的破乳法还有研磨破乳、膜破乳、高压 CO_2 破乳以及多种物理破乳技术联合等方式。每种方法各有优缺点，相对而言，物理破乳方法绿色环保，安全性较高，较为适用于水酶法提油后的破乳工序，但仍需根据实际应用场景选择合适的破乳方式。

3.4.2　化学破乳技术

　　化学破乳是通过向乳液中加入所需量的破乳剂并剧烈混合来实现的。混合后，需要足够的时间才能使 Ostwald 熟化、絮凝、聚结和相分离（奶油/沉淀）发生。Ostwald 熟化常常发生在分散相可以很容易地在连续相中扩散以达到聚结时。当油滴或水滴以连续相聚集在一起同时保持其特性时，就会形成絮凝。聚结是一个不可逆的过程，水或油滴结合在一起并形成更大的液滴，根据分散相的密度进而发生乳化或沉降。

1. 表面活性剂破乳

表面活性剂破乳主要是通过加入表面活性化学品（即破乳剂）改变乳状体系界面膜的性质，从而达到破乳目的。常见的化学破乳剂包括磺基琥珀酸二辛酯钠、十二烷基硫酸钠和聚环氧乙烷等。破乳剂的表面活性应高于天然乳化剂的表面活性，以破坏乳液的稳定性。破乳剂的表面活性特征可以通过表面张力、电导、荧光、质子核磁共振（^1H NMR）和小角中子散射（SANS）方法进行评估。

2. 有机溶剂法破乳

有机溶剂萃取破乳原理是以分配定律为基础，分配系数（萃取相浓度/萃余相浓度 = 分配系数）越大，分离效果越好。萃取效果主要受溶剂用量、介质 pH、萃取时间三个因素影响。常用的溶剂有乙醇、乙醚等。研究发现，使用乙醇对油茶籽油进行破乳，在乙醇浓度为 35%、乙醇添加量为 1∶1（体积比）时，破乳率分别为 58.73% 和 58.52%；使用 20% 的乙醇破乳，最高破乳率为 91.38%；采用不同体积分数的正己烷和氯仿/甲醇（2∶1，体积比）对小麦胚芽油乳状液进行破乳，发现用量越大，破乳效果越明显；以黄芥末粉为原料，先用水将蛋白质进行回收，再经过二甲基甲酰胺或异丙醇提取黄芥末油，二甲基甲酰胺与水有广泛的混溶性，最高能提取(38 ± 3)%的油，在异丙醇与油质量比为 31∶1 时，可有效提取乳状液中 94% 以上的油。

文献报道了一系列阳离子聚丙烯酸酯作为反向破乳剂，其通过使用 3-氯-1-丙醇修饰丙烯酸酯和 N-[3-(二甲基氨基)丙基]甲基丙烯酰胺（DMAPMA）的共聚物制备。通过一系列实验证明以丙烯酸甲酯（MA）为单体（MA 与 DMAPMA 的质量比为 2∶1）制备的 PMD1 具有良好的水溶性、较高的界面活性和最佳的破乳效率。PMD1 的破乳能力显著，这得益于阳离子基团吸附桥接和丙烯酸酯基团破坏油水界面膜的协同效应。

3. 离子液体法破乳

近年来，离子液体由于不易燃性、热稳定性、可回收性和低蒸气压等特点，作为一种有效的破乳剂，受到越来越多的关注。其破乳性能受离子液体的类型、分子量和浓度的影响。此外，其他因素包括水相的盐度、温度和油的类型，都可能影响破乳过程。离子液体可以作为商业破乳剂的合适替代品，但未来需要努力开发低黏度的无毒且价格较低的离子液体，并且可以通过将离子液体与有机溶剂等其他方法的联用来提高破乳效率。

离子液体的破乳机理包括扩散和吸附两个主要步骤。扩散过程是离子液体分子在到达油水界面之前在连续相中的分布，而吸附过程是指扩散的离子液体分子穿过连续相到达油水界面。然后离子液体分子在界面处取代天然乳化剂并改变界面膜的黏弹性，这导致水包油乳液的液滴周围的膜破裂并增强分散液滴的聚结。

一些离子液体具有两亲结构，使它们对水相和油相都具有亲和力。两亲性特征可能源于离子液体结构的阳离子或阴离子部分。根据两亲结构的位置，离子液体可分为阳离子或阴离子离子液体。离子液体的熔点、热稳定性和黏度等特性可以通过使用不同的阳离子和阴离子组合来改变，以达到不同的目的。离子液体的水溶性（即疏水性和亲水性）、黏度和熔点分别取决于阴离子的类型、大小和结构。阴离子越亲水，离子液体的热稳定性越低。由于参与氢键和扩散负电荷的倾向低，具有小阴离子尺寸的离子液体往往具有低黏度。阴阳离子的对称性越差，离子液体的熔点就越低。增加阳离子烷基链长度（如 3～5 个碳原子）可能导致离子液体的熔点降低。然而，增加离子液体的烷基链长度可以增加离子液体的热稳定性、疏水性和表面活性面积。

离子液体法破乳的效率通常主要受以下因素影响：离子液体浓度、离子液体的阴离子类型、分子量、盐浓度和温度。

1）离子液体浓度

离子液体的浓度会影响破乳效率。通常，增加离子液体浓度直至达到胶束化会提高破乳效率。当 O/W 界面处的水与离子液体的亲水部分饱和时，就会发生胶束化。能够引发胶束化的离子液体的浓度称为临界胶束浓度（CMC）。离子液体的 CMC 是通过测量不同浓度离子液体溶液的界面张力（IFT）来确定的：当 IFT 最小时，该浓度被确定为 CMC。然而，使用浓度高于 CMC 的离子液体不会导致 IFT 发生任何显著变化，而高于 CMC 的破乳剂浓度可能会对破乳过程产生不利影响，因为离子液体分子会聚集并成为乳化剂。也有研究探讨离子液体浓度和水盐度对 O/W 乳液 IFT 降低的影响，结果也表明通过增加离子液体的浓度到 CMC（100 ppm①），IFT 显著降低（从 38.02 mN/m 到 0.81 mN/m），但增加离子液体浓度超过 CMC，IFT 没有显著变化。

2）离子液体的阴离子类型

研究还发现阴离子的疏水性和亲水性，以及阴离子的直径大小是影响破乳效率的重要因素。具有大尺寸阴离子直径的疏水性离子液体，如[C_8mim][PF_6]，可以减少溶液中离子液体分子聚集形成的机会，从而增强破乳过程和降低 IFT[53]。换句话说，水化较弱（即极化率高）的阴离子会在 O/W 界面大量吸附，破坏液滴周围的严格薄膜，提高破乳效率。例如，结构中含有溴阴离子的离子液体比含有氯阴离子的离子液体表现更好，这是因为溴离子的水合作用比氯离子弱。

---

① 1ppm $= 10^{-6}$。

3）分子量

离子液体的分子量会影响其分子在连续相中的移动性和扩散性。分子量大于 10000 的破乳剂称为高分子量破乳剂。这些破乳剂具有低扩散能力，需要相对较长的时间才能发挥作用。然而，据报道，高分子量破乳剂能够絮凝连续油相中的小水滴并使其不稳定。低分子量破乳剂（即小于 3000）在连续相中快速扩散，它们具有高界面活性，可以很容易地吸附到 O/W 界面上并削弱液滴周围的刚性薄膜。然而，成功破乳可能需要高剂量的低分子量破乳剂。

4）盐浓度

水相中盐的存在可以通过两种方式帮助提高离子液体的破乳性能。首先，溶液中的盐阴离子（如 Cl⁻）可以减少离子液体在 O/W 界面处的电荷排斥。这使离子液体能够完全饱和界面，从而降低 IFT，并增强破乳过程。其次，盐的阳离子（如 Na^+）比离子液体的阳离子具有更小的分子尺寸和更高的表面电荷密度。因此，盐的阳离子倾向于吸附水并诱导离子液体分子在 O/W 界面处积累，这种现象称为盐析，它增强了破乳过程，降低了 IFT。例如，有研究发现，盐浓度（10%，W/W）可通过改善离子液体分子在油/盐水界面的分布，显著降低 IFT。

盐浓度对咪唑类离子液体的影响比对吡啶类离子液体的影响更大。水中盐阴离子的存在减少了咪唑阳离子之间的排斥，并导致界面处离子液体更好的饱和度。然而，由于吡啶鎓阳离子比咪唑鎓阳离子更具疏水性，它们倾向于浸入油相中，水的阴离子对其影响较小。

5）温度

温度会影响乳液的物理性质，如黏度。连续相的黏度在高温（如 70℃）下会降低，这有利于离子液体在连续相中的溶解。温度应提高到相转变温度（PIT），在该温度发生乳液变化（如 W/O 变为 O/W）。高于 PIT 的温度使 O/W 界面被离子液体分子饱和，并有利于离子液体分子在连续相中的分布。Balsamo 等使用 TOMAC 和[C₈mim][PF₆]研究了温度（30℃、45℃和60℃）对破乳过程的影响，他们得出结论，通过将温度从 30℃提高到 45℃，样品的破乳效率提高，可能是因为含有两种离子液体。然而，将温度升高到 60℃，导致所有样品（有和没有离子液体）的破乳效率都很高，原因是在 60℃的温度下油相的黏度大大降低，这有利于水滴聚结以增加沉降[54]。

3.4.3　生物酶制剂破乳技术

生物酶法破乳技术是利用磷脂酶、蛋白酶等降解维持乳状液稳定结构的界面膜，破坏界面膜中的膜蛋白、磷脂层等，从而使乳状液失稳破乳。蛋白质和磷脂是影响生物解离提油工艺过程中产生的乳状液稳定性的关键因素，油料细胞中的油脂体在天然状态下，表面被油脂体蛋白膜和磷脂所覆盖，阻止了其相互聚集。

两亲的水溶性蛋白质倾向于在油/水界面形成稳定的蛋白质薄膜，使油滴均匀分散，体系稳定。磷脂具有很高的表面活性，可以显著影响乳状液的稳定性。碳水化合物通过增加黏度或分离液滴的水相凝胶化来减少聚结，有效性随浓度的增加而增加[53]。根据含量和功能的差别，现在普遍认为水/油界面处蛋白质分子的裂解是造成破乳作用的主要原因。酶解后的短肽由于缺乏二级和三级结构，稳定空间和界面膜的能力较差，从而实现破乳。目前主要采用生物酶制剂深度水解或在酶解后利用磷脂酶对表面磷脂进行酶解，从而达到破乳的目的。这种方法的成功之处在于生物解离工艺中形成的乳状液是由表面蛋白及磷脂的静电斥力来稳定的，因此有效地去除表面蛋白或磷脂均可起到破乳的作用。

　　在乳状液中添加磷脂酶酶解破乳是一种新型的生物酶法破乳技术，然而用磷脂酶降低或去除大豆磷脂对乳状液的稳定作用并非简单易行。研究表明[55]，乳状液中添加少量的 LysoMax（一种 A₂ 溶血磷脂酶），由于形成了具有更强乳化性的磷脂——溶血磷脂的原因，不但没有达到破乳的目的，反而增加了乳状液的乳化稳定性。磷脂酶 D 是大豆的一种内生磷脂酶，它可以将磷脂酰胆碱（PC）及磷脂酰乙醇胺（PE）两种大豆磷脂转变为植物磷脂酸（PA）。Yao 等[56]发现在生物解离提取油脂过程中，PE 和 PC 向 PA 的转变与游离油得率的降低有相关性，因此磷脂酶 D 对乳状液的稳定性具有重要作用。这种观点在 Jung 等[57]关于挤压大豆片的储存条件对大豆内源磷脂酶是否会影响到乳化液稳定性的研究中得到验证。研究发现挤压过程中磷脂酶 D 变性失活，无论是储存温度及储存时间都不会影响乳状液的稳定性。

　　乳状液经过磷脂酶处理并调节 pH 至 4.5 后有沉淀形成，从而达到彻底破乳的效果，上述现象的产生是由于蛋白质和磷脂间存在交互作用。若仅调节 pH 至 4.5 而不使用磷脂酶酶解，则乳状液中不会形成沉淀，同时可以发现破乳进行得并不彻底。这是由于蛋白质在等电点下静电斥力最小，蛋白质会更多地聚结于油水界面处，形成更致密的蛋白层。在没有外加蛋白吸附和解吸条件下，由于蛋白质层的厚度分布不均，会形成不平整的界面覆盖物。尽管这种覆盖物的形成允许油脂的聚结、释放，但当覆盖物达到一定厚度时，油脂的释放将被阻断，这便造成了破乳工艺的不完整性。而界面处磷脂的酶解有利于蛋白质的解吸及油滴的聚结释放，这是由于蛋白质与磷脂之间具有交互作用。蛋白质在油水界面处的吸附是不可逆的，所以这种解吸现象在没有磷脂-蛋白交互作用的情况下是不可能发生的。

　　在生物解离提取大豆油脂的酶解破乳工艺中，用于二次酶解的酶制剂一般有磷脂酶 A₁、磷脂酶 A₂、磷脂酶 B、磷脂酶 C、磷脂酶 D、糖化酶、果胶酶、纤维素酶及其相应组合。通过各种酶在最优酶解时间条件下的对比研究，可知利用磷脂酶 A₁ 进行二次酶解破乳，游离油脂得率高于其他酶制剂的酶解效果，所以二次酶解工艺的最优酶制剂是磷脂酶 A_1。

Li 等[58]使用五种蛋白酶（Protex 6L、Protex 7L、Protex 50FP、Alcalase 2.4L、Papain）、磷脂酶和淀粉酶进行破乳，Alcalase 2.4L 破乳可获得（85.9±3.3）%的花生油，而蛋白酶中 Protex 50FP 和 Papain 破乳率均在 90%以上。磷脂酶和淀粉酶破乳后花生油得率分别为（54.9±0.9）%和（68.5±3.9）%。这可能是由于蛋白质是稳定乳状液的重要乳化剂，膜蛋白的水解对油体的界面膜破坏较大。Lamsal 等[59]使用磷脂酶破乳大豆油体乳液，结果表明，G-zyme999（磷脂酶 A_1）破乳率为 68%，磷脂酶 C 破乳率为 73%。单一酶的作用有限，因此可以考虑对酶进行复配。Chabrand 等[60]对大豆乳状液分两步进行破乳，先使用碱性肽链内切酶，提油率提高到 95%，然后使用溶血磷脂酶 A_1 在 pH 4.5 进行处理，可将乳状液完全转化为游离油。但是当使用过量的酶时，游离油得率开始下降，这是因为当高浓度蛋白质存在于乳状液中时，它们可能充当乳化剂。Niu 等[61]对比了物理、化学和生物酶法对花生乳状液破乳的效果，木瓜蛋白酶破乳率最高为 92.39%。并推测了蛋白酶的破乳机理：木瓜蛋白酶添加到花生乳状液中后，油滴表面的蛋白质被酶解成氨基酸或小分子肽，溶于水相，不再具有乳化作用。油滴失去蛋白膜，逐渐聚集成较大的油滴。同时由于蛋白质的降解，体系的黏度降低，更加有利于油脂体的运动，加速了油脂体的融合。最后，乳状液体系在离心力的作用下将油相与水相分离开，这利用了油水之间的密度差。

酶解破乳法的效率通常主要受以下因素影响：酶浓度、pH、孵育时间和温度。此外，其他工艺参数如摇动、倾析和搅拌等也可能会影响破乳效率。

1）酶浓度

一般来说，使用较高的酶浓度会导致较高的游离油得率。Jung 等[57]报道，在 25℃时，使用 Protex 6L 在 2.5%（W/W）浓度下得到更高的游离大豆油得率达 96%，而使用 1.25%（W/W）酶浓度时仅产生 85%～89%的得率。同样，Wu 等[55]提到，从 0.2%（W/W）开始，游离大豆油产量随着酶浓度的增加而增加。在这项研究中，当 LysoMax™酶以低于 0.2%（W/W）的浓度使用时，该酶会修饰大豆磷脂并导致产生一种称为溶血卵磷脂的乳化剂。这种乳化剂增强了乳液的稳定性，因此导致游离油得率降低。此外，增加 LysoMax™酶浓度不会增加油滴大小。在 0.2%～2.0%（W/W）的浓度范围内，与 LysoMax™相比，使用 Protex 51FP 产生更高的游离油产量，这表明大豆蛋白在稳定奶油乳液中起主要作用。

2）pH

不同的酶具有不同的最适 pH，在此 pH 下的酶活性最大。因此，大多数研究都采用了酶的最适 pH，以获得最高的游离油得率。以大豆油为例，Wu 等[55]研究表明，pH 降至 4.5 但不低于 4.0 时，油滴尺寸增大，游离油得率增大。在 pH 为 4.5 时，即大豆蛋白的等电点，油滴之间的静电斥力降低，进一步增强了油滴的聚结，形成较大的油滴，从而提高了游离油得率。在 Chabrand 和 Glatz[60] 进行的一项研究中，当奶油乳液的 pH 降低到 4.5 时，游离大豆油的得率高达 83%，并且在此类似条件下添加酶（G-ZYME G999）可将游离大豆油得率提高到 100%。同样，据 Wu 等报道，在 pH 4.5 下分别使用 G-ZYME G999 和 Protex 50FP 可产生 100%的游离油得率。这些作者提出，与不使用酶时相比，酶促反应和降低 pH 的组合导致油滴聚结并形成更大的油滴。Chabrand 和 Glatz[60] 也报道了高 pH 对游离大豆油产量的影响。pH 为 9 时，游离油得率仅为 2%。在 pH 为 8（即乳状液的原始 pH）的条件下使用酶，没有获得游离率。同样地，Wu 等[55]也报道了当 pH 从 4.5 升高至 8 时，游离大豆油得率下降。因此，在合适的 pH 下添加酶对提高游离油得率的意义是显而易见的。

　　3）孵育时间和温度

　　与 pH 相似，不同的酶具有不同的最佳温度，在该温度下观察到最大活性。因此，大多数早期的研究采用了报道的酶的最佳温度，以获得最高的游离油产量。Jung 等[57]报道了使用 Protex 6L 时不同的脱乳化温度和时间对游离大豆油产量的影响。酶浓度为 2.5%时，将孵育时间从 2 min 延长到 90 min，在 65℃下将游离油得率从 86%提高到 100%。然而，在 25℃和 50℃的较低温度下，孵育时间不影响游离油产量。孵育 90 min 后，温度从 50℃升高到 65℃，将游离油得率从 90%提高到 100%。以椰奶脱乳化为例，Raghavendra 和 Raghavarao[62]报道称在使用酶之后进行冷冻和解冻，可以使游离油产量更高。在这种情况下，在 37℃的较高温度下，游离油得率高达 94.5%，而在 25℃下的得率为 91.0%，这是因为大多数酶的最适温度为 37℃。此外，冷却导致油体堆积，更容易分离。

　　正如 Jung 等[57]报道的那样，也可以不使用酶进行破乳。在这项研究中，温度从 50℃升高到 65℃，将游离油得率从 75%提高到 94%。作者认为，水酶法提取游离油产量的显著增加可能是由于奶油乳液中剩余的蛋白酶的作用。对于黄芥末粉，Tabtabaei 和 Diosady[63]对水酶法脱乳化工艺后回收的乳液进行碱处理，发现其比单独使用水酶法脱乳化具有更高的产油量。

　　总的来说，采用酶法对乳状液进行破乳，破乳率较高，且酶法破乳不会引入有害物质，油脂品质高，耗能低。与传统的物理、化学破乳方法相比，生物酶法破乳具有高效、特异性强、环境友好、用量少等优势，在食品行业中有更好的应用前景。

参 考 文 献

[1] Ory R L. Enzymes in food and beverage processing. Food Australia, 1977, 46(4): 179.
[2] Subrahmanyan V, Bhatia D S, Kalbag S S, et al. Integrated processing of peanut for the

separation of major constituents. Journal of the American Oil Chemists' Society, 1959, 36(2): 66-70.

[3] Rhee K C, Cater C M, Mattil K F. Simultaneous recovery of protein and oil from raw peanuts in an aqueous system. Journal of Food Science, 1972, 37(1): 90-93.

[4] Fullbrook P D. The use of enzymes in the processing of oilseeds. Journal of the American Oil Chemists' Society, 1983, 60(2): 476-478.

[5] Tano-Debrah K, Ohta Y. Aqueous extraction of coconut oil by an enzyme-assisted process. Journal of the Science of Food & Agriculture, 1997, 74(4): 497-502.

[6] Domínguez H, Núnz M J, Lema J M. Aqueous processing of sunflower kernels with enzymatic technology. Food Chemistry, 1995, 53(4): 427-434.

[7] Hanmoungjai P, Pyle L, Niranjan K. Extraction of rice bran oil using aqueous media. Journal of Chemical Technology & Biotechnology, 2000, 75(5): 348-352.

[8] Hernandez N, Rodriguez-Alegría M, Gonzalez F, et al. Enzymatic treatment of rice bran to improve processing. Journal of the American Oil Chemists Society, 2000, 77(2): 177-180.

[9] Lamsal B P, Johnson L A. Separating oil from aqueous extraction fractions of soybean. Journal of the American Oil Chemists Society, 2007, 84(8): 785-792.

[10] Rosenthal A, Pyle D L, Niranjan K. Aqueous and enzymatic processes for edible oil extraction. Enzyme and Microbial Technology, 1996, 19(6): 402-420.

[11] Chabrand R M, Kim H J, Cheng Z, et al. Destabilization of the emulsion formed during aqueous extraction of soybean oil. Journal of the American Oil Chemists Society, 2008, 85(4): 383-390.

[12] Wu J, Johnson L A, Jung S. Demulsification of oil-rich emulsion from enzyme-assisted aqueous extraction of extruded soybean flakes. Bioresource Technology, 2009, 99(2): 527-533.

[13] Campbell K A, Glatz C E. Mechanisms of aqueous extraction of soybean oil. Journal of Agricultural and Food Chemistry, 2009, 57(22): 10904-10912.

[14] de Moura J M L N, Johnson L A. Two-stage countercurrent enzyme-assisted aqueous extraction processing of oil and protein from soybeans. Journal of the American Oil Chemists Society, 2009, 86(3): 283-289.

[15] 王璋, 许时婴. 酶法从全酯大豆中同时制备大豆油和大豆水解蛋白工艺的研究. 无锡轻工业学院学报, 1994, 13(3): 179-191.

[16] 王瑛瑶, 王璋. 水酶法从花生中提取蛋白质与油——碱提工艺研究. 食品科技, 2002, 27(7): 6-8.

[17] 王素梅, 王璋. 水酶法提取玉米胚油工艺. 无锡轻工大学学报, 2002, 21(5): 482-487.

[18] 李杨, 江连洲, 许晶, 等. 挤压膨化预处理水酶法提取大豆蛋白的工艺研究. 食品科学, 2009, 30(22): 140-145.

[19] 章绍兵, 王璋. 水酶法从菜籽中提取油及水解蛋白的研究. 农业工程学报, 2007, 23(9): 213-219.

[20] 李强, 杨瑞金, 张文斌, 等. 乙醇对油茶籽油水相提取的影响. 中国油脂, 2012, 37(3): 6-9.

[21] Tzen J T C, Huang A H C. Surface structure and properties of plant seed oil bodies. Journal of Cell Biology, 1992, 117(2): 327-335.

[22] 王宏健, 李春升. 膨化技术在油脂制取工艺中的最新进展. 西部粮油科技, 1999, 24(5): 20-21.

[23] 郭达. 膨化预处理浸出技术的探讨. 中国粮油学报, 1997, 12(1): 48-50.

[24] 张志道, 梁瑞鹏, 高宪明, 等. 大豆膨化浸出工艺研究与设备的研制. 大豆通报, 1997, (1): 29-30.

[25] 刘大川. 挤压膨化技术在油脂工业上的应用. 黑龙江粮食, 2000, 11(4): 58-60.

[26] 张敏, 申德超. 挤压膨化处理对预榨菜籽油品质影响的试验研究. 第十二届国际油菜大会论文集, 2007.

[27] 刘大川. 挤压膨化——一种油料预处理新工艺. 中国油脂, 1990, (3): 2-7.

[28] 柴本旺, 黄志忠. 米糠膨化浸出制油工艺中试研究. 中国粮油学报, 2000, 15(3): 44-47.

[29] 郑竟成, 唐善华, 杨宗明, 等. YGPH175 型高含油油料膨化机的研制与应用. 中国油脂, 1998, 23(6): 3-4.

[30] 贾富国, 申德超, 李漫江. 大豆挤压膨化预处理工艺的试验及效益分析. 农机化研究, 2001, (2): 103-104.

[31] 徐红华, 申德超, 许岩. 挤压膨化技术对大豆油脂及豆粕质量的影响. 农机化研究, 2004, (6): 60-62.

[32] 申德超, 张兆国, 张敏, 等. 菜籽挤压膨化系统参数对出油率影响的试验研究. 农业工程学报, 2004, (6): 186-189.

[33] 孙培灵, 申德超, 解铁民. 挤压加工对脱壳菜籽油脂品质的影响. 农业机械学报, 2006, 37(4): 64-67.

[34] 潘小莉. 双螺杆挤压膨化大豆浸油预处理工艺的试验研究. 哈尔滨: 东北农业大学.

[35] 李杨, 江连洲, 张兆国, 等. 挤压膨化后纤维降解对大豆水酶法提油率的影响. 农业机械学报, 2010, 41(2): 157-163.

[36] 李杨, 江连洲, 杨柳. 水酶法制取植物油的国内外发展动态. 食品工业科技, 2009, 30 (6): 383-387.

[37] Fullbook P D. The use of enzymes in the processing of oilseeds. Journal of the American Oil Chemists' Society, 1983, 60: 476-478.

[38] Bouvier F, Entressangles B. Utilization of cellulose and pectinase in the extract of palm oil. Revue Francaide de Corps, 1992, 39 (9/10): 245-252.

[39] Tano-Debrah K, Ohta Y. Enzyme-assisted aqueous extraction of shea fat: a rural approach. Journal of the American Oil Chemists' Society, 1995, 72: 251-256.

[40] 林岚. 酶法从大豆中制备大豆油和大豆蛋白. 无锡: 无锡轻工业学院, 1992.

[41] 曾祥基. 水酶法制油工艺研究. 成都大学学报（自然科学版）, 1996, 15 (1): 1-17.

[42] 王素梅. 玉米胚芽酶法提油工艺及其机理研究. 无锡: 江南大学, 2003.

[43] 李杨. 大豆生物解离技术. 北京: 化学工业出版社, 2015.

[44] Lamsala B P, Murphyb P A, Johnson L A. Flaking and extrusion as mechanical treatments for enzyme-assisted aqueous extraction of oil from soybeans. Journal of the American Oil Chemists' Society, 2006, 83(11): 973-979.

[45] 冯红霞, 江连洲, 李杨, 等. 超声波辅助酶法提取油茶籽油的影响因素研究. 食品工业科

技, 2013, 6: 272-279.

[46] 李杨. 水酶法制取大豆油和蛋白关键技术及机理研究. 哈尔滨: 东北农业大学, 2010.

[47] de Moura J, de Almeida N M, Jung S, et al. Flaking as a pretreatment for enzyme-assisted aqueous extraction processing of soybeans. Journal of the American Oil Chemists' Society, 2010, 87 (12): 1507-1515.

[48] 李杨, 江连洲, 王中江, 等. 混料设计优化复合酶水解水酶法提取大豆油工艺. 食品科学, 2011, 32 (6): 66-70.

[49] 江连洲. 酶在大豆制品中的应用. 北京: 中国轻工业出版社, 2015.

[50] 隋晓楠, 江连洲, 李杨, 等. 水酶法提取大豆油脂过程中蛋白相对分子质量变化对油脂释放的影响. 食品科学, 2012, 33(5): 37-41.

[51] 隋晓楠. 不同油料水酶法提取油脂工艺对比研究. 哈尔滨: 东北农业大学, 2012.

[52] 于殿宇. 酶技术及其在油脂工业中的应用. 北京: 科学出版社, 2013.

[53] Fang X Z, Fei X Q, Sun H, et al. Aqueous enzymatic extraction and demulsification of camellia seed oil (Camellia oleifera Abel.) and the oil's physicochemical properties. European Journal of Lipid Science and Technology, 2016, 118(2): 244-251.

[54] Balsamo M, Erto A, Lancia A. Chemical demulsification of model water-in-oil emulsions with low water content by means of ionic liquids. Brazilian Journal of Chemical Engineering, 2017, 34(1): 273-282.

[55] Wu J, Johnson L A, Jung S. Demulsification of oil-rich emulsion from enzyme-assisted aqueous extraction of extruded soybean flakes. Bioresource Technology, 2009, 99 (2): 527-533.

[56] Yao L X, Jung S, Chemistry F. ^{31}P NMR phospholipid profiling of soybean emulsion recovered from aqueous extraction. Journal of Agricultural and Food Chemistry, 2010, 58 (8): 4866-4872.

[57] Jung S, Maurer D, Johnson L A. Factors affecting emulsion stability and quality of oil recovered from enzyme-assisted aqueous extraction of soybeans. Bioresource Technology, 2009, 100 (21): 5340-5347.

[58] Li P F, Gasmalla M A A, Liu J J, et al. Characterization and demusification of cream emulsion from aqueous extraction of peanut. Journal of Food Engineering, 2016, 185: 62-71.

[59] Lamsal B P, Johnson L A. Separating oil from aqueous extraction fractions of soybean. Journal of the American Chemists Society, 2007, 84 (8): 785-792.

[60] Chabrand R M, Glatz C E. Destabilization of the emulsion formed during the enzyme-assisted aqueous extraction of oil from soybean flour. Enzyme and Microbial Technology, 2009, 45 (1): 28-35.

[61] Niu R H, Chen F S, Zhao Z T, et al. Effect of papain on the demulsification of peanut oil body emulsion and the corresponding mechanism. Journal of Oleo Science, 2020, 69(6): 617-625.

[62] Raghavendra S N, Raghavarao K S M S. Effect of different treatments for the destabilization of coconut milk emulsion. Journal of Food Engineering, 2010, 97 (3): 341-347.

[63] Tabtabaei S, Diosady L L. Aqueous and enzymatic extraction processes for the production of food-grade proteins and industrial oil from dehulled yellow mustard flour. Food Research International, 2013, 52 (1): 547-556.

第4章　油脂的生物精炼技术

油脂的精炼工艺致力于研究油脂及伴随物的物理、化学性质，并根据该混合物中各种物质性质上的差异，采取一定的工艺措施，将油脂与杂质分离，以提高食用油脂的安全性和储藏稳定性。油脂的精炼是一个复杂的多种物理和化学过程的综合过程。这种物理和化学过程能选择性地对伴随物发生作用，使其与甘油三酯的结合减弱并从油中分离出来。这些过程的特性和次序，一方面由油品性质和质量决定，另一方面由精制深度而决定。因此，尤其要注意各个精炼阶段的条件选择，以便最大限度地防止油脂与水、空气中的氧、热和化学试剂的不良作用。此外，最大限度地从油中分离出有价值的伴随物也是油脂精炼的目的。如果能保持伴随物的性质，其便可作为单独产品。这些产品如磷脂、游离脂肪酸、生育酚和蜡等，广泛应用于食品工业及其他工业[1]。

我国现代油脂工业起步相对较晚，但近几十年来，随着食用油加工配套大型浸出器、压榨机、汽提塔等关键装备的研发突破，加工厂规模不断扩大，以及工艺技术的不断革新，当前油脂工业现代化程度极大提升，特别是在现代油脂精炼工艺方面。但随着"双碳"目标和科技创新"面向人民生命健康"的新方向的提出，在新时代工业产品加工节能降耗、安全健康生产双重诉求下，当前的油脂加工方式仍凸显弊端。油脂过度加工普遍存在原辅料消耗大、能源水耗及排放高、资源利用率低等问题。例如，在精炼阶段，大豆油的传统过度精炼存在加碱量大、白土添加量多（吨油白土消耗 $10\sim20$ kg）、脱臭温度高（$240\sim260$℃）、时间长（$2\sim3$ h）等问题，造成严重的资源和能源浪费，加剧环境污染，增加油脂损失，而且损失了大豆油中绝大部分天然有益微量营养元素，并不可避免地产生新的有害物，伴生新的食品安全问题[2]。

生物技术，如基因工程、细胞工程、酶工程等，在食品工业中已得到广泛应用，形成学科交叉，促进了食品技术和行业的蓬勃发展。在油脂领域中，生物技术也被应用在油脂的酶法制取、油脂的酶法改性和功能性脂质合成等诸多方面[3]。一般而言，狭义上的精炼是指油脂脱酸工艺，可分为化学精炼和物理精炼。这些传统的精炼方式存在着辅料消耗大、废水废料产生多、中性油损失高等诸多不足，因此，生物技术在食用油脂精炼中的应用，对于提高精炼效率、降低精炼损耗、适度加工油脂具有显著作用，且具有突出的实际意义[3]。目前，油脂的生物精炼较为成熟的应用主要在于油脂的酶法脱胶和酶法脱酸方面。

4.1　毛油的成分和性质

　　毛油不能直接用于人类食用，只能作为成品油的原料。油脂精炼是指对毛油（又称原油）进行精制。毛油的主要成分是甘油三酯的混合物，或称中性油。植物毛油中还含有除中性油外的物质，其统称杂质，按照其原始分散状态，大致可分为三大类，机械杂质，如泥沙、料坯粉末、草屑、纤维等；脂溶性杂质，如游离脂肪酸、维生素、甾醇、色素等；以及胶溶性杂质，如磷脂、水分、蛋白质、糖类等[4]。毛油作为油脂制取的直接产物，其组成成分受油料品质、加工方式和操作条件等因素影响。植物毛油的主要组成如图 4-1 所示。

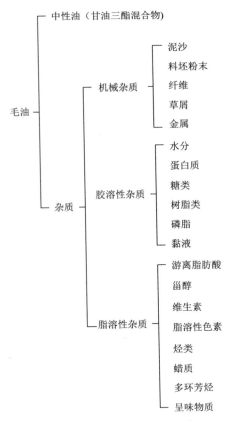

图 4-1　植物毛油的主要组成

　　毛油中的杂质不仅影响油脂的食用价值和安全储藏，还给油脂加工带来困难，应予以去除。油脂精炼是指对毛油进行精制，但精炼的目的又非将油中所有的"杂质"全部除去，而是将其中对食用、储藏、工业生产等有害无益的杂质除去，如游离脂肪酸、棉酚、蛋白质、磷脂、水分、黏液等，而有益的物质，如生育酚、甾醇等，则要保留，甚至予以添加。因此，根据毛油混合物中各种物质性质上的差异，采取一定的工艺措施，将不需要的、有害的杂质从油脂中除去，以保证油脂的色泽、透明度、滋味、稳定性、脂肪酸组成以及营养成分符合一定的质量标准，同时，最大限度地从油中分离出有价值的伴随物，这即为油脂精炼的主要目的[5]。

4.1.1　中性油

　　植物毛油中的中性油，即甘油三酯的混合物，其是油脂中的主要成分，占天然油脂的 95%以上，它是各种不同脂肪酸的甘油三酯的混合物，油脂的性质取决于甘油三酯的脂肪酸组成及脂肪酸在甘油分子骨架上的分布。脂肪酸是构成油脂分子的主要组成部分，占甘油三酯分子质量的 95%左右。因此，构成甘油三酯的脂肪酸种类、碳链长度、不饱和度（双键数量）及几何构型对油脂的性质起着重要的作用，脂肪酸组成不同，则构成油脂的性质有差异。另外，脂肪酰基与甘油三个羟基的结合位置，以及脂肪酸在甘油三酯分子中的分布情况，对油脂的性质也有重要的影响。

4.1.2　机械杂质与水分

　　依靠油脂的黏性、悬浮力或机械搅拌湍动力，能以悬浮状态存在于油脂中的杂质称为机械杂质，或称为悬浮杂质，如泥沙、饼（粕）碎屑、草秆纤维、铁屑等。这些杂质通常不能被乙醚或石油醚溶解。由于其密度及力学性质与油脂有较大的差异，往往采用重力沉降法、离心分离法及过滤法可从油脂中分离出来。

　　毛油中的水分通常是生产或运输过程中直接带入或伴随磷脂、蛋白质等亲水物质混入，会与油脂形成油包水乳化体系，降低油脂透明度，并影响油脂的储藏品质。实际生产中常用常压或减压加热法脱除毛油中的水分，考虑到常压法对油脂氧化造成的风险，采用减压干燥法更佳。

4.1.3　胶溶性杂质

　　胶溶性杂质以 1～100 nm 的粒径分散在油中，并呈现溶胶状态，主要成分有磷脂、蛋白质、糖类等。毛油中的磷脂存在形式多为与碳水化合物、蛋白质等形成的复合物，游离磷脂较少；蛋白质主要以简单蛋白质、糖朊、磷朊、色朊、脂朊或蛋白质降解产物的形式存在；糖类则包括多缩戊糖、戊糖胶、糖基甘油酯等。此类胶溶性杂质可通过水化、碱炼、酸炼等方法脱除，但要避免蛋白质与糖类的一些分解物之间发生美拉德反应，减少棕黑色色素产生，由于一般的吸附剂对其脱色无效，因此需在油脂制取过程中加以注意。

4.1.4　脂溶性杂质

脂溶性杂质主要包括游离脂肪酸、甾醇、维生素 E、色素、烃类、蜡和脂肪醇等。游离脂肪酸主要来源于油料种子中未合成酯的脂肪酸和甘油三酯的水解，一般情况下未经精炼的植物油中，含有 0.5%～5%的游离脂肪酸。甾醇是油脂中不皂化物的主要成分，常以谷甾醇、大豆甾醇、菜油甾醇、菜籽甾醇和麦角甾醇等形式存在于油脂中，前三者含量约占甾醇总含量的一半以上。维生素 E 是生育酚的混合物，具体形式包括 α、β、γ、δ-生育酚及其对应的生育三烯酚，具有明显的抗氧化作用，可在脱臭流出物中被富集。色素是油脂呈现颜色的主要因素，其成分包括叶绿素、胡萝卜素等，这些色素虽然含量低，但对油脂的稳定性和营养价值有重要影响，例如，叶绿素作为光敏物质，被激活后会加速油脂酸败，而胡萝卜素可有效猝灭单线态氧，减弱光氧化的影响。油脂中含有的烃类物质主要包括饱和烃及不饱和烃两类，总含量为油脂的 0.1%～1%，尤以三十碳六烯（$C_{30}H_{50}$，角鲨烯）的分布最广、含量最高，该物质具有一定的抗氧化作用；但若被氧化，则会变为助氧剂并且具有致癌作用。一般植物油中仅含有微量的蜡和脂肪醇，但在特殊油脂中会含有较多的蜡质（如米糠油、小麦胚芽油和玉米胚芽油），这类杂质会使油脂混浊，降低油脂感官品质。

4.1.5　其他成分

此外，对于特殊油料而言，其油脂产品中还会含有特殊的物质成分，如芝麻油中的芝麻素、芝麻酚，菜籽油中的硫代葡萄糖苷、芥子碱，棉籽油中的棉酚等，这些物质需根据它们的加工特性和营养价值来决定其在精炼工艺中的去留。除上述杂质外，毛油中还存在一些必须除去的危害因子，如多环芳烃、黄曲霉毒素以及残留农药等，这些物质会严重影响人体健康，所以在油脂精炼过程中必须脱除。对于多环芳烃而言，一般采用活性炭吸附或蒸馏方法进行脱除；黄曲霉毒素则采用碱炼-水洗和吸附的方法进行脱除；而残留农药则主要在负压脱臭工序中脱除[5]。

传统的油脂精炼方法主要分为机械法、化学法和物理化学法，化学法和物理化学法所涉及的化学试剂或助剂，与油脂中的杂质成分反应或者吸附，后续再利用离心、水洗等方法将其分离出来。由于当前油脂过度加工现象严重，其不仅导致过量的酸、碱、白土等辅料的使用，还产生大量废水、废渣，给环境造成压力，此外，还不可避免地伴生出其他毒害物质[6]。油脂的生物法精炼技术具有加工条件温和、效率高、废水产生少等多种优势，因此一直广受关注，也是油料油脂加工行业助力实现"双碳"目标和建设健康中国的重要途径[7]。

4.2　油脂生物酶法脱胶技术

从植物油料制取而来的毛油属于胶体体系，其中的磷脂、蛋白质、黏液质和糖基甘油二酯等与甘油三酯组成溶胶体系，为油脂的胶溶性杂质。胶溶性杂质的存在不但影响油脂的稳定性，而且影响油脂精炼和深度加工的工艺效果。例如，油脂在碱炼过程中容易形成乳化，增加操作的难度，加大油脂精炼损耗和辅助材料的耗用量，并使皂脚的质量降低，而且，在脱色过程中会增大吸附剂的用量，降低脱色效果。未脱胶的植物油由于磷脂含量较高，其无法进行物理精炼和脱臭操作，也无法进行油脂深加工。因此，毛油精炼必须首先脱除胶溶性杂质。

由于毛油中胶质的主要成分是磷脂，因此脱胶也称为脱磷。目前，植物油脱胶的方法主要包括水化脱胶、酸法脱胶、超临界萃取、吸附法脱胶、膜过滤脱胶、酶法脱胶等方法。相较于传统的脱胶方法，酶法脱胶具有适用范围广、反应条件温和、精炼率高、能耗低、污染少等较多优点，应用前景广阔，受到了广泛关注[8]。

4.2.1　植物油脂中的磷脂组成和性质

1. 油脂中磷脂存在状态和含量

磷脂是一类结构和理化性质与油脂相似的类脂物。在植物中，磷脂主要分布于种子、坚果及谷类中。植物油料中的磷脂主要存在于种子里，且大部分都在油料的胶体相中，油相中含量很少。植物油料种子胶体相内的磷脂大多与蛋白质、糖类、脂肪酸、甾醇、生育酚、生物素等物质相结合，构成复杂的复合体，呈胶体状态存在于植物油料种子内，如向日葵籽中结合态磷脂占其总量的66%，棉籽中高达 90%，大豆中的磷脂也同样以结合状态存在[1]。几种油料种子中磷脂的含量见表 4-1。

表 4-1　几种油料种子中磷脂的含量

油料	磷脂含量/%	油料	磷脂含量/%
大豆	1.20～3.20	亚麻籽	0.44～0.73
棉籽仁	1.80	花生	0.44～0.62
向日葵籽	0.60～0.84	蓖麻籽	0.25～0.30
油菜籽	1.02～1.20	大麻籽	0.85

　　在制油过程中，油料中的磷脂伴随油脂流出，油料品种和制油方式影响毛油中的磷脂含量。同一种油料，采用不同的制油方法，毛油中的磷脂含量也不同，油料在浸出制油过程中，由于溶剂破坏了磷脂与蛋白质、多糖等之间的结合键，磷脂从复合体中游离，并被溶剂萃取出来，因此，一般浸出毛油中磷脂含量较高。采用螺旋榨油机热榨法制油时，因为熟坯受到高温高压的作用，毛油中的磷脂含量也较高；而冷榨毛油中的磷脂含量则相对较低。也有研究表明，采用压榨法制取的油茶籽油中，磷脂含量最高，水酶法最低，且显著低于压榨油和浸出油。一般毛油中含有 1%～3%磷脂，几种常见毛油中的磷脂含量见表 4-2。

表 4-2　几种常见植物毛油的磷脂含量

油脂种类	磷脂含量/%	油脂种类	磷脂含量/%
大豆油	1.0～3.0	亚麻籽油	0.1～0.4
菜籽油	0.8～2.5	红花籽油	0.4～0.6
棉籽油	0.7～1.8	葵花籽油	0.2～1.5
花生油	0.3～1.5	小麦胚芽油	0.1～2.0
芝麻油	0.1～0.5	猪脂	0.05～0.1
米糠油	0.5～1.0	牛脂	0.07～0.1
玉米油	1.0～2.0	乳脂	1.2～1.5

　　2. 油脂中磷脂的种类

　　不同油脂中磷脂的种类不同，其物理和化学性质也存在差异，但油脂中的磷脂可分为两大类，即鞘磷脂（sphingomyelin，又称神经鞘磷脂）和磷酸甘油酯（phosphoglyceride）[9]。

　　1）鞘磷脂

　　鞘磷脂大多存在于动植物组织中，易结晶，难溶于水、乙醚及其他有机溶剂中。鞘磷脂也称神经鞘磷脂，它是神经酰胺（ceramide）与磷酸直接连接，然后再与胆碱或胆胺连接而成的酯。鞘磷脂结构式如图 4-2 所示。

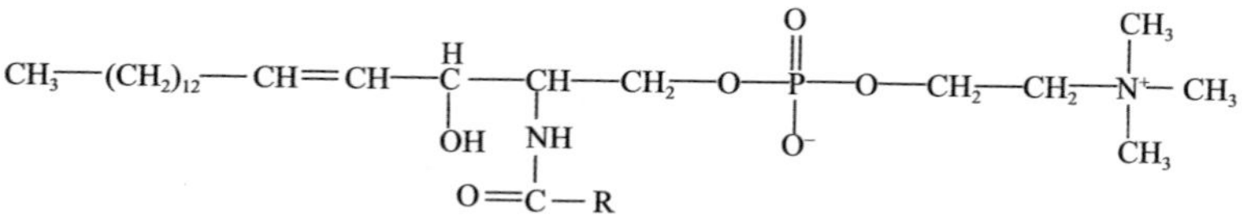

图 4-2　鞘磷脂化学结构式

神经酰胺由神经氨基醇与脂肪酸缩合而来。神经氨基醇有两种，一种存在于动物组织中，另一种存在于植物组织中，其结构分别如图 4-3（a）和（b）所示。

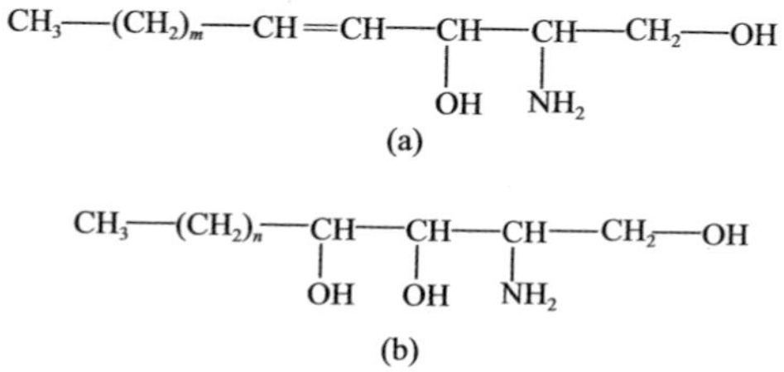

图 4-3　动物组织（a）和植物组织（b）中神经氨基醇化学结构式

鞘磷脂中的磷也可以与糖或肌醇连接而形成糖基鞘磷脂。

2）磷酸甘油酯

磷酸甘油酯是由甘油与磷酸反应而成的酯。磷酸甘油酯是甘油三酯分子中的一个脂肪酸被磷酸取代后，形成磷脂酸，由于磷酸的酸性很强，可与其他强碱物质酯化成为很多类型的酯。磷酸甘油酯的化学结构通式如图 4-4 所示。

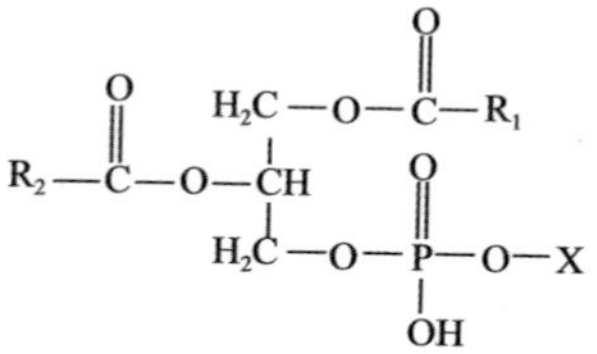

图 4-4　磷酸甘油酯化学结构通式
其中 X 代表胆碱、乙醇胺、肌醇、氢等

根据磷酸甘油酯中磷脂酰基中 X 基团的不同，磷脂主要分为磷脂酸（PA）、磷脂酰胆碱（PC）、磷脂酰乙醇胺（PE）、磷脂酰丝氨酸（PS）和磷脂酰肌醇（PI）。主要的五种磷脂的化学结构如图 4-5 所示。

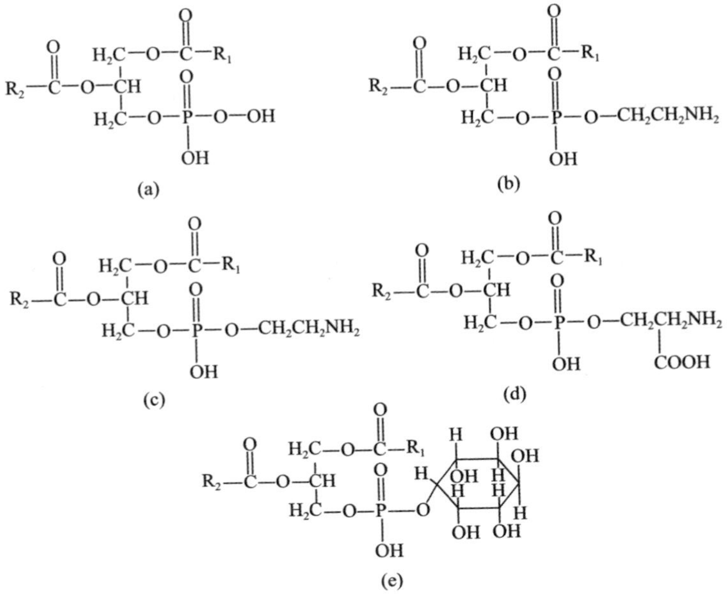

图 4-5　植物油中五种主要磷脂的化学结构

（a）磷脂酸；（b）磷脂酰胆碱；（c）磷脂酰乙醇胺；（d）磷脂酰丝氨酸；（e）磷脂酰肌醇

（1）磷脂酸（PA）。磷脂酸的化学结构式如图 4-5（a）所示。磷脂酸最早是以钙盐的形式从植物叶子中分离出来的，磷脂酸可以由其他几种磷脂，如磷脂酰胆碱、磷脂酰乙醇胺等，经磷脂酶 D 酶解而来。之前有研究者从甘蓝叶子中分离得到磷脂酸，其脂肪酸主要是由棕榈酸、亚油酸和亚麻酸组成。在霜冻的豆子中也发现有磷脂酸。而在动物细胞中，磷脂酸的含量甚微。

（2）磷脂酰胆碱（PC）。磷脂酰胆碱的化学结构式如图 4-5（b）所示。磷脂酰胆碱是广泛分布于所有磷脂的一种组分，最早磷脂酰胆碱被命名为卵磷脂（lecithin）。目前，卵磷脂已经广泛应用于商品磷脂，包括了大部分商业磷脂。磷脂酰胆碱和其他磷脂一样，可以命名为 L-3-磷脂酸甘油酯。曾经有一段时间，人们认为 2-磷脂酸甘油酯在自然界存在，但后来证明这种物质在生物体细胞中不存在，造成这种误解主要是因为 L-3-磷脂酸甘油酯水解时产生 2-磷脂酸甘油酯、3-磷脂酸甘油酯的混合物，从而给出错误的信息。

磷脂酰胆碱不是一种纯物质，它是一些结构相近的物质的混合物，这些物质的主要区别在于其脂肪酸的组成不同。从动物细胞中分离出的磷脂酰胆碱，其中的脂肪酸种类繁多，但是，从酶解磷脂酰胆碱后得到的脂肪酸来看，磷脂酰胆碱的 sn-2 位大部分是不饱和脂肪酸，sn-1 位大部分是饱和脂肪酸。

（3）磷脂酰乙醇胺（PE）。磷脂酰乙醇胺的化学结构式如图 4-5（c）所示。磷脂酰乙醇胺在以前的文献中被称为脑磷脂（cephalin），主要指乙醇不溶部分，这些部分至少含有磷脂酰乙醇胺、磷脂酰丝氨酸（phosphatidylserine）、磷脂酰肌醇（phosphatidylinositol）。后来研究发现，在去掉其他磷脂组分后，在乙醇中，磷脂酰乙醇胺有很好的溶解度。原先认为不溶的原因主要是其他磷脂组分的影响。

（4）磷脂酰丝氨酸（PS）。磷脂酰丝氨酸的化学结构式如图 4-5（d）所示。动物组织中分离出的磷脂酰丝氨酸大部分是盐的形式，在动物脑细胞中分离出的磷脂酰丝氨酸大部分为 K^+、Na^+、Ca^{2+}盐的形式，其中 75%是 K^+盐形式。磷脂酰丝氨酸在自然界分布很广，但含量很少，占磷脂总量的 10%以下。在动物脑细胞和血红细胞壁中的磷脂酰丝氨酸含量比其他动物组织中磷脂酰丝氨酸的含量高。

（5）磷脂酰肌醇（PI）。磷脂酰肌醇的化学结构式如图 4-5（e）所示。在肌醇的各种异构体中，只有 myo-inositol 构型在磷脂中存在。磷脂酰肌醇最早从小麦胚芽和牛的心脏中分离出来，后来经研究证明，在肝脏中也存在类似的物质。动物脑组织中磷脂酰肌醇和其他磷脂同时存在。心脏和肝脏中的磷脂酰肌醇含硬脂酸比较多，大约占总脂肪酸的 50%，磷脂酰肌醇也广泛存在于植物中。

（6）其他磷酸甘油酯。其他的磷酸甘油酯有双磷脂酰甘油和缩醛磷脂，主要存在于动物细胞中。双磷脂酰甘油，俗称心磷脂，其最早从牛心脏组织中被发现。缩醛磷脂存在于动物细胞中，早期人们通过从动物心脏、脑、肌肉等组织中分离得到。

3. 植物油中磷脂的分布

植物油脂中的磷脂主要包括磷脂酰胆碱、磷脂酰乙醇胺、磷脂酰丝氨酸、磷脂酰肌醇、磷脂酰甘油及溶血磷脂等。这些磷脂结构中的脂肪酸以不饱和酸为主，尤其是亚油酸较多。此外，还含有十六碳一烯酸和 C20～C26 的多烯酸，其性质一般不太稳定，与甘油三酯相比，更容易氧化酸败。

磷脂酸（PA）在动植物组织中含量极少，但在生物合成中极其重要，是生物合成磷酸甘油酯与脂肪酸甘油酯的中间体。发育中的大豆较成熟大豆的含量高，并且大豆中 PA 含量随着温度的升高、湿度的增加而增加。大部分 PA 作为非水化磷脂存在于油中。

一般植物油料磷脂主要由磷脂酰胆碱、磷脂酰乙醇胺和磷脂酰肌醇组成。磷脂酰胆碱是含量最高的磷脂组分，其次是磷脂酰肌醇和磷脂酰乙醇胺。几种主要油料中磷脂的组成情况见表 4-3。

表 4-3　几种主要油料中磷脂的组成情况

磷脂组成	大豆磷脂/%	玉米磷脂/%	菜籽磷脂/%	葵花籽磷脂/%	棉籽磷脂/%
PC	33.0	30.4	22.0	42.3	26.3
PI	16.8	16.3	18.0	36.6	9.3

续表

磷脂组成	大豆磷脂/%	玉米磷脂/%	菜籽磷脂/%	葵花籽磷脂/%	棉籽磷脂/%
PE	14.1	3.2	15.0	15.7	17.7
PS	0.4	1.0	—	—	20.2
PA	6.4	9.4	—	5.2	—
NAPE	2.2	2.6	—	—	—
NALPE	10.4	3.7	—	—	—
LPC	0.9	1.7	—	—	5.7
LPE	0.2	Tr	—	—	—
PG	1.0	1.4	—	—	—
其他	—	—	45.0	—	12.7

注：Tr. 微量；—. 低于检出限或未检出；NAPE. N-酰基磷脂酰乙醇胺；NALPE. N-酰基溶血磷脂酰乙醇胺；LPC. 溶血磷脂酰胆碱；LPE. 溶血磷脂酰乙醇胺；PG. 磷脂酰甘油。

4. 植物油中磷脂的性质

植物毛油中的磷脂是多种含磷类脂物的混合物，其结构如图 4-6 所示，具有疏水的脂端和亲水的磷酸、有机胺端。因此，它是两性表面活性剂，是天然乳化剂，其广泛存在于动物组织中。磷脂溶于氯仿、乙醚、石油醚和苯等脂肪烃和芳香烃溶剂中，部分溶于乙醇，磷脂不溶于丙酮，利用此特性可将磷脂与简单脂质分离。

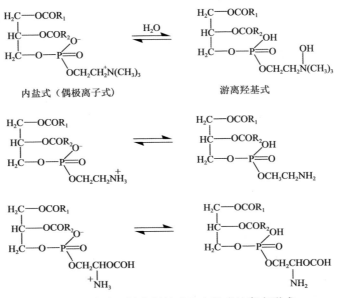

图 4-6　磷脂以游离羟基式和内盐式的存在形式

　　毛油中的磷脂主要由卵磷脂和脑磷脂组成。卵磷脂的化学名称为磷脂酰胆碱，脑磷脂过去认为就是磷脂酰乙醇胺。根据后来的相关研究结果，发现这种醇不溶性的脑磷脂是磷脂酰乙醇胺、磷脂酰丝氨酸和磷脂酰肌醇的混合物。磷脂分子比油脂（甘油三酯）分子中的极性基团多，属于双亲性的聚集胶体，既有酸性基团，又有碱性基团，所以它们的分子能够以游离羟基式和内盐式存在，如图 4-6 所示。

　　当毛油中含水量很少时，磷脂以内盐式结构存在，这时极性很弱，能溶解于油脂中；当毛油中有一定数量的水分时，水就与磷脂分子中的成盐原子团结合，以游离羟基式结构存在，这也是水化脱胶的基本操作原理。在磷脂酰胆碱分子中，有两个游离羟基，一个在磷酸根上，是强酸性的；另一个在季铵碱上，是强碱性的，其酸碱强度相当，因此磷脂酰胆碱是中性的。磷脂酰乙醇胺分子中，磷酸根上有强酸性的游离羟基，氨基醇上有弱碱性的氨基，因此呈微酸性。磷脂酰丝氨酸分子中，有一个强酸性的游离羟基，一个弱酸性的羧基和一个弱碱性的氨基，所以呈酸性。磷脂酰肌醇分子中，有酸性的游离羟基，无碱性基团，所以也呈酸性。

　　脱胶工艺中将欲脱除的磷脂分为水化磷脂（hydratable phospholipid，HP）与非水化磷脂（non-hydratable phospholipid，NHP）两种。水化磷脂含有极性较强的基团，所形成的磷脂分别为磷脂酰胆碱、磷脂酰乙醇胺、磷脂酰肌醇和磷脂酰丝氨酸。这些磷脂的复合物共同的特征就是与水接触后能形成水合物，可在水中析出，经过离心分离除去。水化磷脂可以通过水化脱胶、酸法脱胶、特殊脱胶等传统的脱胶方法除去。非水化磷脂包括具有非脂类性质的含磷物质，非水化磷脂的产生与原料的成熟度、储藏、运输和加工过程中原料的水分含量有关。在此期间，由于磷脂酶 D 的活性，磷脂水解成不易水化的磷脂酸。另外，当磷脂酸与钙、镁金属离子结合时就会形成非水化磷脂钙、镁的复盐，使毛油中非水化磷脂含量增高。在植物油中非水化磷脂是以磷脂酸和溶血磷脂酸的钙、镁盐的形式存在的。非水化磷脂具有明显的疏水性，在水化脱胶中较难与水结合，去除较为困难。因此，传统的水化脱胶方式并不能有效脱除非水化磷脂，而生物酶法脱胶却不受此影响[9]。

4.2.2　磷脂酶

　　天然磷脂的亲水亲油平衡值（HLB）小，亲水性差，在水相中不易分散。磷脂的酶法改性是指磷脂在磷脂酶的作用下失去一分子脂肪酸，在其分子结构中保留了普通磷脂的亲水亲油基团外，又因为疏水基团的减少而明显增加了它的亲水性能。酶改性具有反应物无需纯化、反应条件温和、速率快、进行完全、副产物少、酶制剂作用部位准确、来源方便等特点。用于磷脂改性的酶有专一性较宽的酯酶和磷酸酯酶，但最有意义的是专一性较强的磷脂酶，包括磷脂酶 A_1、磷脂酶 A_2、磷脂酶 B、磷脂酶 C 和磷脂酶 D 几种。磷脂酶在一定酰基的受体和供体存在下催化酯化反应和酯交换反应，对磷脂的结构进行各种改变或修饰，得到不同结构和用途的磷脂。磷脂酶是一类催化磷脂水解的酶。虽然磷脂酶对某些种类磷脂具有底物特异性，但除了磷脂外，有些磷脂酶还可以催化其他亲脂分子，如甘油三酯的水解[10]。

不同磷脂酶作用于磷脂分子的作用位点如图 4-7 所示。

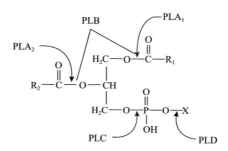

图 4-7　不同磷脂酶作用于磷脂分子的作用位点

磷脂不仅仅是细胞膜的结构成分，磷脂酶对磷脂的酶促水解，将这些分子转化为脂质介质或第二信使（如花生四烯酸、磷脂酸和甘油二酯），在膜运输、信号转导、细胞增殖和凋亡中发挥关键作用。因此，磷脂酶与脂质代谢和疾病进展有关，制药行业也对开发这些酶的高选择性的有效抑制剂表现出极大兴趣。

1. 磷脂酶 A_1

磷脂酶 A_1 是专一性水解天然磷脂 sn-1 位酰基的酶。磷脂酶 A_1 主要从蛇毒、动物胰脏及与细胞结合的微生物中提取。磷脂酶 A_1 专一性催化水解磷脂 sn-1 位酰基，生成 sn-2 位酰基溶血磷脂酰乙醇胺和溶血磷脂酰胆碱。磷脂酶 A_1 催化水解磷脂是界面反应，磷脂酶 A_1 的活性部位在水中与磷脂胶束结合进行水解反应，反应过程中不需要金属离子的参与。磷脂酶 A_1 催化水解磷脂得到的溶血磷脂，能保留磷脂 sn-1,2 位的不饱和脂肪酸，最大限度地保留磷脂本身的营养价值。水解产物溶血磷脂具有比一般磷脂更好的乳化性能和热稳定性，而且溶血磷脂还可以进一步应用于油脂脱胶的过程中，溶血磷脂还具有广谱的抗菌性能，这大大拓宽了磷脂的应用范围，其生产具有重要的实际意义[11]。

在细胞内，磷脂酶 A_1 的同工酶根据其细胞定位可分为两类，一类由胞内酶组成，另一类由胞外酶组成。哺乳动物细胞中的磷脂酶 A_1 亚族中有三个成员，即磷脂酸偏好型磷脂酶 A_1、p125 和 KIAA0725p。磷脂酸偏好型磷脂酶 A_1 在成熟睾丸中高表达，并被认为参与精细胞生成。p125 与 COP-II 单元 Sec23 结合，并参与 COP-Ⅱ小泡调控，其可介导小泡从内质网到高尔基体的转运。KIAA0725p 定位在高尔基体上，是将囊泡从高尔基体运输到质膜所必需的酶类。这些酶的一个共同结构特征是具有一段共有序列，即 Gly-x-Ser-x-Gly（其中 x 表示任何其他类氨基酸），并包含活性位点丝氨酸。

　　一种来源于白色链霉菌 NA297 的磷脂酶 A_1 的晶体三维结构如图 4-8 所示。它的活性位点是由 Ser-His 二元体（Ser11 和 His218）组成，通过 Ser216 的主链羰基氧维持结构中咪唑的稳定性，Ser216 是许多丝氨酸水解酶中催化三联体的一种常见变体，其中该羰基保持活性位点朝向组氨酸残基的方向。脂质结合的疏水袋和裂缝与活性部位相邻，深度为 13～15Å，长度为 14～16Å，在该疏水口袋部位具有部分聚乙二醇结构。

图 4-8　来源于白色链霉菌 NA297 磷脂酶 A_1 的晶体三维结构

　　Lecitase® Novo 和 Lecitase Ultra 是诺维信公司推出的两种微生物来源的磷脂酶 A_1，其中 Lecitase Ultra 分别在 2000 年和 2007 年被申请了世界专利和美国专利，目前这两种磷脂酶均已有商业化生产。Lecitase Ultra 是一种羧酸酯水解酶，经基因改造的米曲霉深层发酵而得，其基因供体为尖孢镰刀霉（*Fusarium oxysporum*）和棉状嗜热丝孢菌（*Thermomyces lanuginosus*），同时具有脂肪酶活性和磷脂酶活性，但是在一定的反应体系中，会优先表现出一种特定的酶活性。PLA_1 在工业上主要用于植物油脱胶，经过该酶脱胶的大豆油和菜籽油，含磷量可以降低到 10 mg/kg 以下，与传统的水化脱胶效率相比大为提高[12]。此外，研究还发现，该酶用于大豆油脱胶的最适 pH 为 6.8，最适温度为 40℃。其在

pH 为 4.0～8.0 之间具有良好的稳定性，在 pH 分别为 3.0～4.0 和 8.0～10.0，酶的催化活性迅速降低，在 pH 为 3.0 以下或 10.0 以上不稳定。在温度低于 45℃时，具有良好的稳定性，酶催化活性几乎不变，在高于 45℃后随着温度的增加酶的催化活性迅速下降，到 70℃左右时酶活力下降至正常值的一半[13]。

2. 磷脂酶 A_2

磷脂酶 A_2 是专一性催化水解磷脂 sn-2 位酰基的酶，其催化水解磷脂 sn-2 位酰基，生成溶血磷脂和脂肪酸。它存在于蜂蜜、蛇毒、牛和猪的胰脏，以及一些链霉菌属的微生物中。

磷脂酶 A_2 催化水解的效率很高，在同等条件下其活力是脂肪酶水解磷脂作用的 76 倍。正如上述所提到的，磷脂分子的 sn-2 位一般结合的是不饱和脂肪酸，如花生四烯酸。类花生酸是一类由花生四烯酸经过多种类型细胞，如巨噬细胞代谢而产生的化合物，包括前列腺素和白三烯等。由于磷脂酶 A_2 在炎症过程中具有介导脂质介质，如花生四烯酸和类花生酸衍生物（前列腺素和白三烯）产生的作用，因此，在医学方面，表征磷脂酶 A_2 活性具有重要意义。迄今，已有 15 种磷脂酶 A_2 被鉴定出来，它们可以分为五类，即分泌型磷脂酶 A_2、钙依赖型胞质磷脂酶 A_2、钙非依赖型磷脂酶 A_2、血小板活化因子乙酰水解酶磷脂酶 A_2 和溶酶体磷脂酶 A_2。第一种磷脂酶 A_2 最初在蛇毒中被发现，随后的四种在哺乳动物和其他生物体中被发现。一种分泌型磷脂酶 A_2 和一种溶酶体磷脂酶 A_2 的晶体的三维结构如图 4-9 所示。

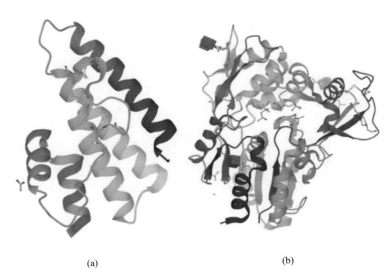

(a)　　　　　　　　　　　　　　(b)

图 4-9　一种分泌型磷脂酶 A_2 和一种溶酶体磷脂酶 A_2 的晶体的三维结构

（a）分泌型磷脂酶 A_2（XⅢ族磷脂酶 A_2）；（b）溶酶体磷脂酶 A_2（XV 族磷脂酶 A_2）

分泌型磷脂酶 A_2 的共同特征是，分子质量小（13～15 kDa），可催化 His-Asp 二联体结构，Ca^{2+} 与活性位点相接，且具有保守的二硫键。溶酶体磷脂酶 A_2 也是一种普遍存在的磷脂酶 A_2，它的结构特点是其亚细胞结构定位于溶酶体及其晚期内体，溶酶体磷脂酶 A_2 具有最适的酸性 pH，其活性不依赖于 Ca^{2+}，并且在 N-乙酰基鞘氨醇作为受体的情况下，其发挥转酰酶的作用。

磷脂酶 A_2 的基本作用是催化水解磷脂 sn-2 位酰基，因此，在油脂工业中，磷脂酶 A_2 对大豆、菜籽等磷脂进行改性，将磷脂分子上 sn-2 位的酯键水解，生成溶血磷脂，改性后磷脂的亲水性和乳化性都明显提高，便于后续采用水化分离，这也是磷脂酶用于油脂脱胶的重要依据。天然磷脂的 sn-2 位一般结合的是不饱和脂肪酸，磷脂酶 A_2 进行油脂脱胶，水解磷脂形成的副产物溶血磷脂可用于烘焙食品中，与支链淀粉形成复合物，其能有效延长面包的老化时间，不饱和脂肪酸则可通过脱酸工艺去除。但是，实际应用中，某些不饱和脂肪酸往往可以进行回收利用，如大豆磷脂中不饱和脂肪酸占总脂肪酸的 60% 以上，主要是亚油酸和亚麻酸，若将水解后的脂肪酸进行回收纯化，可大大提高经济效益。磷脂酶 A_2 用于植物油脂的酶法脱胶，可以将非水化的磷脂酰乙醇胺、甘油磷脂酸水解成易水化的溶血磷脂，从而减少油脂中磷脂的残留量，提高油脂质量。

目前，德国 AB 酶制剂公司、丹尼斯克公司、帝斯曼公司和诺维信均有商品化磷脂酶 A_2 产品，它们的来源不同，性质略有差异。之前有研究采用磷脂酶 A_2 进行油脂脱胶，结果发现，在毛油中混合加入适量柠檬酸（45%，W/V）和 NaOH（3%，W/V），调节 pH 为 5.0，60℃保温，立即与稀释的 0.2%（V/V）酶液混合，然后泵入酶反应器，保温反应时间取决于毛油中磷脂含量和产品指标，一般 1～6 h，反应后离心分离，得到油脂和水化油脚，脱胶效果较好。磷脂水解时磷脂酶 A_2 游离到胶束和水的界面，酶的活性部位和磷脂胶束结合，发挥水解作用，且磷脂酶 A_2 的催化反应过程需要 Ca^{2+} 的参与[14]。

3. 磷脂酶 B

磷脂酶 B 也称为溶血磷脂酶，它是水解溶血磷脂的脂肪酸酯的酶，也是一种非常重要的代谢酶类，广泛存在于动植物及微生物体内，具有水解酶、溶血磷脂酶和转酰基酶活性。除了在米曲霉（*Aspergillus oryzae*）、点青霉（*Penicillium notatum*）、赛氏杆菌（*Serratia plymuthicum*）、大肠杆菌（*Escherichia coli*）、莱氏支原体（*Mycoplasma laidlawii*）等微生物中发现存在之外，在脑、胰脏、肝脏等大部分动物组织、大麦芽、蛇毒中也均存在。

水解酶和溶血磷脂酶能够水解磷脂和溶血磷脂的 sn-1 和 sn-2 位酯键，生成相应的甘油酰磷脂和脂肪酸，该类酶在磷脂的分解代谢中具有非常重要的作用，转酰基酶起到将游离脂肪酸转移到溶血磷脂而生成磷脂的作用。一种人源溶血磷脂酶的三维晶体结构如图 4-10 所示。

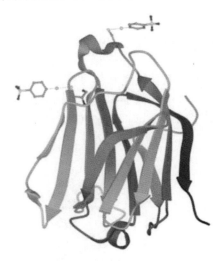

图 4-10　一种人源溶血磷脂酶的三维晶体结构

在油脂工业中，脱胶是油脂精炼的第一步，磷脂酶 B 应用于油脂脱胶工艺中，理论上可将非水化磷脂转化为水化磷脂，还能够去除油脂中的除磷脂外的多种黏液性物质，对油脂的后续精炼过程，包括碱炼脱酸、脱色、脱臭具有重要影响。磷脂酶 B 脱胶的副产物为甘油酰磷脂和脂肪酸，对于提升某些功能性脂肪酸和磷脂的利用价值具有实际意义。例如，磷脂酶 B 作用于磷脂酰胆碱，用于甘油磷脂酰胆碱生产，而甘油磷脂酰胆碱和磷脂酰胆碱均是乙酰胆碱合成的胆碱源，其在医药和食品添加剂领域存在巨大的市场需求。近几年随着市场对磷脂酶 B 的需求越来越多，磷脂酶 B 在工业上也不断得到应用，研究者对磷脂酶 B 的研究也在不断深入，目前，磷脂酶 B 已经被应用到制作面包、植物油的精炼等不同方面，尤其是油脂精炼方面的应用。

有研究人员通过采用基因重组表达的手段，构建产磷脂酶 B 的重组毕赤酵母工程菌株 GS115/pPIC9K-plb，在优化条件下，得到的磷脂酶 B 的活力达到1723 U/mL，并且发现该酶的最适反应温度为 40℃，最适反应 pH 为 5.5，且在30～40℃和 pH 为 5.0～6.0 条件下稳定。将得到的磷脂酶用于催化磷脂酰胆碱合成甘油磷脂酰胆碱，发现最适条件如下：底物磷脂酰胆碱添加量为 160 mg，酶添加量为 3000 U，反应 pH 为 5.5，反应温度 40℃，反应时间 28 h，最终甘油磷脂酰胆碱的得率达到 17%。将该酶用于油脂脱胶工艺中，在反应温度为40℃，pH 为 6.0，磷脂酶 B 添加量为 5500 U 的条件下，可将花生油中磷含量从 91.8 mg/kg 降低至 3.7 mg/kg[15]。

4. 磷脂酶 C

磷脂酶 C 可分解磷脂的甘油磷酸键（图 4-7）。磷酸肌醇特异性磷脂酶 C 家族由 13 个同工酶组成，这些同工酶分为六个亚家族，即磷脂酶 C β、γ、δ、ε、ζ 和 η 亚家族，每个同工酶都有一个以上的选择性变异剪接体（亚型）。在生物体内，磷脂酶 C 可受到 Zn^{2+}、Mg^{2+}等金属离子诱导，并通过对不同种细胞的膜磷脂的催化水解作用来影响其代谢和信息传递。例如，它能水解神经鞘磷脂磷酸二酯键，生成神经酰胺和磷脂酰胆碱。来源于生物体内的磷脂酶 C 的结构鉴定时间较早，一种来源于蜡样芽孢杆菌磷脂酶 C 在 1989 年就已经被鉴定出来，其三维晶体结构如图 4-11 所示。

图 4-11　一种源于蜡样芽孢杆菌磷脂酶 C 的三维晶体结构

磷脂酶 C 的基因广泛地存在于动物、植物和微生物的组织和细胞中，已发现有 20 多个不同结构的磷脂酶 C 分子，在细菌、酵母菌、黏菌、果蝇、蛙及各种哺乳动物体中均有发现，但是它们的分子结构和分子量稍有差异。在原核生物中，尤其是大多数细菌中，除了其自身细胞膜上含有一定量的磷脂酶 C 外，其还可分泌大量的磷脂酶 C 于胞外培养液中，这种磷脂酶 C 称为外源性磷脂酶 C 或胞外磷脂酶 C。这种产磷脂酶 C 微生物的特殊的分泌行为，为磷脂酶 C 的纯化制备提供了极大的便利。

微生物磷脂酶 C 具有产量较高、易于分离纯化等优点，研究人员对不同微生物合成磷脂酶 C 进行了广泛深入的研究，包括其培养条件、纯化工艺，以及各种生长特性等。真核生物，如各种哺乳动物，其组织细胞所合成的磷脂酶 C

主要分布在细胞膜上，含量非常有限。由于真核生物的磷脂酶 C 主要分布在细胞内，因此称为内源性磷脂酶 C 或胞内磷脂酶 C。内源性磷脂酶 C 是细胞内信号传递的重要物质，与胞内其他信号传递途径之间相互作用，组成了极其复杂的信号调控网络。磷脂酶 C 作用于磷脂时，生成甘油二酯、磷酸胆碱、磷酸肌醇等。反应生成的甘油二酯是一种生理活性物质，能影响细胞的代谢，是细胞信号转导途径上的第二信使，因此，一般认为磷脂酶 C 的促水解作用可对天然磷脂结构造成破坏，之前人们对它的应用研究相对较少[16]。

在工业上，近些年磷脂酶 C 被广泛研究，其可用来水解植物毛油中的磷脂，从而达到油脂脱胶的目的，提高油脂的精炼率。磷脂酶 C 作为一种专一作用于甘油磷脂 C3 位上甘油磷酸酯键的水解酶类，因不能对甘油三酯、甘油二酯和单甘酯等中性油部分起作用，因此，磷脂酶 C 脱胶不会产生其他副产品，安全性显得更高。脱胶过程中只需 1%~2%的水分就可发挥水解作用，所以磷脂酶 C 酶法脱胶在应用中可避免大量废水的产生，降低了对环境的压力。磷脂酶 C 酶法脱胶最大的优点是能够有效提高脱胶油得率，降低毛油损耗，通常每降低 500 mg/kg 磷含量就可以提高约 1%的油脂产量。正因为如此，磷脂酶 C 的商业开发与应用研究得到极大关注。有研究者研究了磷脂酶 C 用于大豆毛油脱胶的工艺，结果发现，在加酶量为 30 mg/kg，反应温度为 50℃，反应时间为 1 h，pH 为 5.0，加水量为 2.0%，搅拌速率为 200 r/min 时，大豆油磷含量可从 169 mg/kg 降低至 17.8 mg/kg，脱胶效果良好[17]。还有研究也发现，利用磷脂酶 C 对大豆油进行脱胶，可使毛油磷脂的水解率达到 85.7%，精炼率提高了 3.08%。卞清德等利用海藻酸钠和壳聚糖固定磷脂酶 C，并进行大豆毛油脱胶，将磷含量降到了 3.85 mg/kg，磷脂含量大大降低，可满足后续物理精炼要求[18]。

5. 磷脂酶 D

已有研究在病毒、植物和动物中均检测到磷脂酶 D 的活性，磷脂酶 D 作用于磷脂类物质的磷氧键，如可将磷脂酰胆碱水解成磷脂酸和胆碱。它在醇存在的微水体系中也可催化转酰基反应，使多种含伯、仲位羟基的分子与磷脂上的乙醇胺或胆碱基团进行交换，生成新的磷脂。哺乳动物磷脂酶 D 有两种亚型，即磷脂酶 D_1（分子质量为 120 kDa）和磷脂酶 D_2（分子质量为 105 kDa）。这些磷脂酶 D 同工酶受多种分子调控，包括蛋白激酶、多磷酸肌醇和肉豆蔻酰化富丙氨酸的 C-激酶底物（MARKS）蛋白等[19]。

磷脂酶 D 及其催化反应产物磷脂酸参与调节多种细胞过程，包括炎症、细胞内膜转运调控、神经元和心脏刺激、细胞迁移和药物抗性。磷脂酶 D_1 和磷脂酶 D_2 都需要活性辅助因子来催化，磷脂酶 D_1 的基础活性较低，可由磷脂酰肌醇-4,5-二磷酸、磷脂酰肌醇-3,4,5-三磷酸、蛋白激酶 Cα 和 GTP 结合蛋白

（Rho、Rac Arf、CDC42）激活。磷脂酶 D_2 的活性受到磷脂酰肌醇-4,5-二磷酸和 Ral 的正调控，而受到细胞骨架蛋白的负调控。磷脂酶 D 的调节结构域包括 phox 同源性结构域，以及参与脂质结合的 pleckstrin 同源性结构域。人源磷脂酶 D_1 和磷脂酶 D_2 催化结构域的三维晶体结构如图 4-12 所示。

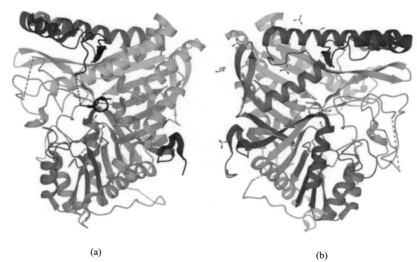

(a)　　　　　　　　　　　　　　　　(b)

图 4-12　人源磷脂酶 D_1 和磷脂酶 D_2 催化结构域的三维晶体结构

（a）磷脂酶 D_1；（b）磷脂酶 D_2

　　磷脂酶 D 的磷脂酰胆碱的水解作用可用于定向改性磷脂、药物合成等方面，这使得磷脂酶 D 在磷脂改性方面的应用研究备受关注。转酰基反应的选择性与酶的来源、醇的反应性和浓度有关，反应同时伴有水解反应，最终产物是磷脂酸和一种新的磷脂。不同来源的磷脂酶 D 都能高效地催化磷脂与乙醇的转酰基反应并生成磷脂酰乙醇。伯醇无论结构复杂与否，都可作为转酰基反应的受体，仲醇作为唯一受体时也能以较慢的速率反应。环烷醇可以被微生物磷脂酶 D 作为酰基受体，但肌醇除外。磷脂酶 D 可催化两种反应，一是水解反应，水解磷脂分子中的磷酸二酯键生成磷脂酸和羟基化合物；二是转磷脂酰反应（即转酯反应），催化磷脂分子末端极性基团与另一种含羟基化合物发生反应生成新的磷脂。利用磷脂酶 D 的这些特性，可对油料加工副产物磷脂粗品进行酶法改性，从而制备高纯度的单一磷脂或稀有磷脂来填补市场上对高纯度磷脂产品的空缺[20]。

　　磷脂酶 D 具有高度专一性和磷脂基团转移特性，但是磷脂酶 D 是一种磷脂水解酶，其催化水解的是磷脂类物质的磷氧键，并不能脱除磷脂基团，不能达到有效脱磷的目的，也不能显著改善磷脂的水化特性，因此，其基本没有在油脂脱胶工艺中应用，但是磷脂酶 D 具有高效转磷脂酰活性，可将含量丰富的磷脂催化合成为其他类型磷脂，或用于提升磷脂纯度，例如，将油脚磷脂中丰富的磷脂酰胆碱转化成磷脂酰丝氨酸、磷脂酰乙醇胺、磷脂酰甘油、磷脂酰肌醇等其他磷脂。这也引发了人们的研究兴趣，特别是高产磷脂酶 D 生产菌种的选育、酶的作用机制和工业应用研究，已成为目前重要的研究方向[21]。

4.2.3　植物油酶法脱胶技术

　　采用酶法脱胶的最大优势在于降低脱胶过程中性油的损失，但是酶法脱胶也存在酶成本较高等问题，目前酶法脱胶的进展较缓慢，这在很大程度上是因为缺乏可靠的工艺技术和相应参数，这在一定程度上造成无法计算工艺的经济性。但是相比之下，酶法脱胶仍然具有常规水化脱胶无可比拟的优势，如绿色环保、高效低碳，其是未来油脂绿色加工的重要方向。

　　1. 酶法脱胶的原理

　　酶法脱胶技术是 20 世纪 90 年代出现的一种油脂脱胶新技术，酶法脱胶的基本原理是采用磷脂酶将非水化磷脂转变成为水化磷脂，使其变得更容易去除，或者是直接通过水解掉磷脂酰基，保留甘油二酯而去除磷脂基团，达到脱磷的目的[22]。常用磷脂酶的酶法脱胶基本原理如图 4-13 所示。

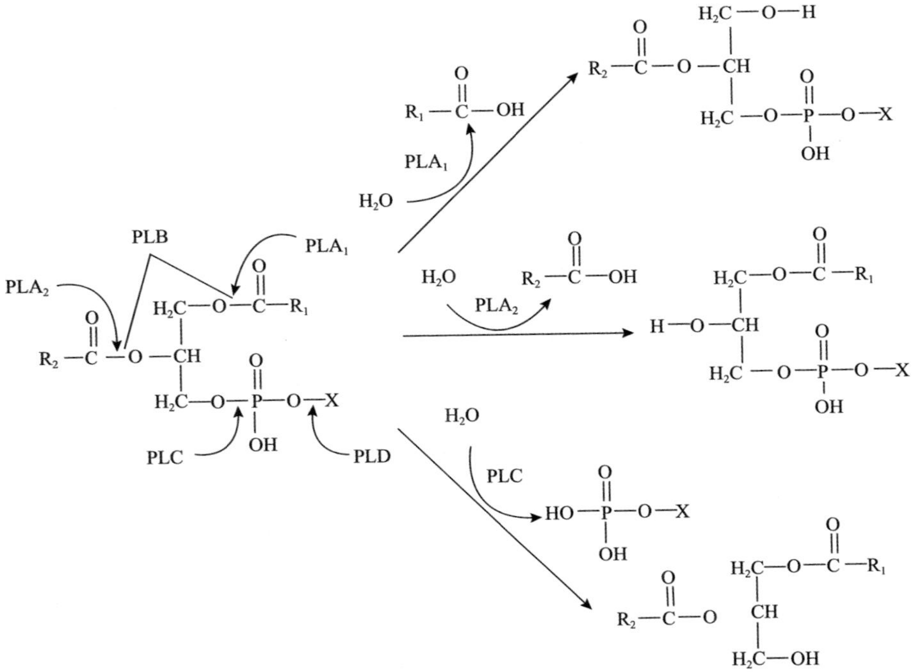

图 4-13　酶法脱胶的基本原理

1）PLA$_1$、PLA$_2$和PLB的脱胶原理与特点

磷脂酶种类的不同，其脱胶原理不同。PLA$_1$、PLA$_2$和PLB用于油脂脱胶的原理是：磷脂酶水解作用切除非水化磷脂的一个脂肪酸链并生成溶血磷脂，而溶血磷脂具有很强的亲水性，因此可通过水化作用方便地除去。PLA$_1$和PLA$_2$水解反应过程温和，一般只需50℃左右，因此对油脂结构破坏程度小，可显著提高成品油质量[10]。这三种酶用于油脂脱胶的特点如下。

（1）界面面积是酶高效发挥作用的重要原因，强剪切力搅拌是增加油水界面面积和不断更新界面的有效方法，所以酶法脱胶一般都要求有一个强剪切搅拌的过程，以增加酶与油相的接触面积，发挥水解作用。

（2）磷脂酶只需很少的水分就可发挥水解作用，因此，在应用中只需添加少量的水就可达到良好的脱胶效果，此过程降低了工艺水的用量，同时还极大地减少了废水的产生，这也是PLA$_1$、PLA$_2$和PLB用于酶法脱胶的主要优点之一。

2）PLC的脱胶原理与特点

PLC的作用位点与其他几种酶不同，因此其用于脱胶的原理不同。PLC作用于甘油磷脂sn-3位上甘油磷酸酯键，水解产物为甘油二酯和有机磷酸酯（PC、PE或PI等）。

因为PLC是一种专一作用于甘油磷脂sn-3位上甘油磷酸酯键的脂类水解酶（图4-13），不能对甘油三酯、甘油二酯和甘油单酯等中性油部分起作用，所以使用PLC进行脱胶不会产生其他副产品，安全性显得更高。脱胶过程中只需1%～2%的水分就可发挥水解作用，所以PLC酶法脱胶在应用中可避免大量废水的产生，降低了对环境的压力。PLC酶法脱胶最大的优点是能够有效提高脱胶油得率，降低毛油损耗，通常每降低500 mg/kg磷含量即可提高约1%的油脂产量，这一特点在油脂价格持续上涨的今天显得尤为重要。

PLC水解磷脂得到的主要产物为DAG，因其不再具有磷酸酯官能团，与TAG共同成为油脂的成分而不需再被除去。使用PLC进行脱胶，新生成的DAG可以通过毛油中原始的PC和PE含量乘以相对分子比605/750进行计算。假设毛油中含有2%的磷脂，其中大约有1.3%的PC和PE，PLC的脱胶效率为85%（根据相对水化率，认为PC全部反应，PE只发生部分反应），脱胶油中DAG的最大产量为0.89%（1.3%×605/750×0.85）。由此可见，使用PLC进行脱胶，产生了同为油脂成分的DAG，提高了毛油得率，给油脂企业带来了巨大的利益。而DAG的变化处于正常油脂组分变化范围内，对油脂的烟点等性能指标不会产生影响。

研究者还提出，相比传统食用油，长期食用富含DAG的油脂可以促进体重减轻和身体脂肪的减少。PLC进行水解得到的另一个水解产物是磷酸化合物，包括磷酸胆碱、磷酸乙醇胺、磷酸丝氨酸以及磷酸肌醇等，脱胶后随同水

相被分离，不具有乳化性，减少了毛油中 TAG 的损失。PLC 酶法脱胶可以使毛油中的磷含量低于 10 mg/kg，脱胶油适用于后续物理精炼，且脱胶过程没有游离脂肪酸产生，不会影响毛油酸值，减少了皂脚的产生，避免了化学试剂和水的大量使用，极大地简化了后续的精炼工序，因此，PLC 酶法脱胶具有更好的安全性、环境友好性和经济性[23]。

2. 酶法脱胶的商品化磷脂酶

1）酶法脱胶用商品化磷脂酶种类

目前应用于酶法脱胶的商品化磷脂酶种类较少，不同商用磷脂酶的价格具有一定差异，这也造成了不同酶法脱胶工艺成本的不同。目前主要的商品化磷脂酶有磷脂酶 A_1、磷脂酶 A_2 和磷脂酶 C。目前主要的商品化酶法脱胶磷脂酶生产厂家、品牌及来源见表 4-4。

表 4-4　目前主要的商品化酶法脱胶磷脂酶生产厂家、品牌及来源

生产厂家	品牌	磷脂酶类型	微生物来源
AB Enzymes 公司	Rohalase®MPL	PLA_2	*Trichoderma reesei*
Danisco 公司	Lysomax®	PLA_2	*Streptomyces violaceoruber*
DSM 公司	Gumzyme®	PLA_2	*Aspergillus niger*
Novozymes 公司	Lecitase®10L	PLA_2	*Porcine pancreas*
Novozymes 公司	Lecitase® Novo	PLA_1	*Fusarium oxysporum*
Novozymes 公司	Lecitase® Ultra	PLA_1	*Thermomyces lanuginosa/Fusarium oxysporum*
Verenium 公司	Purifine® PLC	PLC	*Pichia pastoris*

目前较为普遍应用的油脂脱胶磷脂酶是丹麦 Novozymes 公司生产的 Lecitase® Ultra PLA_1 和 Verenium 公司生产的 Purifine® PLC，此外，丹麦 Novozymes 公司生产的 Lecitase®10L PLA_2 和 Lecitase® Novo PLA_1 也有应用，但 Lecitase®10L PLA_2 的应用在减少[3, 24]。

2）Novozymes 公司 Lecitase® Ultra PLA 酶的工业化应用

Novozymes 生产的 Lecitase® Ultra PLA 最适 pH 为 4.5，该酶可与所有磷脂反应，包括 PC、PI、PE 和 PA，但根据研究者的经验，其与不同磷脂反应所需的时间不同，它与 PA 的 Ca、Mg 和 Fe 盐反应最慢，需要 4～6 h。需要注意的是，由于 pH 较低，因此工业上需要采用不锈钢设备。此外，在油脂换热器和离心碟片上易产生钙盐沉积（一般为柠檬酸钙），当 pH 进一步降低时，该问题可以解决。

Lecitase® Ultra 用于油脂酶法脱胶可显著降低油脂的残磷量，磷含量可降低至 10 ppm 以下，通常低于 5 ppm，而且油脂不需要水洗，经脱胶之后的油脂非常适合于物理精炼。根据 Lecitase® Ultra 的脱胶原理可知，脱胶之后油脂的酸价将升高，研究发现，经由 Lecitase® Ultra 脱胶后，约有一半的新生成的游离脂肪酸残留在油脂中，其余部分随胶质分离出。Lecitase® Ultra 脱胶之后的游离脂肪酸的增加量可以根据原油中磷脂的初始量乘以游离脂肪酸和磷脂的分子量之比（约 282/750），按假设一半的量残留于油脂中来计算得出。例如，磷脂含量为 2%的油脂，经 Lecitase® Ultra 脱胶之后，游离脂肪酸增加量为 0.38%（2%×282/750×1/2）。

磷脂几乎被完全转化为溶血磷脂，胶质中的 PA 和 PE，以及油脂中的 PA 的含量可以预测反应进行的程度。使用 Lecitase® Ultra 脱胶会造成油脂损失（15%），而胶质中油脂的含量则可以用以反映脱胶反应进行的程度，以及离心机的性能或参数匹配度。在实际生产中，需要根据胶质黏度和密度来调整设备的加工参数。

3）Purifine® PLC 的工业化应用

Verenium 公司生产的 Purifine® PLC 用于油脂脱胶的最适 pH 为 5.5～8.0，可以采用柠檬酸和氢氧化钠作为 pH 缓冲液。Purifine® PLC 酶只对 PC 和 PE 有选择性，酶法脱胶用时最长为 2 h，需要注意的是，如果不使用 pH 缓冲液，工厂的配套设备和管路可以采用碳钢制造，以保证其使用寿命。

采用 Purifine® PLC 脱胶获得的脱胶油的磷含量与水化脱胶相当，其中磷含量为 50～100 ppm 不等，这受到毛油中的 PA 和金属离子的含量高低的影响。因为最后的产物是甘油二酯，所以油脂中游离脂肪酸的含量不会随着酶反应而增加。甘油二酯的生成量可通过毛油中 PC 与 PE 总含量乘以分子量比值（约 605/750）计算得出。实际研究发现，Purifine® PLC 脱胶的反应效率约为 85%，这可能是因为 PC 的完全反应，但因为水化程度不同，油脂中仅部分 PE 发生了水解。水解产生的甘油二酯都将残留在油脂中，如含有 2%磷脂的毛油中 PC 和 PE 的总含量约为 1.3%，其经过 Purifine® PLC 完全脱胶后，生成的甘油二酯理论含量约为 0.9%。PLC 脱胶后，油脚离心机排出的重相中含有胆碱、乙醇胺磷酸酯，初始毛油中存在 PI（未反应）、部分未反应的 PE 和少量夹带油脂。非水化磷脂主要以 PA 和 PE 的金属盐的形式存在于油脂中，在脱胶过程中不会造成油脂损失。脱胶油脚中胶质的乳化特性部分归因于 PI，但根据经验观察发现，与同样含有未反应 PC 相比，PI 含量已有降低。使用 Purifine® PLC 获得的胶质中的含油量减少（10%～20%，湿基），如果胶质中油脂含量过高，可能表明酶反应不完全或离心机性能和参数设置不理想。

实际应用中，若在与 Purifine® PLC 反应前对毛油进行酸处理，获得的脱胶油的磷含量可能低于 10 ppm，如果毛油中的 PA 含量较低，脱胶油的磷含量甚至还会更低。若在脱胶过程中不使用 pH 缓冲液，那么中性油夹带损失将会升高，这是因为所有的 PA 和 PI 都被水化并去除，不会被酶水解。胶质中的丙酮不溶物含量降低（65%～70%），中性油含量达到 20%。由于磷脂残留和油脂乳化作用，水洗过程将产生额外的中性油损失（0.2%～0.3%），但是 Purifine® PLC 酶法脱胶工艺的优点是可以取代碱炼，从而为后续脱色和物理精炼提供优良的原料油脂。此外，在工业上也有采用改性二氧化硅过滤来替代水洗。

4）Lecitase® Ultra PLA 和 Purifine® PLC 组合酶的工业化应用

目前，PLA 和 PLC 双酶联用脱胶工艺相关研究在国内外较多。由于 PLA 和 PLC 的脱胶原理不同，PLA 和 PLC 酶的联合使用，可以使原油中所有的磷脂发生水解反应，并且由于 PLC 水解磷脂产生甘油二酯，其能提升油脂得率，脱胶油适用于物理精炼，而不受毛油中非水化磷脂含量的影响。双酶联用脱胶工艺的另一个优势在于，这两种酶复合使用时具有协同作用，无论这两种酶浓度是多少，相对于其中的任一种酶，复合脱胶时 PLC 酶的酶解反应速率均可显著提升。研究还发现，在复合酶脱胶过程中，磷脂的酶解只需要 30 min 即可完成，这意味着双酶联用协同作用，可有效缩短酶法脱胶时间。此外，复合酶脱胶的工艺条件与 PLA 酶脱胶工艺条件相似，只需要将两种酶同时添加，以促进酶解反应。胶质中的油脂含量低于 10%，而丙酮不溶物含量为 70%～75%。

3. 磷脂酶脱胶工艺

1）磷脂酶 A 脱胶

之前研究者对酶法脱胶进行了研究，其采用的磷脂酶是 Novozymes 公司推出的 Lecitase® Ultra 磷脂酶 A_1，它是一种微生物来源的酶。磷脂酶 A_1 对水解脂肪酸酯 sn-1 位酰基具有专一性，而对脂肪酸和磷脂的类型没有严格的专一性。水解掉 sn-2 位酰基的磷脂极性增大，遇水时可形成液态水合晶体，可从油中析出脱除。由于磷脂酶 A_1 对磷脂的类型不具有专一性，为了减少磷脂酶 A_1 的用量，降低生产成本，工业生产中先将水化磷脂脱除，利用磷脂酶 A_1 水解非水化磷脂[3]。

具体工艺过程是：将毛油加热至 75℃，加入油重 0.1%左右的 45%柠檬酸缓冲液和一定浓度的 NaOH 溶液，调节体系 pH 为 5（体系的 pH 对酶水解过程十分关键），再加入 20 mg/kg 油左右的磷脂酶 A，溶液混合、滞留反应 3 h 后，加热至 75℃后进入离心机分离，得到高质量的脱胶油[25]。Lecitase® Ultral 磷脂酶 A_1 脱胶工艺流程如图 4-14 所示。

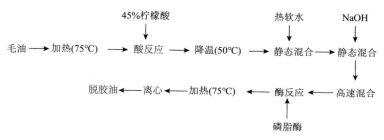

图 4-14 Lecitase® Ultral 磷脂酶 A_1 脱胶工艺流程

磷脂酶 A_2 和磷脂酶 A_1 的脱胶工艺类似,只是其中的温度、pH 等条件有所差异。其中来源于猪胰脏的磷脂酶 Lecitase® 10L 已不用于植物油脱胶,目前其已被更具有优势的微生物源磷脂酶 Lecitase® Novo 和 Lecitase® Ultra 所代替。Lecitase® Novo 和 Lecitase® Ultra 相比,在多数情况下,Lecitase® Ultra 具有相对较好的热稳定性和脱胶效果。利用 Lecitase® Ultra 脱胶,在良好的控制条件下脱胶油中磷含量可以降为 10 mg/kg 左右,经后续的吸附脱色后,油中磷含量可降低为 5 mg/kg 以下,完全满足物理精炼的要求。目前几种常用的商业化脱胶磷脂酶 A 及其应用性质见表 4-5。

表 4-5 几种常用的商业化脱胶磷脂酶 A 及其应用性质

磷脂酶商品名称	来源	特异性	耐热性/℃	最适脱胶温度/℃	最适 pH	离子依赖性	脱胶效果	Kosher/Halal 认证
Lecitase® 10L	猪胰脏	A_2	70~80	65~70	5.5~6.0	Ca^{2+}	一般	否
Lecitase® Novo	F. oxysporum	A_1	50	40~45	4.8	无	好	是
Lecitase® Ultra	T. lanuginose /F. oxysporum	A_1	60	50~55	4.8	无	非常好	是

注:三种酶均为丹麦 Novozymes 公司生产的植物油脱胶用酶。

但是,在实际生产中,Lecitase® Ultra 磷脂酶 A_1 对环境还是比较敏感,易失活,对反应条件要求比较严格。因此,通过实验研究,对磷脂酶进行固定化,可以提高它的热稳定性和 pH 稳定性,扩大它的最适反应条件范围,为酶法脱胶工艺的大规模推广创造更有利的条件[26]。

2)磷脂酶 C 脱胶

相对于磷脂酶 A_1 和磷脂酶 A_2,磷脂酶 C 的商品化种类较少,因此,在国内其在油脂精炼中的应用也多在实验小试或中试阶段。例如,有研究者根据实验室条件,优化后的磷脂酶 C 脱胶工艺如下:过滤后的毛油加热至 70℃,添加柠檬酸溶液进行剪切混合,45℃孵育调质后,加入 NaOH 溶液调节体系 pH,随后加入磷脂酶 C 溶液，高速分散机混合，进行酶法脱胶，结束后，加热至 75℃以上，进离心机离心，再真空干燥除水，即可得到酶法脱胶油。

德国鲁奇公司（Lurgi GmbH）早年开发了一种酶法脱胶工艺，即 EnzyMax® 脱胶工艺，这种工艺最初是为了适应磷脂酶 A_1 和磷脂酶 A_2 的脱胶，但当时考虑到其他磷脂酶在油脂脱胶工艺中的应用前景，油脂磷脂酶 C 脱胶同样也可以采用该工艺。EnzyMax®脱胶工艺流程简图如图 4-15 所示。

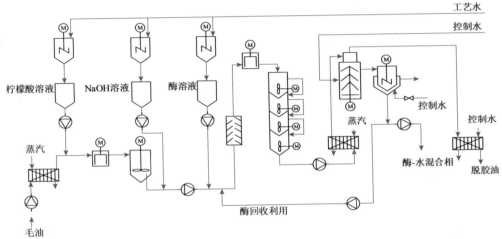

图 4-15　EnzyMax®脱胶工艺流程简图

瑞典 Alfa Laval 公司也针对酶法脱胶技术开发出配套的脱胶工艺，其开发的工艺适用于毛油和粗脱胶油（即先进行初步水化脱胶）的酶法脱胶，该酶法脱胶工艺流程简图如图 4-16 所示。

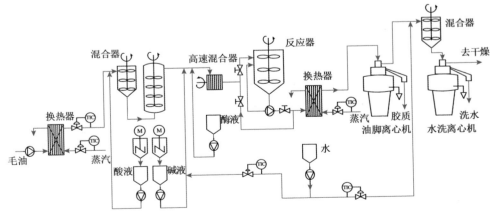

图 4-16　Alfa Laval 公司开发的一种酶法脱胶工艺流程简图

　　实际上，出于生产设备制造和工艺成本考虑，这些开发的酶法脱胶工艺并非只针对某一种或某一类酶，即这些不同的工艺可以通过改变其中的某些操作参数，同时适用于不同酶或者是混合酶，进而实现油脂高效脱胶。

　　3）不同油脂脱胶工艺的效果对比

　　有研究者采用不同的脱胶方式对含磷量分别为 720 ppm 和 1000 ppm 的大豆毛油进行脱胶，这两种不同磷脂含量的大豆毛油也是世界范围内大豆毛油的代表。不同脱胶方式的脱胶效果对比情况见表 4-6。

表 4-6　不同脱胶方式的脱胶效果

大豆毛油	脱胶方式	反应 pH	反应/水化时间/h	最终脱胶油成分				胶质/%（干基）
				磷/ppm	磷脂/%	FFA/%	DAG/%	
毛油 1	水化脱胶（无酶）	中性	05	120	0.29	0.3	0.3	2.7
	Purifine® PLC 酶辅助水化脱胶	中性	2.0	120	0.29	0.4	1.1	0.9
	酸法脱胶（水洗，无酶）	酸或碱性	1.0～2.0	<20	0.02	0.3	0.3	3.6
	Lecitase® Ultra PLA 脱胶（无水洗）	酸性 pH 4.5	4.0～6.0	<10	0.02	0.7	0.3	1.9
	Lecitase® Ultra 和 Purifine® PLC 联合脱胶（无水洗）	酸性 pH 4.5～7.0	2.0	<10	0.02	0.6	1.2	1.2
毛油 2	水化脱胶（无酶）	中性	0.5	120	0.29	0.4	0.3	3.7
	Purifine® PLC 酶辅助水化脱胶	中性	2.0	65	0.16	0.4	1.3	1.5
	酸法脱胶（水洗，无酶）	酸性 pH 4.5～7.0	1.0～2.0	10	0.02	0.4	0.3	4.9
	Lecitase® Ultra PLA 脱胶（无水洗）	酸性 pH 4.5	6.0～8.0	10	0.02	0.8	0.3	2.3
	优化的 Purifine® PLC（水洗）	酸性 pH 5.5～7.0	2.0	10	0.02	0.4	1.4	2.2
	Lecitase® Ultra 和 Purifine® PLC 联合脱胶（无水洗）	酸性 pH 4.5～7.0	2.0	10	0.02	0.9	0.9	1.1

　　注：毛油 1 含磷量 720 ppm，磷脂含量为 1.8%，含有游离脂肪酸 0.4%，甘油二酯 0.3%；毛油 2 含磷量 1000 ppm，磷脂含量为 2.5%，含有游离脂肪酸 0.4%，甘油二酯 0.3%。

　　从表 4-6 可以看出，无论是单一酶法脱胶还是复合酶法脱胶，其脱胶效果显著优于常规的水化脱胶和酸法脱胶，不仅如此，酶法脱胶还显示出优异的环境友好性，显著降低洗水用量，减少废水的产生[24]。

4.3　油脂生物法脱酸技术

　　油脂中游离脂肪酸（free fatty acid，FFA）的存在会影响油脂的储藏稳定性和品质。因此，脱除油脂中的游离脂肪酸是油脂精炼中的关键步骤。目前，油脂常用的脱酸方法主要有化学碱炼、混合油碱炼、化学酯化、物理脱酸（蒸馏脱酸、溶剂萃取脱酸和膜分离脱酸等）和生物法脱酸等[27]。在实际工业生产过程中，根据油脂酸价的不同、加工目的的不同，或出于经济性考虑，加工企业往往会采用不同的脱酸工艺，但是相对而言，传统脱酸工艺目前依然面临污染大、消耗高等缺点，而生物法脱酸，特别是酶法酯化脱酸，由于具有绿色环保、节能高效的特点，受到重视，也被广泛研究[28-29]。

　　在油脂工业中，狭义上的油脂生物精炼指的是酶法脱酸，以区别化学精炼（碱中和）和物理精炼（水蒸气蒸馏）。在本节中，生物法脱酸技术既包括常提到的酶法酯化脱酸技术，又包括采用特异性利用游离脂肪酸的微生物，而降低油脂酸价的微生物脱酸技术，本节分别对此进行简述。

4.3.1　植物油中的脂肪酸

1. 油脂中的脂肪酸形式

　　脂肪酸最初是由油脂水解而得到的，具有酸性，因而得名。在油料存储或加工过程中产生的非酯化形式的脂肪酸称为游离脂肪酸。根据国际理论与应用化学-国际生物化学联合会（IUPAC-IUB）在 1976 年修改公布的命名法，脂肪酸被定义为天然油脂加水分解生成的脂肪族羧酸化合物的总称。天然油脂中含有800 种以上的脂肪酸，已经得到鉴别的有 500 种之多。天然脂肪酸绝大部分为偶数碳支链，奇数碳链和具有支链的极少；碳链中不含有双键的为饱和脂肪酸，含有双键的为不饱和脂肪酸。不饱和脂肪酸根据所含双键的多少分为一烯酸、二烯酸和三烯以上的脂肪酸。二烯以上的天然不饱和脂肪酸的双键一般为五碳双烯结构（1,4-不饱和系统），同样也含有少量的共轭结构，天然多不饱和脂肪酸的五碳双烯结构和共轭结构式如图 4-17 所示。

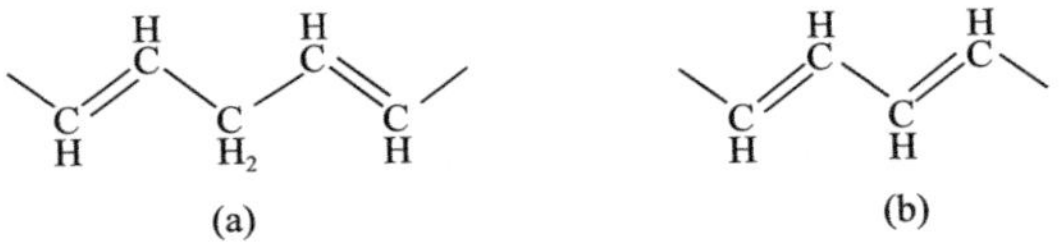

图 4-17　天然多不饱和脂肪酸的五碳双烯结构（a）和共轭结构式（b）

天然存在的不饱和脂肪酸以顺式结构（即双键上的两个氢原子在双键同侧）为主，反式结构（即双键上的两个氢原子在双键异侧）极少。天然脂肪酸中还含有其他官能团的特殊脂肪酸，如羟基酸、酮基酸、环氧基酸等，特殊脂肪酸种类有限，仅见于少数品种油脂中，一般油脂中极少见。天然油脂中均含有多种脂肪酸，其含量均为一个范围，其与油料品种、季节气候、地理环境、油料中取油部位，甚至加工方式等多种因素有关。

总之，油脂中各种脂肪酸的碳链长度、饱和程度以及顺反式结构可能不同，其物理化学性质具有差异，由其组成甘油三酯的性质也不同。因此，油脂的性质和用途从某种意义上讲是由组成甘油三酯的脂肪酸所决定的。同样地，在植物油中，尤其是植物毛油中的游离脂肪酸是多种类型的混合物，既含有饱和的，又含有不饱和的，其成分复杂，油脂脱酸的目的即脱除这些不同种类的游离脂肪酸，提升油脂的食用、贮储品质和安全性[30]。

2. 植物油脂中游离脂肪酸特点

未经精炼的各种毛油中，均含有一定数量的游离脂肪酸，脱除油脂中游离脂肪酸的过程称为油脂脱酸。脂肪酸呈游离状态存在于毛油中，这种脂肪酸称为游离脂肪酸。毛油中游离脂肪酸一是来自油料籽粒内部；二是甘油三酯在制油过程中受多种因素（如氧化、水解、微生物作用等）作用分解游离出来。一般毛油中游离脂肪酸的含量为 0.5%～5%。米糠和棕榈油在解脂酶的作用下，游离脂肪酸的含量可高达 20%，甚至更高。

不同种类的油脂，组成其甘油三酯的脂肪酸不同，油脂中游离脂肪酸含量过高，会产生刺激性气味，影响油脂风味，并进一步加剧油脂的水解酸败；不饱和脂肪酸对热和氧的稳定性差，促使油脂氧化劣变，妨碍油脂氢化等深加工工艺的进行，并腐蚀设备。游离脂肪酸存在于油脂中，还会使磷脂、糖脂、蛋白质等胶溶性和脂溶性物质在油脂中的溶解度增加，它本身还是油脂、磷脂等水解的催化剂。水分在油脂中的溶解度也随着油脂中游离脂肪酸含量的增加而升高。总之，游离脂肪酸存在于油脂中会导致油脂的物理化学稳定性降低，必需尽量去除[31]。

酸价是脂肪中游离脂肪酸含量的反映，其表示中和 1 g 化学物质所需的氢氧化钾（KOH）的毫克数。为了保障油脂的品质和食用安全，我国食用植物油标准中规定了油脂的酸价的限量，具体见表 4-7。

不同油脂的酸价的限量标准有所差异，而不同级别的成品油脂对酸价的要求有所差异，如大豆油，最新国标《大豆油》（GB/T 1535—2017）中规定，一级大豆油酸价（KOH）≤0.50 mg/g，二级≤2.0 mg/g；对于菜籽油，在新国标《菜籽油》（GB/T 1536—2021）中规定一级菜籽油酸价（KOH）≤1.50 mg/g，二级≤2.0 mg/g；对于花生油，国标《花生油》（GB/T 1534—2017）规定压榨一级成品花生油酸价（KOH）≤1.50 mg/g，二级按照 GB 2716—2018 执行。酸价超标的食用油脂，一方面使其营养价值降低，另一方面对健康会造成影响，严重地还有可能引起食物中毒，因此油脂中的游离脂肪酸含量必须加以严格控制。

表 4-7　《食品安全国家标准 植物油》（GB 2716—2018）国家标准中植物油酸价限量

油脂种类	酸价限量（KOH）/（mg/g）		
	植物毛油	食用植物油（含调和油）	煎炸食用油
米糠油	≤25		
棕榈（仁）油、玉米油、橄榄油、棉籽油	≤10	3	5
其他油脂	≤4		

4.3.2　油脂生物法脱酸类型

油脂脱酸的目的即尽可能完全去除油脂中的游离脂肪酸，脱酸的方法有碱炼、蒸馏、溶剂萃取及再酯化等多种，在工业生产上，应用最广泛的是碱炼法和水蒸气蒸馏法（即物理精炼法）。不同脱酸工艺特点不同，各有优缺点。化学碱炼脱酸彻底，但中性油和功能性脂类伴随物损失大，且产生大量工业废水，不适用于高酸值油脂脱酸。混合油碱炼脱酸彻底，无工业废水产生，但中性油损失较大，设备投资成本高，工艺烦琐。化学酯化脱酸效果较好，但副产物较多，脱酸温度高，增加了脂类风险因子产生的风险，脱酸后油脂品质较差。蒸馏脱酸中性油损失较少，但能耗大，原料含磷量要求高，增加了产生脂类风险因子的风险。溶剂萃取脱酸效果较好，但工艺烦琐，需多次萃取，中性油损失大。膜分离脱酸分离温度温和、能耗低、节能环保，但膜分离速率较慢，膜易污染。

生物法脱酸技术也称为生物精炼技术，其已被研究多年，取得了一些重要进展。生物精炼包括，一是利用全细胞微生物体系，选择性吸收游离脂肪酸碳源，将游离脂肪酸转化为甘油酯；二是利用脂酶体系，在一定的条件下，酯化游离脂肪酸生成甘油酯。与传统脱酸方式不同的是，传统脱酸方式是以去除游离脂肪酸，从而达到降低酸价的目的。微生物脱酸是通过利用微生物将游离脂肪酸作为其生长所需的碳源，除去游离脂肪酸；酶法再酯化脱酸是通过将游离脂肪酸转化为甘油酯，利用而非去除游离脂肪酸，进而达到降低酸价的目的[3]。

1. 微生物脱酸

之前有研究者从土壤中筛选出一种微生物，这种微生物可以利用长链脂肪酸而不分泌细胞外脂肪酶，研究者将其鉴定为假单胞菌菌株（BG1）。研究者发现这种微生物可利用月桂酸、肉豆蔻酸、棕榈酸、硬脂酸和油酸作碳源。BG1 在乳化型培养基中培养 48 h，其可以完全利用 0.1%的油酸。当 BG1 在油酸和甘油三酯混合物中生长时，它能选择性除去游离脂肪酸，而不造成甘油三酯损失，也不生成甘油一酯和甘油二酯。但是该方法具有一定局限性，即在培养体系中，微生物不能利用碳原子数低于 12 的短碳链脂肪酸以及亚油酸，不仅如此，这两类脂肪酸还能抑制 BG1 生长。但是，碳原子数在 12 或以上的游离饱和脂肪酸及油酸可被利用，游离去除速率与其在水中溶解性成正比。从油酸发酵可获取最多的生物量，并且尽管丁酸、戊酸、己酸、辛酸在水中溶解性高于油酸，但它们没被利用，这可能是因为短碳链脂肪酸对微生物体产生毒性。

这种假单胞菌菌株（BG1）对游离脂肪酸的利用情况和生物量情况见表 4-8。

表 4-8　假单胞菌菌株（BG1）对游离脂肪酸的利用情况和生物量情况

游离脂肪酸	利用情况	生物量/（g 干细胞/L）
丁酸（C4:0）	N.U.	0.1
戊酸（C5:0）	N.U.	0.1
己酸（C6:0）	N.U.	0.1
辛酸（C8:0）	N.U.	0.1
癸酸（C10:0）	N.U.	0.1
月桂酸（C12:0）	U.	0.8
肉豆蔻酸（C14:0）	U.	0.6
棕榈酸（C16:0）	U.	0.7
油酸（C18:1）	U.	1.8
亚油酸（C18:2）	N.U.	0.1
硬脂酸（18:0）	U.	0.6

注：N.U.表示不利用；U.表示可以利用。

但是，根据文献检索发现，近年来，微生物脱酸的研究相对较少，这可能是由于：①目前报道的微生物，利用游离脂肪酸具有选择性，如假单胞菌菌株（BG1）不能利用短链脂肪酸和亚油酸。因此，筛选广谱利用游离脂肪酸的微生物存在较大的挑战，未来可以通过菌种基因改造来实现。②游离脂肪酸一般对微生物的生长具有抑制作用，微生物利用游离脂肪酸作为碳源，利用度有限，造成脱酸效率的降低。③微生物脱酸的成本难以控制，目前已经报道的微生物脱酸仅在实验室成功，未投入工业放大生产，商业化菌种也未有大规模培育，这也是目前存在的较大挑战[26]。

2. 酶法再酯化脱酸

酶催化脱酸/再酯化脱酸是利用一些独特的能将游离脂肪酸和甘油合成甘油酯的微生物脂肪酶，将游离脂肪酸转化为甘油酯的脱酸方法。生物酶法脱酸具有反应条件温和，脱酸效率高、效果好，环保，中性油及功能性脂类伴随物保留率高等优点，是油脂脱酸领域的主要发展方向，但是其也存在酶成本较高、回收利用率低等不足。但是相对于微生物脱酸，酶法再酯化脱酸特别适用于高酸值油脂脱酸，尤其在高酸值米糠油精炼应用较多。微生物脂肪酶催化酯化较化学酯化脱酸具有更多优点，酶催化脱酸（再酯化）需要的能量低，一般在低温下进行。而化学酯化需在高温（180~200℃）下进行。酶催化脱酸潜力取决于酯化反应的几个重要参数，包括酶浓度、反应温度、反应时间、甘油浓度、反应混合物中水分量、操作压力等。不同油脂的酶催化脱酸技术已在实验室获得成功。

早期研究发现一种特殊的 1,3-脂肪酶（来自 *Mucor miehei*）具有优良的催化酯化脱酸效力，其可将米糠油游离脂肪酸含量由 30%降至 5%以下，酯化脱酸处理后的油脂，经过碱炼脱酸、脱色和脱臭，可生产优质米糠油。根据精炼因素和色泽来评判，生物酶法精炼与碱炼精炼结合的工艺，可与混合油精炼工艺相媲美，就精炼特性来说，甚至优于物理精炼和化学精炼联合工艺。

研究者杨博等就固定化脂肪酶 Lipozyme RM IM 应用于高酸值米糠油脱酸进行了探讨，得到优化后的酶法酯化脱酸工艺条件为：甘油添加量为理论所需甘油量，加酶量为油重 5%，反应温度为 65℃，真空条件为 1.2 kPa。在此优化条件下，经过 8 h 反应，米糠油游离脂肪酸含量由初始 14.47%降至 2.00%。脱酸后米糠油中甘油三酯含量由 74.68%升至 84.35%，显著提高了高酸值米糠油精炼率[32]。采用酶催化酯化工艺对高酸值油脂脱酸，主要优点是可增加中性甘油酯含量，尤其是甘油三酯；主要缺点是该酶的成本高，若应用于产业化尚有许多工作要做。

油脂生物法脱酸技术的优缺点总结见表 4-9。

表 4-9　油脂生物法脱酸技术的优缺点

生物法脱酸技术	特点/优点	缺点
微生物脱酸	利用选择性利用游离脂肪酸的全细胞微生物，如假单胞菌菌株（BG1）	（1）无法利用亚油酸和短链脂肪酸（碳原子数<12）； （2）这些脂肪酸抑制菌生长； （3）脂肪酸的利用率依赖于其水溶性
酶法再酯化脱酸	（1）脂肪酶再酯化增加油脂得率； （2）加工能耗低； （3）脱酸条件温和	酶成本高

4.3.3　生物法脱酸微生物和脱酸脂肪酶

1. 生物法脱酸微生物

目前，已知的生物法脱胶微生物较少，仅有研究者 Cho 等报道的 *Pseudomonas* BG1，这种菌为假单胞菌属，其具有假单胞菌的一般特征，其形态为直或稍弯的革兰氏阴性杆菌，是无核细菌，以极生鞭毛运动，不形成芽孢，化能有机营养，严格好氧，呼吸代谢，不发酵。其广泛分布于自然界，如土壤、水、食物和空气中，具有荚膜、鞭毛和菌毛，对营养要求不高，种类多。

鉴别出的能吸收利用游离脂肪酸的 *Pseudomonas* BG1 菌的生长最适 pH 为 6.0，最适生长温度为 30℃。研究发现，*Pseudomonas* BG1 菌可以选择性利用游离脂肪酸，将其作为生长所需的碳源，从而除去游离脂肪酸。研究还表明，*Pseudomonas* BG1 菌在含有过量的三油酸甘油三酯和油酸的培养基中培养时，甘油单酯和甘油二酯在培养前后均被检测到，这说明 *Pseudomonas* BG1 菌不会分泌脂肪酶，即它在生长过程中，选择性地去除游离脂肪酸而不损失甘油三酯，不产生甘油单酯和甘油二酯。

随着微生物学和食品科学以及二者交叉学科的蓬勃发展，在未来将会有更多的适用于油脂脱酸的微生物被发掘出来，促进油脂精炼加工技术的进步，实现油脂精炼的节能高效、绿色环保。

2. 生物法脱酸脂肪酶

生物法脱酸脂肪酶目前主要分为两大类，即甘油三酯脂肪酶和偏甘油酯脂肪酶，这两类酶的酰基受体虽然都是醇类，但是仍然有所区别，而且适应于这两类酶的反应体系也有差异。

1）甘油三酯脂肪酶

目前，常用于油脂脱酸的甘油三酯脂肪酶主要为商品化酶制剂 Novozym 435、Lipozyme 435、Lipozyme RM IM、Lipozyme TL IM 等几种。Novozym 435 和 Lipozyme 435 均为南极假丝酵母脂肪酶 B（Lipase B 来自 *Candida antarctica*）的固定化脂肪酶，两者的区别在于前者为工业级，后者为食品级。Novozym 435 和 Lipozyme 435 均具有较高的酯化活力，但二者的水解活力较弱，因此常用于酶法酯化反应制备结构脂质或功能性中间体。在绝大多数反应条件下，Novozym 435 和 Lipozyme 435 对甘油骨架表现出无位置选择性，只有在强极性环境中才表现出强 sn-1,3 位特异性。Lipozyme RM IM 具有较强的 sn-1,3 位特异性和酯化活性，常用于酯化合成结构脂质。Lipozyme TL IM 具有较强的 sn-1,3 位特异性和酯化活性。

（1）Novozym 435。Novozym 435 是丹麦诺维信公司生产的一种来自 *Candida antarctica* B 的脂肪酶，它由一种经过基因改性的米曲霉（*Aspergillus oryzae*）微生物进行深层发酵产生，后续吸附在大孔丙烯酸树脂上而制成的固定化酶。Novozym 435 是由粒径范围为 0.3～0.9 mm 的小球状颗粒组成，其堆积密度为 430 kg/m³，产品含水率为 1%～2%。该固定化酶在 70～80℃有最高的活力，最适催化温度为 40～60℃。其标称酶活力为 10000 U/g。Novozym 435 是一种热稳定较好的脂肪酶的固定化制剂。它特别适用于酯类和胺类化合物的合成，具有宽广的底物性，广泛应用于水和有机溶剂中的不对称酯水解、酯化和转酯化反应中，通过脂肪酶催化手性拆分得到光学活性的醇、酸和酯类化合物，并且可以回收，多次使用。Novozym 435 用于酯类合成的活力用每 1 g 酶在单位时间内生成的月桂酸丙酯单位（PLU/g）来表示，活力保存温度为 0～25℃。

研究者 Makasci 等采用 Novozym 435 作催化剂，甘油作酰基受体，在 2.67 kPa 的条件下催化高酸值橄榄油脱酸，使高酸值橄榄油的游离脂肪酸含量由 32%降至 3.7%[33]。研究者万聪等也对 Novozym 435 催化高酸值米糠油酯化脱酸进行了研究，在温度 56.4℃、反应时间 23.2 h 等优化条件下，实际测得脱酸后米糠油酸值（KOH）由 56 mg/g 降为 5.04 mg/g，游离脂肪酸酯化率达到 91%[34]。

（2）Lipozyme 435。Lipozyme 435 是丹麦诺维信公司生产的另一种固定化脂肪酶 435，其来源与 Novozym 435 相同。Lipozyme 435 的固定化颗粒直径为 50～212 μm，其密度约为 0.4 g/mL，标称酶活力为 9000 PLU/g，由于来源相同，其性质与 Lipozyme 435 相似。但是两者的区别在于前者为工业级，后者为食品级。Novozym 435 和 Lipozyme 435 均具有较高的酯化活力，但二者的水解活力较弱，因此，常用于酶法酯化反应制备结构脂质或功能性中间体。在绝大多数反应条件下，Novozym 435 和 Lipozyme 435 对甘油骨架表现出无位置选择性，只有在强极性环境中才表现出强 sn-1,3 位特异性。

研究者 Wang 等选用 Lipozyme 435 作催化剂，乙醇胺作新型酰基受体，在正己烷体系中催化高酸值米糠油脱酸，研究结果发现，在最佳条件下反应 4 h，高酸值米糠油的酸值（KOH）由 21.5 mg/g 降至 1.6 mg/g[34]。研究者万聪等在无溶剂条件下，采用 Lipozyme 435 对高酸值米糠油进行酯化脱酸，在酶添加量为 3%油质量，反应时间 10 h，温度 70℃等优化条件下，米糠油酸值（KOH）从 39.81 mg/g 降到 2.06 mg/g，脱酸率达到 94.83%，并且米糠油中的微量活性成分得到更高效的保留[35]。

（3）Lipozyme RM IM。Lipozyme RM IM 同样是诺维信公司开发的一种脂肪

酶制剂，其来源于 *Rhizomucor miehei*，通过一种基因改性的米曲霉（*Aspergillus oryzae*）微生物经深层发酵而产生。它也是一种颗粒状的固定化酶，颗粒直径为 0.2~0.6 mm，表观密度为 350~450 kg/m^3。该酶固定化用的载体为一种大孔阴离子交换树脂，树脂属于苯酚类型，Lipozyme RM IM 与载体由于吸附作用而强烈地结合在一起，未采用交联剂。Lipozyme RM IM 的水分含量一般为 2%~3%。Lipozyme RM IM 具有较强的 sn-1,3 位特异性和酯化活性，常用于酯化合成结构脂质和功能脂质。杨力会等在正己烷体系下，采用 Lipozyme RM IM 作为酶催化剂催化大豆卵磷脂与棕榈硬脂进行酯交换反应，并优化工艺。结果发现，在加酶量 25%（以底物总质量计），温度 46.7℃，反应 27 h，酯交换量可达 19.8%，卵磷脂回收率 50.6%[36]。

　　Lipozyme RM IM 也用于酯化脱酸中，并且研究者对此也进行了较多研究。研究者 Song 等采用 Lipozyme RM IM 作催化剂，在真空条件（0.09 MPa）下催化高酸值米糠油中的游离脂肪酸与单甘酯进行酯化反应，优化条件下反应 5.75 h，高酸值米糠油中的游离脂肪酸含量由 20.22%降至 0.28%[37]。研究者杨博等同样采用 Lipozyme RM IM 作为酶催化剂，甘油作酰基受体，对高酸值米糠油脱酸，在 1200 Pa 下反应 8 h，高酸值米糠油中的游离脂肪酸含量由 14.47%降至 2.5%[32]。

　　（4）Lipozyme TL IM。Lipozyme TL IM 也是诺维信公司开发的一种固定化酶制剂产品，Lipozyme TL IM 来源于疏棉状嗜热丝孢菌，为浅黄到棕黄色颗粒状，粒径为 0.3~1.0 mm。堆积密度为 0.54g/mL。Lipozyme TL IM 是硅胶吸附的固定化酶制剂，不使用交联剂。水含量一般为 5%，最适反应温度为 55℃。Lipozyme TL IM 能区域和立体选择性催化酯水解、酯化反应和酯交换反应，广泛应用于手性拆分、手性醇、脂和羧酸的合成，特别是具有较强的催化甘油三酯的 sn-1,3 位酯交换活性，在结构脂制备中广泛采用。Lipozyme TL IM 只能在非水介质使用，广泛应用于酯交换反应，用于煎炸油、起酥油和人造黄油等领域。其活力保存温度为 0~25℃，活力为 250 IUN/g（interesterification unit Novo，酯交换活性）。

　　研究者孙晓洋等对 Lipozyme TL IM 脂肪酶在无溶剂体系中催化茶油酯交换制备类可可脂进行了研究，结果发现，在加酶量为 20%（以茶油质量计），反应温度为 60℃时，所制备的类可可脂产品的 β-POP、β-POSt、β-StOSt 的总量为 27.24%，与天然可可脂的符合度达到 37.3%，熔点范围为 21~24℃[38]。

　　这几种最常用的油脂酯化脱酸脂肪酶各有特点，催化活性具有差异，成本也不同，因此，它们的应用场景或范围不同，并且它们的催化活性受到酰基受体类型的影响。之前已有许多研究者对它们的性质和特点进行了研究对比。

von der Haar 等比较了 Lipozyme RM IM、Novozym 435 和 Lipozyme TL IM 三种固定化脂肪酶催化菜籽油脱酸时的脱酸效果，发现 Lipozyme RM IM 脱酸效果最好，继续选用 Lipozyme RM IM 作催化剂，单甘酯作酰基受体，在常压催化菜籽油下脱酸（反应过程中分批次添加单甘酯，并通过氮气鼓泡除去生成的水以推动反应向正方向进行），在 50℃下反应 22 h，菜籽油中的游离脂肪酸含量由 6% 降至 0.6%[39]。Wang 等采用植物甾醇作酰基受体，比较了 Lipozyme TL IM、Novozym 435、Lipozyme 435、Lipozyme RM IM 这四种常见的商品化酶制剂在正己烷体系中催化高酸值米糠油脱酸时的脱酸效果，发现 Lipozyme RM IM 表现出最优的脱酸效果，在最佳条件下，高酸值米糠油中的游离脂肪酸含量由 15.8%降至 1.2%[40]。

由此可知，相比于其他商品化酶制剂，无论是采用甘油、单甘酯还是植物甾醇作酰基受体，还是在无溶剂常压体系、无溶剂抽真空体系及溶剂体系中，Lipozyme RM IM 均表现出较好的脱酸效果。这可能是由于相比于其他几种商品化脂肪酶，Lipozyme RM IM 对油脂体系中的脂肪酸具有更好的亲和力，更适宜用于油脂酶法脱酸。尽管 Novozym 435、Lipozyme 435 也具有较高的酯化活力，但二者催化油脂脱酸时的效果略逊于 Lipozyme RM IM。

2）偏甘油酯脂肪酶

值得注意的是，除了上述四种酶外，还有一类偏甘油酯脂肪酶。近年来，有较多学者对其在油脂酶法脱酸中的应用进行了研究，其用于油脂酶法脱酸时副反应少，脱酸时间较短，具有一定优势，因此不断受到重视。偏甘油酯脂肪酶是一种新型脂肪酶，区别于普通的甘油三酯脂肪酶，偏甘油酯脂肪酶仅能选择性作用于单甘酯和甘油二酯或仅能作用于单甘酯。传统甘油三酯脂肪酶应用于油脂脱酸时，由于脱酸过程中醇解副反应（甘油三酯与添加的醇反应）的存在，脱酸时间普遍较长，游离脂肪酸脱除率普遍较低，基本低于 95%，脱酸后的油脂难以满足后续物理精炼，即脱色和脱臭工段的要求。

为解决由甘油三酯醇解副反应而引起的脱酸时间长（效率低）、游离脂肪酸脱除率低（效果差）的问题，Li 等采用偏甘油酯脂肪酶催化油脂脱酸，脱酸效率和效果均显著提升，研究者采用固定化偏甘油酯脂肪酶 SMG1-F278N 催化高酸值米糠油脱酸，反应 6 h，高酸值米糠油的游离脂肪酸含量由 25.14%降至 0.03%[41]。随后，李道明等还采用固定化偏甘油酯脂肪酶两步催化高酸值米糠油脱酸生产无偏甘油酯（甘油单酯、甘油二酯）的米糠油，反应 10 h，高酸值米糠油的游离脂肪酸含量由 33.63%降至 0.06%。进一步地，为了验证偏甘油酯脂肪酶在高酸值油脂脱酸中的应用普适性，继续将固定化偏甘油酯脂肪酶应用于高酸值鱿鱼油脱酸，反应 36 h，高酸值鱿鱼油的游离脂肪酸含量由 13.84%显著降低至 0.06%[42]。

由此可知，偏甘油酯脂肪酶无论是对富含油酸（C18:1n9）和亚油酸（C18:2n6）的高酸值米糠油，还是对富含 EPA（C20:5n3）和 DHA（C22:6n3）的高酸值鱿鱼油，均具有较好的脱酸效果，其脱酸后游离脂肪酸含量降至0.06%以下。但是，相比于催化高酸值米糠油脱酸，偏甘油酯脂肪酶催化高酸值鱿鱼油的脱酸效率显著偏低，脱酸时间太长，达到 36 h，这其中的潜在原因可能是偏甘油酯脂肪酶对脂肪酸选择性的不同。偏甘油酯脂肪酶催化油脂脱酸研究现状见表 4-10。

表 4-10 偏甘油酯脂肪酶催化油脂脱酸研究现状

油脂类型	酶制剂	酰基受体	反应体系	原料油 FFA 含量/%	脱酸油 FFA 含量/酸值	反应时间/h	FFA 脱除率/%
高酸值米糠油	固定化偏甘油酯脂肪酶 SMG1-F278N	乙醇	正己烷	25.14	0.05	6	99.80
高酸值米糠油	固定化偏甘油酯脂肪酶 SMG1-F278N	乙醇	正己烷	33.63	0.06	10	99.79
高酸值鱿鱼油	固定化偏甘油酯脂肪酶 SMG1-F278N	乙醇	正己烷	13.84	0.06	36	99.57
高酸值米糠油	固定化偏甘油酯脂肪酶 SMG1-F278N	甲醇	正己烷	25.14	0.03	6	99.88

目前，已有研究的偏甘油酯脂肪酶主要有 SMG1-F278N、Lipase G50 和 PrLip这几种，但是均在实验阶段，未有工业化生产，其实际应用仍有待继续研究。

4.3.4 油脂的酶法脱酸技术

由于微生物脱酸目前仅有少量实验室研究，其并未得到小试或中试，距离工业化应用仍然具有相当长的距离，因此，目前没有微生物脱酸的工艺研究。本部分主要总结目前相对比较成熟的油脂酶法脱酸工艺。

1. 油脂的酶法脱酸原理

酶法脱酸主要是指脂肪酸和醇，常见的有甘油、甲醇或乙醇，在脂肪酶的催化作用下，发生酯化反应，将游离脂肪酸转变成酯的形式，从而达到降低酸价的目的[43]。酶法脱酸效果主要受脂肪酶及底物醇的影响。以最普遍采用的甘油三酯脂肪酶为例，其用于油脂的酶法脱酸的原理如图 4-18 所示。

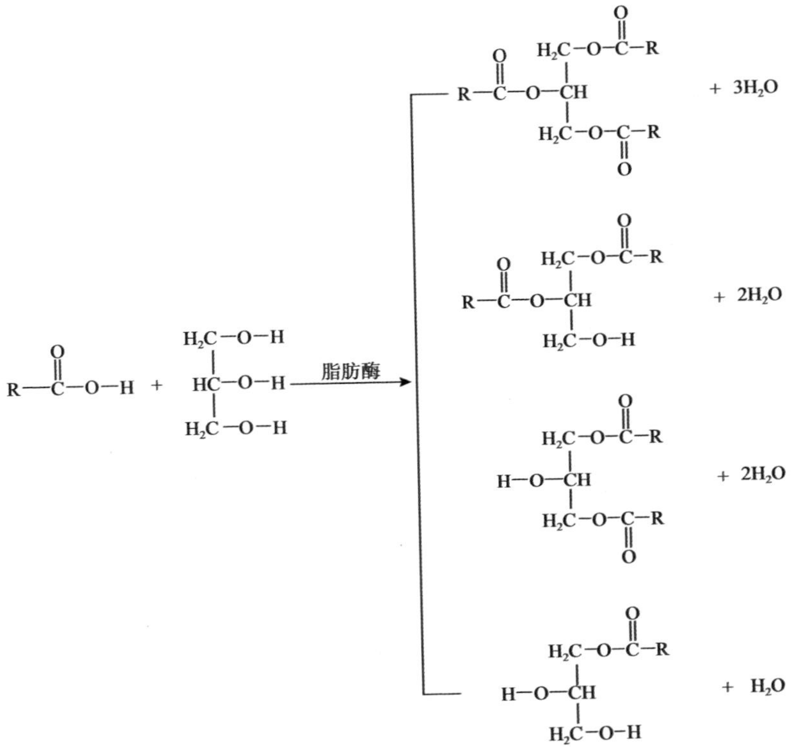

图 4-18　油脂的甘油三酯脂肪酶法脱酸原理

2. 商品化油脂脱酸脂肪酶种类

目前，市场上常用的油脂脱酸甘油三酯脂肪酶主要为诺维信公司生产的商品化酶制剂 Novozym 435、Lipozyme 435、Lipozyme RM IM 和 Lipozyme TL IM 这四种，早年报道的产品有 Lipozyme TM、Lipozyme IM 20 和 Lipozyme IM-60，但这几种现在基本没有在工业中继续应用[43]。这几种商品化脂肪酶用于酶法酯化脱酸过程中的酰基受体、反应体系、反应时间和脱酸效果情况见表 4-11。

表 4-11　甘油三酯脂肪酶催化油脂脱酸的应用现状

油脂类型	酶制剂	酰基受体	反应体系	原料油 FFA（FFA 百分含量或酸值）	脱酸油 FFA（FFA 百分含量或酸值）	反应时间/h	FFA脱除率/%
高酸值米糠油	Lipozyme TM	甘油	无溶剂抽真空	30%	3.6%	7.0	88
高酸值米糠油	Lipozyme IM 20	甘油	无溶剂抽真空	45%	4.0%	12	99.11

续表

油脂类型	酶制剂	酰基受体	反应体系	原料油 FFA（FFA 百分含量或酸值）	脱酸油 FFA（FFA 百分含量或酸值）	反应时间/h	FFA 脱除率/%
高酸值米糠油	Lipozyme IM-60	甘油	无溶剂抽真空	>50%	5.4%	48	>89.2
高酸值橄榄油	Novozym 435	甘油	无溶剂抽真空	32%	3.7%	—	88.44
高酸值米糠油	Lipozyme RM IM	甘油	无溶剂抽真空	14.74%	2.5%	8	82.72
高酸值米糠油	Lipozyme 435	甘油	无溶剂抽真空	39.81 mg/g	2.06 mg/g	10	94.83
高酸值米糠油	Lipozyme 435	甘油	无溶剂、食品干燥剂除水	56 mg/g	5.04 mg/g	23.2	91
高酸值米糠油	Lipozyme 435	甘油	常压无溶剂	24.1 mg/g	3.9 mg/g	6	83.82
高酸值米糠油	Lipozyme TL IM	1∶1 甘油+甘油单酯	无溶剂抽真空	43 mg/g	7.2 mg/g	9.3	83.26
高酸值米糠油	Lipozyme RM IM	甘油单酯	无溶剂抽真空	20.22%	0.28	5.75	98.62
高酸值米糠油	Lipozyme RM IM	甘油单酯	无溶剂抽真空	19.75%	1.83	6	90.73
菜籽油	Lipozyme RM IM	甘油单酯分批添加	常压无溶剂、氮气鼓泡除水	6%	0.6	22	90
高酸值油	Novozym 435	甲醇	常压无溶剂	20.7 mg/g	1.3 mg/g	10	93.72
高酸值米糠油	固定化 CRL	植物甾醇	无水异辛烷	40.7%	2.3%	2	94.35
高酸值米糠油	Lipozyme RM IM	植物甾醇	正己烷	15.8%	1.2%	24	92.41
高酸值米糠油	Lipozyme 435	乙醇胺	正己烷	21.5 mg/g	1.6 mg/g	4	92.56
高酸值米糠油	Novozym 435	植物甾醇	超临界 CO_2	15.8%	1.1%	41	93.04
高酸值米糠油	固定化脂肪酶 TYPE Ⅱ	植物甾醇	无溶剂	15.8%	1.5%	48	90.51
高酸值米糠油	固定化脂肪酶 CALB	植物甾醇	无溶剂	16.0%	2.4%	72	85

注："—"表示未提到。

由表 4-11 可知，上述几种商品化脂肪酶用于油脂再酯化脱酸效果优异，游离脂肪酸的脱除率均在 80%以上，其中 Lipozyme IM 20 报道的最高脱除率为99.11%。而且，这几种脂肪酶尤其适用于高酸值米糠油的酯化脱酸。

对于偏甘油酯脂肪酶法脱除油脂游离脂肪酸，目前只有部分实验研究，研究者对其固定化方法、酶催化反应体系、脱酸效率等进行了分析探讨，而偏甘油酯脂肪酶还没有大规模工业化应用，也未查询到商品化偏甘油酯脂肪酶产品。研究者通过菌种培育筛选，筛选出产 Lipase SMG1 酶的突变株，制备出实验室规模偏甘油酯脂肪酶 SMG1-F278N，并对其酶学性质进行分析，进行固定化载体构建，该酶的水解活力为 335 U/mL，对高酸值米糠油表现出良好的脱酸效果[42]。

3. 油脂的酶法脱酸工艺

酶法脱酸工艺一般应用于高酸值油脂，酶法酯化脱酸的一般工艺流程如图 4-19 所示。根据原料油品质的差异和脂肪酶的不同，油脂脱酸工艺中的参数具有差异，需要根据实际情况进行调整。

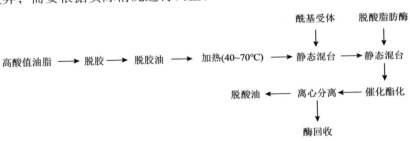

图 4-19　酶法酯化脱酸的一般工艺流程

酶法酯化脱酸工艺中，需要提供酰基受体与油脂中游离脂肪酸进行酯化反应，酰基受体是分子上有羟基并可与游离脂肪酸的羧基发生酯化反应的化合物。酰基受体可以是内源的，也可以是外加的，油脂中存在的内源的酰基受体有甘油单酯、甘油二酯、甾醇等；可外源添加的酰基受体常用的有甘油、甲醇、乙醇等。另外甘油单酯、甘油二酯、甾醇也可外源添加。

前人对酶法酯化脱酸的应用做了较多的研究。Sengupta 等进行的一项研究发现，在某种程度上，酶催化脱酸可应用于低游离脂肪酸的米糠油。含有5%~17%游离脂肪酸的米糠油可通过一种脂肪酶（来自 *M. michci*）与甘油进行酯化反应进而达到脱酸的目的。在与碱炼或物理精炼工艺结合时，生物精炼中性油损失比使用常规碱炼精炼时要低，并且甘油三酯得率提高。有研究者还提出另外一种商业用甘油单酯和脂肪酶（来自 *M. miehei*）催化酯化米糠油游离脂肪酸（8.6%～16.9%）的方法，其可将米糠油中的游离脂肪酸降至 2%～4%，这一过程甘油单酯的用量起着决定性作用，这说明甘油单酯可有效代替甘油，降低油脂中游离脂肪酸，生产甘油三酯含量高的优质油脂[26]。

　　由表 4-10 可知，采用不同的酶制剂，其脱酸效率不同，耗费时间也不一样，但是酶法脱酸降低了碱的用量、减少了废水的产生量，具有一定的环境优势。酶法酯化脱酸与传统碱炼脱酸或物理精炼结合获得精炼米糠油的特性见表 4-12。

表 4-12　酶法酯化脱酸和其他精炼脱酸的米糠油精炼特性对比

油脂种类	FFA/%	工艺损失/%	蜡/%	UM/%	DAG/%	TAG/%	罗维朋色泽（1 cm 槽）
毛油	10.2	—	3.8	4.4	—	—	Y8.6+R3.8+B0.6
脱胶脱蜡和脱色油	8.6	—	0.5	2.2	7.2	79.7	Y5.7+R1.1
酶法脱酸油	3.0	—	0.38	2.2	5.0	89.7	Y3.3+R0.3
酶法脱酸、碱炼、脱色和脱臭油	0.2	/	0.3	2.0	0.73	96.8	Y6.0+R1.1
酶法脱酸、脱色和物理精炼油	0.3	10.2	0.4	3.0	2.0	93.8	Y8.2+R1.2
碱炼、脱色和脱臭油	0.2	20.4	0.2	2.0	5.6	92.2	Y7.6+R1.4
物理精炼油	0.4	16.2	0.4	3.9	4.7	90.7	Y9.0+R1.8

　　注：FFA. 游离脂肪酸；UM. 不皂化物；DAG. 甘油二酯；TAG. 甘油三酯；—. 未检测；/. 无数据。

　　由表 4-12 可知，酶法脱酸的米糠油的游离脂肪酸含量明显低于未脱酸油脂，经过后续加工后，其与其他油脂游离脂肪酸含量、不皂化物、甘油三酯等含量差异不大，脱酸油脂的色泽品质较好。

4.4　油脂生物精炼技术的发展

　　生物技术在油脂精炼方面最主要的应用是酶法脱胶和生物法脱酸，在精炼的其他方面应用较少。油脂精炼是根据毛油中油脂成分与其他杂质在性质上的差异，采取一定的方法，将油脂与杂质分离。目前，生物技术在油脂方面的应用一般有几种方式，一是直接采用微生物菌种，特异性分解油脂中杂质成分，如游离脂肪酸，进而提升油脂品质；二是采用生物酶法催化油脂中的杂质成分水解或者合成新的非杂质成分，如酶法脱胶和酶法酯化脱酸。但是毛油成分复杂，杂质成分种类繁多，生物技术在油脂精炼中的应用也同样具有局限性。

　　此外，目前研究或应用较多的酶法脱胶和酶法脱酸这两种油脂生物精炼技术也还存在一定不足，在酶的成本控制、利用有效性、重复利用与否，以及对于新工艺的适应性等方面有诸多改进之处。本节对油脂生物精炼技术的未来发展方向作简要阐述。

4.4.1　酶的性能提升和新型酶制剂开发

　　目前，酶制剂在油脂精炼中的应用存在如下几个突出问题：首先，无论是酶法脱胶还是酶法脱酸工艺，酶处理时间长，并且无法实现连续化操作，这导致了油脂精炼加工每日处理量低下，间接增加了油脂精炼的成本；其次，现有的酶的最适反应温度与油脂精炼连续化加工过程中的温度不匹配，在酶处理前后，需要增加或者降低油脂温度，因此在温度"一降一升"的过程中，无形地增加了能耗，增加了加工成本；最后，目前某些脱胶脂肪酶和脱酸脂肪酶的耐酸和耐碱稳定性仍有待提升，在应用过程中，需要添加酸或碱调节体系 pH，增加了酸碱助剂用量和工艺复杂性。因此，需要提高酶的活性，增强酶的抗逆性，缩短酶促反应时间，进一步降低能耗和精炼成本。

　　解决目前酶活性低、抗逆性差的方法主要分为两种：一是对现有磷脂酶和脂肪酶等油脂精炼用生物酶进行人工改造，提升酶的性能，酶的改造方法可分为非理性和理性设计，或是二者相结合的半理性设计。二是从自然界中寻找具有高酶活、高抗逆性的生物酶类，可通过传统的可培养手段或是高通量的免培养手段进行菌种筛选，进而生产活性高、稳定性好的生物酶。

　　非理性设计的定向进化技术，结合高通量的筛选方法，可快速获得具有目标性能的酶分子，已有许多基于该方法成功改造的工业酶，其已经得到广泛应用。随着蛋白质结晶技术的发展，越来越多的酶分子晶体结构得到了解析。基于酶晶体结构，揭示酶的催化机理，结合相应数据库分析，可对酶分子进行理性定点突变设计以获得相应的优良特性。利用蛋白质重组技术可降低酶的制备成本，利用酶分子改造技术可改善磷脂酶和脂肪酶的各种催化性能，两者的最终目的都是使酶法生物精炼工艺朝着更经济、更环保的方向发展。例如，如果磷脂酶耐高温（65～80℃），那么经过酸处理后的毛油，无需降温就可进行酶催化反应；如果加上磷脂酶，酶促脱胶速度快（30 min 左右）、耐酸性强，则可考虑采用酸处理和酶反应混合脱胶工艺，这样可大大缩短脱胶时间、简化精炼设备、大幅度降低能耗和精炼成本，进一步使酶法脱胶变得绿色环保、节能高效。

　　开发新型酶制剂是提升酶促反应能力、优化生物精炼技术的重要手段，各领域的研究者也一直在探索中。在酶法酯化脱酸技术中，之前普遍采用的是甘油三酯脂肪酶催化酯化，后来研究发现，甘油三酯脂肪酶催化反应时间长、效率较低，反应过程中伴生醇解副反应，脱酸率普遍较低，因此，研究者开发出了偏甘油酯脂肪酶类。偏甘油酯脂肪酶与甘油三酯脂肪酶催化油脂脱酸的效果和效率比较如图 4-20 所示。

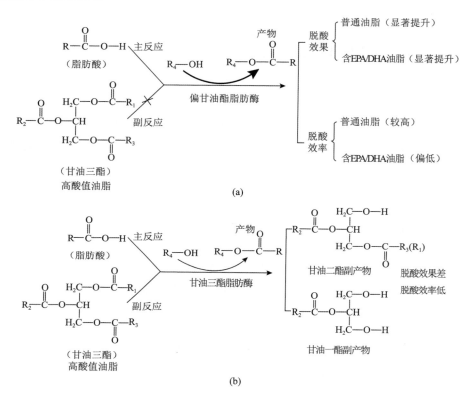

图 4-20　偏甘油酯脂肪酶（a）与甘油三酯脂肪酶（b）催化油脂脱酸的效果和效率比较

　　由于酶作用方式的不同，偏甘油酯脂肪酶不作用于甘油三酯，因此，可以避免原本甘油三酯水解副反应的发生，脱酸效果可显著提升，对于普通油脂的脱酸效率具有明显改善。甘油三酯脂肪酶在脱酸过程中产生甘油二酯和甘油一酯副产物，脱酸效果差，脱酸效率低。目前，已经在研究阶段的偏甘油酯脂肪酶主要有 SMG1-F278N、Lipase G50 和 PrLip 等几种，新型的高效酶类也正在不断被挖掘出来[43]。

4.4.2　油脂生物精炼酶的固定化

　　固定化酶技术是 20 世纪 60 年代发展起来的，它是采用载体材料将酶束缚或限制在一定的空间内，保留其催化活性，并可回收及重复使用的一类技术。固定化酶技术可以有效提高酶的催化性能和操作稳定性，并降低成本，是目前广泛使用的技术。相比于游离酶，固定酶更有利于酶-配合物的分离纯化，在pH 耐受性、底物选择性、热稳定性和可回收性等方面表现出优越的性能。不同的酶发挥催化作用的活性部位不同，将酶进行固定时，要使载体材料与酶的非活性部位结合，才可以保留酶的活性，因此载体材料的选择是固定化酶技术发挥作用的关键。

在油脂生物酶法精炼研究领域，脱胶酶和脱酸酶的固定化一直是研究的热点。固定化酶与游离酶相比具有以下诸多优点。

一是固定化酶可重复使用，使酶的使用效率提高、使用成本降低。一般在反应完成后，采用过滤或离心等简单的方法就可回收、重复使用，大大降低了成本。

二是固定化酶极易与反应体系分离，简化了提纯工艺，而且产品得率高、质量好。

三是在多数情况下，酶经过固定化以后，其稳定性得到提高。例如，对热、pH 等的稳定性提高，对抑制剂的敏感性降低，可较长时间地使用或储藏。

四是固定化酶具有一定的机械强度，可以用搅拌或装柱的方式作用于底物溶液，便于酶催化反应的连续化和自动化操作。

五是固定化酶的催化反应过程更易控制，如当使用填充式反应器时，底物不与酶接触，即可使酶反应终止。

六是固定化酶与游离酶相比更适于多酶体系的使用，不仅可利用多酶体系中的协同效应使酶催化反应速率大大提高，而且还可以控制反应按一定顺序进行。

固定化酶的这些优点为其在各个领域的应用开辟了新途径，尤其是对于油脂生物酶法精炼方面，酶的固定化，不仅可反复使用，而且易于产物分离，产物不含酶。因此，省去了热处理使酶失活的步骤，这对于提高食品的质量极为有利，很多人把固定化酶称为"长效的酶""无公害催化剂"等。罗淑年等将磷脂酶A_1固定于海藻酸钠-壳聚糖载体上，得到固定化酶微球。采用固定化酶进行大豆油脱胶实验，也取得了良好的效果，其工艺过程如图 4-21 所示。

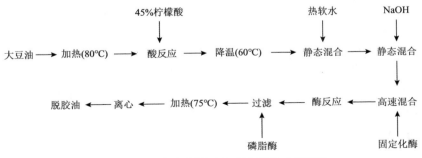

图 4-21　固定化酶用于大豆油脱胶工艺流程

在该工艺中，先将大豆油加热到 80℃左右，然后按每吨油 0.65 kg 柠檬酸的比例加入浓度 45%的柠檬酸溶液进行酸反应，酸反应的目的是络合油中的金属离子，保证精炼油的稳定性。然后降温至 60℃以下，加入水、NaOH 和酶。加 NaOH 的目的是和前期加入的柠檬酸形成缓冲体系，有利于酶发挥作用，每吨油 NaOH 的添加量为 0.20～0.25 kg，水的添加量为 1%～5%，固定化磷脂酶每吨油添加量为 100 g（固定化酶的载酶量为 0.25 g/g 载体），搅拌反应时间为 4～6 h，然后进入过滤器，内置 60 目的筛网，因为固定化酶凝胶颗粒的粒径一般为 2～5 mm，很容易过滤回收，回收的固定化酶可以进行重复利用[25]。

酶的固定化主要有吸附法、包埋法、共价结合法、交联法等，不同固定化方式制备固定化酶的情况比较见表 4-13。

表 4-13　不同固定化方式制备固定化酶的情况比较

性能	吸附法		包埋法	交联法	共价结合法
	物理吸附法	离子吸附法			
结合程度	弱，易脱落	弱，易脱落	弱，易脱落	强	强
酶活性	中等	高	中等	高	低
再生性	可	可	可	可	可
固定成本	低	低	低	低	高
底物专一性	不变	不变	可变	可变	可变
制备难度	易	易，操作简单	难，操作难	较难	难

但是，目前的生物精炼酶类的固定化技术也仍有待改进之处。例如，在酶法酯化脱酸中常用的几种酶，包括 Novozym 435、Lipozyme 435、Lipozyme RM IM 和 Lipozyme TL IM，均是采用吸附法制备的固定化酶，如 Novozym 435 和 Lipozyme 435 酶均为通过与大孔丙烯酸树脂吸附而制备。虽然它们的固定成本较低，并可以重复利用，但是其和酶载体的结合程度较弱，重复利用次数有限，或者随着使用次数升高，其酶活性下降迅速。此外，这些固定化方法制备的酶样品，需要通过离心、过滤等物理手段将其与油脂样品分离，这需要增加一定的设备成本。针对这些情况，优化当前的酶固定化技术，以及开发新型的更稳定的精炼生物酶固定化技术，也是未来促进油脂生物酶法精炼技术发展的重要途径。

研究者 Yu 等采用包埋交联法，利用海藻酸钙、海藻酸钙-壳聚糖、海藻酸钙-明胶分别固定化 PLA$_1$（Lecitase® Ultra），结果表明，经过固定化后，三种固定化酶最适 pH 范围均变宽，最适温度提高了 10℃；复合材料包埋得到的固定化酶重复利用次数相对较高，但是三种固定化方式均导致酶分子易淋溶脱落，重复利用次数有待进一步提高。Yu 等又尝试利用新型固定化技术，即磁性 Fe$_3$O$_4$/SiO$_x$-g-P(GMA)纳米颗粒对 PLA$_1$ 进行固定化，与上述固定化酶相比，该固定化酶重复利用次数明显增加，用于脱胶十次后，仍然保持了 80%的酶活性，且此固定化酶更易于分离。虽然随着使用次数的增加，酶活仍然呈逐渐降低的趋势，但这可能归因于固定化酶的聚集作用和回收过程中的损失[44]。酶法脱胶体系中，磷脂酶催化底物磷脂是在油水界面上进行的，且反应过程中搅拌剧烈，因此，对于磷脂酶固定化方式的设计和固定化材料的选择需考虑这种界面催化的特性和较大剪切力环境的存在。

4.4.3　酶法精炼工艺新技术和设备开发

油脂生物精炼技术的广泛应用，不只需要在酶资源挖掘、酶的稳定性和催化效率方面做工作，在酶法精炼工艺适应性方面也需要做相应努力。目前的油脂精炼工艺始于 20 世纪四五十年代，工艺设备和流程均已非常成熟，如果引入酶法精炼，则需要针对酶法精炼工艺的特点，生产配套装备，调试工艺技术参数，特别是针对一些新开发的开创性酶法精炼技术，或者在原来基础上优化了的酶法精炼技术，需要试制配套专用设备[45]。

例如，在采用固定化酶法脱胶工艺中，脱胶结束后，需要将固定化酶分离后再投入新一轮的反应体系中，从而实现酶的重复利用。但是，研究者 Sheelu 等报道了一种不需要将固定化酶取出的连续脱胶工艺，其将固定化酶装于类似笼子结构的容器中，悬于反应罐中央，使其能像搅拌器一样旋转，从而实现固定化酶连续脱胶模式。该方法省去了固定化酶的回收步骤，不仅提高了脱胶效率而且简化设备，节约成本。脱胶结束后，固定化酶往往易被胶质包裹，投入下轮使用时不易与底物接触，因此即使固定化酶在重复使用时本身不易失活，但脱胶效率也会随使用次数的增加而逐渐降低。如果在设计酶固定化方法时考虑避免胶质的黏附或是方便后续胶质的清除，或许能增加固定化酶的使用次数[46]。这种免分离吊篮固定化酶油脂脱胶反应器结构示意图如图 4-22 所示。

另外，复合酶的使用也是提升酶法精炼的一个途径，但是对于复合酶的精炼工艺同样需要进行研究和试验。例如，在酶法脱胶方面，相比于其他磷脂酶，PLC 最具吸引力的就是它能催化磷脂生成甘油二酯，直接增加得油率。但是由于

PLC 仅作用于 PC 和 PE，对 PI 和 PA 不起作用，导致脱胶不完全，达不到物理精炼的要求。

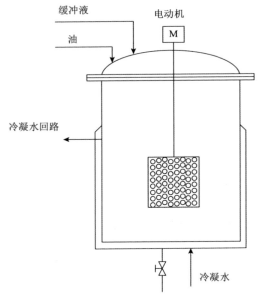

图 4-22　免分离吊篮固定化酶油脂脱胶反应器结构示意图

　　PLC 和 PLA 相结合应用于酶法脱胶时，理论上可以达到完全脱胶且获得最大油脂得率。但是在实际工艺中，基于毛油磷脂含量和组成、脱胶效率和能耗成本考虑，两种酶是同时加入，还是先加入 PLC 反应一定时间后再加入 PLA 仍是值得探索的问题。研究者 Jiang 等将 PLC 和 PLA$_1$ 用于 8 种不同的毛油脱胶，探讨复合酶对不同磷脂含量和不同非水化磷脂比例的植物毛油脱胶效果[47]。根据毛油品质特点，研究者得到如下结论：对于低总磷脂和低非水化磷脂的毛油，可不经过酸预处理，直接使用 PLA$_1$ 进行脱胶后，脱胶油磷含量就可达到物理精炼标准；对于高磷脂含量，低非水化磷脂毛油，经酸预处理后，采用 PLC 脱胶（Critic/PLC）既可增加油脂得率，又能满足物理精炼的要求；对于低磷脂含量，高非水化磷脂毛油，使用酸预处理后进行 PLA$_1$ 酶法脱胶（Critic/PLA$_1$），可以使磷质量分数降至 10 mg/kg 以下；对于高磷脂，高非水化磷脂含量的毛油，采用酸预处理后加入 PLC 反应一段时间后再加入 PLA$_1$ 进行反应的脱胶工艺（Critic/PLC/PLA$_1$），不仅能提高得油率，而且还能实现优良的脱胶效果。总而言之，在实际应用中，需要根据毛油品质和酶的特点，采用有针对性的脱胶工艺，这样才可使酶法脱胶工艺同时达到低耗高效、经济环保的效果。

参 考 文 献

[1] 刘玉兰. 油脂制取与加工工艺学. 2 版. 北京: 科学出版社, 2016.

[2] 王兴国, 金青哲. 食用油精准适度加工理论与实践. 北京: 中国轻工业出版社, 2016.

[3] 于殿宇. 酶技术及其在油脂工业中的应用. 北京: 科学出版社, 2013.

[4] 王兴国. 油料科学原理. 北京: 中国轻工业出版社, 2011.

[5] 罗质. 油脂精炼工艺学. 北京: 中国轻工业出版社, 2016.

[6] 张磊. 我国现代油脂工业的现状和发展. 生物技术世界, 2012, (2): 25-27.

[7] 万楚筠, 黄凤洪, 夏伏建, 等. 生物酶技术在油脂制取中应用. 粮食与油脂, 2005, 18(11): 33-35.

[8] Guo T T, Wan C Y, Huang F H, et al. Process optimization and characterization of arachidonic acid oil degumming using ultrasound-assisted enzymatic method. Ultrasonics Sonochemistry, 2021, 78: 105720.

[9] 何东平. 油脂化学. 北京: 化学工业出版社, 2013.

[10] Sun X Y, Zhang L F, Tian S J, et al. Phospholipid composition and emulsifying properties of rice bran lecithin from enzymatic degumming. LWT-Food Science and Technology, 2020, 117: 108588.

[11] 朱珊珊. 磷脂酶 A_1 的固定化及催化合成富含共轭亚油酸磷脂的研究. 广州: 华南理工大学, 2011.

[12] 水龙龙. 磷脂酶 A_1 的固定化及其在菜籽油脱胶中的应用. 合肥: 合肥工业大学, 2018.

[13] 宋坷坷, 汪勇, 王丽丽, 等. 磷脂酶 A_1(Lecitase Ultra)催化水解油脂机理研究(I)——磷脂酶 A_1(Lecitase Ultra)组成及酶学特性. 中国油脂, 2009, 34(10): 36-41.

[14] 李秋生, 杨继国, 杨博, 等. 不同磷脂酶用于植物油脱胶的研究. 中国油脂, 2004, 29(1): 19-22.

[15] 李明杰. 磷脂酶 B 的高效表达和酶学性质分析及其应用研究. 天津: 天津科技大学, 2017.

[16] 王法微, 王骐, 邓宇, 等. 磷脂酶 C 基因家族研究进展. 生物技术通报, 2014, 12: 33-39.

[17] 杨娇, 金青哲, 王兴国. 磷脂酶 C 用于大豆油脱胶的工艺优化. 中国油脂, 2012, 37(12): 14-17.

[18] 卞清德, 马英昌, 罗淑年, 等. 固定化磷脂酶用于大豆油脱胶的研究. 中国油脂, 2009, 34(7): 1-4.

[19] 董自星, 杨爽爽, 唐存多, 等. 微生物磷脂酶 D 的克隆表达研究进展. 食品工业科技, 2021, 42(15): 396-402.

[20] 赵雨, 郭建华, 张春枝. 蜡状芽孢杆菌 ZY12 产磷脂酶 D 的影响因素. 食品与发酵工业, 2021, 47(9): 57-62.

[21] 陈景, 陈建华, 刘凯, 等. 磷脂酶 D 特性及其在功能性磷脂生产中的应用. 天津农学院学报, 2021, 6(2): 79-84.

[22] 蒋晓菲. 磷脂对食用油品质的影响及酶法脱胶技术的研究. 无锡: 江南大学, 2014.

[23] 叶展. 菜籽油适度加工工艺研究. 武汉: 武汉轻工大学, 2016.

[24] Galhardo F, Dayton C. Enzymatic Degumming. https://lipidlibrary.aocs.org/[2022-06-10].

[25] 江连洲. 酶在大豆制品中的应用. 北京:中国轻工业出版社，2015.

[26] 何东平, 闫子鹏. 油脂精炼与加工工艺学. 北京: 中国轻工业出版社, 2012.

[27] 万聪. 无溶剂体系高酸值米糠油酶法酯化脱酸工艺优化研究. 武汉: 武汉轻工大学, 2016.

[28] Xu L J, Zhang Y, Zivkovic V, et al. Deacidification of high-acid rice bran oil by the tandem continuous-flow enzymatic reactors. Food Chemistry, 2022, 393: 133440.

[29] Bhosle B M, Subramanian R. New approaches in deacidification of edible oils: a review. Journal of Food Engineering, 2005, 69: 481-494.

[30] 王兴国, 金青哲. 油脂化学. 北京: 科学出版社, 2012.

[31] Wang X S, Wang X H, Xie D. A novel method for oil deacidification: chemical amidation with ethanolamine catalyzed by calcium oxide. LWT-Food Science and Technology, 2021, 146: 111436.

[32] 杨博, 杨继国, 王永华, 等. 米糠油酶法酯化脱酸的研究. 中国油脂, 2005, 30(7): 22-24.

[33] Makasci A, Arisoy K, Telefoncu A. Deacidification of high acid olive oil by immobilized lipase. Turkish Journal of Chemistry, 1996, 20(3): 258-264.

[34] 万聪, 彭辉, 杨洁, 等. 无溶剂体系高酸值米糠油酶法酯化脱酸工艺优化研究. 中国油脂, 2016, 41(4): 10-13.

[35] Wang X S, Wang X G, Wang T, et al. An effective method for reducing free fatty acid content of high-acid rice bran oil by enzymatic amidation. Journal of Industrial and Engineering Chemistry, 2017, 48: 119-124.

[36] 杨力会, 杨国龙, 毕艳兰, 等. Lipozyme RM IM 催化大豆卵磷脂与棕榈硬脂酯交换. 中国油脂, 2015, 40(6): 52-57.

[37] Song Z H, Liu Y F, Jin Q Z, et al. Lipase-catalyzed preparation of diacylglycerol-enriched oil from high-acid rice bran oil in solvent-free system. Applied Biochemistry and Biotechnology, 2012, 168(2): 364-374.

[38] 孙晓洋, 孟宏昌, 毕艳兰, 等. Lipozyme TL IM 脂肪酶催化茶油酯交换制备类可可脂的研究. 中国粮油学报, 2009, 24(12): 72-76,87.

[39] von der Haar D, Stabler A, Wichmann R, et al. Enzymatic esterification of free fatty acids in vegetable oils utilizing different immobilized lipases. Biotechnology Letter, 2015, 37: 169-174.

[40] Wang X S, Lu J Y, Liu H, et al. Improved deacidification of high-acid rice bran oil by enzymatic esterification with phytosterol. Process Biochemistry, 2016, 51(10): 1496-1502.

[41] Li D M, Faiza M B, Ali S, et al. Highly efficient deacidification of high-acid rice bran oil using methanol as a novel acyl acceptor. Applied Biochemistry and Biotechnology, 2018, 184: 1061-1072.

[42] 李道明. Lipase SMG1-F278N 在高酸价油脂脱酸中的应用研究. 广州: 华南理工大学, 2018.

[43] 施春阳, 石珑华, 李道明, 等. 酶法脱酸的研究进展与发展展望. 中国油脂, 2021, 46(10): 11-17.

[44] Yu D Y, Jiang L Z, Li Z L, et al. Immobilization of phospholipase A$_1$ and its application in soybean oil degumming. Journal of the American Oil Chemists' Society, 2012, 89(4): 649-656.

[45] 徐赢华, 王国敬, 李春, 等. 酶法脱胶在植物油脂精炼中的应用进展. 农业工程学报, 2015, 31(23): 269-276.

[46] Sheelu G, Kavitha G, Fadnavis N. Efficient immobilization of Lecitase in gelatin hydrogel and degumming of rice bran oil using a spinning basket reactor. Journal of the American Oil Chemists' Society, 2008, 85(8): 739-748.

[47] Jiang X, Ming C, Jin Q, et al. Application of phospholipase A_1 and phospholipase C in the degumming process of different kinds of crude oils. Process Biochemistry, 2015, 50(3): 432-437.

第5章　结构脂生物合成技术

结构脂质简称结构脂（SLs），从广义上讲，是指天然油脂或脂肪经过化学或酶促改性修饰，具有能够满足食用或药用营养需求的脂质。在此定义中，脂质的范围包括甘油三酯（TAG，食品脂质的最常见类型）以及其他类型甘油酯，如甘油二酯、甘油单酯和甘油磷脂（磷脂）。狭义上讲，结构脂是指经化学或酶法改变甘油骨架上脂肪酸组成或者位置分布，且具有特定分子结构、特殊功能作用的一类甘油三酯。结构脂在其结构上的差异不仅包含接入甘油骨架上脂肪酸的不同种类，也包含由脂肪酸在甘油骨架上的随机/选择性定位效应（外侧的 sn-1 和 sn-3 位，或中间的 sn-2 位）[1, 2]。由于甘油骨架特定位置上连接了具有特殊生理和/或营养功能的脂肪酸，因此结构脂除保留天然油脂的部分或全部性质外，还能够最大程度上发挥各种脂肪酸的功能，在食品、医药等领域应用潜力巨大，被认为是"新一代食用油脂"和"未来油脂"。

化学合成结构脂虽然能够通过特定的反应合成路线获得目标结构脂，但化学催化法反应条件剧烈（>100℃）、副反应多，产物得率低且分离困难，生产过程中的化学试剂也容易污染环境，另外催化反应是随机酯交换反应，无特异选择性，且反应产物难控制，不易生产出具有特定结构的重构脂质。与化学法相比，酶法合成结构脂是一种较为安全、有效、绿色、可控的途径，具有反应时间短、条件温和（<70℃）、选择性强、高效可控、操作简单、环境友好等优点，可以通过调控反应条件（如时间、温度、底物摩尔比、加酶量等）来增加产品的纯度和产量，是结构脂制备的首选方法。不仅如此，酶法合成结构脂不含反式脂肪酸的优势也是其可以广泛用于食品工业油脂合成的重要原因。

5.1　结构脂生物合成基础

近年来，生物酶在结构脂合成中的应用已成为研究的焦点。Kastle 等[3]在 1900 年首次报道了脂肪酶催化的酯交换反应，但是直到 1970 年脂肪酶才被广泛用于脂质的合成反应。随着酶催化合成技术的快速发展，以甘油为骨架，通过生物酶合成技术实现脂肪酸的重排，可获得特定结构的脂质，即结构脂[2]。通过在甘油骨架上接入特殊功能基团，可赋予这类脂质一定的营养性和功能性。这些特性是由结构脂的理化特性决定的，而其理化特性则受合成条件如底物、酶、反应体系等影响。

5.1.1　合成结构脂的脂肪酸

结构脂合成中采用了多种脂肪酸，充分利用每种脂肪酸的功能和性质，以最大限度地发挥其应用价值。这些脂肪酸包括短链脂肪酸（SCFAs）、长链脂肪酸（LCFAs）、多不饱和脂肪酸（PUFAs）、单不饱和脂肪酸及长链饱和脂肪酸。脂肪酸在甘油三酯分子中的种类及位置决定了结构脂的理化特点、功能特性、代谢命运和健康益处，表 5-1 是临床营养中结构脂的最佳推荐摄入脂肪酸种类及其功能特性。

表 5-1　临床营养中结构脂推荐摄入的脂肪酸水平[4]

脂肪酸	水平和功能
n-3	2%～5%，可增强免疫功能，减少血液凝结，降低血清甘油三酯，降低患冠心病的风险
n-6	3%～4%，以满足饮食中必需脂肪酸（EFA）的需求
n-9	单不饱和脂肪酸（C18:1n9）用于平衡长链脂肪酸
SCFAs 和 MCFAs[a]	30%～65%，可快速获得能量和快速吸收，特别是对于发育不完全的新生儿、住院患者和有脂质吸收障碍的患者

a 结构脂的主要成分是短链脂肪酸和中链脂肪酸（MCFAs）。

1. 短链脂肪酸

SCFAs（C2～C6）普遍存在于哺乳动物的胃肠道中，是碳水化合物被微生物消化代谢后的终产物。常见的含有 SCFAs 的食物有牛乳、羊乳、骆驼乳等乳制品。以牛乳为例，牛乳甘油三酯中含有 5%～10%的丁酸和 3%～5%的己酸，且含有丁酸的甘油三酯约占 30%。SCFAs 也称为挥发性脂肪酸，由于其较高的水溶性、较小的分子量和较短的碳链长度，具有比 MCFAs 更易被吸收的优势。在牛乳、绵羊乳和山羊乳中，SCFAs 主要被酯化于 sn-3 位。Jensen 等[5]利用人胃肠脂肪酶水解合成甘油三酯，发现脂肪酶水解甘油三酯中 sn-3 与 sn-1位酯的比例为 2：1，脂肪酶可优先水解 sn-3 位脂肪酸。因此，鉴于脂肪酶作用的位置特异性和链长特异性，甘油三酯中 sn-3 位的 SCFAs 可能在胃和小肠中被完全水解。

除了易于消化吸收的特点外，SCFAs 还具有低热量的特点。例如，乙酸热值为 3.5 kcal[①]/g，丙酸热值为 5.0 kcal/g，丁酸热值为 6.0 kcal/g，己酸热值为 7.5 kcal/g。鉴于低热值的特性，SCFAs 常被用于合成低热量的 SLs，如合成低热量的 Benefat。

2. 中链脂肪酸和甘油三酯

如图 5-1 所示，以 C6～C12 脂肪酸为主的中链甘油三酯（MCTs）具有诸多生理和代谢特点，也是用于合成 SLs 中 MCFAs 的优质来源。利用 MCTs 单独制备脂质乳剂或与长链甘油三酯（LCTs）混合制备脂质产品，常被用于肠外营养和肠内营养。MCTs 在室温下是液体或固体，其熔点取决于脂肪酸组成。MCTs 也被用作色素、香料、维生素和药物的载体。MCFAs 常见于棕榈仁油或月桂酸型油脂中，如椰子油含有 10%～15% 的 C8～C10 脂肪酸，是制备 MCTs 的常用原料。除传统化学合成法外，还可以采用生物酶如毛霉（*Mucor miemei*）脂肪酶催化合成 MCTs。MCTs 商业化产品有很多，以辛/癸酸甘油三酯为主，如俄罗斯 ABITEC 的 Captex 300、德国 BASF 的 Kollisolv、日本花王的 Coconard、日本 Nissin 的 ODO、日本 SASOL 的 Myglol、日本油脂株式会社的 Panasate 以及马来西亚 KLK 的 Palmester 等。MCFAs 在 20℃时黏度为 25～31 cP[②]，气味和味道温和，且因脂肪酸饱和，产品的稳定性良好。此外，MCTs 的热值为 8.3 kcal/g，而 LCTs 为 9 kcal/g，这一特性使 MCTs 也被用于低热量脂质开发，如应用于沙拉酱、烘焙食品和冷冻晚餐等低热量食品中。

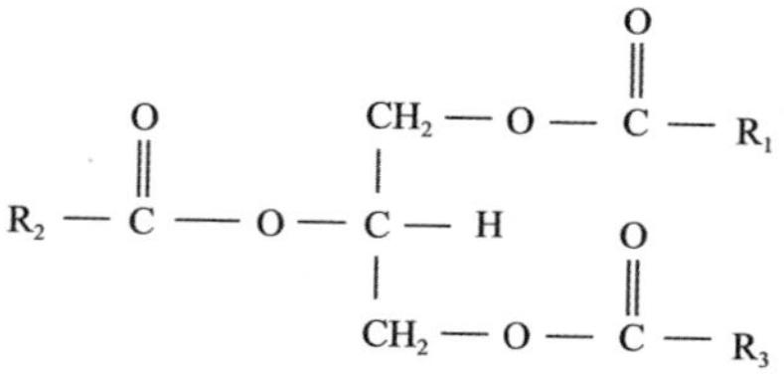

图 5-1　中链甘油三酯结构[R 是中链脂肪酸（MCFAs，C6～C12）烷基]

3. n-6 脂肪酸

常见的 n-6 脂肪酸是亚油酸（C18:2n6）。除了椰子、可可和棕榈坚果外，亚油酸主要存在于大多数植物油和大多数植物的种子中。亚油酸具有降低血浆胆固醇的作用，且对动脉血栓形成具有一定的抑制作用。人和哺乳动物缺乏 D12 去饱和酶，不能自身合成 C18:2n6，因此亚油酸被公认为必需脂肪酸。亚油酸可以

① 1 kcal=4.184 kJ。

② 1 cP=10^{-3} Pa·s。

进一步去饱和并延伸成为花生四烯酸（C20:4n6），而花生四烯酸是形成类花生酸的前体物，如图 5-2 所示。

Burr 等[6]在 1929 年报道了脂肪酸的必要性，建议饮食中摄入 1%～2%的亚油酸才能够预防婴儿生化和临床缺乏。成年人饮食中摄入足够的 C18:2n6 则不会存在缺乏问题。饮食中缺少亚油酸导致的生理特征是鳞屑性皮炎、皮肤过度失水、生长和繁殖受损以及伤口愈合不良。营养学家建议，SLs 中含有 3%～4%的n-6 脂肪酸，以满足 SLs 中的必需脂肪酸需求量[4]。

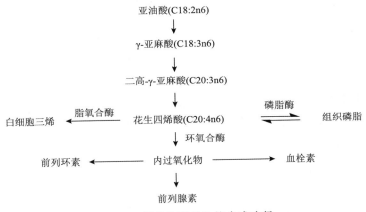

图 5-2　类花生酸的生物合成途径

4. n-3 脂肪酸

n-3 脂肪酸为一类多元不饱和脂肪酸，由于人体自身无法产生，只能通过食物获取，因而被认为是健康必需的脂肪酸。常见的 n-3 脂肪酸是亚麻酸（C18:3n3），其通常存在于大豆油、亚麻籽油以及绿叶植物的叶绿体中。此外，常用于 SLs 合成的其他 n-3 多不饱和脂肪酸（n-3PUFAs）有二十碳五烯酸（C20:5n3，EPA）和二十二碳六烯酸（C22:6n3，DHA），通常存在于鱼油中，特别是多脂鱼类。在成人体内只有不到 8%的亚麻酸转化为 EPA，而亚麻酸向 DHA的转化则可忽略不计。因此，EPA 和 DHA 都应通过饮食摄入进行补充。n-3 多不饱和脂肪酸主要来源于海产品，由浮游植物和藻类合成，经食物链进入鱼类和海洋哺乳动物的脂质中。为了充分发挥 n-3 多不饱和脂肪酸对人体健康的益处，建议将此类必需脂肪酸引入食品和油脂中，如 SLs。营养专家认为在增强免疫功能方面，SLs 中 n-3 多不饱和脂肪酸含量为 2%～5%是最佳的（表 5-1）。

n-3 多不饱和脂肪酸在甘油骨架上的位置对其在体内的消化吸收有重要影响。n-3 多不饱和脂肪酸位于甘油骨架的 sn-2 位上时可有效防止氧化，而且以2-MAG 的形式更利于吸收利用。因此，相较于化学催化法的随机性，具有特异选择性的酶催化合成法更适合制备富含 n-3 多不饱和脂肪酸的油脂。sn-1 和 sn-3 位置含有中碳链脂肪酸（M）和 sn-2 位置含有 n-3 多不饱和脂肪酸（L）的 SLs 因其营养特性而备受关注。这种脂质被称为 MLM 型 SLs，可以通过 1,3-选择性脂肪酶催化包含不饱和脂肪酸的甘油三酯和中碳链脂肪酸来合成，但产物是一个混合物，包括 LLL、MLL 和 MLM[7]。MLM 型 SLs 综合了不同链长脂肪酸的营养功能，并在体内消化代谢过程中发挥健康效应。MLM 型 SLs 对免疫功能、氮平衡和血液中的脂质清除具有积极作用，不仅可以作为消化不良和脂质吸收不良患者的营养物质来源，而且还可以作为老年人的高附加值保健品。

5. n-9 脂肪酸

n-9 脂肪酸属于动植物脂肪中普遍存在的不饱和脂肪酸，这些脂肪酸还被称为油酸或 MUFAs，常存在于菜籽油、橄榄油、花生油和高油酸葵花籽油等植物油中。n-9 脂肪酸可由人体自身产生，也可从食物中摄取，在降低体内血浆胆固醇方面起着缓冲调节作用。如表 5-1 所示，油酸可用于 SLs 合成，以满足其对于 LCTs 的需求。

6. 长链饱和脂肪酸

长链饱和脂肪酸主要存在于猪油、牛油、牛乳、羊乳等动物性食品以及棕榈油、可可脂等高饱和植物油脂中。一般来说，饱和脂肪酸被认为会增加血浆胆固醇水平，但有学者称含有 4～10 个碳原子的脂肪酸不会提高胆固醇水平，硬脂酸（C18:0）也不会升高血浆胆固醇水平。含有大量 LCFAs 特别是硬脂酸的甘油三酯，在人体中吸收很差，部分原因是硬脂酸的熔点高于体温，且其乳液形成和胶束溶解能力均较差。饱和 LCTs 吸收差的特点使其成为低热量 SLs 合成的潜在基料油脂。纳贝斯克（Nabisco）公司利用硬脂酸的这种特性制备了一系列名为 Salatrim（现为 Benefat）的低热量 SLs，其包含 SCFAs 和 LCFAs，主要是 C18:0[8]。Caprenin 是由 Procter & Gamble 生产的一种 SLs，其含有吸收性很差的长链饱和脂肪酸 C22:0（山嵛酸）。含有 2 个山嵛酸和 1 个油酸分子的 SLs 已被用于食品工业，防止巧克力起霜，以及促进棕榈油和猪油产品的精细晶体形成。

5.1.2 合成结构脂的生物酶

作为天然催化剂，酶是可以专一性催化具有生物学意义的化学反应的一类蛋白质。生物酶的反应底物及其催化反应都具有特异性，且在酶催化反应中，没有任何底物被转移到非生产性副反应中，因此不会产生废弃物。与化学合成相比，酶反应条件温和，酶催化反应具有化学选择性、位置选择性和立体选择性等重要优势，它们可生物降解，有助于环境保护，最重要的是其可催化多种反应。

1. 生物酶特性

1）游离酶与固定化酶

游离酶是指生物酶游离在液体有机介质中进行催化反应的一类酶。在传统的溶剂体系中，酶游离在水或有机溶剂介质中。游离酶虽然具有催化活性高和选择性好等优点，但其价格昂贵，限制了其在工业化生产中的应用。游离酶分离困难，难以循环使用，重复利用性不好。游离脂肪酶在有机溶剂中不易分散，导致其催化效率较低。相较于传统溶剂，新型绿色溶剂体系如离子液体因反应效率高、易分离、易回收等优点逐渐受到关注。而在无溶剂体系中，生物酶主要游离在液体油等液体底物中，具有较高的容积性能和经济优势，尤其适用于大规模生产。鉴于有机溶剂使用的严格规定，无溶剂体系可能更适用于合成食品级产品。

所谓固定化酶，即用固体材料将酶束缚或限制在一定的空间内，但其仍能进行特有的催化反应，并可回收及重复使用的一类酶。固定化通常会增加酶的稳定性并使其易于回收和再利用，从而可以进行连续工艺。因其不以液体形式存在，固定化酶不会污染食品，因此也无需纯化。然而，与液体游离形式的酶相比，大多数情况下固定化酶活性较低，这是因为它们不能与底物自由结合。例如，Lipozyme TL IM 是由诺维信公司生产的市售固定化酶，其可用于随机酶促酯交换，这种固定化酶根据概率改变脂肪酸在甘油骨架上的位置。Lipozyme TL IM 是将来自嗜热真菌 *Thermomyces lanuginosus* 微生物脂肪酶固定在颗粒状二氧化硅载体上，大多没有位置特异性。酶催化反应后油脂的甘油三酯组成和熔化曲线类似于化学催化法。如表 5-2 所示，固定化酶已广泛应用于人乳替代脂、人造黄油、类可可脂等结构脂的制备生产中。

表 5-2　用于结构脂合成的固定化酶

生物酶	特异性	应用	脂质来源
Lipozyme RM IM（产自米黑根毛霉 *Rhizomucor miehei*）	sn-1,3 特异性	人乳替代脂	鲇鱼油、芝麻油
		零反式人造黄油	棕榈硬脂、米糠油
		零反式人造黄油	全氢化膨化大豆油、冷榨玉米油
		类可可脂	雾冰藜脂、棕榈油中熔点提取物
		低热量结构脂	中短链脂肪酸乙酯、甘油
Lipozyme 435（产自南极假丝酵母 *Candida antarctica*）	sn-1,3 特异性	零反式人造黄油	大豆油、全氢化棕榈油
		人乳替代脂	棕榈硬脂、鱼油
		低热量结构脂	棕榈仁油、棕榈油

续表

生物酶	特异性	应用	脂质来源
Lipozyme TL IM（产自嗜热真菌 *Thermomyces lanuginosus*）	sn-1,3 特异性	零反式人造黄油 n-3 脂肪酸结构脂	茶花籽油、棕榈硬脂、椰子油 亚麻籽油、葡萄籽油
Novozym 435（产自南极假丝酵母 *Candida antarctica*）	sn-1,3 特异性	低热量结构脂	中短链脂肪酸乙酯、甘油

2）酶专一性

酶的专一性是指酶催化某一种或者某一类底物发生特定的反应并生成特定产物的性质。不同种类的酶专一性也存在差异。结构脂合成的主要酶类是脂肪酶，因此以脂肪酶为例介绍酶的专一性（表 5-3）。脂肪酶按照其底物的特异性分为以下五大类[9]。

表 5-3　脂肪酶的专一性及应用[10]

专一性		脂肪酶或其来源	应用
位置特异性	1,3-位置特异性	米黑根毛霉 米根霉	合成甘油三酯
		少根根霉	甘油三酯水解生成 1,2(2,3)-甘油二酯
		戴尔根霉 雪白根霉	脂肪酸直接酯化生成 1,3-甘油二酯
		猪胰脂肪酶	甘油三酯水解生成 2-甘油单酯 脂肪酸酯化生成 1(3)-甘油单酯
	非特异性	皱落假丝酵母 染色黏性菌	水解生成脂肪酸产物
		荧光假单胞菌 洋葱假单胞菌	直接水解生成甘油单酯和甘油二酯
脂肪酸专一性	长链多不饱和脂肪酸	白地霉 皱落假丝酵母	选择性水解
	饱和脂肪酸	尖孢镰刀菌	选择性水解
	顺-9-不饱和脂肪酸	白地霉 B	选择性水解
	短链脂肪酸	萼距花属（*Cuphea* sp.）	选择性水解

专一性		脂肪酶或其来源	应用
酰基选择性	甘油单酯	马铃薯酰基水解酶（马铃薯糖蛋白）	脂肪酸酯化生成甘油单酯
	甘油单酯和甘油二酯	沙门柏干酪青霉 环孢青霉 M1 拟分枝孢镰刀菌	脂肪酸酯化生成甘油单酯和甘油二酯
	甘油三酯	罗氏枯萎病菌 环孢青霉 M1 扩展青霉	甘油三酯水解或醇解生成 1,2-甘油二酯

（1）有底物选择性脂肪酶：通常脂肪酶的底物是脂酰基甘油酯，其不仅包括甘油三酯，还包括甘油二酯、甘油单酯和磷脂。底物专一性是指某种脂肪酶对特定甘油酯的偏好。例如，在消化过程中，甘油三酯的水解是不完全的，产物甘油二酯可以进一步水解成甘油单酯，但甘油单酯再水解的速率极慢，因此甘油三酯是大多数动物脂肪酶的最适底物，而甘油单酯则是一种很弱的底物。甘油三酯也是大多数植物和微生物脂肪酶的最适底物。但也有少量的脂肪酶水解部分酯化的甘油酯更快，如沙门柏干酪青霉对甘油单酯和甘油二酯水解速率较快，而对甘油三酯水解速率较慢，一种来源于小鼠脂肪组织的甘油单酯专一性的脂肪酶对甘油三酯和甘油二酯的活性很弱，最近报道了一种来源于青霉属的脂肪酶有甘油二酯的专一性。

（2）无特异性脂肪酶：一些脂肪酶对甘油三酯的酯键和脂肪酸的作用无差别，如苹果青霉和曲霉属。在此类酶作用下，甘油三酯被水解为游离脂肪酸和甘油。

（3）脂肪酸专一性或酰基选择性脂肪酶：有些脂肪酶表现为选择性地水解特定类型的脂肪酸或特定脂肪酸形成的酯键，酶的作用只与脂肪酸的类型有关，而与脂肪酸的位置无关。这类酶中研究最深入的是来源于白地霉的脂肪酶，它对顺-9-不饱和脂肪酸有高度专一性；其他的几种，如来源于娄格法尔特氏青霉的脂肪酶、各种动物的胃脂肪酶只水解短链脂肪酸，来源于葡萄孢属的一种脂肪酶对长链不饱和脂肪酸（油酸与亚油酸）有专一性。脂肪酸的特异性来自酯官能团以及不同类型脂肪酸反应速率的不同，脂肪酶似乎没有完全严格的脂肪酸特异性。

（4）位置（或区域）专一性脂肪酶：这种专一性是指脂肪酶区分甘油三酯骨架上两个外部位置（第一酯键）和内部位置（第二酯键）的能力。这类脂肪酶可优先水解甘油三酯特定位置的脂肪酸，主要是 sn-1 位和 sn-3 位，因此也被称为 1,3-位置选择性脂肪酶[11]。1,3-位置选择性脂肪酶在水解过程中优先水解 sn-1 和 sn-3 位脂肪酸，而不水解 sn-2 位，反应产物则是 1,2-甘油二酯和 2,3-甘油二酯的等量混合物，进一步水解反应形成 2-甘油单酯。例如，猪胰脂肪酶是有 1,3-位置选择性的，黑曲霉和少根根霉等微生物脂肪酶也具有这种特性。真正的 sn-2 区域选择性脂肪酶是稀有的，目前仅发现一种来源于假丝酵母属。值得注意的是，脂肪酶的位置特异性并没有严格分类，而是在非常特异、弱特异或非特异的范围内变化。

（5）立体特异性脂肪酶：这类酶具有区分 sn-1 和 sn-3 位置的能力，近年来才开始有所报道。人的舌分泌的脂肪酶具有 sn-3 立体专一性，具有 sn-1 立体专一性的脂肪酶来源于荧光假单孢菌，而具有 sn-3 立体专一性的脂肪酶来源于一种假丝酵母、腐皮镰孢菌和狗胃。

由上述专一性可知，脂肪酶是具有独特催化性质的生物酶，它们在各种工业加工中逐渐得到推广应用，如配制母乳化产品、油脂改性等。另外，用它们来合成手性化合物正日趋普及。

2. 生物酶命名与分类

1）生物酶命名

生物酶的催化活性和选择性是由酶的三维（3D）结构决定的，而该 3D 结构取决于大约 20 种天然氨基酸以链状方式连接形成的大分子，这些大分子折叠形成 3D 结构。独有的氨基酸侧链具有化学反应性，使酶产生区别、定向以及结合底物的能力。一旦底物与酶的活性位点结合，就会发生化学反应，然后释放化学产物。

国际生物化学与分子生物学联盟制定了酶命名法，即酶委员会编号（enzyme commission number，EC 编号）。每种酶根据其催化的化学反应进行分类，以字母"EC"开头，随后以四个号码来表示，这些号码逐步更细致地为酶作出分类。

举例来说，EC3 为水解酶，即利用水催化共价键裂解的酶。化学方程式如下：

$$A-B+H_2O \longrightarrow A-OH+B-H$$

EC3.1：催化酯键上反应的水解酶。

EC3.1.1：催化位于羧酸的酯键上反应的水解酶。

2）生物酶分类

酶作为生物催化剂，在油脂研究领域及工业中备受青睐。目前用于油脂改性的生物酶主要是脂肪酶，但也包括磷脂酶、P-450 单加氧酶和脂肪氧合酶等。而用于结构脂合成的工业化生物酶多是以脂肪酶为主，少量涉及磷脂酶，所以本节重点介绍脂肪酶的特性。

A. 脂肪酶

脂肪酶（EC3.1.1.3）在食品中的应用已有几十年的历史。脂肪酶是一类特殊的酰基水解酶，20 世纪中叶首次发现细菌脂肪酶，后来证实其能够在油水界面上催化酯水解、酯合成、酯交换、内酯合成、多肽合成、高聚物合成及立体异构体拆分等化学反应。脂肪酶温和的操作条件、优良的立体选择性以及保护环境等特点使它在油脂工业中有特殊的吸引力，是目前被广泛研究的一种酶催化剂。

脂肪酶存在于各种生物体中，包括微生物、动物、植物等。工业应用的脂肪酶大多来自微生物。脂肪酶生产菌分布广泛，在工业废水、植物油加工厂、奶制品厂、油污染土壤、含油种子、腐烂食物、堆肥、温泉中都可以找到。脂肪酶主要生产菌见表 5-4。

表 5-4　脂肪酶主要生产菌[12]

来源	属	种
革兰氏阳性菌	芽孢杆菌属（*Bacillus*）	巨大芽孢杆菌（*B. megaterium*） 蜡样芽孢杆菌（*B. cereus*） 枯草芽孢杆菌（*B. subtilis*） 嗜热脂肪芽孢杆菌（*B. stearothermophilus*） 凝结芽孢杆菌（*B. coagulans*） 热链形芽孢杆菌（*B. thermocatenulatus*） 酸热芽孢杆菌（*B. acidocaldarius*） *B. thermoleovorans* ID-1
	葡萄球菌属（*Staphylococcus*）	肉糖葡萄球菌（*S. carnosus*） 金黄色葡萄球菌（*S. aureus*） 猪葡萄球菌（*S. hyicus*） 表皮葡萄球菌（*S. epidermidis*） 沃氏葡萄球菌（*S. warneri*）
	杆菌属（*Lactobacillus*）	德氏乳杆菌（*Lactobacillus delbruckii*） 乳酸杆菌（*Lactobacillus* sp.）
	链球菌属（*Streptococcus*）	乳酸链球菌（*Streptococcus lactis*）
	微球菌属（*Micrococcus*）	弗氏微球菌（*M. freudenreichii*） 藤黄微球菌（*M. luteus*）
	丙酸菌属（*Propionibacterium*）	痤疮丙酸杆菌（*P. acne*） 颗粒丙酸杆菌（*P. granulosum*）
	伯克氏菌属（*Burkholderia*）	伯克霍尔德氏菌（*Burkholderia* sp.） 水稻细菌性谷枯病菌（*B. glumae*）

续表

来源	属	种
革兰氏阳性菌	假单胞菌属（*Pseudomonas*）	铜绿假单胞菌（*P. aeruginosa*） 脆假单胞菌（*P. fragi*） 门多萨假单胞菌（*P. mendocina*） 恶臭假单胞菌（*P. putida* 3SK） 荚壳假单胞菌（*P. glumae*） 洋葱假单胞菌（*P. cepacia*） 荧光假单胞菌（*P. fluorescens*） 类产碱假单胞菌（*P. pseudoalcaligenes*）
	色杆菌属（*Chromobacterium*）	黏稠色杆菌（*C. viscosum*）
	不动杆菌属（*Acinetobacter*）	产碱假单胞菌（*A. pseudoaloaligenes*） *A. mdioresistens*
	气球菌属（*Aeromonas*）	嗜水气单胞菌（*A. hydrophila*） *A. sorbia*
真菌	根霉属（*Rhizopus*）	戴尔根霉（*Rhizopus delemar*） 米根霉（*Rhizopus oryzae*） 少根根霉（*Rhizopus arrhizus*） 黑根霉（*Rhizopus nigricans*） 结节根霉（*Rhizopus nodosus*） 小孢根霉（*Rhizopus microsporus*） 华根霉（*Rhiznpus chinensis*） 日本根霉（*Rhuzopus japonicus*） 雪白根霉（*Rhizopus niveus*）
	曲霉属（*Aspergillus*）	黄曲霉（*A. flavus*） 黑曲霉（*A. niger*） 日本曲霉（*A. japonicus*） 泡盛曲霉（*A. awamori*） 烟曲霉（*A. fumigatus*） 米曲霉（*A. oryzae*） 肉色曲霉（*A. carneus*） 匍匐曲霉（*A. repens*） 构巢曲霉（*A. nidulans*）
	青霉菌属（*Penicillium*）	圆弧青霉（*P. cyclopium*） 桔青霉（*P. citrinum*） 娄地青霉（*P. roqueforti*） *P. fumiculosum* 卡门柏青霉（*P. camembertii*） *P. wortmanii*
	毛霉属（*Mucor*）	米赫毛霉（*Mucor miehei*） 爪哇毛霉（*Mucor javanicus*） 冻土毛霉（*Mucor hiemalis*） 卷枝毛霉（*Mucor circinelloides*） 总状毛霉（*Mucor racemosus*）

续表

来源	属	种
真菌	阿舒囊霉属（*Ashbya*）	棉阿舒囊霉（*Ashbya gossypii*）
	地霉属（*Geotrichum*）	白地霉（*G. candidum*） 地霉（*G. sp.*）
	白僵菌属（*Beauveria*）	球孢白僵菌（*Beauveria bassiana*）
	腐质霉（*Humicola*）	*H. lanuginosa*
	根毛霉属（*Rhizomucor*）	米黑根毛霉（*R. miehei*）
	镰刀菌属（*Fusarium*）	尖孢镰刀菌（*F. axysporum*） 异孢镰刀菌（*F. heterosporum*）
	枝顶孢属（*Acremonium*）	点枝顶孢霉（*A. strictum*）
	链格孢属（*Alternaria*）	甘蓝链格孢（*Alternaria brassicicola*）
	Eurotrium	*E. herbanorium*
	蛇口壳属（*Ophiostoma*）	*O. piliferum*
酵母	假丝酵母属（*Candida*）	皱落假丝酵母（*C. rugosa*） 热带假丝酵母（*C. tropicalis*） 南极假丝酵母（*C. antarctica*） 柱状假丝酵母（*C. cylindracea*） 近平滑念珠菌（*C. parapsilosis*） 粗状假丝酵母（*C. valida*） *C. deformans* 弯假丝酵母（*C. curvata*）
	耶氏酵母属（*Yarrowia*）	解脂耶氏酵母（*Y. lipolytica*）
	红酵母属（*Rhodotorula*）	黏红酵母（*R. glutinis*） 红酵母（*R. pilimornae*）
	毕赤酵母属（*Pichia*）	双孢毕赤酵母（*P. bispora*） 墨西哥毕赤酵母（*P. maxicana*） *P. sivicola* *P. xylosa* 伯顿毕赤酵母（*P. burtonii*）
	酵母属（*Saccharomyces*）	解脂复膜孢酵母（*S. lipolytica*） *S. crataegenesis*
	Torulospora	*Torulospora globora*
	毛孢子菌属（*Trichosporon*）	星状丝孢酵母（*Trichosporon asteroides*）
放线菌 *Actinomycetes*	链霉菌属（*Streptomyces*）	弗氏链霉菌（*S. fradiae*） 天蓝色链霉菌（*S. coelicolor*） 肉桂链霉菌（*S. cinnamomeus*） 脱叶链霉菌（*S. exfoliatus*）

脂肪酶结构如图 5-3 所示，以常见的产自南极假丝酵母（*Candida antarctica*）的脂肪酶（CAL-A）为例。微生物脂肪酶的三级结构具有高度相似性。大多数脂肪酶活性中心 Ser 残基受一个 α 螺旋盖的保护，即具有"盖子"结构［图 5-3（a）］，其作用是覆盖于活性中心 Ser 残基上方，阻挡活性中心与底物的结合[13, 14]。脂肪酶的二级结构都是由 α/β 折叠构成，属于 α/β 水解酶家族[15]。经典的 α/β 水解酶结构是由 α 螺旋环绕 8 个近乎平行的 β 折叠（第二个 β 折叠为反平行）而构成的［图 5-3（b）］。虽然脂肪酶的二级及三级结构相近，但不同种类的微生物脂肪酶的一级结构差异较大，大多数脂肪酶都具有 Gly-X_1-Ser-X_2-Gly 保守序列，其中 Ser 是亲核残基，是催化中心三联体——丝氨酸-组氨酸-天冬氨酸/甘氨酸（Ser-His-Asp/Glu）的成员之一；Ser 侧翼的 Gly 在酶的催化过程中所起的作用不大，主要作用为增加保守五肽的柔韧性和减少空间障碍，以便底物能与催化中心更好地结合和催化水解。

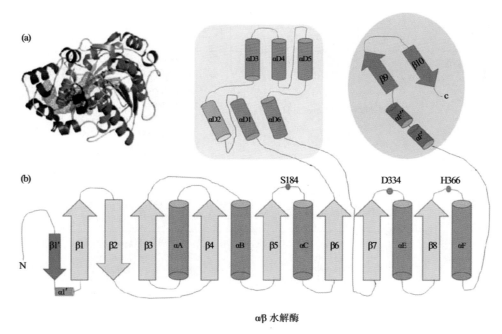

图 5-3　(a)来自南极假丝酵母（*Candida antarctica*）的脂肪酶（CAL-A）［盖子结构以深红色显示，Helix αD2（G237 所在的位置）以浅绿色突出显示，可移动的瓣域以绿色显示，α/β-水解酶折叠以蓝色/灰色突出显示］；(b)带有 β 折叠（箭头）、α 螺旋（圆柱）和活性位点残基（圆圈）的 CAL-A 的拓扑图（αD1～αD6 代表盖子结构）

脂肪酶是主要水解甘油三酯的生物酶，一些低分子量和高分子量的酯类、巯基酯、酰胺、聚醚多元醇、聚丙烯酸酯也可能成为这类酶的底物。作为一类丝氨酸水解酶，脂肪酶水解反应的一个重要特点是只能在油-水界面作用于酯键。脂肪酶利用氨基酸催化中心三联体 Ser-His-Asp/Glu 进行酯键水解。在这个三联体中，组氨酸发挥常规碱基的作用，与起催化活性的丝氨酸残基形成氢键，而后形成第一个四面体过渡态。在 pH 为 3 及更低 pH 条件下，组氨酸将被质子化。如果组氨酸已经质子化，则不会与起催化作用的丝氨酸残基形成氢键，反应就不会进行，从而降低或消除酶活性。

　　从环境或动物来源获得的脂肪酶称为"野生型"，其适宜温度范围非常窄，通常为 5～40℃，且其催化的反应是水解，因此需要水环境。作为一种羧酸酯水解酶，脂肪酶具有将水分子作为优先亲核受体的倾向，致使酯交换反应中存在不可避免的酰基转移反应。事实上，为了促进酯合成效率，关于脂肪酶催化反应的大部分研究都集中在开发和优化无水条件下的反应，以使反应平衡向合成方向转变。

　　大多数酶促反应是可逆的，但通常必须显著改变反应条件才能发生逆反应，利用同种脂肪酶可去除反应过程中产生的过量水而形成甘油三酯。三种利用脂肪酶的方法已被证实，通过控制酯化反应过程中的水含量，限制不需要的水解，进而促进甘油三酯的形成。第一种方法是使用亲水性的有机溶剂（甲醇、乙醇、乙二醇、甘油等）作为底物。第二种方法是使用不溶于水的有机溶剂（庚烷、辛烷和异辛烷），借助真空或吸收剂进行干燥，进而从底物中去除水分。第三种方法是将脂肪酶固定在载体上，如果水分子仅存于蛋白质的活性位点，则可发生水解反应以及重新连接脂肪酸的逆反应。

　　目前，涉及脂肪酶合成脂质的研究有很多，包括磷脂改性，甘油单酯、甘油二酯、类可可脂、人乳替代脂等结构脂的合成，表 5-5 列出了脂肪酶应用于结构脂合成的研究案例。

表 5-5　脂肪酶催化合成结构脂[2, 16]

脂肪酶或其来源	底物	结果
Lipozyme IM	菜籽油和辛酸	甘油三酯的 sn-2 位含有约 40%辛酸和 7.9%辛酸
	薄荷油	含有 40%辛酸、30% EPA 和 DHA 的产品
	菜籽油和辛酸（酸解）	59.9%的甘油三酯可以酸解
	Lipozyme IM-水解菜籽油和辛酸（酯化）	82.8%的甘油三酯可以酯化
	中链甘油三酯（樟子仁）和油酸	中链甘油三酯中的油酸占比 59.68%
固定化少根根霉脂肪酶	棕榈油中间馏分、棕榈酸和硬脂酸	产物：POP 30.7%、POS 40.1%、POO 9%、SOS 14.5%、SOO 5.7%

续表

脂肪酶或其来源	底物	结果
番木瓜脂肪酶	三棕榈酸甘油酯+辛酸烷基酯	与正丁酯和正丙酯交换反应比使用辛酸乙酯和辛酸甲酯时要快
米黑根毛霉	棕榈油硬脂和棕榈仁油	由酯交换混合物制备的人造黄油具有可接受的过氧化值水平，但储存 3 个月后观察到轻微的硬化
Lipozyme IM 60	棕榈油硬脂和棕榈仁油	低熔点甘油三酯的生成导致 SFC 从 15～20℃ 急剧下降到 10～15℃
米黑根毛霉、黑曲霉、爪哇根霉、尼维斯曲霉菌、产碱杆菌、皱褶假丝酵母以及假单胞菌	棕榈油硬脂+无水乳脂	假单胞菌脂肪酶的酯交换程度和转化率最高，其次是米黑根毛霉脂肪酶
Lipozyme IM 20	甘油和甘油三酯	油酸甘油单酯在正己烷中的合成量从 10.6%提高到 2-甲基-2-丁醇中的 64%
米黑根毛霉和产碱杆菌的混合物；假单胞菌和产碱杆菌的混合物	甘油和共轭亚油酸（CLA）	使用 1 wt%的脂肪酶处理 47 h 后，含有 CLA 的甘油三酯达到 82%～83%
Lipozyme TL IM、Lipozyme RM IM、诺维信脂肪酶 435	鲱鱼油和松油酸	诺维信脂肪酶 435、Lipozyme TL IM 和 LipozymeRM IM 反应中，松油酸结合率分别为 19.4 mol%、16.1 mol%和 13.6 mol%
Lipozyme RM IM	硬脂酸及棕榈液油和棕榈仁油的混合物	在棕榈液油和棕榈仁油的混合物中可以结合 42%的硬脂酸
球形马拉色菌	共轭亚油酸和甘油	DAG 生产中获得高酯化率（54.3%）
Lipozyme TL IM 和诺维信脂肪酶 435	磷脂酰胆碱（PC）、棕榈酸和硬脂酸	在鸡蛋和大豆 PC 中，棕榈酸分别从最初的 37.4%和 16.8%，经 Lipozyme TL IM 处理升至 58.6%和 57.1%，经 Novozym 435 反应提高至 56%和 61%；Lipozyme TL IM 处理后的硬脂酸结合率分别是 44.7%和 46.3%，Novozym 435 反应后的结合率分别为 37.2%和 55.8%

B. 酰基转移酶

在由酯底物、水和其他亲核试剂如乙醇等组成的反应混合物中，优先催化转移反应的酶通常被认为是"转移酶"，而相反的是，"水解酶"优先催化水解反应。理论上讲，通过调整起始反应混合物的组成，任何"水解酶"都可以成为"转移酶"[17]。例如，增加乙醇浓度可以加快转移反应速率，使其高于水解速率，此时酶表现为"转移酶"。酰基转移酶（EC2.3）的特性是将酰基转移到除水以外的亲核试剂上，这为植物油及其衍生物中酰基链的稳定提供了理想的生物催化剂。然而，许多已知的酰基转移酶，如甘油二酯酰基转移酶

（DGAT）或磷脂：二酰基甘油酰基转移酶（PDAT），需要昂贵的活化底物如酰基辅酶 A 或高选择性的特定酰基供体和受体，这极大限制了它们作为独立生物催化剂的应用[18]。

与传统的脂肪酶和酰基转移酶相比，脂肪酶/酰基转移酶是一类具有中间性质的脂肪酶。其优点在于能够在具有很高热力学活性的水介质中优先催化酰基转移反应，且不需要活化底物如辅酶 A 硫酯，但可以转移甘油三酯或磷脂等大量存在的廉价酯的酰基链。第一个被报道的脂肪酶/酰基转移酶是酵母菌 *C. parapsilosis* CBS604 分泌的 CpLIP2[19, 20]，与脂肪酶 CAL-A 具有 31% 的序列一致性。CpLIP2 由 456 个氨基酸组成，适宜 pH 范围为 4.0～7.5，并在 5～45℃温度范围内表现出较高的活性和稳定性，且 5℃时具有非常高的比酶活，而 30～45℃时酶活仅为 45%[21]，60℃时未检测到活性。

C. 磷脂酶

磷脂酶是生物体内负责磷脂代谢和生物合成的一类酶，能催化甘油磷脂各种水解反应，根据其水解磷脂位置的不同可分为 5 类：PLA_1、PLA_2、PLB、PLC 和 PLD[22, 23]。其生物功能可归纳为三类：细胞膜结构的维护和修复；细胞内代谢机制和信号传导的调节及体内磷脂的消化。PLA_2 大量存在于蛇毒、蜂毒、蝎毒、动物胰脏及植物组织中，可介导产生具有磷脂转运、膜修复、胞外水解及神经元转移因子等功能的脂质介质。而 PLC 在生物的生命活动中起着第二信使的作用，其广泛存在于各种原核、真核生物之中，只是在分子结构上略有差异。磷脂酶不但在生物体内具有很重要的生理功能，而且具有很高的应用价值，可广泛地用在科学研究、医药、饲料改良和食品工业等诸多方面。例如，在医药方面，PLA_2 被应用于抗炎药物的生产，PLC 被应用于抗肿瘤药物的研制等；在饲料改良方面，磷脂酶被添加于饲料中水解甘油磷脂，可改善饲料的利用效率和促进动物生长；在食品工业方面，PLA_1、PLA_2 和 PLC 可被广泛应用于油脂脱胶，同时由于磷脂酶可使面团形成胶状复合体，可以减少淀粉回生，因此在烘焙行业应用也非常广泛[23]。此外，磷脂酶还可用于磷脂的改性修饰，通过酶促反应改变磷脂的乳化和分散性能是工业中的常见做法。磷脂改性的目的是通过提供天然物质不具备的技术或生理特性，使磷脂适应特定的应用要求。相较于天然磷脂，商业化磷脂酶部分水解磷脂产生的溶血磷脂，乳化特性明显提升。利用所需的脂肪酸代替原始甘油磷脂（PLs）中现有的脂肪酸也可能改善其物理和化学特性，甚至提升自身的营养、药物和医疗功能。

5.1.3　合成结构脂的反应体系

由于在酶催化合成结构脂的反应中，脂肪酶与其反应底物（脂肪酸或甘油三酯）不能形成一个均一的反应体系，为了增加脂肪酶与底物的接触面积，使它们均匀混合，必须尽量降低油脂的黏度以及作用阻力，提高产物的得率。许多学者研究了很多种反应介质，主要包括溶剂体系、微乳体系、超临界体系和无溶剂体系[24, 25]。

1. 溶剂体系

在有机溶剂中进行的酶促反应，可降低反应体系的黏度，增加油脂的溶解度，另外可以减少水解反应和酰基转移的发生，同时，脂肪酶悬浮于有机溶剂中，便于反应终止后脂肪酶的过滤。目前国内外结构脂的制备基本上是在有机溶剂体系中进行的。溶剂体系中醇解反应最初是有机溶剂，后来发展到离子液体。由于水存在促使甘油三酯朝水解方向反应，因此水相不宜引入该反应体系。

2. 微乳体系

微乳液一般由表面活性剂、助表面活性剂、油和水等组分组成，它是一种热力学稳定、光学透明、宏观均匀而微观不均匀的体系，能提供脂肪酶催化所需要的巨大油/水界面[26]。若酶催化合成结构脂质的反应在微乳体系中进行，可使脂肪酶扩散，与底物接触充分，提高酶的催化活性。其乳化剂分子通常采用 2-乙基己基琥珀酸磺酸钠（AOT）。微乳体系无需引入溶剂便能使得醇、油两相得到较好的混合，使反应速率增加。但是该体系的一个缺点是制备比较困难，产物难分离、酶的活性难以维持且回收比较困难。此外，在微乳体系中，反应所需温度很高，这也是不足之处，使其在使用方面受到了限制。

3. 超临界体系

超临界状态下的酶催化反应，是近年来生物工程新兴起的领域。超临界状态是指纯净的 CO_2 被加热或压缩至高于其临界点时的状态。它所具有的优点是：在此状态下，溶液有较大的溶解能力和较高的传递特性，因此降低了反应过程中的传递阻力，提高酶反应速率；另外，可通过简单改变操作条件就可达到底物、产物或副产物的分离；由于 CO_2 是一种无毒、惰性、成本低、可循环使用、对环境相当友好的反应介质，因此，其在工业上具有广阔的发展前景。

4. 无溶剂体系

在无溶剂体系中进行酶促反应，酶直接作用于底物，底物、产物浓度以及反

应选择性高，反应速率较快，产物纯化过程容易、步骤少，不使用有机溶剂大大
降低了对环境的污染[27, 28]。但是由于在低温下作用，醇油两相混溶性差，且黏
度大，尤其是甘油，导致反应速率低。为了提高反应速率，可采取把甘油吸附在
硅胶上的措施，也称为固相法，这样在一定程度上可以解决两相接触面积小的问
题，从而提高反应速率[29]。还可采取改变反应温度的办法。根据产品的熔点，
降低反应温度，让生成的产品凝固，从而打破反应平衡，使反应向产品端移动。
无溶剂体系直接让底物在酶催化作用下反应，产品后处理简单且负面影响较小，
因此其在酶法合成结构脂质方面的应用还是非常广泛的。

5.2　酯化合成技术

酯化是一类有机化学反应，通常是指醇（主要是甘油）或酚与含氧的酸（包
括有机酸和无机酸）作用生成酯和水的反应，此过程是在醇或酚羟基的氧原子上
引入酰基，所以又称为 O-酰化反应。

酯化法包括直接酯化法和醇解酯化法两类[30]。

5.2.1　直接酯化合成技术

1. 直接酯化概念

直接酯化（esterification）合成技术即以甘油和酰基供体如脂肪酸为原料，经
脂肪酶催化直接反应生成结构脂和水，无需经过其他的步骤（图 5-4）[31]。直接
酯化法是发现和应用最早的一种方法，多用于合成 MAG 和 DAG，合成甘油三
酯时需采用分子蒸馏、结晶等分离纯化手段，工艺相对复杂。

$$R_1 - \overset{O}{\underset{\|}{C}} - OH + R_2 - OH \rightleftharpoons R_1 - \overset{O}{\underset{\|}{C}} - OR_2 + H_2O$$

图 5-4　直接酯化合成结构脂

2. 酶促酯化反应机理

脂肪酶催化酯化反应的机理主要是基于催化活性中心三联体[32, 33]，可以分
为以下四步（图 5-5）：①脂肪酶的活性位点 Ser 亲核攻击脂肪酸等底物上的羧
基碳。②失去水分子，形成酯化反应的中间体——酰基酶复合物。③甘油、乙醇
等醇分子亲核攻击酰基酶复合物。④释放出新形成的酯分子，并使酶恢复到原来
的形式。脂肪酶在化学反应中所遵循的反应路径高度依赖于体系中的水含量，反
应介质中没有水则会减少竞争性水解反应。

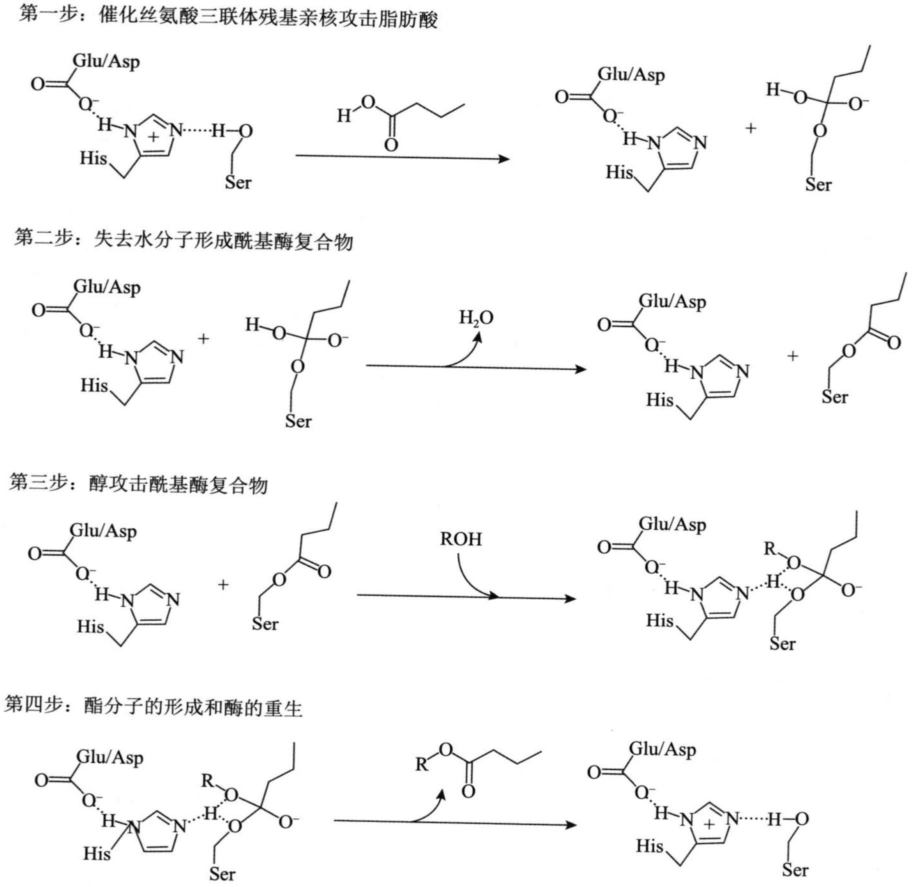
第一步：催化丝氨酸三联体残基亲核攻击脂肪酸
Glu/Asp
His
Ser
第二步：失去水分子形成酰基酶复合物
H_2O
第三步：醇攻击酰基酶复合物
ROH
第四步：酯分子的形成和酶的重生

图 5-5　脂肪酶催化酯化反应的作用机制

3. 酯化反应影响因素

直接酯化合成技术的突出优点是反应简单，可一步完成，副产物相对较少，分离容易，易获得高纯度的产品，相对来讲反应时间较短，酶反应器利用率高。但其所需的反应原料为高纯度脂肪酸，成本较高，而且不含任何天然抗氧化剂，需要在产品中另外添加以保持其氧化稳定性，因此，该技术在工业生产应用中受到限制。

酯化反应属于可逆反应，此过程生成的水容易影响脂肪酶活性，适当的含水量有利于酶与底物的结合，而过量的水分则会影响反应向酯化反应方向进行，使结构脂的得率降低[34]。因此，酯化反应过程中需要及时去除生成的水分，使反应平衡向酯化合成甘油酯的方向进行，从而提高结构脂的生成[30]。目前，去除酯化反应生成的水的方法主要有真空、氮吹以及加入分子筛、硅胶等。

　　此外，从酯化反应平衡的角度考虑，随着脂肪酸与甘油反应底物中甘油比例的增加，生成更多的是 MAG，而不是 DAG。而甘油是亲水性物质，在酯化反应过程中，甘油与脂肪酶接触时，会吸附在脂肪酶的亲水性表面，遮住脂肪酶的催化活性中心，从而造成脂肪酶的催化效率降低、稳定性变差。而在反应体系中添加硅胶可用于吸附甘油，从而避免了甘油吸附在脂肪酶表面而造成的酶催化活性降低，利于脂肪酶催化反应。

　　4. 直接酯化合成技术的应用

　　目前，因直接酯化合成技术存在的局限性，除了用于 DAG 油的合成外，很少使用此法合成结构脂。下面以 DAG 的合成为例，详细介绍直接酯化合成 DAG 的方法。

　　直接酯化合成技术常被用来合成 DAG。DAG 是天然油脂中的一种成分，在大多数动植物油脂中含量都较低，即便在含量较高的棕榈油中含量也不超过 10%[35]。根据空位羟基的位置不同，天然存在的 DAG 有两种异构体形式，即 1,2-DAG 与 1,3-DAG，其分子结构如图 5-6 所示，二者天然存在的比例为（3~4）:（7~6），而 1,3-DAG 的益处明显[36]。DAG 在食品工业中已被用作以与 MAG 混合形式的主要乳化剂[37]。除了基于 DAG 化学性质的这些传统应用之外，1,3-DAG 已被证实可以抑制体内脂肪累积、降低血清甘油三酯水平、降低餐后血脂和血红蛋白 A1c、增加餐后脂类氧化，从而达到降低体重的作用[38, 39]。因此，DAG 有利于减少与肥胖相关疾病（如动脉粥样硬化、糖尿病、高血压等）的发生，以 DAG 油为主的特种结构脂产品也逐渐被开发应用。

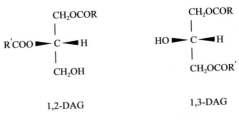

图 5-6　甘油二酯分子结构图

　　酯化合成 DAG 法是以甘油与脂肪酸为底物，具有 sn-1,3 位特异性的脂肪酶或偏甘油酯脂肪酶通过酯化反应得到富含 DAG 的油脂，同时含有部分 MAG 和 TAG，如图 5-7 所示。此法制得的 DAG 含量可以高达 90% 以上，尤其是通过偏甘油酯脂肪酶酯化制得的 DAG 油脂，其 DAG 含量可达 97% 以上[40]。

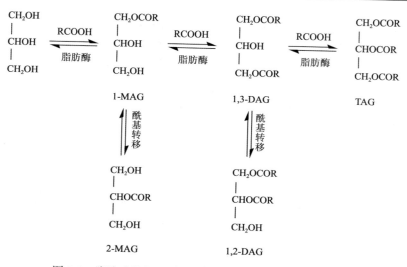

图 5-7　脂肪酶催化脂肪酸和甘油酯化反应合成甘油二酯

目前，直接酯化制备 DAG 选用的脂肪酶主要为 *Candida antarctica* lipase 和 *Rhizomuco rmiehei* lipase，此外还有 *Candida rugosa* lipase、Lipozyme IM、胰脂肪酶和 *Thermomyces anuginose* lipase 等。表 5-6 列举了使用较多的丹麦诺维信投资有限公司商品化的固定化脂肪酶 Novozym 435、Lipozyme TL IM、Lipozyme RM IM 及其催化特性。这些脂肪酶大多以固定化酶的形式催化反应，既可以提高反应效率，又方便固定化酶的回收，降低了制备成本。而且这些脂肪酶大多都是具有 sn-1,3 位特异性的脂肪酶，以保证在酯化过程中不会生成过多的 TAG。

表 5-6　几种常用于制备 1,3-DAG 的固定化脂肪酶的特性

脂肪酶	来源	等电点	最适 pH	最适 温度/℃	专一性 位点	固定化载体	粒径/μm
Novozym 435	*Candida antarctica*	—	6～9	70～80	无	多孔吸附树脂	300～900
Lipozyme TL IM	*Thermomyces lanuginose*	4.8	6～8.5	75	1,3-位特异性	硅胶	500～900
Lipozyme RM IM	*Rhizomucor miehei*	4.0		70	1,3-位特异性	离子交换树脂	200～600

尽管使用 sn-1,3 特异性脂肪酶，但在酯化反应过程中仍会发生酰基迁移的副反应。1,3-DAG 合成中的酰基迁移包括 1,3-DAG 向 1,2-DAG 的转化或 1-MAG 向 2-MAG 的转化。因此，酰基迁移的副反应显著降低了 DAG 油的酶促生产

中 1,3-DAG 的得率。直接酯化反应过程中，控制酰基迁移的反应因子，最大限度减少酰基迁移，对于提升 1,3-DAG 油的得率是非常有必要的。

目前应用于酯化制备 DAG 的底物一般为甘油和不同来源或不同碳链长度的脂肪酸，也有部分研究以大豆油、棕榈油等油脂的脱臭馏出物为原料制备 DAG 以提高脱臭馏出物的综合利用价值，在此类脱臭馏出物中 FFA 的含量一般＞50%。酯化法相对于其他制备方法，能够极大地避免样品中 TAG 的生成，增加经纯化后样品中的 DAG 含量，但在酯化之前需要制备 FFA，因此相比于其他制备方法，此方法的制备过程通常比较复杂，会一定程度地增加制备成本与反应控制难度。

值得注意的是，研究者发现了偏甘油酯脂肪酶的存在并将其成功应用于甘油二酯的制备。甘油二酯和甘油单酯统称为偏甘油酯，而偏甘油酯脂肪酶具有较强的底物特异性，只催化水解甘油二酯和甘油单酯，不水解甘油三酯。鉴于这种特异性，将其应用于催化酯化反应体系，反应产物中只有甘油二酯和甘油单酯，没有甘油三酯，利于后续甘油二酯产品的分离纯化，这对于制备高纯度甘油二酯是非常有意义的。目前已报道的偏甘油酯脂肪酶有来源于 *Penicillium camembertii* 的 Lipase G50、来源于球形马拉色菌（*Malassezia globosa*）的 Lipase SMG1。徐扬等[41]利用偏甘油酯脂肪酶 Lipase G50 催化甘油和脂肪酸酯化反应合成甘油二酯，脂肪酶 Lipase G50 加量为 350 U/g，甘油和脂肪酸摩尔比 5∶1，加水量为底物总质量的 5%，反应温度 30℃，反应时间 24 h，在最佳反应条件下脂肪酸酯化率为 75.02%，甘油二酯含量达到 44.74%，产物中没有甘油三酯。徐达[42]、王卫飞[43]利用偏甘油酯脂肪酶 Lipase SMG1 通过酯化甘油与脂肪酸制备甘油二酯。Lipase SMG1 是一种只能以甘油二酯与甘油单酯为催化底物的脂肪酶，在其酯化的过程中不会生成甘油三酯，所以通过 Lipase SMG1 制备的甘油二酯经纯化后纯度可达 97% 以上。

5.2.2　醇解酯化技术

在一步法酶催化反应中，无论怎样控制反应条件，都不可避免地会发生酰基转移，sn-2 位上脂肪酸可能达不到理想效果，sn-1,3 位脂肪酸插入率较低，以致产品的纯度降低。针对此问题，提出了一种可行性方案——两步酶法合成结构脂。两步酶法又称醇解酯化法，是指在酶的作用下甘油和酯发生醇解反应得到甘油单酯和甘油二酯，之后再与游离脂肪酸发生酯化反应生成新酯的过程[44]。相比于一步法合成结构脂，两步法的脂肪酸插入率和产物得率更高。

醇解酯化法可有效提高结构脂的质量，并缩短反应时间，避免酰基转移的发生。当乙醇浓度够高时，脂肪酶具有优良的位点选择性，可用于制备 2-

甘油单酯。已有的报道多是集中于使用醇解酯化法合成人乳替代脂或将功能性脂肪酸置于 sn-2 位置的 MLM 型结构脂[45]。del Mar Muñío 等[46]先使用脂肪酶对鱼油进行乙醇醇解制成 2-甘油单酯，再用制得的 2-甘油单酯与辛酸进行酯化反应制取结构脂，最后的辛酸插入率达到 64%，辛酸在 sn-1,3 位的含量高达 98%。

图 5-8 展示了甘油三酯醇解生成 DAG 和 MAG 后，再与脂肪酸酯化反应的模型。醇解酯化法第一步醇解采用乙醇作底物时，选择合适 sn-1,3 位特异性脂肪酶可以生成 2-MAG，第二步选取目标脂肪酸与 2-MAG 反应进行酯化反应，得到特定脂肪酸组成的结构脂。寿佳菲[25]采用醇解酯化法制备 MLCT，先用乙醇醇解菜籽油得到 2-MAG，再与辛酸发生酯化反应生成 MLM 型的结构脂。

$$MCT + 甘油 \xrightarrow[醇解]{脂肪酶} DAG + MAG + \begin{matrix} LCFA \\ MCFA \end{matrix} \xrightarrow[酯化]{脂肪酶\ H_2O} \begin{matrix} MLCT \\ MLCT \end{matrix}$$

$$LCT + 甘油$$

图 5-8　酶催化醇解酯化法合成结构脂

除了上述提到的先醇解后酯化的路径外，醇解酯化技术也涉及先酯化后醇解的两步酶法，即第一步通过酯化合成结构脂，然后利用偏甘油酯脂肪酶醇解第一步酯化产生的偏甘油酯，最终获得非常纯的结构脂[47]。Li 等[48]第一步以富含 DHA/EPA 的乙酯为原料，在商品化脂肪酶 Novozym 435 的作用下，催化其与甘油发生交换制备富含 PUFA 的甘油酯，第二步再利用固定化的偏甘油酯脂肪酶醇解第一步产生的偏甘油酯，最后经纯化工艺处理，得到的富含 PUFA 的甘油三酯高达 98.75%，PUFA 的含量达到 88.44%。醇解酯化技术制备途径烦琐且产品不易分离纯化，导致生产费用高，因而仅适用于制备杂质较少且高附加值的结构脂，因此不常应用在工业生产中[49]。

5.3　酶促降解技术

5.3.1　酶促酸解技术

1. 酶促酸解概念

酶促酸解技术是指在酶的催化作用下，酯与脂肪酸发生酰基交换反应，生成新酯和新脂肪酸的过程[30]，其反应过程如图 5-9 所示。

$$R_1 — \underset{\underset{O}{\|}}{C} — OR_2 + R_3 — \underset{\underset{O}{\|}}{C} — OH \rightleftharpoons R_3 — \underset{\underset{O}{\|}}{C} — OR_2 + R_1 — \underset{\underset{O}{\|}}{C} — OH$$

图 5-9　酶促酸解法制备结构脂

　　酸解法是结构脂合成最常用的方法，广泛应用于各种功能性油脂的制备。实际生产中，用于酸解的酯通常是具有较高营养价值、含有人体必需脂肪酸的天然油脂，而酸通常使用辛酸、癸酸和月桂酸。酸解是合成 TAG 最简单的步骤，底物油脂中只需加入至少 2 倍的等量脂肪酸，脂肪酶催化酸解反应生成新的 TAG，反应平衡时得到的产物是不同 TAG 种类的混合物，通常约为所需 TAG 的 30%。来源于 *Rhizomucor meihei* (Lipozyme RM IM)、*Thermomyces languninosa* (Lipozyme TL IM)、*Candida antarctica* (Novozym 435)等的固定化酶对酸解反应具有较好的催化效果。有学者认为，Lipozyme RM IM 酶比 Lipozyme TL IM 酶更合适，当使用 Lipozyme RM IM 酶作为催化剂时，20~24 h 的反应得率可达 40%~50%（摩尔分数），而使用 Lipozyme TL IM 酶的反应得率只有 27.01%[50]。

　　图 5-10 展示了脂肪酶催化辛酸和三油酸甘油三酯酸解反应的实例[51]。利用由固定化的 *Rhizopus delemar* 脂肪酶催化的酸解反应合成含有 C22:6n3(DHA) 和辛酸的结构脂。酸解后产物易分离，游离脂肪酸通过蒸馏或其他适当的技术除去。

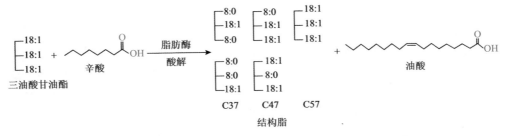

图 5-10　三油酸甘油三酯和辛酸合成结构脂的酸解反应方案

2. 酸解反应机理

　　首先 TAG 在酶作用下被水解成偏酯（反应中间过渡体）和脂肪酸，之后偏酯中的酰基与目标脂肪酸的酰基发生互换，使得脂肪酸结合在酯上而重新酯化形成新酯。因此，酶促酸解反应通常被认为是一个两步反应：以二酰基甘油为反应中间体的水解和酯化反应。通过这两个步骤，新的脂肪酸被结合到三酰基甘油中，反应最终达到平衡。图 5-11 所示的是脂肪酶催化 LLL 型 TAG 与中链脂肪酸（M）的酸解反应机制[52]。

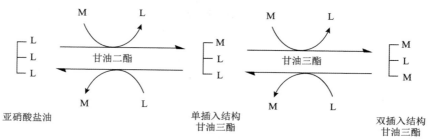

图 5-11　脂肪酶催化 LLL 型 TAG 和 M 的酸解反应原理

L=长链脂肪酸，M=中链脂肪酸

3. 酶促酸解影响因素

1）反应体系

酸解反应过程中，对目标产物影响最大的因素主要有酶的种类和用量、底物配比、含水量、反应温度和时间等，目前针对此项技术的研究主要是通过优化反应条件来建立成熟的反应体系。根据所需生产的结构脂，在开始工艺设计之前应仔细考虑反应体系。有许多天然或合成油脂可作为基料油，用于结构脂的合成。除了要求特定位置（通常在 sn-2 位置）的特定脂肪酸外，还应考虑纯度等特性。通常，选择游离脂肪酸是因为它们可以大量获得、价格低廉且反应活性高。脂肪酶对各种脂肪酸的选择性不同，需要筛选不同的脂肪酶才能找到适合特定反应体系的脂肪酶。大量实验研究报道了多种市售脂肪酶，需要仔细调查以合成和生产所需的产品。

酶促酸解是可逆反应，最终会达到平衡。反应平衡下的产物得率由脂肪酸和酯之间的摩尔比决定。对于 TAG 和 FFA 之间的反应，可以通过脂肪酸的插入率评估终产品的得率。FFA 与 TAG 底物的摩尔比越高，FFA 与 TAG 的最大结合预期就可能越高。研究表明，反应底物脂肪酸与甘油的摩尔比显著影响辛酸插入率，加大脂肪酸含量可以增加辛酸插入率[53]。然而，达到平衡的时间与许多参数有关，如反应温度、酶用量、水含量和反应体系。特别是当底物摩尔比增加时，底物对反应活性的抑制影响也会加强，导致反应平衡时间延长，这通常会降低酸解反应产物的产量。就反应效率（单位时间内酰基供体的插入水平）和生产率（单位时间的产物量）而言，选择合适的底物摩尔比对于特定反应体系非常重要。底物摩尔比的选择还与下游加工成本和通过蒸发和/或蒸馏分离游离脂肪酸或酰基供体的难度直接相关。高底物摩尔比可减少获得合适产物所需的反应阶段数，但产物的纯化也可能更加困难。

2）酰基迁移

结构脂产品中的位置分布尤其值得关注，这是酶催化反应过程中很重要的方面之一。然而，在反应过程中会发生酰基迁移，导致产物的非特异性。酰基迁移作为酶促酸解反应中无法避免的副反应，使原本保留在 sn-2 位的特定酰基迁移到其他位置，降低了目标产物的得率，从而限制了酶促酸解合成结构脂的应用和发展[54]。

酰基迁移是指 TAG 中 sn-2 位脂肪酸迁移至 sn-1,3 位，反之亦然。sn-1,3 位特异性脂肪酶水解 TAG 的 sn-1（或 3）位脂肪酸，得到 FFA 和 sn-2,3（或 1,2）-DAG，酰基迁移的发生使 sn-2,3（或 1,2）-DAG 转化成 sn-1,3-DAG，但 sn-1,3 位特异性脂肪酶不能将 sn-1,3-DAG 结构中 sn-2 上的羟基酯化合成 TAG，却可以水解 sn-1,3-DAG 生成 FFA 和 MAG 等副产物。

酶促酸解过程中可能的酰基迁移步骤如图 5-12 所示[55]。目前，有学者研究了通过程序升温抑制间歇反应中酰基迁移的可能性[56]。酰基迁移是一种热力学过程，在实际反应中很难完全停止。通过程序化的反应温度变化抑制酰基迁移而不损失反应得率似乎是可行的。利用三棕榈酸（PPP）与共轭亚油酸（CLA）或辛酸（CA，C8:0）的酸解反应进行人乳替代脂的制备。在程序升温酸解中，酰基迁移受到显著抑制，酰基插入略有减少，而程序升温在无溶剂体系中更能显著减少酰基迁移。由此可见，在不显著降低反应得率的情况下，通过改变酸解温度来减少酰基迁移是可行的。

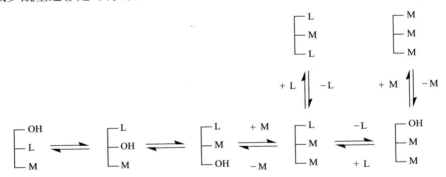

图 5-12　酶促酸解生产结构脂过程中酰基迁移和非特异性副产物的形成机制示意图

L=长链脂肪酸，M=中链脂肪酸

3）抗氧化剂

酶促酸解反应产物不稳定，可能受多种因素干扰，如油脂反应底物中抗氧化剂的干扰。Xu 等[57]研究了酶促酸解反应前添加抗氧化剂对结构脂生产的影响，其中八种不同的抗氧化剂分别为丁基羟基茴香醚（BHA）、丁基羟基甲苯（BHT）、没食子酸丙酯（PG）、抗坏血酸棕榈酸酯、柠檬酸、乙二胺四乙酸（EDTA）、生育酚混合物和卵磷脂，并以不同不饱和度的油脂作为底物。在间歇反应器或填充床反应器（PBR）中，添加抗氧化剂不会显著影响酶活性。添加了生育酚的反应混合物中，α-生育酚浓度保持稳定，而在 PBR 中酸解反应后的初级氧化产物减少，这可能是由于酶床吸附。在酶促反应之前添加抗氧化剂对反应过程没有负面影响，但所选择的抗氧化剂都没有对反应过程或所产生的结构脂的氧化状态产生显著的积极影响。

4. 酶促酸解技术应用

1）类可可脂

sn-1,3 特异性脂肪酶催化酸解反应的一个重要应用是生产类可可脂。如图 5-13 所示，可以通过脂肪酶催化酸解的作用将硬脂酸（St）转入棕榈油中熔点分提物（富含 POP，O=油酸）或三油酸甘油三酯（OOO）型油中 TAG 的 sn-1,3 位，用于生产类可可脂[58]。

$$POP + St \underset{\text{脂肪酶}}{\overset{\text{sn-1,3特异性}}{\rightleftharpoons}} POS + StOSt + P$$

$$OOO + St \underset{\text{脂肪酶}}{\overset{\text{sn-1,3特异性}}{\rightleftharpoons}} StOSt + St$$

图 5-13　酶促酸解制备类可可脂

此外，还可以采用酶促酸解技术制备抗起霜剂。如图 5-14 所示，采用 Lipozyme RM IM 催化 OOO 和山嵛酸（B）制备的 1,3-二山嵛酰-2-油酰甘油（BOB），可以添加至巧克力中，起到抗巧克力起霜的作用[59]。

$$OOO + B \underset{\text{脂肪酶}}{\overset{\text{sn-1,3特异性}}{\rightleftharpoons}} BOB + O$$

图 5-14　酶促酸解制备巧克力抗起霜剂

2）n-3 多不饱和脂肪酸油脂

甘油三酯是 sn-1 和 sn-3 位置含有中碳链脂肪酸（M）和 sn-2 位置含有 n-3 多不饱和脂肪酸（U）的结构脂，因其营养特性而备受关注。这种脂质称为 MUM 型或 MLM 型结构脂，其综合了不同链长脂肪酸的营养功能，并在体内消化代谢过程中发挥健康效应。MUM 可以被迅速消化吸收，sn-2 位必需脂肪酸也可以满足营养需求。因此，MUM 被认为是理想的能量和营养供应剂，特别是对于消化吸收不良的患者。

富含 n-3 多不饱和脂肪酸的结构脂可以通过富含 n-3 多不饱和脂肪酸的甘油三酯与中碳链脂肪酸的酸解反应制备，其目的是用中碳链脂肪酸取代 sn-1,3 位置的脂肪酸、保留 sn-2 位置的 n-3 多不饱和脂肪酸（图 5-15）。反应结束后，游离脂肪酸可经蒸馏或碱提除去。

$$UUU + M \xrightleftharpoons[\text{脂肪酶}]{\text{sn-1,3特异性}} MUM + U$$

图 5-15　MUM 型结构脂制备示意图

sn-1,3 特异性脂肪酶是制备 MUM 型结构脂最常用的酶类，尤其是来源于 *Rhizomucor miehei* 和 *Thermomyces lanuginosus* 的固定化脂肪酶，应用广泛。表 5-7 总结了酶促酸解反应制备 n-3 不饱和脂肪酸油脂的部分实例，主要是利用固定化脂肪酶催化鱼油和脂肪酸反应生产富含多不饱和脂肪酸的油脂。

表 5-7　酶促酸解制备含 n-3 多不饱和脂肪酸的结构脂

反应	脂肪酶来源	产物组成
棕榈油与 EPA 的酸解反应	固定化 *Rhizomucor miehei* 脂肪酶	35.1%油酸，31.1% EPA
鱼油与癸酸的酸解反应	固定化 *Candida antarctica* 脂肪酶 B	19.5%癸酸，16.74% EPA，11.69% DHA
鱼油与癸酸的酸解反应	固定化 *Rhizomucor miehei* 脂肪酶	9.81%癸酸，20.70% EPA，14.13% DHA
大豆油与沙丁鱼油中的游离脂肪酸的酸解反应	固定化 *Aspergillus niger* 脂肪酶	6.4% EPA，5.3% DHA，67.9%多不饱和脂肪酸
大豆油与沙丁鱼油中的游离脂肪酸的酸解反应	固定化 *Rhizopus javanicus* 脂肪酶	4.6% EPA，2.6% DHA，59.7%多不饱和脂肪酸
鱼油与辛酸的酸解反应	固定化 *Rhizomucor miehei* 脂肪酶	19.79%～28.90%辛酸，11.35%～12.66% EPA，10.57%～10.75% DHA
鱼油与辛酸的酸解反应	固定化 *Candida antarctica* 脂肪酶 B	20.27%～30.29%辛酸，11.25%～11.56% EPA，10.20%～10.67% DHA
鱼油与硬脂酸的酸解反应	固定化 *Rhizomucor michei* 脂肪酶	19.32%～29.25%硬脂酸，7.84%～8.94% EPA，7.62%～8.69% DHA
鱼油与硬脂酸的酸解反应	固定化 *Candida antarctica* 脂肪酶 B	20.58%～30.02%硬脂酸，11.15%～12.88% EPA，10.14%～10.78% DHA

3）人乳替代脂

母乳 TAG 具有特殊的结构特征，棕榈酸有 70%分布在甘油三酯的 sn-2 位，主要类型为 sn-USU（S 指饱和脂肪酸，U 指不饱和脂肪酸），如 sn-OPO 和 sn-OPL 等（O 指油酸，P 指棕榈酸，L 指亚油酸）。目前，采用酶促酸解法制备 OPO、OPL 等人乳替代脂，通常是以一种富含 sn-2 位棕榈酸的油脂与脂肪酸等酰基供体在 sn-1、sn-3 位特异性脂肪酶的催化下通过酯交换来制备合成的。举例来说，采用酸解法在无溶剂体系下使用 Lipozyme RM IM 脂肪酶催化大豆油脂肪酸和猪油反应可以制备出人乳替代脂[60]；采用 Lipozyme IM 60 催化橄榄油和辛酸酸解制备人乳替代脂，辛酸的插入率达到 43%[61]；而使用 Lipozyme TL IM 酶在正己烷溶剂中催化玉米油和辛酸进行酸解，辛酸插入率达到 21.5%[62]。

　　通过酶促酸解法制备的人乳替代脂，脂肪酸组成和分布与人乳脂肪相似，目前已被广泛用于婴儿配方奶粉中。由 Loders Croklaan（Channahon，荷兰）所研发的 Betapol™，是商业化人乳替代脂的一个代表性例子。该产品是通过 sn-1,3 特异性脂肪酶（如 Lipozyme RM IM）催化富含三棕榈酸甘油三酯的油脂（如棕榈硬脂精）和高油酸葵花酸油中的 C18:1n9 进行酸解产生的结构脂，如图 5-16 所示。

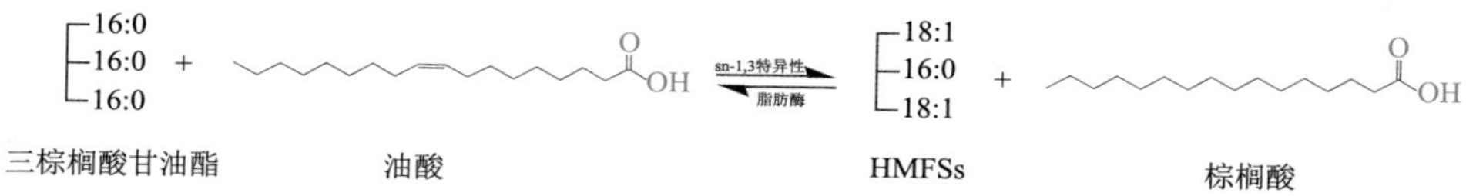

三棕榈酸甘油酯　　　油酸　　　　　　　　　　　　　　HMFSs　　　　棕榈酸

图 5-16　sn-1,3 特异性脂肪酶催化三棕榈酸甘油酯和油酸的酸解反应制备人乳替代脂

5.3.2　酶促醇解技术

1. 酶促醇解概念

　　中性油或脂肪酸一元醇酯在催化剂的作用下与一种醇作用，交换酰基或者交换烷氧基，生成新酯的反应称为醇解。而酶促醇解是指在生物酶的作用下，酯和醇发生的交换反应，反应示意图见图 5-17。

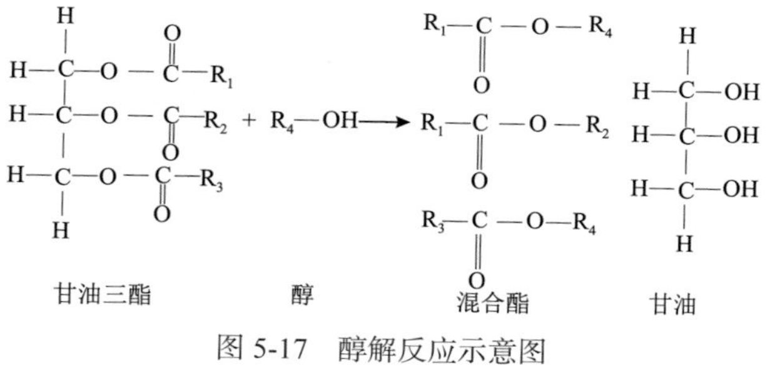

甘油三酯　　　　　醇　　　　　混合酯　　　　甘油

图 5-17　醇解反应示意图

　　TAG 与甘油的醇解称为甘油解（图 5-18），最常用的醇解反应是甘油解[63]。甘油解通常在非特异性脂肪酶的存在下进行，酰基在 TAG 和甘油之间转移产生多种反应产物，如 MAG、DAG 和 TAG。但在食品脂质的酯交换过程中应避免醇解，这是因为在反应过程中会产生不需要的副产物，如 MAG 和 DAG。

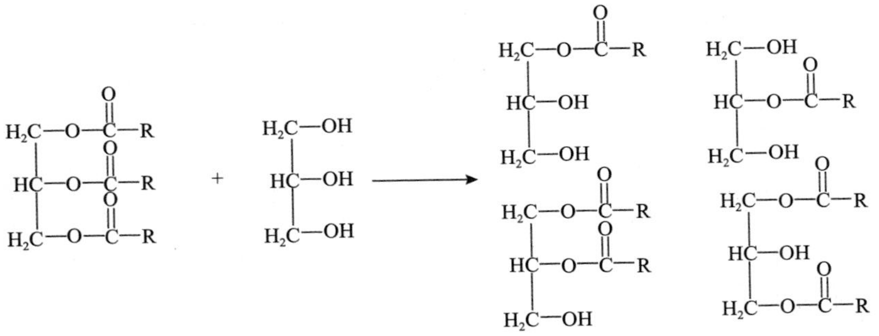

甘油三酯　　甘油　　甘油酯混合物

图 5-18　甘油解反应示意图

2. 酶促醇解的应用

醇解的主要用途是实现甘油解反应，制备一些特殊用途的脂类物质。作为结构脂 TAG 合成的中间体，sn-2-MAG 可通过 sn-1,3 特异性脂肪酶催化油脂进行醇解制备。此外，因为酶促醇解的反应条件比化学法更温和，产物易于回收利用，所以还可以用此法生产含有多不饱和脂肪酸的 MAG。反应过程如图 5-19 所示。

$$\text{TAG}\underset{\text{甘油}}{\overset{\text{sn-1,3特异性脂肪酶}}{\rightleftharpoons}}\text{sn-1, 2-DAG}+\text{sn-1-MAG}\underset{\text{甘油}}{\overset{\text{sn-1,3特异性脂肪酶}}{\rightleftharpoons}}\text{sn-2-MAG}+2\ \text{sn-1-MAG}$$

图 5-19　酶促醇解制备 MAG

TAG 与一元醇反应生成脂肪酸的简单醇酯，已在生物柴油的生产中以及替代脂肪酸酰基供体（如脂肪酸乙酯）的生产中得到应用。目前，酶促醇解技术已经被用于催化 TAG 和甲醇反应生产甲酯，得率高达 53%。

如图 5-20 所示，sn-1,3 特异性脂肪酶催化醇解反应生成中间产物 2-甘油单酯（2-MAG），MAG 也可用作合成结构脂的底物。从 TAG（通常是一种植物油，由不同类型的脂肪酸组成）开始，使用 sn-1,3 特异性脂肪酶，以确保只有初级酯被裂解，一步酶法形成所需的新结构脂结构化甘油三酯（sTAG）。此外还可以采用两步酶法的制备路径，即先酶促醇解再酯化法（同 5.2.2 节醇解酯化法相近）。具体而言，利用 sn-1,3 特异性脂肪酶对 TAG 进行醇解，控制反应条件以避免产生过多的 sn-2-MAG，过多的 2-MAG 会发生酰基迁移反应，导致反应向不利于产物生成的方向进行；然后用脂肪酶将 2-MAG 与脂肪酸酯化，生成高纯度的结构脂 sTAG，如 Betapol™。由此可见，酶促醇解生成的 2-MAG 可以作为合成 ABA 型结构脂的起始原料。

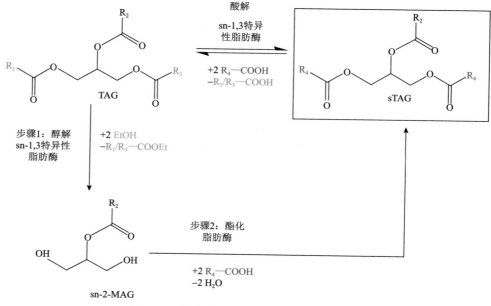

图 5-20　脂肪酶催化合成结构脂的反应路径

　　醇解制备结构脂过程中，值得注意的问题是：①选择一个 sn-1,3 特异性脂肪酶和不催化酰基迁移的固定化载体；②脂肪酶载体体系必须稳定，以提高工艺的经济可行性；③利用低毒性和能够限制酰基迁移的溶剂或反应手段。

　　1）偏甘油酯生产

　　目前酶促醇解技术主要应用于偏甘油酯的酶促生产。偏甘油酯通常称为甘油单酯和甘油二酯（又称单、双甘油酯），已经商业化生产，并被广泛应用于食品、化妆品和制药行业以及纺织、纤维和塑料行业。欧盟已批准可食用的脂肪酸单、双甘油酯为食品级添加剂。美国食品药品监督管理局（Food and Drug Administration，FDA）对脂肪酸单、双甘油酯给出的安全等级评估为"一般认为安全"（generally recognized as safe，GRAS），欧洲议会和理事会对其给出的安全性评估结论则是"无需明确其最大用量"（quantis satis）。根据世界卫生组织（WHO）和欧盟指令，脂肪酸单、双甘油酯必须包含至少 70wt% MAG+DAG（甘油单酯+甘油二酯）、至少 30wt% MAG 和最多 7wt%甘油[64, 65]。

　　甘油单酯具有优异的乳化性能，优于甘油二酯和偏甘油酯[66]。这是由于甘油单酯分子具有一个亲油的长链烷基和两个亲水的羟基，因而具有良好的表面活性[67]。这种结构特性以及食品安全性使甘油单酯和单/甘油二酯混合物成为非常受欢迎的添加剂，有助于维持食品体系的均一稳定。因此，甘油单酯和甘油二酯的混合物以及分子蒸馏得到的高纯度甘油单酯占全球乳化剂产量的 75%左右，这相当于每年生产 20 万～25 万 t。

单/甘油二酯通常应用于含油食品中，如人造黄油、涂抹酱、烘焙产品、蛋糕产品、糖果等。单/甘油二酯通常与其他更亲水的乳化剂共同添加到工业食品配方中，如与亲水胶体一起添加到冰淇淋等乳液体系中。

最近关于 DAG 营养特性和膳食作用的研究表明，富含 DAG 的油脂在降低血清 TAG 水平方面起着重要作用[68]。因此，为抑制肥胖和其他与生活方式有关的疾病，利用 DAG 型油脂替代 TAG 型油脂近来备受关注。第一种 DAG 型食用油于 1999 年 2 月推出后进入日本市场，2003 年销量已超 7000 万瓶，并于 2005 年在美国推出，国际 DAG 型油脂市场由此正式开启[69]。利用廉价的甘油作为原料与 TAG 甘油解反应制备 DAG，将具有很好的市场前景。此外，生物酶促甘油解反应条件温和、过程绿色、副产物少，可避免缩水甘油酯的生成。缩水甘油酯是一种潜在的致癌物，是 2009 年 DAG 产品下架的主要原因[70]。因此，酶促甘油解是 DAG 制备的主要途径。甘油解反应是连续多步的反应，DAG 是反应的中间产物，该反应很难通过调整反应过程使反应产物停留在 DAG 阶段，即难以提高反应对 DAG 的选择性，可以通过温度控制法和溶剂化作用法提高酶促甘油解反应对 DAG 的选择性[37]。

众所周知，当前西方饮食的特点是必需的 n-3 多不饱和脂肪酸摄入量普遍较低，而与国际建议相比，n-6 脂肪酸过多。例如，在澳大利亚和美国，目前 n-3 多不饱和脂肪酸的摄入量低于 100～200 mg/d，摄入量与 WHO、FDA 和美国健康协会(AHA)等组织推荐的 1～2 g/d 相去甚远。为了克服 n-3 多不饱和脂肪酸摄入量不足，食品工业对生产具有特定脂肪酸谱的功能性脂质产生了巨大的商业兴趣。

易获取、成本低且兼具中性风味的植物油的主要成分是 TAG，同时携带有重要营养价值的多不饱和脂肪酸。然而多不饱和脂肪酸在高温条件下易于氧化，无法利用化学甘油解植物油制备偏甘油酯等产品。相比之下，酶促甘油解技术只需要低于 80℃ 的温度，从而使得多不饱和脂肪酸型 MAG 和 DAG 的生产具有可行性。此外，温和的酶解反应缓解了一些热加速问题，如产生不良味道、深色和不需要的副反应。因此，脂肪酶催化植物油甘油解技术被认为是生产高营养价值 n-3 多不饱和脂肪酸型 MAG 产品的有效方法，具有较大的工业应用前景。自 20 世纪 80 年代中期以来，学术界和工业界均对酶促甘油解工艺以及相关产品的开发表现出了极大的兴趣。

甘油解法一般以油脂和甘油为底物，在催化剂的作用下发生转酯作用，获得 MAG 和 DAG，酶催化甘油解具有与化学甘油解相似的反应路线，如图 5-21 所示。为增加甘油和 TAG 两相系统的混溶度，一般采用机械搅拌并加入吡啶、正己烷、叔丁醇等溶剂。William 等[71]用 Lipase100-L-enzyme 催化棕榈油甘油解，其反应条件为棕榈油：甘油：脂肪酶为 100：20：1（质量比），反应温度为 5℃，时间 24 h，反应后蒸馏除去 MAG，再经漂白脱色得到含 1,3-DAG 为 45.6%的油脂。Matsuzaki 等[72]研究了微水相体系中 Lipase-PS 催化三油酸甘油三酯的甘油解制备 DAG 的反应，反应条件为甘油三酯：甘油（质量比）=1：8，温度 40~50℃时，7 天后转化率达到最高值 76%。王静等[73]以固定化脂肪酶 Novozym 435 为催化剂，有机溶剂为反应介质，油酸、甘油反应合成手性甘油单酯。Börjesson[74]采用硅胶固定脂肪酶，之后以异辛烷为试剂，将硅胶固定化脂肪酶、菜籽油和甘油按照一定比例混合搅拌，菜籽油发生甘油解反应，生成甘油单酯。甘油解法是目前工业上生产偏甘油酯最为经济的方法，其原料利用率很高，能够有效减少浪费，用酶催化甘油解法制备偏甘油酯反应迅速，避免了有毒、易爆、不易分离的化学催化剂的使用，副产物少，易于分离，在不饱和脂肪酸偏甘油酯的制备中还具有防止脂肪酸分解等难以比拟的优势，是一种值得推广的好方法[75]。

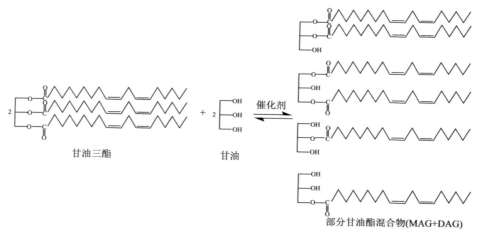

图 5-21　甘油解制备脂肪酸单/双甘油酯的反应方案

2）鱼油醇解

采用短链一元醇对鱼油进行醇解可以看作是对水解过程的一种简单改性。在醇解反应中，用乙醇代替水，产物不是游离脂肪酸，而大多数是来自原鱼油中的饱和脂肪酸乙酯。残余的甘油酯混合物中富含 EPA 和 DHA 或仅富含 DHA，这取决于脂肪酸选择性脂肪酶的性质。Zuyi 和 Ward[76]研究了多种脂肪酶催化鳕鱼肝油和不同伯仲短链醇的醇解反应，以获得同时含有 EPA 和 DHA 的浓缩物，发现荧光假单胞菌脂肪酶催化鱼油与异丙醇或乙醇反应可以得到最好的效果。醇解反应以乙醇为溶剂，温度为 30℃，同时含有质量分数为 5%的水。高含水量导致了高含量的游离脂肪酸，但残余的甘油酯混合物中 EPA+DHA 的含量接近 50%。

假单胞菌脂肪酶可区分鱼油中的大部分饱和脂肪酸、单不饱和脂肪酸以及 n-3 多不饱和脂肪酸[77]。另外学者还发现两种市售的洋葱假单胞菌（*Pseudomonas cepacia*）和荧光假单胞菌（*Pseudomonas fluorescens*）脂肪酶可高效制备约 50% EPA+DHA 浓缩物，回收率较高，DHA 和 EPA 的回收率分别为 80%和 90%。在室温条件下，利用脂肪酶对含 15% EPA 和 9% DHA 的沙丁鱼油进行醇解反应，不需要溶剂，只需要两倍量的乙醇（图 5-22），大大降低了反应体积，产生的乙酯可以通过短程蒸馏方式从 EPA 和 DHA 的甘油酯混合物中蒸馏而出。短程蒸馏的优点是可以蒸馏得到含有短链脂肪酸的甘油单酯，而 EPA 和 DHA 乙酯残留在剩余的混合物中，进而导致蒸馏后的甘油酯混合物中 EPA 和 DHA 水平提升。鱼油中加入质量分数为 10%的脂肪酶进行醇解反应，但反应一次后脂肪酶活性显著下降，而经过固定化的脂肪酶不但解决了催化效率低的问题，而且大大减少了脂肪酶的用量，且酶重复使用 10 次以上，对酶活性和产物得率均无影响[78]。

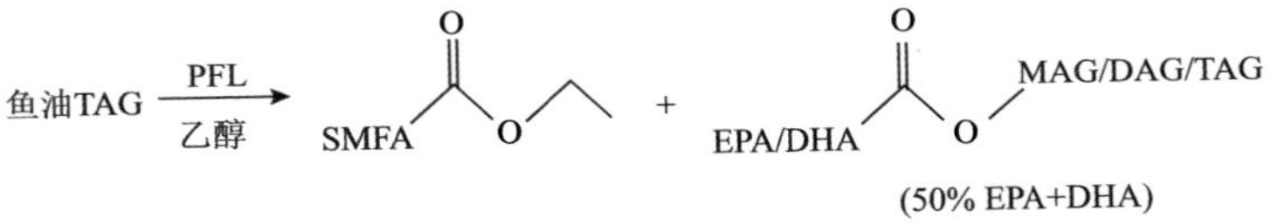

图 5-22　荧光假单胞菌脂肪酶(PFL)醇解鱼油反应示意图

固定化的南极假丝酵母（*Candida antarctica*）脂肪酶通过催化醇解反应，将短程蒸馏后剩余的甘油酯混合物转化并进一步浓缩为相应的乙酯浓缩物，且室温下只需要两倍量的乙醇。此外，脂肪酶催化醇解反应富集鱼油中的 DHA 研究表明，固定化 *Rhizomucor miehei* 脂肪酶对含有 6% EPA 和 23% DHA 的金枪鱼油进行醇解，DHA 分离效果良好（表 5-8）。反应 48 h 后，含有 54% DHA（和 6% EPA）的甘油酯混合物的回收率为 78%，乙酯转化率为 70%。在金枪鱼的游离酸与乙醇酯化反应中，脂肪酶的作用效果得到了显著提高。Shimada 等[79]使用在陶瓷载体上固定化的戴尔根霉（*Rhizopus delemar*）脂肪酶，在 30℃温度下，对金枪鱼油乙酯和月桂醇（摩尔比，1∶3）进行选择性醇解以富集 DHA，反应 50 h 后，乙酯残余物中 DHA 含量从 23 mol%增加至 52 mol%，DHA 回收率达到 90%。当含有 60% DHA 的乙酯进行醇解反应时，DHA 富集程度高达 83%，DHA 回收率在 90%以上。研究发现每 24 h 用新鲜底物替换反应混合物，重复反应 50 次后，醇解程度仅下降 15%，由此可见固定化脂肪酶的生产效率非常高。

表 5-8　固定化 *Rhizomucor miehei* 脂肪酶催化金枪鱼油 TAG 醇解和 FFA 酯化反应

底物	反应	转化率/%	时间/h	DHA 浓度/%	DHA 回收率/%
金枪鱼 TAG	醇解	70	48	54	78
金枪鱼 FFA	酯化	70	11	77	78

注: DHA, 二十二碳六烯酸; FFA, 游离脂肪酸; TAG, 甘油三酯。

5.4　酶促酯-酯交换技术

酶促酯-酯交换反应（enzymatic ester-ester exchange）是指一种酯与另一种酯发生酰基交换生成两种新酯的反应[80]。酯-酯交换技术是近年来一种深具潜力的新兴方法，如图 5-23 所示，通常包含甘油三酯和甘油三酯以及甘油三酯和脂肪酸酯的交换，主要用于通过改变脂肪酸在甘油三酯中的位置分布来改变单个脂肪和油或脂肪-油混合物的物理性质。

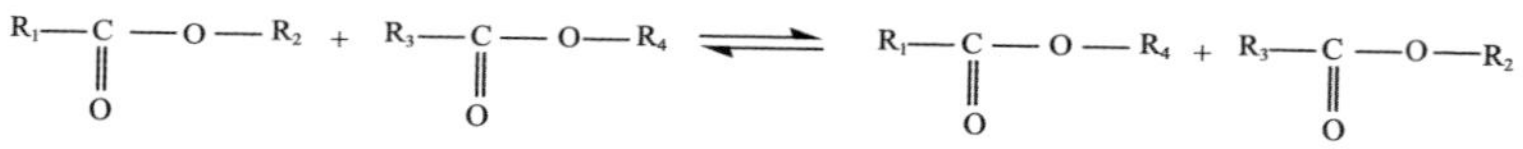

图 5-23　酯-酯交换反应示意图

酶促酯-酯交换技术则是利用脂肪酶催化酯-酯交换反应的一种方法，其在新甘油三酯合成方面的研究已被大量报道（表 5-9）。酶促酯-酯交换技术具有选择性高、反应条件温和、副反应少、浪费少和产品易回收等优点。酶促酯-酯交换技术有助于环境保护，如避免有毒化学制品使用、减少副产品以及废弃物生成。举例来说，据美国环境保护署报道，目前每年生产人造黄油和起酥油所消耗的氢化大豆油量已超 45 亿 kg，而与部分氢化相比，阿彻丹尼尔斯米德兰公司/诺维信开发的酶促酯-酯交换技术每年可节省约 1.81 亿 kg 大豆油、避免 900 万 kg 甲醇钠、5200 万 kg 肥皂、2300 万 kg 活性白土以及 2.27 亿 L 水的消耗。此外，酶促酯-酯交换技术制备的油脂代替部分氢化植物油，有助于减少反式脂肪酸摄入，提高多不饱和脂肪酸及其他具有特殊功能脂肪酸的摄入，从而有助于提升公共健康。

表 5-9　脂肪酶催化酯-酯交换反应

脂肪酶来源	反应体系	结构脂生成率/mol%	反应条件
南极假丝酵母（*Candida Antarctica*）	三油酸甘油三酯与辛酸乙酯的酯-酯交换反应	62	55℃，正己烷

续表

脂肪酶来源	反应体系	结构脂生成率/mol%	反应条件
米黑根毛霉（*Rhizomucor miehei*）、假丝酵母（*Candida rugosa*）、黏稠色杆菌（*Chromobacterium viscosum*）	花生油和三辛酸甘油酯的酯-酯交换反应	35	40℃，正己烷
米黑根毛霉（*Rhizomucor miehei*）、南极假丝酵母（*Candida Antarctica*）	三己酸甘油酯和三亚油酸甘油酯的酯-酯交换反应	65	45℃，正己烷
米黑根毛霉（*Rhizomucor miehei*）	三辛酸甘油酯和二十碳五烯酸乙酯的酯-酯交换反应	87	40℃
爪哇根霉（*Rhizopus javanicus*）	中链甘油三酯和长链甘油三酯的酯-酯交换反应	74	50℃
米黑根毛霉（*Rhizomucor miehei*）	tri-EPA 和辛酸乙酯的酯-酯交换反应	64.8	40℃

注：tri-EPA 表示二十碳五烯酸甘油三酯。

5.4.1　酶促酯-酯交换分类

1. 分子内酯-酯交换和分子间酯-酯交换

根据酯-酯交换反应的底物来分类，有分子内酯-酯交换和分子间酯-酯交换两种形式，如图 5-24 所示[81]。

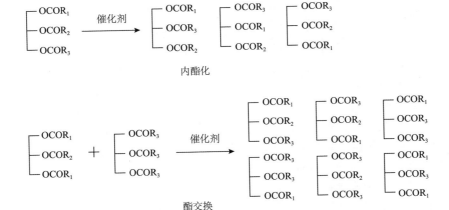

图 5-24　分子内酯-酯交换和分子间酯-酯交换示意图

分子内酯-酯交换是指一种甘油三酯自身发生分子重排或者酰基交换生成新酯的反应。

分子间酯-酯交换是指一种甘油三酯与另一种酯发生分子重排或者酰基交换生成新酯的反应。

2. 随机酯-酯交换和定向酯-酯交换

酶促酯-酯交换所使用的脂肪酶通常可分为两类：随机（非特异性）和特异性（sn-1,3 特异性）。因此，按照酯-酯交换所使用的脂肪酶以及反应结果，甘油三酯中脂肪酸的重排可定向或随机进行，由此分为随机酯-酯交换和定向酯-酯交换（图 5-25）。

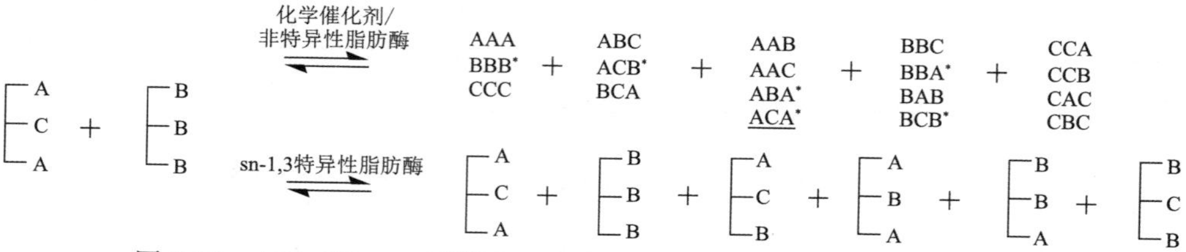

图 5-25　ACA-和 BBB-型甘油三酯随机酯-酯交换和定向酯-酯交换示意图
下划线表示起始原料，*表示 sn-1,3 特异性脂肪酶可能的催化产物

目前，常用于酯-酯交换的脂肪酶有三种不同类型：非特异性脂肪酶、sn-1,3特异性脂肪酶和脂肪酸特异性脂肪酶。根据脂肪酶的催化特异性，区分甘油三酯中脂肪酸的定向分布或随机分布。

其中，非特异性脂肪酶是在甘油三酯的三个位置上裂解脂肪酸的脂肪酶，可用于催化甘油三酯的随机酯-酯交换反应，生成与化学酯交换相似的产物。实际上，只有极少数脂肪酶是严格非特异性的。大多数脂肪酶在一定程度上都具有特异性。也就是说，即使是非特异性脂肪酶催化的反应结果也不会与化学催化剂完全相同。

sn-1,3 特异性脂肪酶则广泛用于生产化学随机酯交换法无法实现的对称构型的甘油三酯产品，如 OPO 婴儿配方奶粉或 Econa 油脂（富含 80%以上的 1,3-DAG）以及 1,3-二棕榈酰-2-油酰甘油（POP）、1,3-二硬脂酰-2-油酰甘油（SOS）、1-棕榈酰-2-油酰-3-硬脂酰甘油（POS）用作可可脂替代品。

源自白地霉（*Geotrichum candidum*）的脂肪酸特异性脂肪酶可选择性作用于甘油三酯的 Δ9 位裂解不饱和脂肪酸，从而生成不饱和度增加的油脂。目前尚未有利用白地霉脂肪酸特异性脂肪酶生产的商业过程或产品。

5.4.2　酶促酯-酯交换反应机理

酶促酯-酯交换反应的实质是通过使用脂肪酶诱导脂肪酸在分子内和分子间进行重排，从而实现甘油三酯的重组。酶促酯-酯交换过程既不影响脂肪酸的饱和度，又不会导致脂肪酸双键的异构化。酶促酯-酯交换使甘油三酯分子的脂肪酸酰基发生重排，而总脂肪酸组成与起始底物的脂肪酸组成相同。脂肪酶催化的酯-酯交换的机理在很多方面与化学酯交换相当。

脂肪酶催化的多底物酯-酯交换反应遵循乒乓反应（ping-pong reaction）机制。乒乓反应是指在反应中，酶结合一个底物并释放一个产物，留下一个取代酶，然后该取代酶再结合第二个底物和释放出第二个产物，最后酶恢复到它的起始状态。

脂肪酶发挥催化作用的活性中心是 Asp-His-Ser（天冬氨酸-组氨酸-丝氨酸）三联体（图 5-26），其中丝氨酸残基是亲核基团，而其他两个氨基酸残基则参与提升催化反应的电荷中继系统[82]。脂肪酶具有一个典型的盖子结构，覆盖住酶的活性位点。为了催化反应的进行，必须将盖子结构打开。当脂肪酶与油水界面结合时，蛋白分子构象发生改变，盖子结构移位，暴露酶的活性中心。与此同时，活性位点周围的疏水域暴露在外，并在油水界面与底物形成强结合位点，从而使反应底物可以接近活性位点，形成了过渡态的中间物——酰基酶复合物。

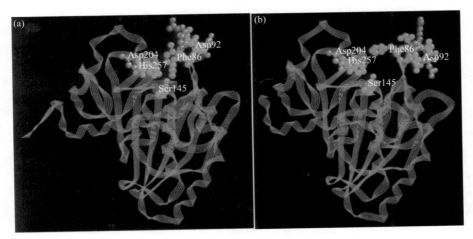

图 5-26　脂肪酶的三维结构图[82-85]
（a）盖子结构紧闭；（b）盖子结构部分打开

一旦形成酰基酶复合物，随后发生酯键水解释放甘油残基，水解脂肪酸残基与脂肪酶形成酰基酶复合物。然后，水解脂肪酸被释放，而另一脂肪酸则与脂肪酶结合，与甘油残基形成新的酯键。最后一步是脂肪酶释放新形成的甘油三酯（图 5-27）。在该反应过程中，甘油三酯在初始阶段的水解可能需要水参与。

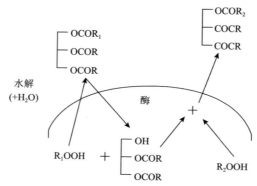

图 5-27　酯交换的乒乓反应机制[31]

脂肪酶催化酯-酯交换的作用机制如图 5-28 所示。它包括以下两个步骤[86]。

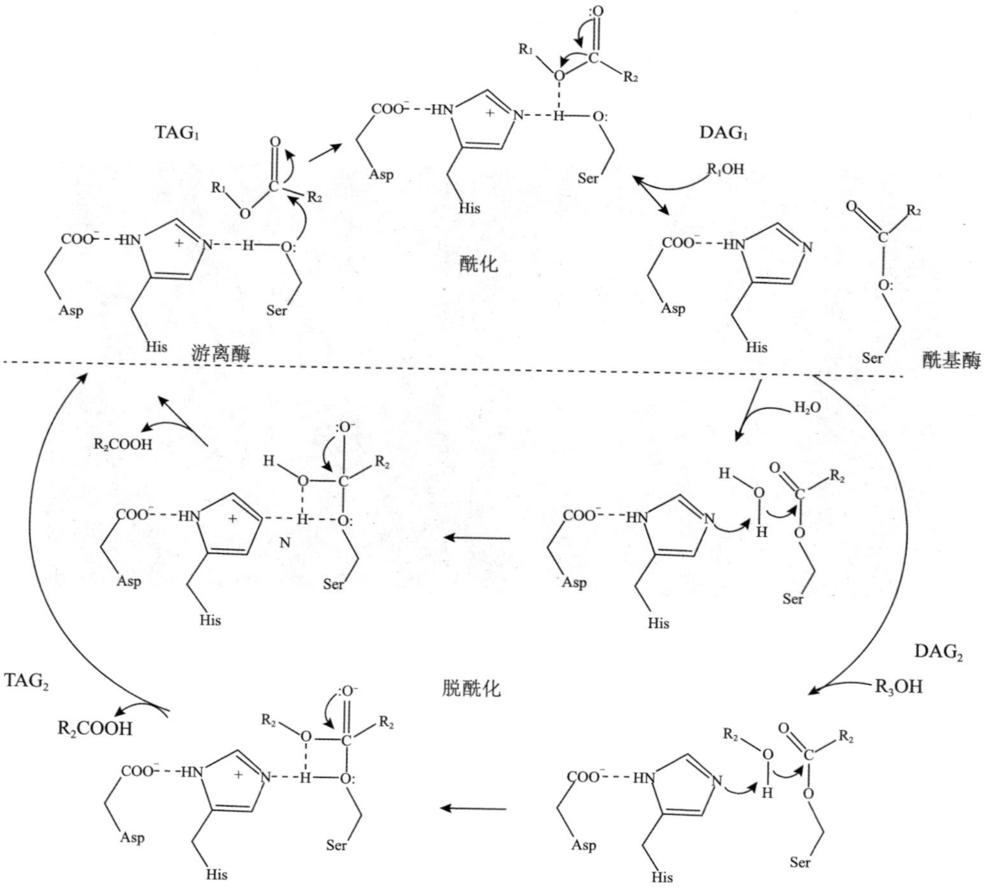

图 5-28　脂肪酶催化酯-酯交换的途径

（1）酰化：脂肪酶的活性位点 Ser-OH 亲核攻击甘油三酯中的羰基碳，形成酰基酶复合物。

（2）脱酰：以水分子作为亲核试剂攻击酰基酶复合物，释放出游离脂肪酸和脂肪酶；或是以甘油二酯作为亲核试剂攻击酰基酶复合物，生成新的甘油三酯并释放出脂肪酶。尽管酯-酯交换效率可能取决于酶、底物和反应条件，但一般认为第二步是限制性步骤。

采用一种简化的方程形式，而不是详细的分子结构，来描述基于酰基酶复合物形成的脂肪酶催化酯-酯交换过程，如下所示（E 代表脂肪酶）：

$$TAG_1 + E \rightleftharpoons TAG_1 \cdot E \rightleftharpoons DAG_1 + FFA_1 \cdot E \tag{5-1}$$

$$TAG_2 + E \rightleftharpoons TAG_2 \cdot E \rightleftharpoons DAG_2 + FFA_2 \cdot E \tag{5-2}$$

$$DAG_1 + FFA_2 \cdot E \rightleftharpoons TAG_3 \cdot E \rightleftharpoons TAG_3 + E \tag{5-3}$$

$$DAG_2 + FFA_1 \cdot E \rightleftharpoons TAG_4 \cdot E \rightleftharpoons TAG_4 + E \tag{5-4}$$

$$TAG_3 \cdot E \rightleftharpoons \cdots \tag{5-5}$$

$$TAG_4 \cdot E \rightleftharpoons \cdots \tag{5-6}$$

$$FFA_1 \cdot E + H_2O \rightleftharpoons FFA_1 + E \tag{5-7}$$

$$FFA_2 \cdot E + H_2O \rightleftharpoons FFA_2 + E \tag{5-8}$$

反应一直持续，直至反应体系达到平衡，包括生成新的中间体和新的甘油三酯产物[式（5-1）～式（5-6）]。如果反应体系中的水增加，游离脂肪酸的含量则会增加[式（5-7）和式（5-8）]，而 $FFA_1 \cdot E$ 或 $FFA_2 \cdot E$ 会减少，导致甘油二酯的含量也增加[式（5-3）和式（5-4）]，酯交换形成的新 TAG 的得率则会下降。

游离水是导致反应体系中游离脂肪酸升高的主要原因。反应体系中 1 mol 游离水生成 1 mol 游离脂肪酸。因此，为降低终产品中游离脂肪酸和甘油二酯的含量，提高新 TAG 的产量，控制反应体系中的水含量尤为重要。

当使用 sn-1,3 特异性脂肪酶作为催化剂时，酯-酯交换途径开始于 TAG 和酶分子（E）的反应，生成 sn-1,2(2,3)-DAG 和 FFA·E 中间体。酯交换反应过程中经常遇到的问题是酰基迁移，这会导致脂肪酸的非特异性分布。酰基迁移是由酸、碱、离子交换树脂（载体）催化的非酶促反应，并随加热和反应时间延长而增强（图 5-29）。而在酶促酯-酯交换反应中，酰基供体也可能是游离脂肪酸，这与反应体系中的水含量有关。反应温度和反应时间对于控制酶促酯-酯交换的酰基迁移至关重要。

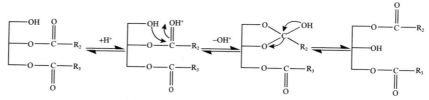

图 5-29　酸催化酰基迁移的机制[87]

　　sn-2 位酰基迁移机制如图 5-30 所示，酰基迁移通过 sn-2 位亲核取代发生，TAG 水解后，游离羟基氧的孤对电子亲核攻击酯 sn-2 位羰基碳，形成五元环（原酸酯）中间体[88]。该环不稳定并因原酯碳单键断裂而打开，进而形成 sn-1,3-DAG。sn-1,3-DAG 和 sn-1,2(2,3)-DAG 之间的平衡比为（3∶2）～（2∶1）。

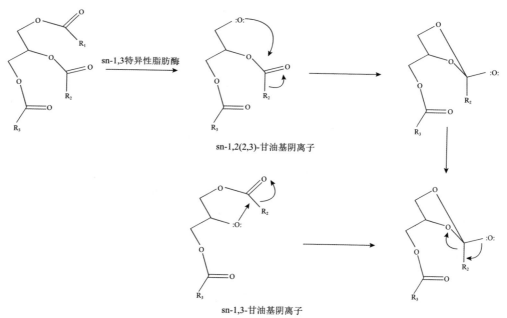

图 5-30　酯交换过程中 sn-2 位酰基迁移机制

5.4.3　酶促酯-酯交换生物反应器

　　酶促酯-酯交换可以在间歇式反应器或填充床反应器中进行。

　　实验室中的大多数反应都是在间歇式反应器中进行的，仅需要较少用量的酶，且易于施加真空或添加分子筛以降低反应体系的水含量。然而，间歇式反应器也存在一些缺点：由于酶用量较少，通常需要更长的反应时间，且易引起高度的酰基迁移，导致酯交换产物的非特异性[80]。在间歇式反应器中，酶负荷、流速、反应速率和转化率之间的关系为[89]

$$\frac{w_{\mathrm{b}}}{v_{\mathrm{b}}} t = \int_0^{X_{\mathrm{a}}} \frac{\mathrm{d} X_{\mathrm{a}}}{-r_{\mathrm{a}}} \tag{5-9}$$

其中，w_{b} 为酶用量；v_{b} 为油量；t 为反应时间；X_{a} 为物质转化率；r_{a} 为反应速率。

　　填充床反应器适用于工业规模的连续操作，其所需的酶与底物比值显著高于间歇式反应器，反应时间也缩短。由此，反应体系中酰基迁移反应减少，可以更好地保持酶的特异性，与间歇式反应器存在类似的酶负荷、流速、反应速率和转化率关系[89]：

$$\frac{w_{\mathrm{p}}}{F_{\mathrm{p}}} = \int_0^{X_{\mathrm{a}}} \frac{\mathrm{d} X_{\mathrm{a}}}{-r_{\mathrm{a}}} \tag{5-10}$$

其中，w_{p} 为填充床反应器中的酶用量；F_{p} 为流速；X_{a} 为物质转化率；r_{a} 为反应速率。

　　当在间歇式和填充床反应器中使用相同酶时，可以假定反应速率和转化率相同，上述两个方程的右侧是相同的。因此，可以得到以下等式：

$$\frac{w_{\mathrm{p}}}{F_{\mathrm{p}}} = \frac{w_{\mathrm{b}}}{v_{\mathrm{b}}} t \tag{5-11}$$

　　如果在填充床反应器中没有发生灭活，上述等式可以写成：

$$F_{\mathrm{p}} = w_{\mathrm{p}} \frac{v_{\mathrm{b}}}{w_{\mathrm{b}} t} \tag{5-12}$$

　　根据间歇式反应器中的实验数据，上述方程可用于计算填充床反应器中的酶用量和流速。而通过调节填充床反应器的流速，可以很容易地获得具有所需转化程度的酯交换产物。

　　在酯-酯交换过程中，化学性质（sn-2 位、TAG 组成）和物理性质[滴点（DP）、固体脂肪含量（SFC）、差示扫描量热仪（DSC）测定参数等]可用于监测酶促酯-酯交换反应。而在工业生产中，SFC 主要用于控制塑性脂肪生产所用的原料质量。因此，选择 SFC 来监控酯-酯交换过程。对于间歇式反应器，反应的质量平衡可以表示为[89]

$$输入 = 输出 + 积累 + 消失 \tag{5-13}$$

其中，输入和输出为零。因此，基于反应过程中 SFC 的变化，上述方程可以描述为

$$0 = 0 + V \cdot \mathrm{dSFC} - W \cdot r\,(\mathrm{SFC}) \cdot \mathrm{d}t \tag{5-14}$$

其中，r 为反应速率；V 为反应器的体积；W 为脂肪酶量；t 为反应时间。上述等式变成：

$$\frac{\mathrm{dSFC}}{\mathrm{d}t} = \frac{W}{V} \cdot r\,(\mathrm{SFC}) \tag{5-15}$$

引入基于质量的反应时间，$\tau = (W/V)t$，给出以下等式：

$$\mathrm{d}\tau = \frac{W}{V} \cdot \mathrm{d}t \tag{5-16}$$

综合上述两个方程，得到以下关系方程：

$$\frac{\mathrm{dSFC}}{\mathrm{d}\tau} = r\,(\mathrm{SFC}) \tag{5-17}$$

酶催化的酯-酯交换可被认为是一级可逆反应[90]。因此，上述方程也可以写成：

$$r\,(\mathrm{SFC}) = -k \times \mathrm{SFC_r} \tag{5-18}$$

其中，$\mathrm{SFC_r}$ 为反应时间 τ 时减少的 SFC 值；k 为常数。上述方程等同于：

$$\mathrm{SFC_r} = \mathrm{SFC} - \mathrm{SFC_\infty} \tag{5-19}$$

其中，$\mathrm{SFC_\infty}$ 为反应达到平衡时的 SFC 值。结合上述三个方程式，得出以下关系：

$$\int_{\mathrm{SFC_\infty}}^{\mathrm{SFC}} \frac{\mathrm{dSFC}}{\mathrm{SFC} - \mathrm{SFC_\infty}} = -\int_0^\tau k \cdot \mathrm{d}\tau \tag{5-20}$$

求积分后，上述方程变为

$$\frac{\mathrm{SFC} - \mathrm{SFC_\infty}}{\mathrm{SFC_0} - \mathrm{SFC_\infty}} = \mathrm{e}^{-k\tau} \tag{5-21}$$

其中，SFC 为在时间 τ 的产品 SFC；$\mathrm{SFC_0}$ 为初始 SFC。引入表示 SFC 的最大变化 ΔSFC，方程如下：

$$\Delta\text{SFC} = \text{SFC}_0 - \text{SFC}_\infty \qquad (5\text{-}22)$$

因此 SFC 的方程可以写成：

$$\text{SFC} = \text{SFC}_0 - \Delta\text{SFC}\left(1 - e^{-k\tau}\right) \qquad (5\text{-}23)$$

该方程含有 3 个具有物理和化学意义的参数，其中，k 值与酶作用于混合物的反应速率相关；SFC_0 和 ΔSFC 仅与混合物的类型和混合比例有关。根据从间歇式反应器中取出的油样体积来调整 τ（基于质量的反应时间），方程如下：

$$\tau_n = t_{n-1} \cdot \left.\frac{W_e}{V_{\text{Toil}}}\right|_n + (t_n - t_{n-1}) \cdot \frac{W_e}{V_{\text{Toil}} - \sum\limits_{i=1}^{n-1} S_i} \qquad (5\text{-}24)$$

其中，t 为反应时间，min；n 为采样时间；W_e 为酶剂量，g；V_{Toil} 为初始混合物质量；S_i 为在给定采样时间取出的样品量，g。使用基于质量的反应时间的优点是可以轻松地将这些数据应用于不同的反应系统或酶剂量以获得相同的产品。如果采样量与反应过程中的总体积相比足够小，这意味着 $\tau = t$，那么方程可以简化：

$$\text{SFC} = \text{SFC}_0 - \Delta\text{SFC}\left(1 - e^{-kt}\right) \qquad (5\text{-}25)$$

酶促酯-酯交换过程中，转化程度可以通过不同的反应时间来控制。转换度（X）可以从式（5-21）中推导出来，并由反应时间 t 和反应速率 k 之间的关系重新定义：

$$X(\%) = \frac{\text{SFC}_0 - \text{SFC}}{\text{SFC}_0 - \text{SFC}_\infty} \times 100 = \left(1 - e^{-kt}\right) \times 100 \qquad (5\text{-}26)$$

其中，SFC_0 为初始反应时的 SFC；SFC 为在反应时间 t 时的 SFC；SFC_∞ 为平衡阶段的 SFC。

5.4.4　酶促酯-酯交换终点检测

1. 滑动熔点

滑动熔点（slip melting point，SMP）是一个重要参数，对于检测酯交换的工业生产具有重要意义。SMP 是个温度指标，在一定加热温度下，脂肪样品软化并且在敞开的毛细管中能充分流动。AOCS 官方标准（AOCS Official Method Cc 3-25 1997）通常用于测定酶促酯-酯交换反应前后的物理混合物的 SMP。

由于甘油三酯中的脂肪酸发生重排，酯-酯交换反应前后的 SMP 也有差别，该值主要受脂肪酸组成、脂肪酸链长、脂肪酸饱和比、TAG 复杂性以及脂肪酸在甘油骨架上的位置等诸多因素影响。一般而言，仅有一种植物油的酯-酯交换反应体系中，终产物的 SMP 值增加，富含饱和脂肪酸的植物油（椰子油、棕榈油）和动物脂肪（猪油、黄油）酯-酯交换前后的 SMP 值变化不大，熔点显著不同的油脂混合后的酯-酯交换产物的 SMP 值降低。如表 5-10 所示，大多数酯-酯交换终产物的 SMP 值降低，只有两种酯-酯交换终产物 SMP 值因 TAG 重排而提高，这归功于高熔点三饱和甘油三酯（S3）含量的增加[88]。因此，酶促酯-酯交换反应可用于平衡饱和脂肪酸及不饱和脂肪酸间的含量，提高油脂在 25～40℃时的 SFC 值，以制备食品专用油脂。多数混合油经酶促酯-酯交换后 SMP 值下降，这可能是由于在基料油中加入三不饱和液态油（U3），导致三饱和甘油三酯（S3）浓度变化，从而降低了 SMP 值。

表 5-10　sn-1,3 特异性脂肪酶催化的酯-酯交换反应前后物理性质的变化

底物	SMP/℃			SFC 和 TAG	
	物理共混	酯-酯交换后	趋势	SFC 曲线更陡峭（物理混合）	SFC 曲线更平滑（酯-酯交换后）
米糠硬脂酸+全氢化大豆油+椰子油（5:5:2）	62.0 ± 0.7	46.4 ± 0.3	↓	StStSt, StPSt, PStSt↓ POO, OOO↑	—
棕榈硬脂+元宝枫籽油+棕榈仁油（6:3:1）	50.7 ± 0.3	37.0 ± 0.3	↓	S3↓, S2U↑, SU2↑, U3↓	—
椰子油+芝麻油（5:5）	20.8 ± 0.3	18.9 ± 0.3	↓		
全氢化膨化大豆油+冷榨玉米油（5:5）	63.2 ± 1.4	49.6 ± 1.0	↓	StStSt, StPSt, PStSt↓, StOSt, StOP, StOO, POO↑	—
异养微藻油+菜籽油（10:7）	46	35	↓	PPP, MPSt, PPSt↓, PPO, POO↑	
高度氢化大豆+香樟籽油+紫苏油（8:2:10）	50.51	39.05	↓	PStSt, StStSt, LnLnL, LnLLn↓, PStP, StStL, StLSt, StOO, OStO, OLLn, LnLO, OLnL↑	

续表

底物	SMP/℃			SFC 和 TAG	
	物理共混	酯-酯交换后	趋势	SFC 曲线更陡峭（物理混合） [图：横轴 温度/℃，纵轴 SFC%，NIE 实线，EIE 虚线]	SFC 曲线更平滑（酯-酯交换后） [图：横轴 温度/℃，纵轴 SFC%，NIE 实线，EIE 虚线]
棕榈硬脂酸+三叶木通籽油（7:3）	49.30±0.27	37.60±0.20	↓	POP, PPO, PPP, PLSt, PStL, StPL, StStL, StLSt↓, PLO, OPL, POL, PPL, PLP, POO, OPO↑	—
棕榈油	38.5	52.2	↑	—	S3（PPP）↑, S2U（POP）↓, SU2↓, U3↑
米糠油+棕榈硬脂酸+椰子油（5:5:4）	34.3±1.1	27.5±1.1	↓	LOO, POO, POP, PPP↓, PLP, LLO, LaPO↑	—
牛脂硬脂酸+菜籽油（4:6）	46.8±0.8	29.8±0.6	↓	—	—
可可脂	35.0	50.0	↑	—	POSt, POP, StOSt↓, POO, StOO, StStP, StPP, PPP, StStSt↑
辣木籽油+棕榈油（70:30）	—	—	—	—	S3↑, S2U↓, SU2↑

注：S. 饱和脂肪酸；U. 不饱和脂肪酸；S3. tri-saturated TAG，三饱和甘油三酯；S2U. disaturated-monounsaturated TAG，二饱和单不饱和甘油三酯；SU2. monosaturated-diunsaturated TAG，单饱和二不饱和甘油三酯；U3. tri-unsaturated TAG，三不饱和甘油三酯；M. 肉豆蔻酸；P. 棕榈酸；St. 硬脂酸；O. 油酸；L. 亚油酸；Ln. 亚麻酸。

2. 固体脂肪含量

天然油脂在室温下以固体和液体的混合物形式存在。脂肪制品的物理性质和感官品质（塑性、形状保持性、入口即化性）受脂肪结晶的数量即 SFC 影响。在油脂加工行业，SFC 通常作为棕榈油制取的关键参数，也被用作可可脂、人造黄油和黄油等塑性脂肪生产的指标。SFC 曲线可以反映酶促酯-酯交换过程中，油脂中三饱和（S3）及二饱和（S2U）甘油三酯含量的变化。酶促酯-酯交换前后油脂 SMP 和 SFC 值的变化归因于甘油三酯种类和数量的变化，即有独特熔点的 S3、S2U 和 SU2 型 TAG 的变化。

因 SFC 改变，油脂的物理特性也随之发生变化，主要表现在以下几方面。

（1）塑性（plasticity）。4℃和 10℃时的 SFC 值表明了油脂产品在冷藏时的涂抹性能。脂肪的塑性范围是 SFC 值为 15%～35%时，在这个范围内，可以获得具有理想涂抹性的起酥油[91]。脂肪的塑性对终产品获得良好的充气性能也是很重要的。

（2）形状保持性（shape retention）。20～22℃的 SFC 值决定了油脂制品的稳定性和耐油性。在这种情况下，理想的 SFC 应不低于 10%[92]。

（3）入口即化性（陡峭的 SFC 曲线）。33～38℃的 SFC 会影响脂肪产品的口感（33.3℃时，SFC 高于 3.5%，可感觉到有蜡状的口感）。人造黄油产品需在室温下有高 SFC 以提供适宜的晶体结构，而在高温下有低 SFC 以便食用时易在口中融化[93, 94]。SFC 不但影响产品的功能特性，而且控制脂肪晶体的晶型和结构。不同油脂的相容性可通过测定 SFC（共晶或部分结晶和等固相曲线）来确定。目前，利用核磁共振（P-NMR）波谱可以直接获得不同温度下的 SFC 曲线。

3. TAG 组成

脂肪产品的物理和感官特性如硬度、涂抹性和适口性，与 TAG 组成相关。TAG 结构即使发生微小变化，也会影响结晶曲线和晶体的晶型。当在酶促酯-酯交换过程中进行加热处理时，甘油酯位置异构体生成，而后诱导脂肪产品物理性质发生改变。高温条件可加速不对称 TAG 的形成，然后影响结晶行为。因此，在加工过程中，为控制酯-酯交换终产品的质量，监测和减少上述副产物的形成至关重要。TAG 类型取决于结合在甘油骨架上的脂肪酸类型。天然油脂中的 TAG 具有相似的理化性质，且存在大量的同分异构体和位置异构体。因此，分离 TAG 化合物已成为分析食用油 TAG 指纹图谱的关键。

色谱和质谱（MS）技术被广泛应用于分离食用油中的 TAG，且这些技术快速有效。色谱分析可分为气相色谱（GC）和高效液相色谱（HPLC）。GC 是根据 TAG 碳数的多少分离 TAG，而反相液相色谱是根据碳原子当量（equivalent carbon number，ECN）分离 TAG。ECN 又称等价碳数或当量碳数，其计算方法为甘油三酯中脂肪酸的总碳原子数减去两倍的双键数，如碳原子当量 42（ECN42）就是指计算的甘油三酯当量碳数等于 42。然而，分离 TAG 位置异构体是一个挑战，特别是当双键的数量相似时，唯一的区别是双键在分子中的位置不同。除个别 TAG 外，GC 或 HPLC 无法有效分离和分析大多数 TAG 异构体（表 5-11）。因此，TAG 位置异构体的分析仍然是脂质分析的一大挑战。除异构体分析外，基于总碳数的 TAG 分析取得了较大进展。目前，甘油的快速分析多采用 GC 确定峰值保留时间。采用非极性高温气相色谱柱（填充硅油）生成的峰与 TAG 沸点相关，因此高沸点的 TAG 保持时间长。

表 5-11　酶促酯-酯交换产物中 TAG 种类的测定方法[88]

设备	色谱柱	结果
HPLC + ELSD	反相 C18 柱 （5 μm, 4 mm × 250 mm）	通过比较峰洗脱时间和 TAG 标准品（OLL、OLO、OOO、PMP、PPP、PPSt、PLL、PLO、POO、StOO、PLP、POP 和 POSt）的峰洗脱时间，确定各 TAG 色谱峰
HPLC + ELSD	反相 C18 柱 （5 μm, 4.6 mm × 250 mm）	ECN、TAG 中脂肪酸的区域特异性未检测
HPLC + RID	反相 C18 柱 （5 μm, 4 mm × 250 mm）	
HPLC + ELSD	C18 柱 （5 μm, 3.9 mm × 150 mm）	
HPLC + ELSD	C18 柱 （5 μm, 4.6 mm × 150 mm）	
UPLC-Q-TOF-MS	Acquity UPLC BEH C18 柱 （1.9 μm, 2.1 mm × 50 mm） （在 ESI 正离子模式下） Acquity UPLC BEH C18 （1.7 μm, 2.1 mm × 100 mm）	
UPC²-Q-TOF-MS	Acquity UPC² BEH 2-EP 柱 （1.7 μm, 150 mm × 3.0 mm）	
UHR-TOF-MS	Zorbax Eclipse Plus C18 柱 （1.8 mm, 2.1 mm × 100 mm）	ECN、OPO 和 PPO 的区域异构体被测定
二元溶剂 HPLC + APCI + MS	一种银改性阳离子交换柱 （Luna SCX, Phenomenex, 5 μm, 2.0 mm × 150 mm, 100 Å）	POP/PPO、POS/PSO、SOS/SSO、POO/OPO 和 SOO/OSO 分别被分离、鉴定和定量
GC + FID	RTX-65TG（0.1 μm, 0.25 mm × 30 m）	C28～C54：C 后面的数字表示甘油三酯的碳数，而 TAG 中脂肪酸的分布未确定
	DB-17HT（50%甲基苯基聚硅氧烷, 0.15 mm,0.25 mm × 15 m）	

注：HPLC：高效液相色谱；ELSD：蒸发光散射检测器；RID：示差折光检测器；UPLC-Q-TOF-MS：超高效液相色谱四极杆飞行时间质谱法；UPC²-Q-TOF-MS：超性能收敛色谱四极杆飞行时间质谱；GC：气相色谱法；FID：火焰离子化检测器；APCI：常压化学电离；ECN：碳原子当量。

4. 酯-酯交换程度

酯-酯交换反应过程中 TAG 的分子结构发生改变，可通过分析 TAG 组成直接监测酶促酯-酯交换反应。结合 MS 可以获得 TAG 混合物的相对分子质量分布，用于确定酯-酯交换程度（ID）。如图 5-31（a）所示，可以通过计算反应前后 TAG 的变化来确定 ID。Li 等[95]研究发现，脂肪酶 Lipozyme 435 催化大豆油和全氢化棕榈油共混油的酯-酯交换程度高达（97.0 ± 0.68）%。如图 5-31（b）所示，可通过比较酯-酯交换前后的 ECN 数量来检测 ID。有学者通过拟合响应函数对实验数据进行回归分析，发现实验结果与预测值吻合较好[96][图 5-31（c1）]，而脂肪酸的变化也被认为是计算 ID 的另一种方法[图 5-31（c2）]。也有学者利用图 5-31（d）所示的方程比较了不同酶对 TAG 酯-酯交换反应的催化活性，并建议可以使用 ID 监测酯-酯交换的随机性[97]。举例来说，Svensson 等[98]利用此方程检测 ID，发现当反应时间少于 2 h 时，sn-2 位脂肪酸没有改变，这是因为酯-酯交换期间 sn-1,3 的改变已完成。Paula 等[99]考察了篮式搅拌反应器中 R. oryzae 脂肪酶催化乳脂和大豆油酯-酯交换，反应 4 h 时 ID 值达到最大值（9.19 ± 0.60）%，随着反应时间延长，ID 值降至（7.31 ± 0.99）%。Zhang 等[100]还研究了酶促酯-酯交换过程中反应时间对 ECN 转换度的影响[图 5-31（e1）]，发现 ECN 转换度随着反应时间的增加而增加。Neeharika 等[101]修改了方程式[图 5-31（e2）]，根据 SFC 值的变化评估 ID。

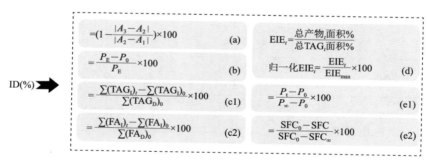

图 5-31　酶促酯-酯交换改性的评价方程式

（a）A_1 为混合物初始 TAG 含量，A_3 为试验结束时混合物中的 TAG 含量，A_2 为酯-酯交换产物中理论完全随机的 TAG 含量（用概率定律和共混物中典型的脂肪酸组成计算得出）；（b）P_E 和 P_0 分别为酶促酯-酯交换前后混合物的 ECN（24、26 和 28）的面积比；（c1）TAG_I 为反应过程中增加的 TAG 浓度（mmol/L），TAG_D 为反应过程中降低的 TAG 浓度（mmol/L），下标 "t" 和 "0" 分别表示在给定反应时间和初始反应时 TAG 浓度；（c2）FA_I 是指反应期间增加的脂肪酸面积比（%），FA_D 是指反应期间降低的脂肪酸面积比（%），下标 t 和 0 分别代表在给定反应时间和反应初始时脂肪酸面积比（%）；（d）总产物是 LLP、POL、PLP 和 LOL 之和，总 TAG 是 LLL、POP、LLP、POL、PLP 和 LOL 之和，下标 t 表示采样时间，EIE_{max} 为观测到的酶促酯-酯交换的最大值，代表 sn-1,3 位置的平衡；（e1）P_t 为时间 t 时的峰值比，P_∞ 为平衡时的峰值比，P_0 为时间 0 时的峰值比，反应过程中，峰值 TAG 变化最大，因此，采用 ECN 44 和 48 的峰值比进行过程监控；（e2）SFC_0 为时间 0 时的 SFC，SFC 为反应时间 t 时的 SFC，SFC_∞ 为平衡时的 SFC

　　为了比较不同的脂肪酶催化产物并使其对比更加清晰，学者们还提出了酯-酯交换的相对程度[86]。

$$相对酯化程度(\%) = \frac{特定条件下的酯化程度}{默认条件下的酯化程度} \times 100 \qquad (5\text{-}27)$$

酯-酯交换程度被定义为在反应时间 t 时，TAG 峰面积的变化（$TAGI_t$）相对于反应初始值（$TAGI_0$）的比值，而酯-酯交换速率 X 计算公式如下[102-104]：

$$X\left(\text{h}^{-1}\right) = \frac{初始速率(\%/\text{h})}{酶活力(\%)} \qquad (5\text{-}28)$$

其中，在反应线性范围内的初始速率为（$[TAGI_t] - [TAGI_0]$）$/t$，酶活力表示 TAG 水解的百分比（总 TAG 减去剩余 TAG 含量）。

酯-酯交换程度（ID）可以定义为 TAG 峰面积的变化，相对于反应初始值（$TAGI_0$），其值（$TAGI_t$）在反应过程中是连续不断增加的[102]。

$$ID(\%) = \frac{[TAGI_t]}{[TAGI_0]} \qquad (5\text{-}29)$$

酶促酯-酯交换反应改变了 TAG 组成，从而改变了脂肪混合物的相容性。在椰子油和棕榈硬脂的酯-酯交换反应中，在大多数情况下只有椰子油的较短链和棕榈硬脂的较长链长度减少。

5.4.5　酶促酯-酯交换反应前后性质变化

虽然酶促酯-酯交换后的油脂脂肪酸组成并未改变，但脂肪酸发生重排导致其分布改变，进而导致甘油三酯的构成在种类和数量上发生了明显变化，进而引起油脂多种性质的变化，变化程度与底物中的脂肪酸组成以及产物中甘油三酯的改变有密切关系。

1. 固体脂肪指数

固体脂指数，又称固体脂肪指数（solid fat index，SFI），定义为测定若干温度时油脂固态和液态体积的比值。油脂经酯-酯交换反应后，脂肪酸重排，导致油脂中的甘油三酯组成发生较大改变，从而引起 SFI 变化，油脂的塑性、稠度也随之改变。如表 5-12 所示，棕榈油、猪脂、牛脂等油脂的 SFI 变化较小，而棕榈仁油及其与椰子油的混合油，反应后 SFI 值变化较大；可可脂在酯交换反应前后的 SFI 发生显著变化。

表 5-12　酯交换前后 SFI 值的变化[105]

油脂	反应前 SFI			反应后 SFI		
	10℃	20℃	30℃	10℃	20℃	30℃
可可脂	84.4	80	0	52.0	46	35.5
棕榈油	54	32	7.5	52.5	39	21.5
棕榈仁油	—	38.2	8.0	—	27.2	1.0
氢化棕榈仁油	74.5	67.0	15.4	65	49.7	1.4
猪脂	26.0	19.8	2.5	24.8	11.8	4.8
牛脂	58.0	51.6	26.7	57.1	50.0	26.7
60%棕榈油+40%椰子油	30.0	9.0	4.7	33.2	13.1	0.6
50%棕榈油+50%椰子油	33.2	7.5	2.8	34.4	12.0	0
40%棕榈油+60%椰子油	37.0	6.1	2.4	35.5	10.7	0
20%棕榈油硬脂+80%轻度氢化植物油	24.4	20.8	12.3	21.2	12.2	1.5

SFC 是在不同温度下脂质中固体部分的百分比。与 SFI 类似，SFC 曲线决定了脂肪的许多特性，如物理外观、易于包装、感官特性、渗油性和涂抹性，是表征人造黄油、起酥油、可可脂、可可脂替代品、可可脂等价物等固体脂肪物理特性的重要参数。

通过 SFC 曲线可清楚地观察到酯-酯交换对固体脂肪含量的影响。Jeyarani 等[106]研究了脂肪酶催化酯-酯交换 mahua 油/烛果（kokum）油（1：1）混合物和市售油脂的熔化曲线。酯-酯交换反应之前，观察到狭窄的熔化范围。然而，在酯-酯交换 30 min 和 1 h 后，SFC 在较低温度下急剧降低。酯-酯交换 3 h 后，在所有温度下 SFC 呈现逐渐增加趋势，获得更宽的塑性范围，这也是塑性脂肪所需的特性，并且在 6 h 时 SFC 曲线与氢化油相似。而酯-酯交换 24 h 后，在较高温度下也可以观察到产物具有较高含量的固体脂肪。

2. 熔点

熔点随酯-酯交换后甘油三酯组成的变化而变化。在同一基料油中进行酯-酯交换，虽然脂肪酸组成未发生改变，但由于天然油脂中各脂肪酸通常不是随机分布，而是呈现某种规律，经酯-酯交换反应重新排布后，脂肪酸的分布会比较均匀。例如，对于单一的植物油，一般三饱和甘油三酯存在的比例低，分子的随机重排会使其比例上升，反应后的熔点升高，通常会升高 10～20℃[105]。动物脂肪酯-酯交换后，三饱和甘油三酯的含量变化不大，略有下降，反应后的熔点也是如此（表 5-13）。

表 5-13　油脂随机酯-酯交换后的熔点变化

油脂	熔点/℃	
	反应前	反应后
大豆油	−8	5.5
棉籽油	10.5	34.0
椰子油	26.0	28.2
棕榈油	39.8	47.0
猪脂	43.0	42.8
牛脂	46.2	44.6

对于一种基料油与其他油脂的混合物，如果饱和脂肪酸含量增加，酯-酯交换反应后产物的熔点也会相应提升，反之则下降。

3. 结晶特性

酯-酯交换可使某些油脂的结晶特性明显改变，例如，天然猪油的甘油三酯分子中，二饱和甘油三酯（S2U）大多是以 S-P-U 的形式排列，即棕榈酸选择性地分布在 sn-2 位上，而硬脂酸分布在 sn-1 或 sn-3 位上，这种结构的相似性使其容易形成 β 晶体，导致猪油产生粗大的结晶，酪化性差。酪化性是指油脂在空气中经高速搅拌时，会吸入许多细小的空气泡的能力。酪化性是评价起酥油性能的一个非常重要的指标，酪化性好的起酥油制备的面包松软可口。

由表 5-14 可知，随机酯-酯交换反应后，二饱和甘油三酯的数量几乎没有变化，但 S-P-U 结构的甘油三酯数量却明显减少，从而失去了形成稳定 β 结晶的基础。酯-酯交换后的猪油形成 β′结晶，明显改善了猪油的酪化性。

表 5-14　酯-酯交换前后猪油甘油三酯的组成

甘油三酯	组成/%		
	酯-酯交换前	随机酯-酯交换后	定向酯-酯交换后
S3	2	5	14
S2U	26	25	15
SU2	55	44	32
U3	18	26	39

Adhikari 等[107]利用脂肪酶 Lipozyme TL IM 催化松子油和棕榈硬脂制备酯-酯交换产物，发现酯-酯交换产品（松子油/棕榈硬脂，30/70）的 β′晶型为 72.1%，

高于其他产品（松子油/棕榈硬脂，40/60）（57.7%）。而且在酯-酯交换产品中，随着棕榈硬脂含量的增加，β′晶型（3.86Å 和 4.22Å）增加，而 β 晶型（4.66Å）减少。但酯-酯交换反应后 β′晶型并没有增加，原因可能是生成的酯-酯交换产物没有经过可以改变晶型的刮板式换热器处理的结晶过程。

此外，酶促酯-酯交换反应及反应程度也会影响晶体的微观结构。与 β′晶型相比，β 晶型更稳定，具有更大的晶体尺寸（40～100 μm），产品的质构更坚硬。在酯-酯交换之前，脂肪晶体粗大，晶体结构复杂，还具有磨砂口感。但原料中的较大晶体经过一定加工处理后会变成细小晶体并聚集形成致密的 β′型球状晶体。有学者研究发现，棕榈硬脂和椰子油（70∶30）物理混合物易形成非常粗糙、密集、枝状和叶状的较大晶体，而该混合物与 50%菜籽油经 Lipozyme TL IM 催化形成的酯-酯交换产物具有完全不同的晶体，主要表现为：酶促酯-酯交换转化率为31%的产物含有叶状、球状和针状晶粒，最长约为 50 μm；当转化率超过 70%时，仅出现针状或针球状晶体，β′晶型的含量较高[100]。由此可见，酯-酯交换反应以及转化程度均对晶体微观结构有很大的影响。

4. 熔化和结晶行为

酶促酯-酯交换的目的是改变油脂的熔化和结晶等物理特性，其熔化和结晶行为也发生变化。食用油脂的热行为通常以熔化和结晶曲线表征，可以通过差示扫描量热法（DSC）来测定。与物理混合物相比，酯-酯交换后油脂的熔融和结晶热特征曲线有所降低，这可能是因为酯-酯交换后高熔点 TAG 减少，而低熔点 TAG 增加[86]。然而，由单一油脂酯-酯交换产物的 TAG 组成可能不同。例如，棕榈油酯-酯交换后，随酯-酯交换反应时间增加，产物变得更像固体（在室温下更容易固化），这可能是因为酯-酯交换后棕榈油中 PPP 含量增加，导致产品显著变硬，另外，MAG 和 DAG 等中间体也会随反应时间延长而生成[108]。

除了 SFC 曲线外，Jeyarani 等[106]还观察了 mahua 油和烛果（kokum）油（1∶1）酯-酯交换前后的熔化和结晶曲线，发现酯-酯交换之前的油脂混合物的熔化曲线显示出单个尖锐的吸热峰，而在使用 10%酶催化酯-酯交换反应 30 min 后观察到明显的低温区吸热峰，随着酯-酯交换时间的延长，低温区的吸热峰变小，而高温区的吸热峰变宽；未酯-酯交换的油脂混合物的结晶曲线在 12℃ 时显示出单个尖锐的放热峰，而所有的酯-酯交换产物都显示出 2 个明显的放热峰——低温区的宽峰和高温区的尖峰。

5. 稳定性

油脂进行酯-酯交换后，其稳定性也随之发生相应改变。经随机酯-酯交换后，同一植物油中 TAG 本身的氧化稳定性无显著变化，但油中的生育酚含量减少，表现为氧化稳定性有所下降。同一基料油与氧化稳定性高的油脂发生酯-酯交换反应后，该油脂的稳定性有所提升，反之则下降。

5.4.6　酶促酯-酯交换应用

酶促酯-酯交换反应中由特异性脂肪酶等催化的定向酯-酯交换，多应用于特种脂肪产品或结构脂的制备，如代可可脂、低热量脂肪、易吸收的 MLM 型油脂（M：中链脂肪酸；L：长链脂肪酸）、人乳替代脂以及其他功能性脂质。目前，工业上常用的 sn-1,3 特异性脂肪酶是由丹麦诺维信公司生产的 Lypozyme RM IM，它是以大孔阴离子交换树脂为载体的、来自米赫根毛霉（*Rhizomucor miehei*）的固定化脂肪酶，主要涉及酶促酯-酯交换或酶促酸解反应。

Lipozyme TL IM 催化的酯-酯交换反应已成功应用于塑性脂肪生产，且其商业化生产相对来说比较容易实现。搅拌釜反应器和填充床反应器都可用于生产塑性脂肪，而且反应体系通常比较简单。体系中水分活度的控制不会特别困难，就像其他脂肪酶应用体系中的情况一样，其中脂肪酶活性不受体系中水含量减少的影响。与化学过程相比，该过程确实显示出塑性脂肪生产的巨大优势，化学过程具有额外的洗涤和漂白程序，而其他脂肪酶反应过程必须调整水含量。制备的常见油脂产品如下。

1. 代可可脂

真正的可可脂是从可可豆中提取出来的具有特殊功能的油脂（主要TAG：～15% POP，棕榈酰-油酰-棕榈酰甘油；～40% POS，棕榈酰-油酰-硬脂酰甘油；～30% SOS，硬脂酰-油酰-硬脂酰甘油）。主要特性如下：熔点范围窄；室温下（21～27℃）比较硬；在 37℃ 左右完全熔化，和人体温接近；无油腻感，具有清凉的触感。但由于可可脂供不应求、价格昂贵等，需要寻找一种价格低廉、可得性高的可可脂替代品，即代可可脂[105]。

较理想的代可可脂应与真正的可可脂化学成分非常相似，物理特性也非常接近。代可可脂与可可脂完全相容，可以以任何比例复配，最高可达 100%完全替代。传统的代可可脂生产主要是利用热带地区的雾冰草脂（illipe butter）、棕榈油、芒果仁油、烛果（kokum）油等油脂分提或氢化制得。但棕榈油等类可可脂富含月桂酸和肉豆蔻酸成分，与可可脂相容性差。由于重要的共晶效应，可可脂在任何配方中都不能容忍超过 5%的可可脂替代品，且氢化产品含有大量的反式脂肪酸，不利于人们身体健康。

目前，sn-1,3 特异性脂肪酶催化酯-酯交换是制备代可可脂的有效途径。举例来说，针对干法分提获得的棕榈油产品具有高 POP、低 POS 和 SOS 的特点，sn-1,3 特异性脂肪酶催化酯-酯交换是一种重新调整 POP：POS：SOS 比例的可行方法，可通过酶促硬脂酸甲酯的酯-酯交换来改变 TAG 结构。此外，如表 5-15 所示，还可以采用特异性脂肪酶催化高油酸葵花籽油和高硬脂酸大豆油进行酯-酯交换而制备代可可脂[109]。高硬脂酸大豆油是硬脂酸的主要来源，酶促酯-酯交换后的油脂含有大量的 SOS（～25%）和 POS（～10%），而后分馏可以改善酯-酯交换混合物的 TAG 组成特性。此外，该酯交换产物可能需要与 POP 型油脂混合，以更好地模拟可可脂的化学组成和物理特性。

表 5-15　酶促酯-酯交换高油酸葵花籽油和高硬脂酸大豆油的 TAG 含量（4% Lypozyme RM IM）

TAG/%（HPLC 测定）	高油酸葵花籽油/高硬脂酸大豆油混合物	酶促酯-酯交换产物
POP	0.5	0.5
POS	0.5	10
SOS	ND	25
StUSt（POP+POS+SOS）	1	35.5

注：St. 饱和脂肪酸；U. 不饱和脂肪酸；ND. 未检测到。

2. 塑性脂肪

人造黄油和起酥油因其半固体性质而被称为塑性脂肪。传统上，塑性脂肪是通过植物油的部分氢化生产而来的，部分氢化导致脂肪酸的不饱和度降低，并产生显著水平的反式脂肪作为副产物，主要是反式脂肪酸 C18:19t。众所周知，它们与心血管疾病密切相关[110]。然而，相比之下，在酯-酯交换过程中，不饱和脂肪酸的原始含量被保持并被转移，不产生反式脂肪酸。因此，酯-酯交换在替代部分氢化生产塑性脂肪方面有着广阔的应用前景。

天然脂肪的理化特性取决于其脂肪酸组成以及脂肪酸在 TAG 分子中的分布。酯-酯交换可以为人造黄油和涂抹脂带来理想的特性，如固体脂肪含量、熔化行为、涂抹性和晶体形态（β'多晶型）。脂肪的固体脂肪含量决定了它们的外观、涂抹性和口感。此外，塑性脂肪应在 4～10℃ 之间具有可塑性和可延展性，并在室温（20～22℃）一定时间内保持其外观不渗油。为了获得良好的口感，它们在 35～37℃ 下的固体脂肪含量应该较低。此外，晶体的微形态也决定了塑性脂肪的感官品质。晶体的晶型有 3 种类型，如 α 型（不稳定，熔点相对较低）、β'型（亚稳态，中等熔点）和 β 型（稳定，熔点最高）。在人造黄油和起酥油中，β'晶型赋予产品光滑的质地、明亮的表面和良好的熔化特性[63]。

在过去的十年中，已经有几项研究报道了酶促酯-酯交换在生产零反式人造黄油和不同脂质来源起酥油中的应用，结果令人满意[63, 95, 111]。椰子油和棕榈仁油等月桂油主要由中链脂肪酸组成，可与具有高熔点 TAG 的硬脂肪和具有低熔点 TAG 的液体油混合生产可塑性脂肪，通过调整这两种组分的含量，可以达到塑性脂肪所需的熔点。

　　Pang 等[112]利用 3.65%（*W/W*）的 Lipozyme RM IM 催化牛脂、棕榈硬脂和山茶（*Camellia oleifera*）油（质量比为 7.55∶2.45∶4）进行酯-酯交换，生产出一种具有良好塑性的结构脂，晶型以 β'为主，其具有适宜的固体脂肪含量以及抗氧化稳定性（在 20℃下保质期约为 352 天）。Li 等[95]采用 Lipozyme 435 对大豆油和全氢化棕榈油（4∶3，*W/W*）进行酯-酯交换制备牛油类似物，以生产低反式人造黄油，获得的类似物熔点在 29.1～48.8℃范围，低于其非酯化对应物（45.2～53.1℃）。此外，该酯-酯交换产物具有人造黄油稳定性所必需的较低结晶速率，且会形成大量的小 β'型晶体。有学者使用 Lipozyme TL IM 从山茶籽油、棕榈硬脂和椰子油酯-酯交换制备零反式人造黄油，以 β'晶型为主，滑动熔点为 36.8℃，固体脂肪含量在 20～40℃具有较宽的塑性范围，且展现出良好的功能潜质[113]。

　　富含生物活性成分的人造黄油是通过 Lipozyme RM IM 对富含天然生物活性成分（生育酚和植物甾醇）的全氢化膨化压榨大豆油和冷榨玉米油进行酶促酯-酯交换生产而来的。酶促酯-酯交换脂肪在 25℃时的固体脂肪含量低，为 15.4%～31.1%，与非酯-酯交换混合物相比，具有更宽的熔化温度和可塑性范围，且以 β'晶体为主[110]。酶促酯-酯交换后获得的塑性脂肪具有理想的特性，这清楚地表明使用酶促酯-酯交换法生产人造黄油和起酥油具有巨大的潜力。

　　3. 临床应用的结构脂

　　通过在酯-酯交换过程中加入新的脂肪酸来生产结构脂，为开发具有特定营养价值和健康效应的结构脂铺平了道路。根据脂肪酸构型的特点，将结构脂分为对称型结构脂和非对称型结构脂，其中对称型结构脂又分为单酸型对称结构脂（sn-1,2,3 位同类脂肪酸）和二酸型对称结构脂（sn-1,3 位同类脂肪酸，主要为 MLM 型和 SLS 型）。MLM 型结构脂是一类具有高消化性的 TAG，这类甘油三酯的 sn-2 位是长碳链脂肪酸（L），而 sn-1,3 位是中碳链脂肪酸（M）。这种新的结构脂可最大限度地发挥各种脂肪酸的生理功能和营养价值，适用于患有油脂消化吸收不良和其他代谢疾病的特殊人群。通过使用 sn-1,3 特异性脂肪酶，可以在这些特定位置进行脂肪酸改性修饰，而 sn-2 位置处的脂肪酸不发生变化。

　　此外，对必需脂肪酸（如 MCFAs 和 PUFAs）的营养重要性的日益关注促使研究人员通过引入富含该类脂肪酸的油脂来合成具有营养特性的结构化脂质。例如，可以通过引入高比例的高度不饱和脂肪酸，如二十碳五烯酸（EPA，C20:5n3）、二十二碳六烯酸（DHA，C22:6n3）、亚麻酸（C18:3n3）的油脂（如鱼油）等来生产结构脂，这在食品、营养和制药应用中很重要[63]。众所周知，n-3 脂肪酸可降低心血管和炎症疾病的风险，并且对最佳大脑功能很重要。此外，n-6/n-3 脂肪酸比例的增加与心血管疾病风险的增加有关。因此，增加 n-3 脂肪酸的摄入量以降低这一比例非常重要。油脂的酶促酯-酯交换技术可能是降低人类饮食中 n-6/n-3[114]脂肪酸比例的一种解决方案[114]。

4. 人乳替代脂

人乳脂肪中甘油三酯占 98%，提供了婴儿 50%的能量，对婴儿的生长发育具有重要的影响。酯-酯交换可用于生产与母乳脂质具有相似脂肪酸组成和 TAG 结构的人乳替代脂。人乳替代脂生产主要考虑的因素是在甘油的 sn-2 位置上要含有棕榈酸，以及在婴儿的视力和认知发展中起着至关重要作用的长链多不饱和脂肪酸，如 EPA、DHA 和 AA（C20:4n6）[115]。

在过去的几十年中，通过酶促酯-酯交换制备的各种人乳替代脂已经商业化。大多数制备人乳替代脂的研究是以棕榈油作为棕榈酸的来源，以微藻油和鱼油作为长链多不饱和脂肪酸的来源[116]。微藻油是 PUFAs 的丰富来源，尤其是 EPA 和 DHA，长期以来它们一直被用作安全和可持续的长链 PUFAs 补充剂。通过 Novozym 435 脂肪酶催化榛子油进行酯-酯交换反应，可以生产在 sn-1,3 位含有 DHA 和 AA 并在 sn-2 位含有棕榈酸的人乳替代脂肪[117]。由棕榈硬脂和鱼油（摩尔比为 2∶1）生产的人乳替代脂在 sn-2 位含有大部分（75.98%）棕榈酸，以及 0.27% AA、3.43% EPA 和 4.25% DHA，熔点为 42℃[118]。近期 Advanced Lipids 推出了除其基础款 InFat™外的一系列人乳替代脂，如 InFat™ Pro（具有高浓度的 sn-2 棕榈酸酯）和 InFat™ MF（一种基于植物油的 sn-2 棕榈酸酯）。基础款 Infat™含有 40%～45%的 sn-2 棕榈酸酯，而 Infat™ Pro 可以提供高达 60%的 sn-2 棕榈酸酯，从而使婴幼儿更好地吸收钙和脂肪[63]。

5. 低热量结构脂

随着人们健康意识的提高，越来越多的人群注意减少油脂的摄入量，尤其是在发达国家和发展中国家，一半以上的人正在有意识"减肥"以维持身体健康和保持体形。但是缺乏油脂的食品有粗糙感，令人难以接受。因此，兼顾营养与感官性状的低热量结构脂应运而生，成为食品研究领域的又一热点。

低热量型结构脂的结构与天然油脂类似，而一般脂质的热量为 9 kcal/g 左右，脂肪酸的热量在 5 kcal/g 左右，而经过酯-酯交换的结构脂吸收产生的热量也大约是 5 kca/lg，发热量低，稳定性也好，理论上可以 1∶1 替代天然油脂，可用于烤薯片、涂层、蘸酱或可可脂代用品，进而降低能量的摄入。

近年来，短长链 TAG（SL TAG）（由短链脂肪酸和长链脂肪酸组成的结构脂）和中长链 TAG（ML TAG）（由中链脂肪酸和长链脂肪酸组成的结构脂）在控制肥胖方面越来越受到关注。研究发现与非酯-酯交换混合物或其他具有相似脂肪酸组成的脂质相比，这些脂质可有效减轻体重。由此可见，含饱和脂肪酸和中碳链脂肪酸或短碳链脂肪酸的混合物的低热量油脂也具有重要的意义。美国宝洁公司生产的 Caprenin 是一种含山嵛酸和 C8（或 C10）脂肪酸的 TAG。山嵛酸是一种由 22 个碳原子组成的长链饱和脂肪酸，可抑制胰脂肪酶的活性，预防 TAG 水解及其吸收，可用于生产具有抗肥胖作用的低热量脂质。通过 Lipozyme TL IM 催化酶促酯-酯交换反应制备的低热量结构脂，使其在 sn-1,3 位具有山嵛酸，在 sn-2 位具有不饱和脂肪酸，从而降低大鼠内脏脂肪沉积[119]。

6. 食用膜应用

与上述其他应用领域相比，结构脂在可食用薄膜和涂层中的应用是一个相对较新的话题。近年来，在食品中使用可食用薄膜和涂层引起了人们的极大兴趣。通常而言，复合可食用薄膜和涂层是由碳水化合物、蛋白质和脂质制备而来，将脂质插入可食用薄膜中以改善其隔水性能，这是碳水化合物和蛋白质薄膜所缺乏的。此外，与饱和脂肪酸相比，使用不饱和脂肪酸具有更多的优势，如更低的表面张力和熔化温度以及更多的流动性[120]。

使用 Lipozyme TL IM 脂肪酶催化椰子油和高油酸葵花籽油酯-酯交换制备的结构脂，在可食用薄膜中具有较大的应用潜力[120]。结果表明，酯-酯交换增加了 TAG 中 sn-2 位油酸含量，产生的结构脂可用于制备食用薄膜。

7. 其他特殊脂质

异养微藻是长链多不饱和脂肪酸的优质原料，然而高饱和脂肪酸含量极大地限制了其在食品工业中的应用。通过对异养微藻油与富含多不饱和脂肪酸的菜籽油进行酶促酯-酯交换反应，制备的油脂具有较低含量的三饱和 TAG 异构体、较高含量的不饱和脂肪酸 TAG 异构体和较低的滑熔点[121]。利用 Lipozyme RM IM 定向催化异养微藻油脂与菜籽油中 PUFA 进行酯-酯交换反应，可制备出与鱼油脂肪酸组成相似的结构脂，且具有低饱和、高不饱和、低滑动熔点等特性[121]。

乳脂在人们日常膳食结构中占据重要地位，具有诸多健康裨益。然而，动物乳富含饱和脂肪酸，与心血管疾病等慢性疾病相关。因此，Paula 等[122]利用 Novozym 435 对大豆油和乳脂（来自无盐黄油）进行酯-酯交换来生产结构脂，获得的结构脂产品富含 PUFA，涂抹性高于黄油，在食品工业中具有广阔的应用前景。

参 考 文 献

[1] 王强, 贺稚非, 谢跃杰, 等. 长链多不饱和脂肪酸结构脂合成方法及影响因素研究进展. 食

品与发酵工业, 2020, 46(8): 285-292.

[2] Akoh C C. Food Lipids: Chemistry, Nutrition, and Biotechnology. 4th ed. Boca Raton: Taylor & Francis, 2017.

[3] Kastle J H, Loevenhart A S. Concerning lipase, the fat-splitting enzyme, and the reversibility of its action. Journal of the American Chemical Society, 1900, 24: 491-525.

[4] Kennedy J P. Structured lipids: fats of the future. Food Technology, 1991, 11: 78-83.

[5] Jensen R G, Clark R M, Dejong F A, et al. The lipolytic triad: human lingual, breast milk, and pancreatic lipases: physiological implications of their characteristics in digestion of dietary fats. Journal of Pediatric Gastroenterology & Nutrition, 1982, 1(2): 243-256.

[6] Burr G O, Burr M M. A new deficiency disease produced by the rigid exclusion of fat from the diet. Journal of Biological Chemistry, 1929, 82: 345-367.

[7] 孙尚德, 王兴国, 单良, 等. 结构脂酶法合成的研究进展. 中国油脂, 2007,(4): 43-46.

[8] Finley J W, Klemann L P, Leveille G A, et al. Caloric availability of SALATRIM in rats and humans. Journal of Agricultural & Food Chemistry, 1994, 42(2): 495-499.

[9] 王萍. 脂肪酶专一性在脂质生物转化中应用前景. 粮食与油脂, 1998,(2): 21-23.

[10] Bornscheuer U T. Enzymes in lipid modification: an overview//Bornscheuer U T. Lipid Modification by Enzymes and Engineered Microbes. London: Academic Press, 2018: 1-9.

[11] 韦伟, 冯凤琴. sn-1,3 位专一性脂肪酶在食品中的应用. 中国粮油学报, 2012, 27(2): 122-128.

[12] 陈晟, 陈坚, 吴敬. 微生物脂肪酶的结构与功能研究进展. 工业微生物, 2009,(5): 53-58.

[13] Angkawidjaja C, You D J, Matsumura H, et al. Crystal structure of a family I.3 lipase from Pseudomonas sp. MIS38 in a closed conformation. FEBS Letters, 2007, 581(26): 5060-5064.

[14] Nardini M, Lang D A, Liebeton K, et al. Crystal structure of Pseudomonas aeruginosa lipase in the open conformation: the prototype for family I.1 of bacterial lipases. Journal of Biological Chemistry, 2000, 275(40): 31219-31225.

[15] Ericsson D J, Kasrayan A, Johansson P, et al. X-ray structure of Candida antarctica lipase a shows a novel lid structure and a likely mode of interfacial activation. Journal of Molecular Biology, 2008, 376(1): 109-119.

[16] Wang Y, Xia L, Xu X, et al. Lipase-catalyzed acidolysis of canola oil with caprylic acid to produce medium-, long-and medium-chain-type structured lipids. Food & Bioproducts Processing, 2012, 90(4): 707-712.

[17] Subileau M, Jan A H, Drone J, et al. What makes a lipase a valuable acyltransferase in water abundant medium? Catalysis Science & Technology, 2017, 7(12): 2566-2578.

[18] Subileau M, Jan A H, Dubreucq E. Lipases/acyltransferases for lipid modification in aqueous media//Bornscheuer U T. Lipid Modification by Enzymes and Engineered Microbes. London: Academic Press, 2018: 45-68.

[19] Briand D, Dubreucq E, Galzy P. Enzymatic fatty esters synthesis in aqueous medium with lipase from Candida parapsilosis (Ashford) Langeron and Talice. Biotechnology Letters, 1994, 16(8): 813-818.

[20] Briand D, Dubreucq E, Galzy P. Functioning and regioselectivity of the lipase of Candida parapsilosis (Ashford) Langeron and Talice in aqueous medium: new interpretation of

regioselectivity taking acyl migration into account. European Journal of Biochemistry, 1995, 228(1): 169-175.

[21] Neang P M, Subileau M, Perrier V, et al. Peculiar features of four enzymes of the CaLA superfamily in aqueous media: differences in substrate specificities and abilities to catalyze alcoholysis. Journal of Molecular Catalysis B: Enzymatic, 2013, 94: 36-46.

[22] Casado V, Martín D, Torres C, et al. Phospholipases in food industry: a review. Methods in Molecular Biology, 2012, 861: 495-523.

[23] 梁丽, 常明, 刘睿杰, 等. 磷脂酶研究进展. 食品工业科技, 2013, 34(4): 393-396.

[24] 刘书来. 脂肪酶催化的研究进展. 化工科技市场, 2003, 26(4): 16-20.

[25] 寿佳菲. 中长链脂肪酸甘油三酯的酶法制备与分离纯化研究. 合肥: 合肥工业大学, 2012.

[26] Rees G D, Jenta T, Nascimento M G, et al. Use of water-in-oil microemulsions and gelatin-containing microemulsion-based gels for lipase-catalysed ester synthesis in organic solvents. Indian Journal of Chemistry, 1993, 32(1): 30-34.

[27] Yang D H, Zhao W J, Gao L. Study of catalyzed oxidation of cyclohexane in a solvent-free system using a unique combination of two heterogeneous catalysts. Journal of Molecular Catalysis, 2008, 22: 513-518.

[28] Majumder A B, Singh B, Dutta D, et al. Lipase-catalyzed synthesis of benzyl acetate in solvent-free medium using vinyl acetate as acyl donor. Bioorganic & Medicinal Chemistry Letters, 2006, 16(15): 4041-4044.

[29] 钟南京, 李琳, 李冰, 等. 醇解反应制备甘油一酯和甘油二酯的研究现状. 现代食品科技, 2013, 29(10): 2559-2565.

[30] 王苑力, 李桐, 郭咪咪, 等. 中长链脂肪酸结构脂质及其制备工艺研究进展. 中国粮油学报, 2021, 36(1): 195-202.

[31] Lee K T, Akoh C C. Structured lipids: synthesis and applications. Food Reviews International, 1998, 14(1): 17-34.

[32] Marangoni A G, Rousseau D. Engineering triacylglycerols: the role of interesterification. Trends in Food Science & Technology, 1995, 6(10): 329-335.

[33] Gandhi N N, Patil N S, Sawant S B, et al. Lipase-catalyzed esterification. Catalysis Reviews, 2000, 42(4): 439-480.

[34] Goswami D. Lipase catalyzed modification of mustard oil: a review. Current Biochemical Engineering, 2017, 4(2): 99-108.

[35] St-Onge M P, Jones P J. Physiological effects of medium-chain triglycerides: potential agents in the prevention of obesity. Journal of Nutrition, 2002, 132(3): 329-332.

[36] Phuah E T, Tang T K, Lee Y Y, et al. Review on the current state of diacylglycerol production using enzymatic approach. Food and Bioprocess Technology, 2015, 8(6): 1169-1186.

[37] 朱顺达, 高红林. 酶法合成甘油二酯的研究进展. 粮食与食品工业, 2006, 13(6): 12-14.

[38] Yanagisawa Y, Kawabata T, Tanaka O, et al. Improvement in blood lipid levels by dietary sn-1,3-diacylglycerol in young women with variants of lipid transporters 54T-FABP2 and -493g-MTP. Biochemical and Biophysical Research Communications, 2003, 302(4): 743-750.

[39] Rudkowska I, Roynette C E, Demonty I, et al. Diacylglycerol: efficacy and mechanism of action

of an anti-obesity agent. Obesity Research, 2005, 13(11): 1864-1876.

[40] 连伟帅. 甘油二酯、LML 型结构脂的酶法制备与应用研究. 广州: 华南理工大学, 2019.

[41] 徐扬, 王卫飞, 陈华勇, 等. 偏甘油酯脂肪酶 Lipase G50 催化酯化法制备甘油二酯. 中国油脂, 2012, 37(2): 46-50.

[42] 徐达. 高纯度共轭亚油酸的制备及其甘油二酯的酶法合成研究. 广州: 华南理工大学, 2012.

[43] 王卫飞. 酶法甘油解合成甘油二酯工艺的研究. 广州: 华南理工大学, 2012.

[44] Gunstone F D. Lipids for Functional Foods and Nutraceuticals//Bornscheuer U T, Marek A, Soumanou M M. Lipase-catalysed Synthesis of Modified Lipids. Bridgewater: Oily Press, 2012: 149-182.

[45] Morales-Medina R, Munio M, Guadix A, et al. Development of an up-grading process to produce MLM structured lipids from sardine discards. Food Chemistry, 2017, 228: 634-642.

[46] del Mar Muñío M, Robles A, Esteban L, et al. Synthesis of structured lipids by two enzymatic steps: ethanolysis of fish oils and esterification of 2-monoacylglycerols. Process Biochemistry, 2009, 44(7): 723-730.

[47] 朱东奇. 固定化脂肪酶 *Talaromyces thermophilus* lipase (TTL)制备 LML 型结构脂的研究. 广州: 华南理工大学, 2017.

[48] Li D, Wang W, Qin X, et al. A novel process for the synthesis of highly pure n-3 polyunsaturated fatty acid (PUFA)-enriched triglycerides by combined transesterification and ethanolysis. Journal of Agricultural and Food Chemistry, 2016: 6533-6538.

[49] Vu P L, Park R K, Lee Y J, et al. Two-step production of oil enriched in conjugated linoleic acids and diacylglycerol. Journal of the American Oil Chemists' Society, 2007, 84(2): 123-128.

[50] Lee Y Y, Tang T K, Lai O M. Health benefits, enzymatic production, and application of medium- and long-chain triacylglycerol (MLCT) in food industries: a review. Journal of Food Science, 2012, 77(8): R137-R144.

[51] Akoh C C, Huang K H. Enzymatic synthesis of structured lipids: transesterification of triolein and caprylic acid. Journal of Food Lipids, 1995, 2(4): 219-230.

[52] Piazza G J, Foglia T A, Xu X. Lipase-catalyzed harvesting and/or enrichment of industrially and nutritionally important fatty acids//Rastall R. Novel Enzyme Technology for Food Applications. Cambridge: Woodhead Publishing, 2007: 285-313.

[53] Liu L, Liu P, Li L, et al. Production of structured lipids by enzymatic incorporation of caprylic acid into soybean oil//2008 2nd International Conference on Bioinformatics & Biomedical Engineering, Shanghai, 2008.

[54] 吴羽琦, 王笑寒, 王小三, 等. 酶促酸解合成结构脂反应中酰基迁移的研究进展. 中国油脂, 2021,(2): 20-27.

[55] Xu X, Guo Z, Zhang H, et al. Chemical and enzymatic interesterification of lipids for use in food//Gunstone F D. Modifying Lipids for Use in Food. Cambridge: Woodhead Publishing, 2006: 234-272.

[56] Yang T, Fruekilde M B, Xu X. Suppression of acyl migration in enzymatic production of structured lipids through temperature programming. Food Chemistry, 2005, 92(1): 101-107.

[57] Xu X, Timm-Heinrich M, Nielsen N S, et al. Effects of antioxidants on the lipase-catalyzed acidolysis during production of structured lipids. European Journal of Lipid Science & Technology, 2010, 107(7-8): 464-468.

[58] Undurraga D, Markovits A, Erazo S. Cocoa butter equivalent through enzymic interesterification of palm oil midfraction. Process Biochemistry, 2001, 36(10): 933-939.

[59] Yoon S H, Miyawaki O, Park K H, et al. Transesterification between triolein and ethylbehenate by immobilized lipase in supercritical carbon dioxide. Journal of Fermentation & Bioengineering, 1996, 82(4): 334-340.

[60] Yang T, Xu X, He C, et al. Lipase-catalyzed modification of lard to produce human milk fat substitutes. Food Chemistry, 2003, 80(4): 473-481.

[61] Fomuso L B, Akoh C C. Lipase-catalyzed acidolysis of olive oil and caprylic acid in a bench-scale packed bed bioreactor. Food Research International, 2002, 35(1): 15-21.

[62] Öztürk T, Ustun G, Aksoy H A. Production of medium-chain triacylglycerols from corn oil: optimization by response surface methodology. Bioresource Technology, 2010, 101(19): 7456-7461.

[63] Sivakanthan S, Madhujith T. Current trends in applications of enzymatic interesterification of fats and oils: a review. LWT, 2020, 132: 109880.

[64] European Parliament Council. European parliament council directive No. 95/2/EC on food additives other than colours and sweeteners, CONSLEG: 1995L0002-29/01/2004. Office for Official Publications of the European Communities, 2004.

[65] European Food Emulsifier Manufacturers' Association. Index of Food Emulsifiers. 4th ed. Brussels, EFEMA, 2004: 51-54.

[66] Kaewthong W, Kittikun A H. Glycerolysis of palm olein by immobilized lipase PS in organic solvents. Enzyme and Microbial Technology, 2004, 35(2): 218-222.

[67] 彭立凤. 脂肪酸单甘油酯的性能和酶法合成. 粮油食品科技, 2000, 8(1): 19-21.

[68] Flickinger B D, Matsuo N. Nutritional characteristics of DAG oil. Lipids, 2003, 38(2): 129.

[69] Kristensen J B, Xu X, Mu H. Diacylglycerol synthesis by enzymatic glycerolysis: screening of commercially available lipases. Journal of the American Oil Chemists Society, 2005, 82(5): 329-334.

[70] Yamane T, Kang S T, Kawahara K, et al. High-yield diacylglycerol formation by solid-phase enzymatic glycerolysis of hydrogenated beef tallow. Journal of the American oil Chemists' Society,1994, (71): 339-342.

[71] William C F,Raymond M E S, Cynthia P A, et al. Fat blends, based on diglycerides: WO 1995 EP 00385. 1996.

[72] Matsuzaki N, Kurashige J, Mase T, et al. Method for reforming fats and oils with enzymes: US 07/365809. 1991.

[73] 王静, 王芳, 谭天伟, 等. 有机相酶催化合成单甘酯对映体的研究. 北京化工大学学报(自然科学版), 2009, 36(5): 70-73.

[74] Börjesson I E. Enzymatic synthesis of monoglycerides by glycerolysis of rapeseed oil. Journal of the American Chemists Society, 2000, 76(6): 701-707.

[75] 刘艳丰. 富含 α-亚麻酸的偏甘油酯的酶法制备及其理化性质研究. 广州: 华南理工大学, 2012.

[76] Zuyi L, Ward O P. Lipase-catalyzed alcoholysis to concentrate the n-3 polyunsaturated fatty acid of cod liver oil. Enzyme and Microbial Technology, 1993, 15(7): 601-606.

[77] Haraldsson G G, Kristinsson B, Sigurdardottir R, et al. The preparation of concentrates of eicosapentaenoic acid and docosahexaenoic acid by lipase-catalyzed transesterification of fish oil with ethanol. Journal of the American Oil Chemists' Society, 1997, 74(11): 1419-1424.

[78] Breivik H, Haraldsson G G, Kristinsson B R. Preparation of highly purified concentrates of eicosapentaenoic acid and docosahexaenoic acid. Journal of the American Oil Chemists Society, 1997, 74(11): 1425-1429.

[79] Shimada Y, Sugihara A, Yodono S, et al. Enrichment of ethyl docosahexaenoate by selective alcoholysis with immobilized *Rhizopus delemar* lipase. Journal of Fermentation & Bioengineering, 1997, 84(2): 138-143.

[80] Gunstone F D. Modifying Lipids for Use in Food. Cambridge: CRC Press, 2006.

[81] Temkov M, Mureşan V. Tailoring the structure of lipids, oleogels and fat replacers by different approaches for solving the *trans*-fat issue: a review. Foods, 2021, 10(6): 1376.

[82] Yamaguchi S, Joerger R, Haas M. Current progress in crystallographic studies of new lipases from filamentous fungi U05362. Protein Engineering, 1994, 7(4): 551-557.

[83] Derewenda U, Swenson L, Green R, et al. An unusual buried polar cluster in a family of fungal lipases. Nature Structural Biology, 1994, 1(1): 36-47.

[84] Derewenda U, Swenson L, Wei Y, et al. Conformational lability of lipases observed in the absence of an oil-water interface: crystallographic studies of enzymes from the fungi *Humicola lanuginosa* and *Rhizopus delemar*. Journal of Lipid Research, 1994, 35(3): 524-534.

[85] Swenson L, Green R, Joerger R, et al. Crystallization and preliminary crystallographic studies of the precursor and mature forms of a neutral lipase from the fungus *Rhizopus delemar*. Proteins: Structure, Function, and Bioinformatics, 1994, 18(3): 301-306.

[86] Zhang H, Adhikari P. Enzymatic interesterification//kodali D R. *Trans* Fats Replacement Solutions. Amsterdam: Elsevier, 2014: 187-214.

[87] Bloomer S, Adlercreutz P, Mattiasson B. Triglyceride interesterification by lipases: 2. Reaction parameters for the reduction of trisaturated impurities and diglycerides in batch reactions. Biocatalysis, 1991, 5(2): 145-162.

[88] Zhang Z, Lee W J, Wang Y. Evaluation of enzymatic interesterification in structured triacylglycerols preparation: a concise review and prospect. Critical Reviews in Food Science and Nutrition, 2021, 61(19): 3145-3159.

[89] Levenspiel O. Chemical Reaction Engineering. 3rd ed. New York: John Wiley & Sons, Inc, 1999.

[90] Rosu R, Uozaki Y, Iwasaki Y, et al. Repeated use of immobilized lipase for monoacylglycerol production by solid-phase glycerolysis of olive oil. Journal of the American Oil Chemists' Society, 1997, 74(4): 445-450.

[91] Pang M, Ge Y, Cao L, et al. Physicochemical properties, crystallization behavior and oxidative stabilities of enzymatic interesterified fats of beef tallow, palm stearin and camellia oil blends.

Journal of Oleo Science, 2019, 68(2): 131-139.

[92] Oliveira P D, Rodrigues A M, Bezerra C V, et al. Chemical interesterification of blends with palm stearin and patawa oil. Food Chemistry, 2017, 215: 369-376.

[93] de Paula A V, Nunes G F, de Castro H F, et al. Performance of packed bed reactor on the enzymatic interesterification of milk fat with soybean oil to yield structure lipids. International Dairy Journal, 2018, 86: 1-8.

[94] Zhu T W, Liu Q, Weng H T, et al. Effect of temperature on the crystallization behavior and physical properties of fast-frozen special fat during storage. Journal of Food Engineering, 2018, 223: 53-61.

[95] Li Y, Zhao J, Xie X, et al. A low *trans* margarine fat analog to beef tallow for healthier formulations: optimization of enzymatic interesterification using soybean oil and fully hydrogenated palm oil. Food Chemistry, 2018, 255: 405-413.

[96] Nunes G F M, de Paula A V, de Castro H F, et al. Compositional and textural properties of milkfat-soybean oil blends following enzymatic interesterification. Food Chemistry, 2011, 125(1): 133-138.

[97] Cao X, Mangas-Sánchez J, Feng F, et al. Acyl migration in enzymatic interesterification of triacylglycerols: effects of lipases from *Thermomyces lanuginosus* and *Rhizopus oryzae*, support material, and water activity. European Journal of Lipid Science and Technology, 2016, 118(10): 1579-1587.

[98] Svensson J, Adlercreutz P. Effect of acyl migration in Lipozyme TL IM-catalyzed interesterification using a triacylglycerol model system. European Journal of Lipid Science and Technology, 2011, 113(10): 1258-1265.

[99] Paula A V, Nunes G F, de Castro H F, et al. Synthesis of structured lipids by enzymatic interesterification of milkfat and soybean oil in a basket-type stirred tank reactor. Industrial & Engineering Chemistry Research, 2015, 54(6): 1731-1737.

[100] Zhang H, Smith P, Adler-Nissen J. Effects of degree of enzymatic interesterification on the physical properties of margarine fats: solid fat content, crystallization behavior, crystal morphology, and crystal network. Journal of Agricultural and Food Chemistry, 2004, 52(14): 4423-4431.

[101] Neeharika T, Rallabandi R, Ragini Y, et al. Lipase catalyzed interesterification of rice bran oil with hydrogenated cottonseed oil to produce *trans* free fat. Journal of Food Science and Technology, 2015, 52(8): 4905-4914.

[102] Ghazali H, Hamidah S, Che Man Y. Enzymatic transesterification of palm olein with nonspecific and 1,3-specific lipases. Journal of the American Oil Chemists' Society, 1995, 72(6): 633-639.

[103] Lai O, Ghazali H, Chong C. Effect of enzymatic transesterification on the melting points of palm stearin-sunflower oil mixtures. Journal of the American Oil Chemists' Society, 1998, 75(7): 881-886.

[104] Lai O, Ghazali H, Chong C. Physical properties of *Pseudomonas* and *Rhizomucor miehei* lipase-catalyzed transesterified blends of palm stearin: palm kernel olein. Journal of the

American Oil Chemists' Society, 1998, 75(8): 953-959.

[105] 毕艳兰. 油脂化学. 北京: 化学工业出版社, 2005.

[106] Jeyarani T, Reddy S Y. Effect of enzymatic interesterification on physicochemical properties of mahua oil and kokum fat blend. Food Chemistry, 2010, 123(2): 249-253.

[107] Adhikari P, Shin J A, Lee J H, et al. Enzymatic production of trans-free hard fat stock from fractionated rice bran oil, fully hydrogenated soybean oil, and conjugated linoleic acid. Journal of Food Science, 2009, 74(2): 87-96.

[108] de Bijay K, Patel J D. Modification of palm oil by chemical and enzyme catalyzed interesterification. Journal of Oleo Science, 2010, 59(6): 293-298.

[109] Gibon V, Kellens M. Latest developments in chemical and enzymatic interesterification for commodity oils and specialty fats//Kodali D R. Trans Fats Replacement Solutions. Amsterdam: Elsevier, 2014: 153-185.

[110] Yu D, Qi X, Jiang Y, et al. Preparation of margarine stock rich in naturally bioactive components by enzymatic interesterification. Japan Oil Chemists' Society, 2018, 67(1): 29-37.

[111] Alfieri A, Imperlini E, Nigro E, et al. Effects of plant oil interesterified triacylglycerols on lipemia and human health. International Journal of Molecular Sciences, 2017, 19(1): 104.

[112] Pang M, Ge Y F, Cao L L, et al. Physicochemical properties, crystallization behavior and oxidative stabilities of enzymatic interesterified fats of beef tallow, palm stearin and camellia oil blends. Journal of Oleo Science, 2019, 68(2): 131-139.

[113] Ruan X, Zhu X M, Xiong H, et al. Characterisation of zero-trans margarine fats produced from camellia seed oil, palm stearin and coconut oil using enzymatic interesterification strategy. International Journal of Food Science & Technology, 2014, 49(1): 91-97.

[114] Ilyasoglu H. Production of structured lipid with a low omega-6/omega-3 fatty acids ratio by enzymatic interesterification. Grasas Y Aceites, 2017, 68(2): e191.

[115] 吴进, 董雪, 季圣阳, 等. 脂质家族新成员——结构脂质研究进展. 粮食科技与经济, 2019, 44(12): 100-105.

[116] Wei W, Jin Q, Wang X. Human milk fat substitutes: past achievements and current trends. Progress in Lipid Research, 2019, 74: 69-86.

[117] Turan D, Yesilcubuk N S, Akoh C C. Production of human milk fat analogue containing docosahexaenoic and arachidonic acids. Journal of Agricultural and Food Chemistry, 2012, 60(17): 4402-4407.

[118] Nagachinta S, Akoh C C. Synthesis of structured lipid enriched with omega fatty acids and sn-2 palmitic acid by enzymatic esterification and its incorporation in powdered infant formula. Journal of Agricultural and Food Chemistry, 2013, 61(18): 4455-4463.

[119] Kojima M, Tachibana N, Yamahira T, et al. Structured triacylglycerol containing behenic and oleic acids suppresses triacylglycerol absorption and prevents obesity in rats. Lipids in Health and Disease, 2010, 9(1): 1-6.

[120] Moore M A, Akoh C C. Enzymatic interesterification of coconut and high oleic sunflower oils for edible film application. Journal of the American Oil Chemists' Society, 2017, 94(4): 567-576.

[121] Bogevik A S, Nygren H, Balle T, et al. Enzymatic interesterification of heterotrophic microalgal oil with rapeseed oil to decrease the levels of tripalmitin. European Journal of Lipid Science and Technology, 2018, 120(7): 1800063.

[122] Paula A V, Nunes G F, Osório N M, et al. Continuous enzymatic interesterification of milkfat with soybean oil produces a highly spreadable product rich in polyunsaturated fatty acids. European Journal of Lipid Science and Technology, 2015, 117(5): 608-619.

第6章 油脂安全检测技术与质量控制

确保产品安全与质量在食品生产和制造过程中至关重要。这不仅适用于最终食品产品，也适用于食品原料和中间产品。食用油脂既可以直接食用，又可以用作配料或用于食品油炸加工等过程。全球食用油脂的生产和消费都在稳步增长，其中也包括微生物油脂、转基因油料作物油脂、新工艺新方法提炼油脂等新型油脂产品。不断增长的食用油脂需求和新技术生产油脂可能会对食用油脂的整体品质产生不利影响，再加上消费者日益重视食品的营养健康，这些新变化对确保食用油脂安全与质量提出了新的挑战。而且，食用油脂由于其自身的特性，对脂溶性危害物具有很高的溶解性和蓄积性，导致消费者膳食暴露于有毒物质的风险可能更大。因此，可靠地监测、保障食用油脂的安全与质量非常重要。

6.1 油脂安全检测样品前处理技术与材料

对油脂中危害物的精确测定需要多种技术的综合应用。危害物测定的关键步骤包括样品前处理、样品制备和最终检测分析等。样品制备的主要目的是去除潜在的干扰，从复杂基质中分离和富集目标分析物。在整个测定过程中，样品前处理和制备步骤复杂、耗时，且危害物的残留量通常处于微量或痕量水平，因此样品前处理是油脂等食品安全检测中最关键的步骤。合适的样品前处理技术也是使危害物浓度达到仪器设备定量限的关键。液液萃取、固相萃取、固相微萃取、分散固相萃取、基质固相分散、磁性固相萃取、搅拌棒吸附萃取、凝胶渗透色谱净化、加速溶剂萃取、微波辅助萃取、分子印迹萃取和以快速、简便、节约、高效、耐用、安全为特征的 QuEChERS 萃取等技术被广泛用于油脂危害物测定的前处理过程。在这些前处理方法中，吸附富集材料用于提取目标分析物。吸附富集材料的性能是预处理方法达到理想回收率的关键。近年来，先进吸附材料的发展极大地推动了油脂等食品样品前处理方法的创新。目前，不同的吸附富集材料如粉末活性炭、多壁碳纳米管、单壁碳纳米管、颗粒活性炭、氧化石墨烯、有序介孔二氧化硅、分子印迹聚合物、聚多巴胺衍生材料、金属有机框架和共价有机框架等可从复杂油脂样品中提取各种不同的危害物。而且这些新型纳米材料既可以作为油脂样品预处理的吸附剂，又可以作为用于分析目标物分离的新型固定相。此外，金属有机框架、共价有机框架等一些新型样品前处理材料具有优异的性能，如良好的吸附能力、可定制的形状和尺寸、分层结构、大量的表面活性位点、高比表面积、高化学稳定性以及易于改性和功能化等，在提取和检测油脂样品危害物方面具有广阔的应用前景。

6.1.1　油脂样品前处理方法与技术

　　油脂安全一直是全球公共卫生关注的问题，油脂食品中的许多危害物严重影响着人类的健康。由于油脂基质的复杂性，样品前处理是痕量污染物定性和定量分析的关键步骤。因此，有效的油脂样品前处理方法至关重要。在检测油脂危害物之前，经常采用前处理技术处理油脂样品，其主要原因是油脂基体成分复杂，其主要成分是脂质、色素、不饱和脂肪酸及饱和脂肪酸，脂质会降低色谱柱的使用寿命，沉积在离子源上会产生离子抑制，降低分析的灵敏度，影响仪器的正常维护。此外，油的黏度较大，不能用于直接进样，会发生堵塞，需要稀释或者预先除油脂。因此，需选择合适的前处理方法，有效清除油脂样品中的干扰成分，减小基质效应或干扰。

　　油脂样品前处理过程通常包括提取和净化两个步骤。常见的提取、净化方法包括液液萃取法、固相萃取法、磁固相萃取法、凝胶渗透色谱法、QuEChERS法、固相微萃取法和基质固相分散萃取法等方法。近年来，纳米材料的发展极大地推动了油脂样品预处理方法的创新，如碳基材料、金属有机框架、共价有机框架、聚多巴胺、硅基材料以及分子印迹聚合物等在油脂样品预处理方面显示出巨大的前景。

　　1. 溶剂提取法

　　溶剂萃取法，又称液液萃取法，是基于分析物在各溶剂中的分配比例不同进行萃取。液液萃取方法具有装置简单、操作容易等特点，但需消耗大量有机溶剂，且对实验者健康不利，具有一定局限性。

　　液液萃取是在油脂中检测真菌毒素应用最为广泛的提取方法，也是最简单的前处理方法。提取过程中，植物油中的油脂等可能被同时萃取，产生基质干扰，因此除去油脂成为关键的步骤。根据相似相溶原理，油脂易溶于石油醚、己烷和乙醚等非极性溶剂，难溶于水，而多数的真菌毒素不溶于石油醚、己烷和乙醚等非极性溶剂，但易溶于甲醇、乙腈等极性有机溶剂，当提取剂中有水存在时，可增强有机溶剂在样品中的渗透能力，提高萃取效率，因此常用提取剂为一定比例的乙腈/水溶液、甲醇/水溶液等，加入石油醚、己烷等有机溶剂，或低温高速离心进行脱除油脂处理。下面简单介绍一些在植物油检测真菌毒素案例中研究者利用液液萃取对油脂样品进行前处理的操作。

Giménez 等[1]在乙腈/水溶液（体积比为 84∶16）中加入正己烷脱除油脂，提取小麦胚芽油中的玉米赤霉烯酮、脱氧雪腐镰刀菌烯醇等真菌毒素。虽然玉米赤霉烯酮微溶于己烷，但在己烷层中没有明显的损失，有效脱除了油脂，提高了灵敏度，回收率分别为 104% 和 106%，检出限分别为 8 μg/kg 和 22 μg/kg。Wu 等[2]在乙腈/水中加入乙酸提取植物油中 16 种真菌毒素，16 种真菌毒素的线性相关系数均大于 0.9994，在 4 种不同植物油基体中加标回收率为 74%～106%，相对标准偏差为 0.3%～13.9%。同时，实验发现直接提取低温离心法有效去除了植物油基体的脂类杂质，背景干净，净化效果好，避免了 Mycospin400 多毒素净化柱填料吸附黄曲霉毒素、脱氧雪腐镰刀菌烯醇的问题。在溶剂提取过程中，可使用超声波辅助萃取、摇床提取或者加入冰醋酸等辅助方法提高提取效率。Zhu 等[3]对比高速均质提取 5 min、涡旋提取 10 min、超声提取 20 min 和摇床振荡 20 min，4 种方式对黄曲霉毒素、单端孢霉烯族真菌毒素等 7 种真菌毒素提取效率的影响，结果显示，使用摇床振荡方式提取效率最高，稳定性好，回收率为 76%～113%，相对标准偏差为 1.97%～4.22%。由于基体为植物油，提取溶剂易发生乳化现象，Shi 等[4]在甲醇的提取溶剂中加入一定量的氯化钠，有效改善了乳化现象。Afzali 等[5]提出了免疫亲和柱净化与分散液液微萃取相结合的新方法，用于 4 种黄曲霉毒素的预富集，回收率为 96.0%～110.0%，相对标准偏差小于 7.8%。此方法克服了传统的液液萃取存在有机溶剂消耗量大的缺点，简单、快速、准确性高、灵敏度高。

溶剂的选择是决定液液萃取提取效率的关键，植物油中真菌毒素的提取溶剂一般选用甲醇或乙腈等极性有机溶剂或其中几种的复合溶剂。在提取溶剂中加入石油醚、正己烷等去除植物油中的油脂，在提取过程中辅以低温离心、振荡、涡旋等方法加强对油脂的去除，或加入冰醋酸、水、氯化钠等改善因子，提高提取效率。但是植物油基体复杂，在提取过程中油脂也可能同时被提取，产生基质干扰，降低仪器灵敏度，需要进行净化步骤以减小或消除基质干扰，并实现浓缩。

2. 固相萃取法

固相萃取法是根据固相填充材料对目标物的吸附力大于样品基液，当样品过柱时，目标物被填料吸附，通过合适的洗脱溶剂将目标物洗脱下来，从而达到分离和富集的效果。与传统液液萃取法相比，固相萃取法可选择性吸附目标物，有效避免基质影响，溶剂耗量少，灵敏度高，且能自动化，避免外界干扰。但固相萃取小柱成本高，柱填料不具通用性和重复使用性。

固相萃取是目前最流行的提取技术之一。有多种商用固相萃取吸附剂，常用的有氧化铝、硅酸镁、键合十八烷基二氧化硅、二醇键合二氧化硅、强阴离子交换树脂、伯仲胺、石墨化炭黑、N-乙烯基吡咯烷酮和二乙烯基苯的亲水/亲脂平衡共聚物等。

固相萃取作为一种灵活的油脂样品制备方法，已被广泛使用在植物油中真菌毒素净化过程，其中免疫亲和柱萃取及多功能净化柱萃取应用最为广泛。免疫亲和柱选择性以及特异性强，灵敏度高，方便快捷，但是价格昂贵。免疫亲和柱萃取净化程度高，灵敏度相对于多功能净化柱萃取高，适用于复杂的基质，但是用于离线净化的免疫亲和柱萃取柱价格昂贵，且不能重复使用。而在线免疫亲和萃取则弥补了离线的免疫亲和柱萃取柱不可重复使用的缺点，提高了检测结果的准确度、灵敏度、精密度。目前，特异性免疫亲和萃取材料的开发已成为一个大型且研究前景良好的领域，免疫亲和萃取柱从只能净化一种或一类真菌毒素发展到可同时检测多种真菌毒素，功能越来越强大，在多种真菌毒素检测方面具有良好的发展前景。多功能净化柱操作简单，分析范围广，可同时进行多组分净化。常用的多功能净化柱有 Multisep226 净化柱、Mycospin400 多毒素净化柱、OasisPriMEHLB 小柱等。多功能柱保留干扰并以非常简单的方式洗脱真菌毒素，无需活化或洗脱步骤，操作简单、快速且质量和性能匹配，适用于同时提取植物油中的多种真菌毒素。但对于多目标分析，由于目标物的化学性质不尽相同，可能引起吸附剂对部分目标物有一定的吸附作用，造成部分真菌毒素的回收率偏低，因此需要针对分析物性质合理选择多功能净化柱萃取的类型。

Dallegrave 等[6]在室温下使用己烷/二氯甲烷（2∶1）双超声处理 15 min，从各种含有大量脂肪的动物源基质[即肉类（牛肉、鸡肉）、鸡蛋、牛奶和鱼]中提取 17 种拟除虫菊酯和毒死蜱，然后进行固相萃取净化步骤。使用 5 g 碱性氧化铝和 2 g C18 小柱串联净化萃取物，并用 30 mL 乙腈洗脱分析物。观察并讨论了这些不同基质中的多种农药回收。牛肉的回收效果最好，其次是牛奶、鸡蛋、鸡肉和鱼。鸡蛋和牛奶基质含有大量脂肪，但是它们的回收率比鱼基质好。脂肪含量不会降低回收率，但拟除虫菊酯和蛋白质之间的相互作用（强结合）会降低这些农药从鱼基质中的提取效率[7]。

3. 磁固相萃取法

磁固相萃取是一种基于磁相互作用的样品制备技术，只需要磁性吸附剂，无需额外的萃取柱。在磁固相萃取过程中（图 6-1），磁性材料分散在含有分析物的悬浮液或溶液中，并在孵育一定时间后轻松吸附目标分析物。分散的磁性材料可以很容易地通过施加外部磁铁从溶液或悬浮液中分离出来。该材料还可以重新分散在样品溶液中，便于后续洗涤和解吸。随后分析解吸溶液[8]。

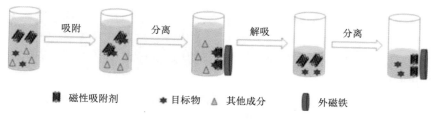

图 6-1　磁固相萃取程序的示意图[8]

　　磁性颗粒的分散特性通过分析物和吸附材料之间增加的接触表面促进传质，这一特性意味着提取过程比其他方法更省时、更有效。磁性材料也可以通过外部磁场从溶液中分离出来，而不是过滤或高速离心，从而使样品预处理过程变得简单方便。此外，磁性材料易于功能化以提高吸附剂对目标分析物的选择性。总之，磁固相萃取是一种简单、绿色、高效的样品前处理技术。

　　Rao 等[9]利用四氧化三铁—羧基化多壁碳纳米管复合材料富集紫苏籽油中 11 种酚类化合物，回收率为 79.6%~121.5%，相对标准偏差为 0.06%~13.2%，方法操作简单，准确可靠。Shi 等[10]基于四氧化三铁/石墨烯复合材料对油脂样品进行预处理，结合超高效液相色谱-三重四极杆串联质谱建立了葵花籽中新烟碱类农药和植物油中酚酸的检测方法，该方法的回收率为 74.3%~119.1%，相对标准偏差为 1.66%~2.86%，是一种可行的新型分析方法。Wu 等[11]利用磁固相萃取法提取芝麻油中 23 种酚类化合物，通过优化吸附剂用量、萃取时间、洗脱溶剂种类和用量等多种因素获得最佳萃取条件，其回收率为 83.8%~125.9%。Ma 等[12]基于磁性亲水性碳纳米管复合材料，成功提取出食用植物油中反式白藜芦醇，通过优化吸附剂用量、洗脱溶剂种类和体积等获得了最高萃取效率，其回收率为 90.0%~110.0%。结果表明，仅花生油中含有反式白藜芦醇。可见，磁固相萃取法是一种可行的油脂前处理方法，适用于食用植物油及油籽中酚类化合物的提取。

4. 凝胶渗透色谱法

　　凝胶渗透色谱法是去除油脂样品中的色素、脂肪、蜡质等大分子干扰物最有效的方法之一。Wang 等[13]对凝胶渗透色谱淋洗条件进行优化，使用乙酸乙酯/环己烷（1:1，V/V）洗脱，4 种黄曲霉毒素（B_1、B_2、G_1、G_2）的回收率均大于 80%，线性系数在 0.9996 以上，检出限为 0.10~0.30 μg/kg，定量限为 0.3~1.0 μg/kg。Gong 等[14]使用凝胶渗透色谱净化时，采用分段收集组分进行高效液相色谱-质谱法检测，保证了收集时间的准确性。对比凝胶渗透色谱净化前后，发现样品的主要杂质峰几乎被完全去除，回收率为 80%~96%。凝胶渗透色谱提供了一种从甘油三酯基质中分离目标化合物的简单方法，已普遍应用在富含脂肪、色素等大分子的样品分离净化方面，具有净化容量大、可重复使用、适用范围广、自动化程度高等特点，具有明显的净化效果，非常适合粮油中真菌毒素的多组分残留分析。

Xiong 等[15]在中药油脂中检测分析邻苯二甲酸酯类塑化剂时，利用凝胶渗透色谱法对油脂样品进行前处理，除掉其中大部分的油脂类等大分子化合物，富集其中的待测物。采用气相色谱-质谱联用技术结合选择离子扫描模式对样品中 14 种邻苯二甲酸酯污染物进行检测。实验得到 14 种邻苯二甲酸酯塑化剂检测的线性范围在 0.05～5 mg/L 之间，检出限在 0.5～5 μg/L 之间，回收率在 84.56%～104.09%之间，相对标准偏差小于 15.8%，且该方法快速、稳定。

5. QuEChERS 法

QuEChERS 法是油脂中痕量有机物检测的新趋势，比液液萃取和常规固相萃取更简单，溶剂使用更少，提高了回收率，可针对多目标真菌毒素同时提取，具有快速、简便、节约、高效、耐用、安全的特点，在油脂真菌毒素的检测预处理中应用广泛。

QuEChERS 法的优化主要从提取和净化方面考虑，对于油基体提取一般选用乙腈作为提取剂，也可选用甲醇，必要时加入酸、可挥发性盐等辅助试剂来提高提取的效率。净化是通过分散固相萃取来除去干扰组分，可选用伯仲胺、十八烷基 C18、石墨化炭黑、中性氧化铝和碳纳米管等吸附剂或其组合，也可辅以高速低温离心去除油脂。

Zhao 等[16]使用 QuEChERS 法，对植物油中的 16 种真菌毒素进行前处理，用液相色谱-质谱联用技术进行检测。实验优化了提取剂，选用 85%（体积分数）的乙腈，并加入 0.1%（体积分数）的甲酸，回收率明显提高。用硫酸钠和氯化钠进行盐析，选用伯仲胺、十八烷基 C18、石墨化炭黑进行净化效果优化，虽然在 QuEChERS 法中伯仲胺经常被用来去除脂肪酸，但是实验结果表明，选用十八烷基 C18 作净化剂，其对所有分析物的回收率最高，为 77%～118%。而 Sharmili 等[17]在使用 QuEChERS 法对植物油样品进行前处理时，用乙腈作提取剂，用硫酸镁进行盐析，选用十八烷基 C18 和石墨化炭黑（3∶1，W/W）混合吸附剂，回收率为 87.9%～106.6%，有明显提高。同时，实验对比了 QuEChERS 法及免疫亲和柱萃取前处理技术对植物油黄曲霉毒素的定量效果，结果表明，两者定量效果相差不多，检测浓度均在规定（2002/657/EC）范围内，但是前者时间更短。因此，QuEChERS 法作为一种新兴技术，在植物油中真菌毒素检测前处理过程中得到广泛应用。

6. 固相微萃取法

固相微萃取是一项油脂试样分析前处理新技术，是在固相萃取基础上发展起来的。其利用目标物与溶剂之间"相似相溶"的原理，用石英纤维表面的固定相对分析物进行吸附，将组分从样品中提取出来，再利用气相的高温或是液相的流动相将组分洗脱下来检测。

Purcaro 等[18]采用固相微萃取结合气相色谱-飞行时间质谱方法对食用油中多环芳烃进行测定，将 0.2 mL 油溶于 1.5 mL 己烷中，用 15 μm 的纤维对多环芳烃进行吸附提取，在室温下吸附 30 min，再用己烷淋洗 1 min 去除纤维表面甘油三酯后进行测定。该方法检出限为 0.1～1.4 μg/kg，定量限为 0.4～4.6 μg/kg，相对标准偏差为 2.8%～34.5%，回收率为 38.5%～107.0%。

7. 基质固相分散萃取法

基质固相分散萃取法是一种使用研钵和杵将油脂样品基质与吸附剂材料混合的技术。混合后，将吸附剂装入微型柱中，用相对较小体积的适当溶剂洗脱分析物。在许多基质固相分散程序中使用"共柱"，以更好地去除基体干扰。将材料填充到主柱底部，在样品从基质固相分散吸附剂基质混合物中洗脱时对其进行净化。基质固相分散技术的主要优点包括：提高萃取效率、减少溶剂消耗、缩短萃取/清理程序，以及处理不同状态（固体、半固体和液体）的样品的可能性。然而，该程序的一个基本缺点是无法实现自动化。

Li 等[19]介绍了一种基于基质固相分散技术的简单、短提取/净化程序，通过气相色谱-电子俘获检测器分析 4 种食用油（初榨橄榄油、玉米油、芝麻油和大豆油）中的 14 种有机氯农药。依次称取每种植物油 0.5 g，并用 3.0 g 研磨剂彻底研磨。5 g 40%（W/W）硫酸浸渍在含有二氧化硅的玻璃砂浆中，以使其干燥且均匀。然后，将均质混合物引入 0.8 g 硅胶作为底部的共柱填料，以获得更高程度的分馏和样品净化。用约 10 mL 正己烷/二氯甲烷（70∶30，V/V）进行逐滴洗脱。用氮气蒸发洗脱液，并用 1 mL 正己烷重悬，然后将提取物准备好进行检测分析。

Chung 和 Chen[20]通过气相色谱-质谱方法分析各种富含油脂基质样品（食用油、肉类、海鲜、鸡蛋和坚果）中的 33 种有机氯农药残留，其中以基质固相分散作为复杂样品制备方案的前处理操作。将液体样品置于容器中，用力摇动并反复翻转，同时用高速搅拌器混合固体样品。将 20 g 样品置于含有 20 g 流体基质（含 1 mL 内标物和 10 g 硫酸镁）的烧杯中，在用聚四氟乙烯棒彻底混合后，将样品混合物引入底部含有 25 g 硫酸钠的玻璃柱中。用 150 mL 正己烷饱和的乙腈提取有机氯农药。将 5 mL 甲苯作为捕集剂添加到萃取物中，然后将萃取物蒸发至约 1 mL。所得萃取物经过复杂样品处理程序的进一步处理，即凝胶渗透色谱，然后进行固相萃取清理。

8. 相转移催化皂化法

Sun 等[21]建立了食用油中苯并[a]芘的相转移催化皂化提取前处理方法，并结合高效液相色谱-荧光检测器进行含量检测。结果表明：该方法检出限为 0.2 ng/mL，定量限为 0.7 ng/mL，苯并[a]芘平均回收率为 96.15%～103.2%，相对标准偏差为 2.61%～4.96%。该前处理方法具有降低有机溶剂的消耗和检测成本、操作简单、检测时间短等优点，符合快速、便捷、准确及灵敏地检测食用油中苯并[a]芘的要求。

9. 消解法

Ni 等[22]考察了湿法消解、干法灰化、微波消解 3 种不同前处理方法对植物油中重金属含量测定结果的影响。结果表明硝酸-过氧化氢-高氯酸湿法消解为植物油前处理的最佳方法。在对比实验中发现，采用干法灰化试剂消耗最少，其次为微波消解和湿法消解，湿法消解试剂消耗最多。在消解耗时方面，干法灰化耗时最长，湿法消解耗时最短。一般认为，微波消解比较省时，但由于油脂的特殊性，微波消解需要较长时间的预消解，否则进入微波消解仪容易引起爆管，另外消解完毕还需要赶酸，所以在消解耗时上没有明显优势。此外，干法灰化的加标回收率都在 80%以下，这可能是因为高温下灰化时间过长，导致元素损失。采用微波消解和湿法消解处理的植物油样品加标回收率和相对标准偏差结果都较为满意。综上，湿法消解（硝酸-过氧化氢-高氯酸体系）可作为植物油样品重金属含量测定的前处理方法。

6.1.2　油脂样品前处理材料

1. 金属有机框架

金属有机框架作为一种新型多孔材料，由金属离子和有机连接物通过配位键组成。金属离子通过强配位键与有机配体或有机二级结构单元连接，形成三维多孔结构。通常，用于构建金属有机框架的金属离子为 Zn^{2+}、Cu^{2+}、Fe^{3+} 和 Zr^{4+}，而有机连接物为对苯二甲酸、偏苯三甲酸、2-甲基咪唑等。金属有机框架以其独特的性能而闻名，如高孔隙率、大表面积（200～1000 m^2）和均匀结构的空腔（0.3～10 nm）。

目前，油脂样品预处理已制备出大量形状各异、改性好的金属有机框架。Zhang 等[23]制作了一系列金属有机框架涂层不锈钢纤维，用于提取植物油中多氯联苯。该研究组首先合成了二氧化硅功能化二苯，然后通过硅羟基与配体的化学反应，在纤维上包覆了一些具有代表性的金属有机框架等。与其他方法相比，该方法克服了涂层容易脱落的缺点。

为了测定植物油中的农药残留，Li 等[24]使用 MIL-101(Cr)型金属有机框架材料作为植物油除草剂的吸附剂。与其他金属有机框架相比，MIL-101(Cr)在非极性溶剂中的萃取率更高。结果表明，本研究提出的方法具有较高的选择性和灵敏度，可应用于高脂样品中农药残留的提取。UiO-66 型金属有机框架材料也被用于测定植物油中的有机磷农药。在 QuEChERS 程序中，一定量的 UiO-66 和油样中加入正己烷，振摇一定时间后离心，弃上清液，然后使用丙酮从 UiO-66 中解吸农药。再将解吸的溶液蒸发，用正己烷重新溶解，最后进行气相色谱-质谱分析。在这种情况下，UiO-66 可以多次重复使用而不会造成重大损失。在非极性溶剂中，金属有机框架吸附农药的主要机理是氢键作用、π-π 堆积作用和范德瓦耳斯作用[25]。通过液相萃取与基于 MIL-101(Cr)的分散固相萃取相结合的方法，可将其应用于高脂肪基质中的农药萃取。研究结果表明，该方法在消除脂肪干扰方面极为有效，可用于处理含有高脂肪含量的样品。

总的来说，金属有机框架在油脂样品预处理中起着重要作用，被认为是从油脂基质中提取目标分析物的合适吸附剂。与纯金属有机框架相比，功能性金属有机框架具有更好的油脂污染物提取性能，可以显著提高检测选择性和灵敏度。例如，常见的功能性金属有机框架有磁性金属有机框架、金属有机框架衍生纳米多孔碳等。

2. 共价有机框架

共价有机框架是一种新兴的多孔晶体材料，由有机分子之间的强共价键构成。作为一种新型迷人的多孔材料，它们具有低密度、大比表面积（114～1590 m^2/g）、高永久孔隙率和良好的热稳定性等优异性能。近年来，共价有机框架作为一种新型吸附剂在油脂预处理领域受到了广泛关注。一些共价有机框架已直接应用于固相萃取。

共价有机框架及其杂化复合材料是油脂样品预处理的理想候选材料。与其他纳米材料相比，共价有机框架具有一些独特的优点，如在酸性或碱性条件下具有较高的热稳定性和化学稳定性。然而，共价有机框架仍然存在一些不足，如选择性有限，其固有的疏水性限制了其在亲水性分析物吸附中的应用。因此，仍需进一步努力提高共价有机框架的选择性和多功能性。

3. 有序介孔硅

有序介孔二氧化硅于 1992 年由美孚石油公司首次制备[26]。有序介孔二氧化硅具有许多优点，如大的表面积、明确的孔隙体积、合适的孔径和可改性性质[27]。由于这些原因，有序介孔二氧化硅一直是吸附剂的良好选择。在过去几年中，通过使用不同矿物前体的溶胶-凝胶反应合成了大量有序介孔二氧化硅，如圣巴巴拉非晶态[28]、六方介孔二氧化硅[29]等。然而，这些材料存在一些缺点，如容量和选择性低。因此，为了克服这些缺点，近年来已经制造了不同的混合有序介孔二氧化硅，如杂化硅基复合材料和分子印迹有序介孔二氧化硅，用于从油脂基质中提取污染物。其中，多功能杂化二氧化硅复合材料比其他材料（如聚合物、分子印迹聚合物、石墨烯等）具有更多优势。

Zhang 等[30]合成了具有核壳结构的四氧化三铁@共价有机框架（1,3,5-三甲间苯三酚和联苯胺），用于富含油脂的烟熏猪肉、野生鱼、烤鱼、烟熏培根等样品中多环芳烃的磁性固相萃取。结果表明该材料对多环芳烃表现出优异的吸附、解吸性能。

多环芳烃是食品污染物，由于致癌特性，其存在于食品中尤其令人担忧。这些物质是高度亲脂性的，因此常在食用油脂中存在，常用于样品处理和测定食用油中多环芳烃的方法见图 6-2[31]。

图 6-2　常用于样品处理和测定食用油中多环芳烃的方法图解[31]

APPI：大气压光电离；CFYM：鸡爪黄膜；CNNSs：氮化碳纳米片；DACC：供体-受体复合层析；EI：电子撞击；FLD：荧光检测器；FLS：荧光光谱；GC：气相色谱；GPC：凝胶渗透色谱法；GO：氧化石墨烯；HPLC：高效液相色谱；HS：顶空萃取；HS-SPME：顶空固相微萃取；IT：离子阱；LLE：液液萃取；MALDI：基质辅助激光解吸/电离；MCOF：金属共价有机框架；MIP：分子印迹聚合物；MS：质量检测器；MSPE：磁性固相萃取；MWCNTs：多壁碳纳米管；Q：四极杆；QQQ：三重四极杆；RS：拉曼光谱；SFE：超临界流体萃取；SPE：固相萃取；TOF：飞行时间

4. 聚多巴胺衍生材料

多巴胺是一种神经递质，富含氨基和羟基，具有良好的亲水性。在室温下，它可以在弱碱性溶液中自发聚合成聚多巴胺，并且获得的黏附聚多巴胺成功地自涂覆了几乎所有类型的表面，如金属氧化物、聚合物、金属有机框架。此外，聚多巴胺具有良好的生物相容性、良好的水分散性和高离域性。考虑到这些特点，聚多巴胺在合成用于油脂样品预处理的新型吸附材料方面具有诱人的潜力。Huang 等[32]以聚偏二氟乙烯-聚多巴胺为吸附剂，中空纤维液相微萃取为制备方法，液相色谱-质谱为检测方法富集食用油中的黄曲霉毒素，检出限是 0.02～0.32 ng/kg，线性范围为 0.1～500 ng/kg。

总之，聚多巴胺具有一些突出的优点。首先，它具有良好的黏附性能，使得材料表面易于涂覆，从而制备多功能吸附剂。根据这一优势，聚多巴胺可以很容易地用于制作提取设备。其次，聚多巴胺衍生的复合材料由于其亲水性能，很容易分散在水性基质中。最后，可以用各种纳米材料对聚多巴胺进行改性，以获得特定的吸附剂。

5. 碳基纳米材料

碳基纳米材料具有各种同素异形体，如零维富勒烯（C60）、一维碳纳米管以及二维石墨烯、三维石墨和其他碳基纳米材料，它们已成为油脂样品预处理中的重要吸附剂。通过 π-π 堆积和疏水作用，碳基纳米材料对目标分析物具有很强的亲和力。迄今，碳纳米管和石墨烯比 C60 更受欢迎，因为它们易于制备和功能化。碳基纳米材料已被广泛用于富集在油脂危害物检测中的多种污染物，如双酚 A、黄曲霉毒素、多环芳烃和磺胺类化合物。

利用碳纳米管及其衍生物作为吸附材料具有成本低、吸附性能好、物理化学性质优良等优点，是一种很有价值的吸附材料。

石墨烯是最有前途的纳米材料之一，由单层 sp^2 键合碳原子组成，排列在二维纳米片中，它具有可调的导电性、高比表面积（2700 m^2/g）、优异的导热性、良好的电子转移能力和良好的生物相容性。石墨烯可以通过氧化生成氧化石墨烯，并进一步反应生成还原的氧化石墨烯，其表现出疏水性和亲水性。与最初的石墨烯相比，这些功能化材料由于其表面含有丰富的羧基、环氧化物和羟基而更易溶于极性溶剂。

石墨碳氮化物作为一种新型的二维石墨烯类似物，近年来受到越来越多的关注。石墨碳氮化物主要由碳原子和氮原子组成。它可以通过化学气相沉积、固态反应、热分解和溶剂热合成技术来合成。石墨碳氮化物具有许多吸引人的性能，包括热稳定性和化学稳定性、低摩擦系数、低密度、良好的生物相容性和简单的表面改性。由于其比表面积和独特的结构，石墨碳氮化物被广泛用于油脂食品安全筛选。石墨碳氮化物的吸附机理主要是氢键作用、p-π 共轭作用、静电作用和疏水作用。特别是，石墨碳氮化物的芳香性质不如石墨烯，这可以归因于石墨碳氮化物形成过程中碳和氮原子之间的 sp^2 杂化，以及 C—N 的取代极性键降低了六元环的 p 离域。芳香性的降低使得石墨碳氮化物对芳香化合物的萃取回收率高于石墨烯。Zheng 等[33]报道了一种制造磁性石墨碳氮化物的方法，用于食用油样品中多环芳烃的磁性固相萃取，以磁性固相萃取为样品前处理方法，以气相色谱-质谱为检测技术，检出限为 0.1～0.3 ng/g，线性范围是 0.5～100 ng/g。石墨碳氮化物显示出高度的 p-π 共轭结构，这使其成为食品分析领域中补充石墨烯的合适候选物。Ji 等[34]的团队报道了一种制造氧化石墨烯改性聚酰胺复合纳滤膜的方法，并用于植物油样品中多环芳烃的检测，以磁性固相萃取为样品前处理方法，以高效液相色谱-二极管阵列检测器为检测技术，检出限为 0.06～0.15 ng/g，线性范围是 0.2～200 ng/g。

6. 分子印迹聚合物

在过去的几十年里，分子印迹技术被认为是一种人工制备具有形状、大小和官能团记忆的特定识别聚合物的新方法。与其他纳米材料相比，分子印迹聚合物具有选择性高、化学稳定性好、成本低、易于制备等优点。分子印迹聚合物已广泛应用于分析化学领域，尤其是在油脂等复杂基质中痕量分析物的选择性分离和萃取。此外，大量磁性分子印迹聚合物已被开发用于油脂样品预处理。通过在磁性纳米颗粒表面制备分子印迹聚合物来合成磁性分子印迹聚合物。近年来，磁性分子印迹聚合物在油脂样品预处理中受到广泛关注，它不仅对模板分子具有特异性结合，还具有很强的磁性，易于分离。磁性分子印迹聚合物作为吸附剂在油脂基质中特定识别目标分析物方面显示出巨大的潜力。与其他预处理策略相比，磁性分子印迹聚合物的这些特性显著提高了选择性和分析效率。

6.2　油脂安全检测技术

对健康和营养食用油脂日益增长的需求导致其生产集约化，这反过来又会对食用油脂的安全和质量提出更高的要求。油脂在生产、储存、加工等一系列工序中都有可能由于外界因素而发生品质劣变，或是原材料中的农兽药残留以及重金属残留，或是储藏过程中塑化剂的污染，抑或是霉菌污染、理化性质变化等[35]。同时，许多研究报道了食用油脂中存在农兽药残留、重金属、真菌毒素和加工过程污染物等危害物。可见，食用油脂在生产、包装、运输或储存的各个阶段都可能受到这些危害物的污染。此外，新的工业流程、农业实践、环境污染和气候变化也会导致油脂中新的有毒残留物增加。保证油脂安全的重要内容就是对这些油脂中的危害物进行检测，以防止品质劣变的油脂对人类安全产生危害，而检测油脂危害的方法有很多，如光谱检测技术、色谱检测技术、质谱检测技术、电化学检测技术、生物检测技术等。同时，也需要开发分析时间短、灵敏度高和成本相对较低的食用油脂安全检测新技术与新方法。光谱法、电化学法、免疫化学法、生物传感器和色谱法在油脂基质危害物残留的分析中发挥着主导作用。高效分离技术，如气相色谱或液相色谱与质谱或串联质谱检测相结合，特别适用于测定复杂油脂基质中存在的多种单类或多类危害物。例如，由于大多数农药具有挥发性和疏水性，气相色谱与单四极杆或离子阱或三重四极杆质谱仪联用一直是分析油脂或高含量脂肪食品中农药残留最广泛使用的方法。

6.2.1　光谱检测技术

　　光谱分析是指根据物质的光谱来鉴别物质及确定它的化学组成和相对含量的方法。按照分析原理，可以将光谱分析分为发射光谱分析与吸收光谱分析。其中发射光谱分析是根据被测原子或分子在激发状态下发射的特征光谱对其进行定性分析，并根据光谱的强度计算其含量。而吸收光谱分析是根据待测元素的特征光谱，通过样品蒸汽中待测元素的基态原子吸收被测元素的光谱后是否被减弱来对其进行定性分析，通过被减弱的强度计算其含量。光谱检测技术在油脂检测方面运用较广，如近红外光谱检测、中红外光谱检测、拉曼光谱检测、紫外光谱检测和原子吸收光谱等，下面分别对几种光谱检测技术进行介绍。

　　1. 拉曼光谱检测

　　拉曼散射于 1928 年由印度物理学家 Chandrasekhara Venkata Roman（1888—1970）发现，指的是分子对光子的一种非弹性散射效应，光的频率在散射后会发生变化，频率的变化取决于物质的特性，体现了分子的振动信息[36]。拉曼光谱是一种借助拉曼散射现象进行分析的光谱检测技术。然而普通拉曼光谱的信号较低，在不断发展的过程中，在 20 世纪 70 年代科学家发现了表面增强拉曼效应，能够极大地增强拉曼光谱信号，由此诞生了表面增强拉曼散射技术。目前学术界普遍认同的表面增强拉曼机理主要有物理增强机理和化学增强机理两类。物理增强机理主要是指电磁场增强机理：表面等离子体共振引起的局域电磁场增强被认为是最主要的贡献，表面等离子体是金属中的自由电子在光电场下发生集体性的振荡效应。由于铜、银和金 3 种 I B 族金属的 d 电子和 s 电子的能隙与过渡金属相比较大，它们不易发生带间跃迁。只要对这 3 种金属体系选择合适的激发光波长，便可避免因发生带间跃迁而将吸收光的能量转化为热等，从而趋向于实现高效表面等离子体共振散射过程。化学增强主要包括以下 3 类机理：①由于吸附物和金属基底的化学成键，导致非共振增强；②由于吸附分子和表面吸附原子形成表面络合物（新分子体系）而导致的共振增强；③激发光对分子-金属体系的光诱导电荷转移的类共振增强。下面以油脂中的多环芳烃类污染物为例对拉曼光谱在油脂中的检测应用进行介绍。

　　油脂中的多环芳烃类污染有很多，包括苯并[a]芘、苯并[a]蒽、苯并[b]荧蒽等多种化合物，其中苯并[a]芘的致癌性最严重。油脂中的多环芳烃类化合物来源主要有两种，一是油脂在生产加热过程中受到的高温作用，主要是原料的烘焙、干燥以及成品油反复高温炸制等环节[37]；二是环境因素导致油脂原料或成品受到污染并富集在最终的产品中[38]。多环芳烃类化合物一般具有致癌性、诱变性和致畸性，易导致基因突变，产生生理毒性[39]，因而油脂中多环芳

烃类化合物的检测具有重要意义。钱立[40]在对食用油中苯并[a]芘快速检测的
研究中，以胶体金溶液作为增强基底，得到苯并[a]芘的表面增强拉曼图像，
如图 6-3 所示。

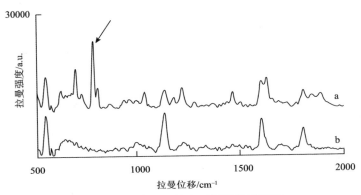

图 6-3　苯并[a]芘的表面增强拉曼图谱
a：苯并[a]芘的乙腈溶液；b：空白乙腈溶液[40]

通过对含有苯并[a]芘的乙腈溶液以及空白乙腈溶液的表面增强拉曼图谱对
比，可以看出在 552 cm⁻¹、607 cm⁻¹、628 cm⁻¹、844 cm⁻¹、976 cm⁻¹、1232 cm⁻¹、
1375 cm⁻¹ 处含苯并[a]芘的乙腈溶液都有明显出峰，其中较为明显的有 607 cm⁻¹
处的苯环邻位取代伸缩振动以及 1232 cm⁻¹ 的邻位双取代苯的伸缩振动。

2. 红外光谱检测

红外光谱包括近红外光谱和中红外光谱，是一种使用分子间振动来识别分
子结构的分析方法[41]。红外光谱产生的原理是当一束具有连续波长的红外光通
过物质，物质分子中某个基团的振动频率或转动频率和红外光的频率一样时，分
子就吸收能量由原来的基态振（转）动能级跃迁到能量较高的振（转）动能
级，分子吸收红外辐射后发生振动和转动能级的跃迁，该处波长的光就被物质
吸收。所以，红外光谱法实质上是一种根据分子内部原子间的相对振动和分子
转动等信息来确定物质分子结构和鉴别化合物的分析方法。将分子吸收红外光
的情况用仪器记录下来，就得到红外光谱图。红外光谱图通常用波长（λ）或波
数（σ）为横坐标，表示吸收峰的位置，用透光率（$T\%$）或者吸光度（A）为
纵坐标，表示吸收强度。下面以油脂中的塑化剂污染物为例对红外光谱在油脂
中的检测应用进行介绍。

油脂中的塑化剂来源有两种，一是由于使用不合格的包装或是生产过程中不
合格的塑料管道，导致塑化剂迁移到油脂中；二是由于油料作物生长过程中代谢
富集土壤、大气和水中的塑化剂，并随加工迁移至油脂中[42]。塑化剂属于环境

激素类物质，具有类雌激素作用，有一定的生殖毒性，损害人体的内分泌系统，易引发畸变、癌变等[43, 44]。衣玲学等[45]在研究中对塑化剂中常见的邻苯二甲酸二丁酯的中吸收红外光谱进行了理论分析与实际测定，利用 GaussView 5.0 软件对邻苯二甲酸二丁酯分子进行了模拟并优化，并采用密度泛函理论进行理论计算，得出振动吸收红外谱，并与实际测得的红外光谱的特征吸收峰较好对应，为中红外吸收光谱法对邻苯二甲酸二丁酯进行检测和分析提供了一定的理论依据。

　　3. 紫外光谱检测

　　紫外光谱是分子中价电子经紫外光照射，吸收相应波长的光后从低能级向高能级跃迁所产生的吸收光谱。不同样品所含物质的成分的不饱和程度有差异，其紫外光吸收谱带的数目、所在位置、强度也有所差异，由此可以对物质的内部结构有大概的判断和了解[46]。下面以油脂中的过氧化物为例对紫外光谱在油脂中的检测应用进行介绍。

　　油脂在加工储藏过程中会不断氧化，这是油脂变质的主要原因之一。油脂氧化会导致各种各样的异味，使油的品质变得不可接受，并且会降低食用油的营养价值和安全性，甚至危害人体健康[47]。例如，油脂氧化产物丙二醛，它会引起蛋白质、核酸等生物大分子的交联聚合，且具有细胞毒性[48]。对油脂中的过氧化物进行检测不仅可以随时掌握油脂的品质变化，还可以避免变质油脂对人体可能造成的危害。秦小园等[49]利用三苯基膦（TPP）与氢过氧化物反应生成三苯基氧膦（TPPO），通过紫外吸收光谱测定三苯基膦与三苯基氧膦的含量，从而间接测定油脂的过氧化值。三苯基膦与三苯基氧膦的紫外光谱如图 6-4 所示[49]，其中横坐标为波长，纵坐标为吸光度。可以看出三苯基膦在 264 nm 波长处有特征吸收，三苯基氧膦在 238 nm 与 266 nm 处有特征吸收，两者混合后，紫外光谱特征吸收峰相互影响。根据化学定量反应，消耗三苯基膦物质的量与生成三苯基氧膦物质的量相等，可以选择以三苯基膦与三苯基氧膦在某一波长下的吸光度之和来衡量三苯基膦与氢过氧化物反应生成三苯基氧膦的情况，进一步推算出氢过氧化物的含量。

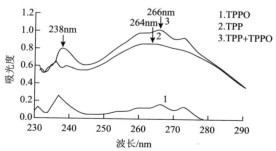

图 6-4　三苯基膦（TPP）与三苯基氧膦（TPPO）的紫外光谱图[49]

4. 原子吸收光谱检测

原子吸收光谱分析是基于试样蒸汽相中被测元素的基态原子对由光源发出的该原子的特征性窄频辐射产生共振吸收，其吸光度在一定范围内与蒸汽相中被测元素的基态原子浓度成正比，以此测定试样中该元素含量的一种仪器分析方法。它是现阶段检测无机元素的主要手段之一[50]。下面以油脂中的重金属污染物为例对紫外光谱在油脂中的检测应用进行介绍。

油脂若在制造过程中受到重金属污染，重金属会累积在油脂中，最终会对人类健康构成严重威胁[51]。过量摄入重金属对人体有害，伴有神经毒性、有机损伤以及皮肤和血液疾病[52]。利用原子吸收光谱分析油脂中的重金属含量需要根据油脂的特性选择合适的样品前处理方法以及检测方法，目前使用较多的前处理方法是微波消解法[53]，使用较多的检测方法是石墨炉法[50]。秦慧芳等[54]采用微波消解法在特定的程序控温控压下对油脂样品进行前处理，并用火焰原子吸收光谱对处理后的样品中九种金属元素（Ca、Mg、Fe、Cu、Zn、Mn、Cr、Cd 和 Pb）进行了测定，通过对微波消解程序的优化以及对吸收波长、狭缝宽度、灯电流、燃气流量和燃烧器高度的优化，得到了如表 6-1 所示的各金属元素检出限，可以看出检测结果的灵敏度、准确度较高。

表 6-1　各金属元素线性方程、相关系数及检出限[54]

元素	线性范围/（μg/mL）	线性回归方程	相关系数 R^2	检出限/（μg/mL）
Ca	1.00～10.00	$Y=0.1845X-0.004$	0.999	0.0044
Mg	0.50～6.00	$Y=0.2753X+0.041$	0.999	0.0013
Fe	0.20～5.00	$Y=0.0718X-0.004$	0.9994	0.0106
Zn	0.10～5.00	$Y=0.1472X+0.0344$	0.9989	0.0122
Cu	0.00～3.00	$Y=0.0329X+0.0002$	0.999	0.0091
Mn	0.00～2.00	$Y=0.1209X-0.0078$	0.9991	0.0016
Cr	0.00～1.00	$Y=0.0235X-0.0009$	0.9985	0.0035
Cd	0.00～1.00	$Y=0.0202X-0.0011$	0.9982	0.0082
Pb	0.00～1.00	$Y=0.007X+0.0009$	0.9988	0.004

6.2.2　色谱-质谱检测技术

色谱法又称"色谱分析""色谱分析法""层析法"，是一种分离和分析方法，在分析化学、有机化学、生物化学等领域有着非常广泛的应用。色谱过程的本质是待分离物质分子在固定相和流动相之间分配平衡的过程，待分离物质中的不同分子在固定相和流动相之间的分配不同，这使它们随流动相运动速度各不相同，随着流动相的运动，混合物中的不同组分在固定相上相互分离。根据流动相与固定相的两相差别，可以将色谱法分为气固色谱法、气液色谱法、液固色谱法、液液色谱法；根据物质的分离机制，又可以分为吸附色谱、分配色谱、离子交换色谱、凝胶色谱、亲和色谱等类别。通常的色谱流出曲线如图 6-5 所示，其中不同物质的保留时间不同，可以以此作为定性分析的依据，不同量的同种物质峰高以及半峰宽等数值不同，可以以此作为定量分析的依据[55]。

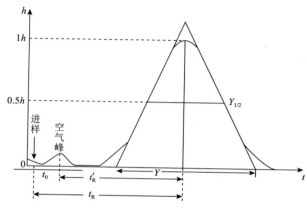

图 6-5　色谱流出曲线[55]

h 表示峰高，即色谱峰顶到基线的垂直距离；t_0 表示死时间，即不被固定相吸附或溶解的组分，多为初始气体如空气；t_R 表示保留时间，即组分从进样开始到色谱峰顶所对应的时间；t'_R 表示调整保留时间，即待测组分（"滞留组分"）比非滞留组分停留多出的时间，$t'_R = t_R - t_0$；$Y_{1/2}$ 表示半峰宽，即色谱峰高一半处的宽度；Y 表示峰底宽，即从色谱流出曲线两侧拐点所作的切线与基线交点之间的距离

质谱法即用电场和磁场将运动的离子（带电荷的原子、分子或分子碎片，如分子离子、同位素离子、碎片离子、重排离子、多电荷离子、亚稳离子、负离子和离子-分子相互作用产生的离子）按它们的质荷比分离后进行检测的方法。色谱及质谱检测技术在很多领域都有广泛的应用，其中就包括油脂领域，下面就几种主要的色谱及质谱检测技术展开介绍。

1. 液相色谱检测

液相色谱是一类分离与分析技术，其特点是以液体作为流动相，固定相可以有多种形式，如纸、薄板和填充床等。经典液相色谱的流动相是依靠重力缓慢地流过色谱柱，因此固定相的粒径不可能太小（100～150 μm）。分离后的样品是被分级收集后再进行分析的，使得经典液相色谱不仅分离效率低、分析速度慢，而且操作也比较复杂。直到 20 世纪 60 年代，液相色谱发展出粒径小于 10 μm 的高效固定相，并使用了高压输液泵和自动记录的检测器，克服了经典液相色谱的缺点，发展成高效液相色谱，也称为高压液相色谱。下面以油脂中的多环芳烃类污染物为例对液相色谱在油脂中的检测应用进行介绍。

尹佳等[56]采用电荷转移型萃取柱，利用其与多环芳烃之间特异性的 π-π 相互作用，选择性地萃取食用油中多环芳烃类化合物的同时有效去除食用油中脂质基质，之后用丙酮将多环芳烃类化合物洗脱，再利用高效液相色谱结合荧光检测器进行分析检测。杜瑞等[57]同样也利用高效液相色谱对油脂中的多环芳烃类化合物进行检测，不过样品的前处理方法却略有不同。后者利用多环芳烃专用柱净化食用油中复杂基质，再用二氯甲烷将多环芳烃类化合物洗脱，最后也同样采用了高效液相色谱结合荧光检测器的检测方法，对油脂中的 15 种多环芳烃类化合物进行检测。在优化了操作条件后，得到了一种操作简便、耗时短、有机溶剂消耗量较少，并且目标分析物的损失较低的油脂中多环芳烃类化合物检测方法，从表 6-2 中可以看出检测方法的灵敏度较高。

表 6-2　15 种多环芳烃的保留时间、线性方程、相关系数、检出限及定量限[57]

多环芳烃	保留时间/min	线性方程	相关系数	检出限/（μg/kg）	定量限/（μg/kg）
萘（Nap）	9.08	$Y=0.56X+0.89$	0.999	0.65	2.0
苊（Ace）	11.97	$Y=0.97X+1.13$	0.999	0.65	2.0
芴（F）	12.25	$Y=4.12X+5.74$	0.999	0.65	2.0
菲（Phe）	13.23	$Y=2.35X+3.44$	0.999	0.33	1.0
蒽（Ant）	14.19	$Y=5.46X+7.45$	0.999	0.33	1.0
荧蒽（Flu）	15.18	$Y=1.59X+2.17$	0.999	0.33	1.0
芘（Pyr）	15.98	$Y=7.28X+13.01$	0.996	0.15	0.5
苯并[a]蒽（BaA）	18.06	$Y=6.00X+8.69$	0.999	0.15	0.5
䓛（Chr）	18.58	$Y=8.03X+12.76$	0.999	0.15	0.5
苯并[b]荧蒽（BbF）	20.2	$Y=4.16X+5.83$	0.999	0.15	0.5
苯并[k]荧蒽（BkF）	20.92	$Y=6.71X+10.36$	0.999	0.15	0.5
苯并[a]芘（BaP）	21.76	$Y=5.89X+8.77$	0.999	0.15	0.5
二苯并[a,h]蒽（DahA）	22.71	$Y=2.93X+4.53$	0.999	0.33	1.0
苯并[g,h,i]芘（BghiP）	23.96	$Y=2.09X+4.13$	0.998	0.33	1.0
茚苯（1,2,3-cd）芘（IcdP）	24.48	$Y=2.86X+0.85$	0.999	0.33	1.0

2. 气相色谱检测

气相色谱可分为气固色谱和气液色谱。气固色谱指流动相是气体，固定相是固体物质的色谱分离方法，主要是利用物质的沸点、极性及吸附性质的差异来实现混合物的分离，其过程如图 6-6 所示。

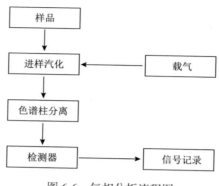

图 6-6　气相分析流程图

待分析样品在汽化室汽化后被惰性气体（即载气，也称流动相）带入色谱柱，柱内含有液体或固体固定相，由于样品中各组分的沸点、极性或吸附性能不同，每种组分都倾向于在流动相和固定相之间形成分配或吸附平衡。但由于载气是流动的，这种平衡实际上很难建立起来。也正是由于载气的流动，样品组分在运动中进行反复多次的分配或吸附/解吸附，结果是在载气中浓度大的组分先流出色谱柱，而在固定相中分配浓度大的组分后流出。当组分流出色谱柱后，立即进入检测器。检测器能够将样品组分转变为电信号，而电信号的大小与被测组分的量或浓度成正比，将这些信号放大并记录下来即为色谱图。下面以油脂中的反式脂肪酸为例对气相色谱在油脂中的检测应用进行介绍。

反式脂肪酸是含有反式非轭双键结构不饱和脂肪酸的总称。反式双键中与形成双键的碳原子相连的两个氢原子位于碳链的两侧，天然脂肪酸中的双键多为顺式，氢原子位于碳链的同侧。反式脂肪酸有天然的和人为的两种来源[58]，其中天然的较少。反式脂肪酸来源主要有四种途径：①反刍动物肉及其乳脂，这也是天然反式脂肪酸的主要来源之一；②植物油氢化，这是反式脂肪酸的主要来源；③精炼油脱臭；④长时间高温烹调。反式脂肪酸的危害较大，可能会导致心脑血管相关疾病的产生，对青少年发育造成不利影响，提高 2 型糖尿病的发病概率，减少男性雄激素分泌，降低生育能力等[59, 60]。孙慧珍[61]综合对比了四种提取反式脂肪酸的方法，其中，索氏抽提法还能提取游离态脂肪，但不能提取结合态脂肪，酸式水解提取和溶剂萃取的回收率比步骤简单的超声萃取和索氏抽提高，但酸式水解提取所用试剂较溶剂萃取更多，耗时更长，故采用了溶剂萃取的方法提取油脂中的反式脂肪酸，并在后续优化过程中选用苯/石油醚作为萃取剂，对植物油样品进行前处理。提取后的脂肪进行皂化、甲酯化等处理后再进入气相色谱检测，优化色谱检测条件后能达到 8 种反式脂肪酸混合标准品同时检测，检测分离效果如图 6-7 所示。

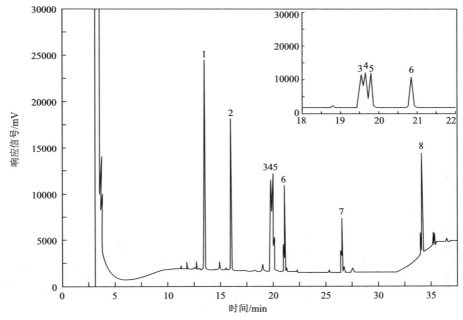

图 6-7　8 种反式脂肪酸混标分离色谱图[61]

峰 1 为 C14:1n9t（反式肉豆蔻酸甲酯），峰 2 为 C16:1n9t（反式棕榈油酸甲酯），峰 3 为 C18:1n11t（反式异油酸甲酯），峰 4 为 C18:1n9t（反式油酸甲酯），峰 5 为 C18:1n6t（反式岩芹酸甲酯），峰 6 为 C18:2n9t,12t（反式亚油酸甲酯），峰 7 为 C20:1n11t（反式十二碳烯酸甲酯），峰 8 为 C22:1n13t（反式二十二碳烯酸甲酯）

3. 色谱-质谱联用检测

色谱是一种快速、高效的分离技术，但不能对分离出的每个组分进行鉴定。质谱是一种重要的定性鉴定和结构分析的方法，是一种高灵敏度、高效的定性分析工具，但没有分离能力，不能直接分析混合物。色谱-质谱联用技术，将二者结合起来，把质谱仪作为色谱仪的检测器将能发挥二者的优点，具有色谱的高分辨率和质谱的高灵敏度，是一种高效灵敏的检测方法。下面以油脂中的农药残留为例对色谱-质谱联用技术在油脂中的检测应用进行介绍。

对于植物油来说，原材料油料作物在种植中不可避免地使用农药，油料中残留的农药会迁移至油中对人体健康造成威胁[62]。在利用色谱-质谱联用技术对油类样品进行检测时，要对样品中的油脂进行去除，否则油脂中含有的高沸点、高分子有机物会严重损坏色谱柱，降低色谱柱的分离度，增加检测的成本[63]。因而样品的前处理以及色谱种类和质谱种类的选择是色谱-质谱联用检测油脂中农药残留的关键之一。马双等[64]比较了 QuEChERS 法、凝胶渗透色谱和液液萃取法三种油脂样品前处理方法，并对三种前处理方法都进行了优化，并测定农药的回收率。比较发现 QuEChERS 法与凝胶渗透色谱的回收率更高，但是凝胶渗透色谱试剂消耗大，耗时长，处理能力有限，故 QuEChERS 法更加优秀。徐芷怡等[65]采用了 QuEChERS 法联用高效液相色谱串联质谱法测定了芝麻油中 7 种农药残留。但是高尧华等[66]认为高油脂含量样品既含有亲脂性基团又带有亲水性基团，故利用 QuEChERS 方法去除大豆、花生及其粮油等植物油脂时存在回收率低、共提取干扰物难以有效去除等问题。所以后者采用了串接固相萃取柱的净化方法，结合气相色谱-串联三重四极杆质谱，建立了大豆、花生及其粮油中 56 种农药残留的分析方法，从气相色谱-三重四极杆质谱检测 0.10 mg/L 的 56 种农药化合物标准溶液所得总离子流图（图 6-8）可以看出 56 种农药的分离效果较好。

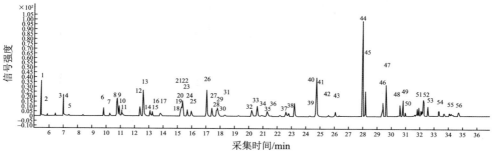

图 6-8　不同农药标准溶液（0.10 mg/L）在多反应监测模式下的总离子流图[66]

6.2.3　电化学检测技术

　　电化学分析法是基于物质在溶液中的电化学性质的一类仪器分析方法。通常将试液作为化学电池的一个组成部分，根据该电池的某种电参数（如电阻、电导、电位、电流、电量或电流-电压曲线等）与被测物质的浓度之间存在一定的关系而进行测定。下面以油脂中的抗氧化剂为例对电化学检测技术在油脂中的检测应用进行介绍。

　　油脂在储藏过程中容易氧化酸败，导致油脂的品质下降，产生不良风味以及潜在的致癌危害。为抑制油脂的氧化，在油脂生产过程中通常采用添加抗氧化剂的方法以延长货架期[67]。但是抗氧化剂的过量添加也存在着危害。目前的抗氧化剂主要分为天然抗氧化剂和化学合成抗氧化剂。其中天然抗氧化剂的安全性普遍被认为更高，是目前的研究热点之一，而至于化学合成抗氧化剂，则存在一定危害[68, 69]。有研究证明部分化学合成抗氧化剂如丁基羟基茴香醚、二丁基羟基甲苯、特丁基对苯二酚等在高剂量条件下存在一定的致癌致畸毒性或可能造成脱氧核糖核酸损伤[70]，故对油脂中的化学合成抗氧化剂进行检测具有一定必要性。电化学检测技术利用电化学分析法对油脂成分进行分析，目前主要是运用在油脂中的抗氧化剂检测方面[71-73]。应用电化学法测定油脂中抗氧化剂的基本原理是将油脂溶于一种合适的电解质中，与电极一起组成电解池。施加电场，过氧化物及抗氧化剂自身发生的氧化还原反应产生的电信号，通过传感器在电化学分析仪上表现出来。不同浓度和物质所产生的电化学信号不同，表现为峰电流、峰电位的不同[73]。这一领域的研究大多专注于导电材料的研究和制备，以期进一步提高检测的灵敏度和检测限。例如，李晓倩[74]合成了四氧化三铁@铂纳米复合材料，并在此基础上采用交联法制备四氧化三铁@铂电化学传感器，对油脂中的抗氧化剂二丁基羟基甲苯进行定量分析，发现二丁基羟基甲苯浓度与其峰电流在 $0.5\sim35$ μg/mL 呈良好的线性关系。

6.2.4　生物检测技术

食品安全随着科技发展而备受瞩目，随着生物技术在油脂生产领域快速发展，利用生物技术检测出油脂的化学、生物危害十分必要，所用到的常见的生物技术有：免疫检测技术、生物传感器检测技术、核酸检测技术、生物芯片检测技术等。

1. 免疫检测技术

免疫检测方法的原理是基于抗体对其抗原的特定亲和力。食品研究中广泛使用的免疫化学检测方法多种多样，包括酶联免疫吸附试验和简单的侧向流动免疫分析、酶联荧光试验、荧光偏振免疫分析以及先进的免疫传感器等[75]。这些方法已被认为是高度敏感、选择性和成本效益高的替代方法，以补充传统的色谱分析[76, 77]。如表 6-3 所示，一些基于免疫化学的技术已被应用于食用油中真菌毒素的检测，如酶联免疫吸附试验和基于免疫分析的生物传感器。

表 6-3　用于检测食用油脂中危害物的生物技术

食用油类型	检测物类型	分析方法	制样方法	检出限
橄榄油、葵花籽油、亚麻籽油	苯并[a]芘	酶联免疫吸附试验	分子印迹固相萃取	—
花生油	黄曲霉毒素 B$_1$	酶联免疫吸附试验	免疫亲和柱净化	1.08 μg/kg
大豆油、花生油、芝麻籽油、棕榈仁油、葵花籽油、椰子油	黄曲霉毒素 B$_1$、黄曲霉毒素 B$_2$、黄曲霉毒素 G$_1$、黄曲霉毒素 G$_2$	酶联免疫吸附试验	免疫亲和柱净化（226 号黄曲霉毒素净化柱）	—
食用油	杂色曲霉素	基于超灵敏单克隆抗体的竞争性酶免疫分析法	—	0.06 ng/g

续表

食用油类型	检测物类型	分析方法	制样方法	检出限
橄榄油	黄曲霉毒素 B₁	基于抗体免疫化学的毒素特异性分子识别的生物传感器系统	液体分区	0.03 ng/mL
食用油	黄曲霉毒素 B₁、玉米烯酮	免疫亲和柱层析-荧光检测法	免疫亲和柱净化	黄曲霉毒素为 1 μg/kg，玉米烯酮为 10 μg/kg
花生油	赭曲霉毒素 A	表面等离子体共振生物传感器	液-液萃取	0.005 ng/mL
橄榄油	黄曲霉毒素 B₁	乙酰胆碱酯酶偶联的电流型生物传感器	液-液萃取	0.3 μmol/L
橄榄油	赭曲霉毒素 A	电导式生物传感器(基于将热裂解酶固定到包含金纳米颗粒的聚乙烯醇/聚乙烯亚胺基质中，并使用戊二醛进行交联)	—	1 nmol/L
花生油	黄曲霉毒素 B₁	表面增强拉曼散射适配体传感器	—	0.0036 ng/mL
花生油	黄曲霉毒素 B₂	基于胺化 Fe₃O₄ 磁性纳米颗粒的荧光适配体黄曲霉毒素 B₂ 的检测	液-液萃取	50 ng/L
花生油	黄曲霉毒素 B₁	氧化石墨烯适配体-量子点荧光猝灭体系	—	1.4 nmol/L
棕榈仁油	重金属和铝	基于 β-胡萝卜素的生物聚合物传感器	—	—
橄榄油	尖头炭疽菌	高通量实时荧光定量聚合酶链式反应	—	—
食用油	伏马菌素 B₁	光纤免疫传感器	—	10 ng/mL

1）酶联免疫吸附试验

酶联免疫吸附试验（ELISA）是一种酶标固相免疫检测技术，其基本原理是把抗原或抗体结合到某种固相载体表面，并保持其免疫活性；同时将抗原或抗体及某种酶连接成酶标记抗原或抗体，既保留了免疫活性，又保留了酶活性。酶联免疫吸附试验基本过程包括包被、标记、显色。包被是指抗原或者抗体能以物理性吸附于固相载体表面，可能的原理是蛋白质和聚苯乙烯表面间的疏水性部分相互吸附，吸附之后能保持抗原抗体反应等免疫活性。标记是指抗原或者抗体可通过共价键与酶连接成酶结合物，而此种酶结合物仍能保持其免疫活性和酶的催化特点。显色是指酶结合物与相应包被在固相载体的抗原或者抗体结合后，也被固定在固相载体上，加入酶的底物之后可出现显色反应，根据反应的颜色深浅可计算抗原或者抗体的相对含量。酶联免疫吸附试验具有特异性强、灵敏度高、方便快捷、快速准确等优点，一般不需贵重的仪器设备，无需专业技术人员，操作简单，比较容易普及和推广。酶联免疫吸附试验根据检测目的和操作步骤不同，有以下三种类型的方法：间接法、双抗夹心法（包括双抗原夹心法和双抗体夹心法）、竞争法。间接法常用于检测抗体；双抗夹心法常用于检测大分子抗原；竞争法是一种较少用到的酶联免疫吸附试验检测机制，一般用于检测小分子抗原。

利用酶联免疫吸附试验可检测植物油中的苯并[a]芘。Pschenitza 等[78]首次将分子印迹固相萃取和酶联免疫吸附试验相结合用于橄榄油、葵花籽油和亚麻籽油中苯并[a]芘的分析。以二氯甲烷为致孔剂，以不同比例的非共价 4-乙烯基吡啶/二乙烯基苯共聚制备了不同的分子印迹聚合物。用菲和芘的模板混合物进行印迹，得到了对多环芳烃具有最大结合容量为 32 μg 苯并[a]芘/50 mg 聚合物的广谱聚合物。植物油/正己烷混合物（1:1，V/V）用乙腈预萃取，挥发溶剂，残渣在正己烷中重组，然后进行分子印迹固相萃取。用正己烷和异丙醇连续洗涤脱脂效果最好。分子印迹固相萃取柱上结合的多环芳烃用二氯甲烷洗脱后，挥发，残留物用二甲基亚砜重新配制，用甲醇/水（10:90，V/V）稀释 100 倍后，再用酶联免疫吸附试验法测定苯并[a]芘当量。不同脂肪酸组成的添加植物油样品中苯并[a]芘的回收率在 63%～114%之间。

酶联免疫吸附试验也是最流行的真菌毒素检测方法[79]。酶联免疫吸附试验是一种基于抗原（真菌毒素）和抗体之间竞争反应的简单、特异和相对快速的方法。在这种方法中，真菌毒素是用溶剂提取的，然后与酶结合。再用酶联免疫吸附测定仪在 450 nm 处读取形成的蓝色染料。应该指出的是，考虑到大多数毒素的大小，它们通常需要与一种蛋白质（通常是牛血清白蛋白）结合[80, 81]。然而，它有几个缺点，如由于靶抗原与基质成分的相互作用而依赖于基质。此外，检测试剂盒也是一次性使用的，通常只识别一种特定的真菌毒素[82]。Qi 等[83]利用酶联免疫吸附试验检测了花生油中黄曲霉毒素 B_1，检出限为 1.08 μg/kg，并且用超高效液相色谱-质谱/质谱法（检出限 0.01 μg/kg）证实了阳性的酶联免疫吸附试验结果（> 20 μg/kg）。此外，Malu 等[84]还用酶联免疫吸附测定仪测定了大豆油、花生油、芝麻籽油、棕榈仁油、葵花籽油、椰子油中黄曲霉毒素（B1、B2、G1、G2）的含量，结果表明，大豆油中黄曲霉毒素含量为 1.843 μg/L，花生油中黄曲霉毒素含量为 1.879 μg/L，芝麻籽油中黄曲霉毒素含量为 1.900 μg/L，棕榈仁油中黄曲霉毒素含量为 1.869 μg/L，葵花籽油中黄曲霉毒素含量为 0.8352 μg/L，所有样品中黄曲霉毒素的浓度均低于规定限量。

2）流通性分析和侧向流动试验

其他免疫检测方法如基于膜的免疫检测，包括流通性分析和侧向流动试验。在流通法中，这种检测通常基于直接竞争酶联免疫吸附试验的原理。抗真菌毒素抗体被包覆在膜表面，从样品中提取真菌毒素，然后将部分提取物添加到膜中，再添加真菌毒素酶结合物。真菌毒素和真菌毒素酶结合物竞争有限的抗体结合部位。洗涤步骤后，加入酶底物，并与真菌毒素偶联酶反应，显色。对于阴性样品，即真菌毒素水平低于测定的检出限，在膜的中心会有一个可见的色斑。

对于阳性样品，即真菌毒素水平大于或等于检出限，膜上将不会出现色斑。阳性样品中的真菌毒素浓度可通过高效液相色谱等定量方法确定。该方法快速、简便，适用于现场真菌毒素检测。该方法不需要任何设备，几乎任何人都可以进行这种检测。但是，由于该方法是半定量的，当测试样品的真菌毒素浓度接近方法检出限时，解释结果可能很困难[85]。

侧向流动免疫层析试验技术又称横向流动试验或条带试验。近年来，侧向流动试验被用于评价食品中的真菌毒素。一种典型的免疫层析试纸由样品垫、结合垫、膜、吸收垫和黏合剂衬垫组成。竞争反应方案最常用于检测带有单一抗原决定簇的小分子，如真菌毒素。将样品提取液添加到样品垫上，存在的任何真菌毒素都会与结合垫中的抗真菌毒素抗体金颗粒复合体结合，并与抗第二抗体金颗粒复合体一起沿膜迁移。该膜包含测试区和控制区，其中真菌毒素蛋白结合物和第二抗体分别干燥。试验区中的真菌毒素蛋白结合物可以捕获任何游离的抗真菌毒素抗体金颗粒复合体，使彩色粒子集中并形成可见的线条。因此，真菌毒素浓度大于或等于检测检出限的阳性样品将在测试区内看不到线条。相反，真菌毒素浓度低于检出限的阴性样本将在测试区形成一条可见的线。无论是否有真菌毒素，控制区都将始终存在可见的条带，因为第二抗体总是捕获抗第二抗体金颗粒复合体，表明所进行的检测的有效性。免疫层析检测的好处是：使用方便，非常快速，在广泛的气候条件下具有长期稳定性，特别适合现场真菌毒素检测。然而，该技术只能提供半定量结果，对于任何阳性样品，确切的真菌毒素浓度将需要通过如高效液相色谱法等方法确证[86]。

3）荧光偏振免疫分析

荧光偏振免疫分析是基于荧光各向异性（也称为荧光偏振），并利用在示踪剂中真菌毒素和真菌毒素-荧光之间存在竞争（针对特定抗体）的特点。偏振是对水平和垂直方向的荧光发射方向的测量，而不是对荧光团浓度的直接测量。观察到的荧光取向与荧光团在溶液中的旋转速度有关，而后者又与荧光团在溶液中的大小有关。小分子比大分子具有更高的自转速度和更低的极化。荧光偏振免疫分析利用真菌毒素特异性抗体与真菌毒素-荧光团结合物（示踪剂）的相互作用，有效地降低示踪剂的旋转速度。抗体与示踪剂的结合增加了极化，在存在游离真菌毒素的情况下，较少的抗体与示踪剂结合，从而减少极化。因此，偏振值与真菌毒素浓度成反比[87]。与酶联免疫吸附试验相比，偏振法有两个明显的特点：检测不是基于酶反应；不需要结合和分离游离化合物。因此，荧光偏振免疫分析不需要洗涤步骤，也不需要等待酶反应来显色[88]。然而，与酶联免疫吸附试验一样，荧光偏振免疫分析中可能存在基质效应，需要进行广泛的验证研究才能将该方法应用于不同的商品。此外，荧光偏振免疫分析不是一种高通量方法，样品需要连续分析，而不能成批分析。

2. 生物传感器检测技术

生物传感器是作为识别和转换元件的生化分子（酶、抗体、细菌和脱氧核糖核酸）。生物传感器技术能够有效简单地检测出危害物质，并且能够实现在线检测。它是一种功能性元件，体积较小，以生物技术及相关特性为依据，实现了将被测物质的特定参数输入到传感器识别系统中，经过系统对信息的分析与识别，完成对生物成分的分析。生物传感器检测技术的特点是能分析生物成分中糖类、蛋白质、油脂等成分，能够检测出微生物中病原菌、大肠杆菌等，能够在毒素物质中检测肠毒素、细菌毒素等。生物传感器检测技术具备快速检测以及结果精确的特性，在油脂检测工作中广泛应用。目前已使用各种类型的生物传感器来检测食用油中的真菌毒素、重金属等，如表面等离子体共振、适配体、电流型和电导式等生物传感器[89-95]。

1）表面等离子体共振生物传感器

表面等离子体共振生物传感器的原理是基于在两种不同折射率的透明介质（如玻璃和水）的界面上，来自折射率较高一侧的光被部分反射和部分折射。在某一临界入射角以上，光不会通过界面折射，金属膜-液体界面会发生全内反射。虽然入射光是全反射的，但倏逝波会穿透一个波长数量级的距离，进入较小的光学介质。如果在高折射率和低折射率介质之间的界面上涂覆一层金属薄膜，那么倏逝波的传播将与金属层上的电子相互作用。这些电子也被称为等离子体。因此，当表面等离子体共振发生时，入射光的能量损失到金属膜上，导致反射光强度降低。只有在精确定义的入射光角度时才会发生共振现象。这个角度取决于靠近金属膜表面的介质的折射率。因此，将缓冲溶液的折射率改变到与金属膜表面约 300 nm 的距离将改变共振角。通过连续监测这一共振角，可以量化靠近金属膜表面的缓冲溶液的折射率变化。由于表面折射率的变化与结合的分子数量呈线性关系，因此缓冲溶液中分子的含量可以被量化。

表面等离子体共振方法有几个潜在的优点：只需很小的样品体积；金属芯片可以重复使用；可以检测抗体-抗原反应的动力学；可以检测一系列分析物；操作方便。然而，对于某些表面等离子体共振系统来说，灵敏度可能是一个障碍。此外，表面等离子体共振设备投资也相当高。

Zhu 等[89]研制了一种基于反式赭曲霉毒素 A 适配体固定化传感器芯片的表面等离子体共振生物传感器，通过直接结合实验定量检测了赭曲霉毒素 A。将链霉亲和素蛋白作为交联剂固定在传感器芯片表面，通过链霉亲和素-生物素相互作用捕获生物素-适配体。该传感器的检测范围为 0.094～100 ng/mL（线性范围为 0.094～10 ng/mL），检出限为 0.005 ng/mL。利用简单的液液萃取对样品进行前处理，在表面等离子体共振生物传感器上进一步实现了葡萄酒和花生油中赭曲霉毒素 A 的检测。样品加标回收率为 86.9%～116.5%，变异系数为 0.2%～6.9%。该研究建立的方法具有良好的分析性能，检出限远低于最大残留限值，且具有良好的重复性和稳定性。

2）电流型生物传感器

Rejeb 等[90]基于黄曲霉毒素 B_1 对乙酰胆碱酯酶的抑制作用，提出了一种新型黄曲霉毒素生物传感器检测方法。乙酰胆碱酯酶存在于溶液中，电流型胆碱氧化酶生物传感器用于监测其残留活性。用普鲁士蓝修饰的丝网印刷电极将胆碱氧化酶固定在低电位上，建立了生物传感器。为了建立黄曲霉毒素 B_1 检测方法，对乙酰胆碱酯酶和底物浓度、甲醇效应和 pH 等参数进行了评估和优化。线性工作范围为 10～60 μg/L。在预浓缩步骤后，检测到了低至 2 μg/L 的浓度，这与人类食品中黄曲霉毒素 B_1 的法定限量相对应。用市售橄榄油样品对该方法的适用性进行了评价，橄榄油样品中 10 μg/L 黄曲霉毒素 B_1 的加标回收率为 78% ± 9%。

3）电导式生物传感器

Dridi 等[91]研制了一种可直接电导检测橄榄油样品中赭曲霉毒素 A 的生物传感器。该生物传感器是基于热裂解酶固定在含有金纳米颗粒的聚乙烯醇/聚乙烯亚胺基质中，并用戊二醛在金交叉指状微电极表面进行交联。在最佳条件下（交联时间 35 min，工作 pH=7，温度 25℃），传感器的线性响应可达 60 nmol/L，灵敏度为 597 μmol/L，检测下限为 1 nmol/L，这一数值比在牛血清白蛋白存在下的经典的酶交联法的检测限低 700 倍。聚乙烯醇/聚乙烯亚胺水凝胶为酶创造了非常有利的水环境。此外，聚乙烯亚胺的质子化氨基与柠檬酸金纳米颗粒和热裂解蛋白的负电荷之间的相互作用改善了它们在聚合物共混物中的分散性，有利于酶的稳定性和底物的可及性。在没有金纳米颗粒的情况下，赭曲霉毒素 A 注入后没有观察到电导信号，这与交联聚乙烯醇/聚乙烯亚胺水凝胶膜的绝缘性能一致。在热裂解酶/牛血清白蛋白生物膜中掺入金纳米颗粒有助于将灵敏度提高5.3 倍，但后者的灵敏度仍比热裂解酶/金纳米颗粒/聚乙烯醇/聚乙烯亚胺生物传感器低 140 倍。该传感器的重现性好，相对标准偏差在 3%～15%范围内，在4℃和 20 mmol/L 磷酸盐缓冲液中两次测量 30 天内保持稳定。使用商业掺杂橄榄油样品对该方法进行了进一步的评估，结果表明，橄榄油样品中邻苯二甲酸二辛酯的浓度低于 0.25 μmol/L，回收率接近 100%。

4）适配体生物传感器

适配体是一种新型的检测技术，具有高亲和力及高特异性，可与多种有机或无机分子结合，广泛应用于传感器[92]。

Ma 等[93]开发了一种基于胺化四氧化三铁磁性纳米颗粒的荧光适配体来检测黄曲霉毒素 B_2，这种磁性纳米颗粒是利用指数浓缩适配体的体外系统进化技术制成的。黄曲霉毒素 B_2 首先与作为载体的磁性纳米颗粒结合，然后与适配体孵育。整个筛选过程包括孵育、分离、洗脱、聚合酶链式反应扩增和单链制备。黄曲霉毒素 B_2 在 $100\sim1800$ ng/L 范围内呈良好的线性关系，检出限为 50 ng/L。花生油样品中黄曲霉毒素 B_2 的加标回收率为 94.0%$\sim$101.6%。

此外，Lu 等[94]利用氧化石墨烯-适配体-量子点荧光猝灭体系，测定花生油和磷酸盐缓冲溶液中的黄曲霉毒素 B_1。对于水体系和花生油，检测限分别为 1.0 nmol/L 和 1.4 nmol/L。Chen 等[95]研究了利用表面增强拉曼散射适配体传感器测定花生油中黄曲霉毒素 B_1 的可行性。该适配体传感器对黄曲霉毒素 B_1 在 $0.01\sim100$ ng/mL 线性关系良好，检出限为 0.0036 ng/mL。Zhu 等[89]使用表面等离子体共振生物传感器检测基于花生油直接结合分析的赭曲霉毒素 A。传感器芯片与以链霉亲和素蛋白为交联剂的生物素适配体固定。该方法的检出限为 0.005 ng/mL，回收率在 86.9%$\sim$116.5%之间，表明该固相萃取体系在花生油的实际应用中具有广阔的前景。

5）光纤免疫传感器

光纤免疫传感器的原理是基于在光纤和外部较低折射率材料（如液体或包层）之间的界面处产生倏逝波[96]，这一区域的荧光分子可以从倏逝波和荧光中吸收能量。一部分荧光将被耦合回光纤中并可被检测到。通过将抗体固定在光纤表面，几乎完全消除了来自本体溶液的荧光干扰。检测中产生的信号与毒素浓度相对应，但根据检测格式的不同而不同。该方法的优点是：特异性高、易于小型化、实时监测、遥感适应性。然而，该方法在灵敏度方面可能存在局限性。采用免疫亲和柱净化可提高其灵敏度。此外，溶剂可能会影响方法的准确性，这是因为它们会改变介质的折射率。

对于光纤免疫传感器技术，应用的一个实例是在 $10\sim1000$ ng/mL 的范围内在食用油中检测到伏马菌素 B_1[97]。Thompson 和 Maragos 研制了一种用于伏马菌素 B_1 检测的光纤免疫传感器[97]。制备的抗伏马菌素 B_1 的单抗通过异双功能硅烷共价结合到刻蚀的 800 μm 纤芯光纤上。利用倏逝波效应在纤维表面附近激发荧光素异硫氰酸酯标记的伏马菌素 B_1 分子。通过伏马菌素 B_1-异硫氰酸酯饱和抗体结合部位，伏马菌素 B_1 和伏马菌素 B_1-异硫氰酸酯竞争标记毒素，伏马菌素 B_1-异硫氰酸酯重饱和结合部位，采用直接竞争法测定伏马菌素 B_1 浓度。检测中产生的信号与伏马菌素 B_1 浓度成反比。该传感器的检测工作范围为 $10\sim1000$ ng/mL，检测限为 10 ng/mL。

6）其他类型生物传感器

Wong 等[98]以棕榈仁油中天然存在的 β-胡萝卜素为生物报告物质，构建了一种检测重金属和铝的生物聚合物传感器。该生物传感器是以棕榈仁油预聚形成的聚合物聚氨酯包埋 β-胡萝卜素制成的。通过 β-胡萝卜素的乳化，检测到铜、铅、锌、铝的存在，使 $\lambda=450$ nm 处的光密度发生变化。结果表明，在 $0.1\sim$ 10 mg/L 的浓度范围内，随着重金属和铝浓度的增加，光密度值增加，构建的生物传感器不需要额外的步骤来固定生物成分，使用简单，一步检测。该传感器具有较高的重复性和在 15 min 内对重金属和铝的快速响应，是一种检测重金属和铝存在的良好方法。

3. 核酸检测技术

聚合酶链式反应通常由变性、复性以及延伸构成，其原理是先将含有所需扩增分析序列的靶脱氧核糖核酸双链经热变性处理解开为两个寡聚核苷酸单链，然后加入一对根据已知脱氧核糖核酸序列由人工合成的与所扩增的脱氧核糖核酸两端邻近序列互补的寡聚核苷酸片段作为引物，即左右引物。此引物范围包括所欲扩增的脱氧核糖核酸片段，一般需 $20\sim30$ 个碱基对，过少则难保持与脱氧核糖核酸单链的结合。引物与互补脱氧核糖核酸结合后，以靶脱氧核糖核酸单链为模板，经反链杂交复性（退火），在脱氧核糖核酸聚合酶的作用下以 4 种三磷酸脱氧核苷为原料按 5′到 3′方向将引物延伸，自动合成新的脱氧核糖核酸链，使脱氧核糖核酸重新复制成双链，然后又开始第二次循环扩增。聚合酶链式反应技术在检测油脂危害因子时其主要步骤为：①设计并合成引物，长度以 $15\sim30$ 个碱基为宜；②运用化学手段对目的脱氧核糖核酸进行提取；③进行聚合酶链式反应扩增；④扩增产物的分析鉴定：电泳最常用，以是否可见扩增特异区段的脱氧核糖核酸带为判断标准。

聚合酶链式反应检测技术可以检测橄榄油中的致病菌。橄榄炭疽病被认为是影响全球橄榄疣的最重要的真菌病之一。橄榄炭疽病通常影响成熟的橄榄，导致其果实腐烂或过早脱落，在非常严重和罕见的情况下，它可能导致枝条死亡[99]。对橄榄核果造成的损害不仅影响了核果的外观，还改变了化学物质和风味品质，导致橄榄油的酚类化合物含量、酸度增加以及难闻的气味出现，从而降低了橄榄油的经济价值[100]。为了避免橄榄油生产链中的污染，检测橄榄核中潜伏的炭疽菌是至关重要的。为此，Azevedo-Nogueira 等[101]建立了一种高通量实时荧光定量聚合酶链式反应方法，检测不同侵染程度的尖锐链球菌感病品种和耐受品种的橄榄核与橄榄油样品。利用尖吻海棠内部转录间隔区的特异序列设计了实时定量聚合酶链式反应检测方法，该检测方法具有快速、高灵敏度的尖锐隐孢子虫检测手段，能够在潜伏期检测到橄榄核和含有 20%受感染橄榄的橄榄油中的感染。

此外，聚合酶链式反应核酸检测技术还可以检测橄榄油掺假。Wu 等[102]报道了用该方法在橄榄油中检测其他油种的应用，该方法被证明是快速、准确、可重复且易于解释的。其他 6 种油（大豆油、花生油、葵花籽油、菜籽油、芝麻油和玉米油）的核酸谱均以单个扩增子峰为特征，可明显区分橄榄和其他植物。此方法检测限小于与橄榄脱氧核糖核酸混合的其他植物脱氧核糖核酸的 10%，橄榄油中精炼大豆油的实际含量限制是 30%～50%。Zhang 等[103]建立了基于聚合酶链式反应技术的毛细管电泳单链构象多态性方法，对我国常见的橄榄、大豆、向日葵、花生、芝麻、玉米及相应的食用油进行了鉴别，成功地进行了区分。Bazakos 等[104]建立了基于单核苷酸多态性的聚合酶链式反应毛细管电泳法，鉴定和检测了地中海橄榄油混合物。

4. 生物芯片检测技术

生物芯片检测技术又称作微阵列技术。采用微电子、微机械、化学与物理学技术对被检验样品进行连续化、集成化、微型化等检测[105]。生物芯片是一种创新型生物技术，在实际应用的过程中逐渐得到人们的认可，它的特征是微量化、高通量以及自动化，使用样品量较少，且便于携带，可以在各个领域中将其本身的价值显现出来。寡核苷酸被称为是生物芯片中的脱氧核糖核酸，当杂交技术和信号在检测过程中产生基因突变时，寡核苷酸会涉及序列中的每一个点，在此基础上对基因系统中的突变进行检测。在杂交过程结束之后，计算机系统会将处理的杂交分子使用激光技术来增强杂交性能，并使用科学技术对其进行控制。基因芯片逐步在油脂检测领域中应用，其能够精准地将油脂中污染的微生物检测出来，弥补肉眼和传统技术无法精准检测食品中微生物这一缺陷，促使油脂检测工作得以顺利开展。该方法的优点为高通量分析、样本量小。它也有一些局限性，包括：结果具有不确定性，由于核糖核酸提取、扩增和杂交而导致统计误差；该方法用于识别真菌产生的真菌毒素，而不是不同基质中的所有真菌毒素，如食用油。

6.3　油脂危害物的消减与去除技术

近年来，在全球范围内，食用油脂中危害物的消减与去除技术也引起了人们的关注。由于农药残留、兽药残留、真菌毒素污染、多环芳烃污染、氯丙醇和缩水甘油酯污染等危害物在油脂中无法完全避免，采取适当的措施和手段降解、消除这些危害物对于确保食品安全和消费者生命健康至关重要。不过，虽然食用油脂中有很多种类的危害物，但是目前关于消减与去除这些危害物的相关文献报道还很少，且主要集中于消减与去除食用油脂中的真菌毒素。目前研究中主要关注的降解或减少食用油脂中真菌毒素的方法可分为化学方法、物理方法和生物方法三大类，其中加热处理、紫外线照射、γ 射线照射、脉冲光照射、二氧化钛光催化剂和吸附剂是真菌毒素净化的主要物理技术，碱性溶液（如氢氧化钠或氢氧化钾）、臭氧、过氧化氢和电解水等化学试剂处理是常用的化学方法。生物方法包括生物酶催化以及酵母与益生菌等微生物发酵、代谢和竞争生长，但关于应用生物方法净化食用油脂中真菌毒素的研究还较少。

6.3.1　物理方法

作为物理处理方式的辐射，在去除食用油中的光敏真菌毒素方面表现出了较好的效果。例如，黄曲霉毒素具有光敏性，因此，不同的辐射，如阳光、紫外线和 γ 射线可被用于对黄曲霉毒素的去除。

Shantha 和 Sreenivasa[106]发现，在 15 min 内，用明亮的阳光对未精制的生油进行处理，可以使黄曲霉毒素减少 99%，而紫外光在 120 min 内只降解了 30%～40%的黄曲霉毒素。另外，Liu 等[107]研究了黄曲霉毒素 B_1 的浓度、辐射强度和紫外线照射时间对花生油中黄曲霉毒素 B_1 光降解的影响。还有报道称，当厚度为 2 mm 的椰子油层暴露在阳光下 10 min 时，高达 75%的黄曲霉毒素可以被降解从而去除[108]。

γ 射线对于食用油中真菌毒素也有一定的去除效果。γ 射线辐照对黄曲霉毒素 B_1 水平以及大豆和大豆油质量有一定影响，γ 射线辐照（10 kGy）能彻底去除大豆中的真菌，并显著降低大豆中的黄曲霉毒素 B_1 含量[109]。

此外，二氧化钛光催化方法可以在 4 min 内去除花生油中超过 99.4%的黄曲霉毒素 B_1 和超过 99.2%的黄曲霉毒素 B_2[110]。Abuagela 等[111]研究了脉冲光处理对花生油黄曲霉毒素水平以及质量参数（过氧化值、游离脂肪酸、酸值和氧化稳定性指数）的影响，并发现该方法可以在高温和低温下降解花生油中的黄曲霉毒素，所有质量参数均不受该处理的影响。

物理方法中，除了利用光照外，还有部分研究人员认为可以利用石墨烯这种多孔材料作为吸附剂来实现对真菌毒素的吸附，以达到去除的效果[112]。

另外，热处理手段虽然也有可能去除黄曲霉毒素，但是黄曲霉毒素本身是最耐热的化合物之一，使用常规热处理很难去除或减少它们。因此，加热过程中的各项参数，包括温度、湿度、加热持续时间、pH、压力和湿度的变化都有可能对去除效果产生影响。

6.3.2　化学方法

碱精制（氢氧化钠作为碱性溶液）是炼油过程中一个重要的加工过程，可以减少植物油杂质和真菌毒素污染。而这一步骤也是去除食用油中真菌毒素的主要化学方法。Parker 和 Melnick[113]研究发现，在 10～14 μg/kg 之间进行碱精炼，可以有效降低玉米油中的 120 μg/kg 黄曲霉毒素。Ji 等[114]研究了食用花生油中黄曲霉毒素 B_1 的去除条件，以及碱精制法所得产品的安全性。结果表明，在最佳精炼条件下，黄曲霉毒素 B_1 显著降低（98.94%），且花生油的安全性显著提高。另外还有几项研究也同样表明[114, 115]，植物油中的玉米赤霉烯酮和黄曲霉毒素在碱炼过程中可能会被降解。

　　另外，化学方法还可以借助氧化方法来对食用油中的真菌毒素进行去除，如臭氧，但是效果并不十分显著。在这一去除过程中，真菌毒素的官能团与氧化剂发生反应，导致结构改变，形成分子量更小、毒性更小、双键更少的成分。臭氧处理花生油可减少 65.8%的黄曲霉毒素。同时，该过程并不会影响花生油中的多酚[116]。

6.3.3　生物方法

　　微生物和酶等生物制剂在食品中真菌毒素去除方面已经有了较为广泛的应用。然而，将它们应用在油中来去除真菌毒素的研究还是有限的。Ciegler 等[117]报道，橙色黄杆菌 NRRL B-184 可以将受污染的植物油中的黄曲霉毒素 B_1 进行去除，并可以防止在储存的过程中产生新的有毒产物。Chang 等[118]通过在油加工过程中使用降解酶实现了从玉米油中去除玉米赤霉烯酮。

6.4　油脂安全管理、质量控制与标准规范

　　如今，包括食用油脂在内的食品安全受到越来越多的关注，这是涉及食品的处理、制备和储存方法以预防食源性疾病的综合学科。污染物可能会在不同的过程（生产、运输和储存）中引入食品，如过量使用农药或兽药、在食品工业中引入非法添加剂以及长期储存产生真菌毒素等。此外，食品安全不仅是关乎人类健康的热门话题，也关系到国际食品贸易。因此，食用油脂生产、加工、运输和储存等全产业链中有效的质量控制与管理体系的构建是食品安全最紧迫的任务之一。目前，在食用油脂等食品生产和制造过程中广泛应用的质量管理体系主要包括标准操作程序、良好操作规范、危害分析与关键控制点、ISO9000 质量管理等体系。同时，不同的国家和地区以及国际组织在制定食用油脂等食品安全法规与标准规范方面也做出了巨大努力，以保护消费者免受危害物造成的健康损害风险。当然，不论是何种质量管理体系或标准法规，须知食品的安全与质量是靠先进完善的管理体系生产出来的，而不是靠事后检测分析来保证的。

1. 油脂生产加工相关的标准操作程序

标准操作程序，就是将某一事件的标准操作步骤和要求以统一的格式描述出来，用来指导和规范日常的工作[119]。标准操作程序的精髓就是将细节进行量化，用更通俗的话来说，标准操作程序就是对某一程序中的关键控制点进行细化和量化。

从对标准操作程序的上述基本界定来看，标准操作程序具有以下一些内在的特征。

标准操作程序是一种标准的作业程序。所谓标准，在这里有最优化的概念，即不是随便写出来的操作程序都可以称作标准操作程序，而一定是经过不断实践总结出来的在当前条件下可以实现的最优化的操作程序设计。说得更通俗一些，所谓的标准，就是尽可能地将相关操作步骤进行细化、量化和优化，细化、量化和优化的度就是在正常条件下大家都能理解又不会产生歧义。

标准操作程序不是单个的，是一个体系，虽然我们可以单独地定义每一个标准操作程序，但真正从企业管理来看，标准操作程序不可能只是单个的，必然是一个整体和体系，也是企业不可或缺的。

水酶法提油的标准操作程序是将脱皮后的高油分油料先磨成浆料，同时加水，而后加酶，水作为分散相，酶在此水相中进行水解，使油从固体油料中分离出来，利用非油成分（蛋白质和碳水化合物）对油和水的亲和差异，以及油水密度不同而将油和非油成分分离[120]。此工艺是在以水为溶剂，在同时提取油脂及油料蛋白工艺的基础上发展起来的，是至今使用最多的酶法提油工艺。酶处理后，经离心或压滤固液分离，固相为油料蛋白和残渣，经干燥后可用于蛋白和饲料生产，液相破乳后采用离心或滗洗等方法取得油和蛋白质。

2. 油脂生产加工相关的良好操作规范

良好操作规范又称食品生产卫生规范，是为了从农田到餐桌全链条保证食品的质量安全，提高产品品质，保证包括食品生产、加工、包装、储存、运输和销售等全过程的安全，必须遵守的一系列方法、措施和技术的规范性要求。世界卫生组织将良好操作规范定义为指导食物、药品、医疗产品生产和质量管理的法规[121, 122]。以前良好的操作规范只是针对药品生产要求的，目前良好操作规范不仅在药品生产企业中推行，在食品、化妆品等多种行业中也是严格推行的。从这种体系的概念来看，良好操作规范是用科学、合理规范化的条件和方法来保证生产优良产品的一整套管理方法。其基本点是：要保证产品质量，必须做到防止生产中产品的混批、混杂、污染和交叉污染，是一种特别注重制造过程中产品质量与卫生安全的自主性管理制度，要求企业从原料、人员、设施设备、生产过程、包装运输、质量控制等方面按国家有关法规达到卫生质量要求，形成一套可操作的作业规范，帮助企业改善卫生环境，及时发现生产过程中存在的问题，并加以改善，强调产品的质量是生产出来的，而不是检验出来的，企业只有具备一套标准的管理模式，才能确保产品质量。良好的操作规范已成为国际食品贸易对生产质量的普遍要求，成为国际通用的食品生产和质量管理遵循的准则，同时也是国外食品市场准入的必要条件。

油脂生产加工良好操作规范需要从以下几方面进行。

（1）原料控制。油料的采购必须符合法规与企业标准；油料到厂后需根据企业制定的验收标准有专人进行检查验收，手续不全和不合格的原料拒收；油料的运输工具应符合卫生要求，在运输过程中要有保鲜、防雨、防尘、防晒等设施，以保证质量和卫生要求，并不得与有毒有害物品同一车或同一容器混装；盛装原料的容器必须清洗、消毒，保持清洁卫生。

（2）辅料控制。所有使用的辅料必须符合国家和进口国的标准规定，要采用我国定点厂生产，有卫生许可证和生产许可证，有注册商标，并在保质期内的辅料。内、外包装材料的生产厂家必须在出入境检验检疫局进行注册备案。

（3）卫生质量控制。工厂卫生及员工卫生是食品工厂的生命线，清洁的环境、卫生的场所和良好的个人卫生习惯是有效保证质量的前提。因此，生产员工必须保持工厂的清洁干净并同时做好个人卫生，所有接触食品或生产设备的员工每年至少进行一次食品从业人员的体检，取得"健康证"后方可上岗，所有新员工经体检合格后方可入职。

（4）车间控制。生产车间内应有良好的通风除尘设施，保持空气流通，温湿度适当。车间内禁止堆放或携入有毒有害等会威胁食品安全的物品，禁止堆放或带入与生产无关的物品。非生产区域使用有毒有害物品时，对此物品应做好醒目的标识，并指定专人专项保管，发现有泄漏或遗失情况应及时报备，以便采取有效的解决措施。

（5）生产设备控制。定时检查所有机器和设备以确保它们的正常运行，设备应保持清洁卫生，并定期进行维护，在设备故障维修时应首先确定设备的开关处于关闭状态并采取安全措施。

3. 油脂生产加工相关的危害分析与关键控制点

食品安全的危害分析和关键控制点是由食品的危害分析和关键控制点两部分组成的一个系统的管理方式[123]，该体系主要核心思想是为了防止食物中毒或其他食源性疾病的发生，应对从食品原料到食品食用的全过程中造成食品污染发生或发展的各种危害因素进行系统和全面的分析，而且在分析过程中要找到有效预防、减轻或消除各种危害的"关键控制点"，这样在生产加工过程中才能对"关键控制点"进行控制，并对控制效果进行监测，从而改善其不足。最终的目的就是要将这些可能发生的危害食品安全的因素消除在生产过程中，而不是单凭事后检查所得出的数值来保证食品的安全性。因为该体系强调了食品生产企业应沿着食品生产储藏加工的整个过程，连续地、系统地对造成食品污染发生和发展的各种危害因素进行分析和控制，所以非常有效地使危害食品安全的风险降到最低限度。危害分析和关键控制点是一种能起到预防作用的体系，能经济地保障食品的安全，并且在国际上被认可为控制由食品引起疾病的最有效的方法。

在油脂生产加工中，参考袁大炜等[124]对油脂加工部分工艺流程中潜在危害因素和危害程度进行分析及关键控制点的确定，油脂制取过程中的危害分析与关键控制点如表 6-4 所示。

表 6-4　油脂制取过程中的危害分析与关键控制点[124]

关键控制点	显著危害	关键限值	监控				纠偏行动	记录	验证
			对象	方法	频率	人员			
原料质量	霉变、致病菌、农药残留、破损情况	生产工艺与安全性要求值	霉变、致病菌、农药残留、破损情况	目测、微生物检测	每批	检验员	拒收检验不合格或不安全的原料	原料验收记录	每日审核记录
	油料	安全合格证明	安全合格证明	标注	每批	质检员	标注，与非油料分开处理		每批油料验证
添加抗氧化剂	抗氧化剂的使用	目标市场标准要求以及 GB 2760—2014 的要求	抗氧化剂的使用情况和效果	小样实验检验	每批	品控员和操作人员	添加剂严重超标的油脂禁止入包装	添加剂记录	每日审核记录
包装	微生物生长，包装容器中有杂质	安全合格证明	安全合格证，封口情况，容器消毒情况	审核	每批	质检员	退货，及时调整	小包装化验标准，小包装油品留言记录	每日审核记录
	包装车间、操作人员卫生	安全合格要求	包装车间、操作人员卫生消毒情况	检查	每天	检察员	定期检查消毒，非工作人员禁止入内，工作人员持证上岗	样品领用等级表，操作人员管理记录	每日审核记录

4. ISO9000 质量管理体系

国际标准化组织于 2015 年 9 月 23 日发布 ISO9001：2015 质量管理体系。目前为止，全球已有 120 万组织获得了 ISO9001 认证。所有获得 ISO9001：2008 的组织在 ISO9001：2015 正式发布后有三年的转换期。ISO9001：2015 新版标准较

ISO9001：2008 增加了管理体系策划和改进两个条款，同时，用组织环境、领导力、支持、运行、绩效评价分别替代质量管理体系、管理职责、资源管理、产品实现、测量分析和改进原条款。

目前 ISO9000 系列管理标准已经被提供产品和服务的各行各业所接纳和认可，拥有一个由世界各国及社会广泛承认的质量管理体系，具有巨大的市场优越性。未来几年内，当国内外市场经济进一步发展，贸易壁垒被排除以后，它将会变得更加重要。

多数企业都将 ISO9000 质量管理体系当作一种生产产品必须要完成的任务，而没有将其作为指导生产实践的指南，企业进行了质量认证、有了规范的程序文件和质量手册后，就认为这项管理已经达到目的了，而没有在后续的生产经营过程中反复实施与磨合，导致经过质量认证之后该管理体系形同虚设。针对 ISO9000 质量管理体系，在油脂加工生产过程中应注意以下几点[125]。

（1）严格原料采购规定。按照规定，原料入厂前要查验质量，对货物进行验收，保证原料卫生安全。入厂后在规定的时间内加工完成，不能及时加工的要入冷库保存。原料要分类存放、分类加工，做好标识，不得混淆。禁止采购混合油和二道油进行精炼加工。

（2）原料加工。原料加工前如有污染或异味，应进行漂洗后再加工；冷冻原料要充分化冻后再进行加工；原料应尽量切碎，使原料大小基本一致，受热均匀，油渣残油少，过氧化值低，色泽好。

（3）制定生产操作规程。原料组织块大小及均匀性、导热油温度、熬炼时间与出油率、产品质量关系很大，企业要根据生产设备、原料特点，摸索出最佳的导热油温度、熬炼时间、物料翻动频率等参数，制定科学的生产操作规程，并严格执行，提高产品质量和稳定性，不能凭经验生产。

（4）科学制定产品标准，严格质量检验。目前，食用油、工业用油产品有国家标准，根据相关法规特征描述、强制标识要求，参考食用油标准，应将粗脂肪、不皂化物、酸价、丙二醛、过氧化值、水分、菌落总数、大肠菌群等列为产品标准项目，指标可参照食用油标准确定。根据产品指标的重要性、安全性以及检测的时效性、经济性，确定出厂检验项目、定期检验项目，其中粗脂肪、不皂化物、酸价、丙二醛、水分及挥发物应定为出厂检验项目。每批产品检验合格后签发产品合格证出厂。过氧化值、菌落总数每月检测 1～2 批。其他指标作为型式检验项目，每年不少于 1 次。

（5）环境卫生和生产安全。产油车间可能有安全隐患，影响车间环境和工人的健康，要经常检验设备安全性，及时排除故障。每天生产结束后使用蒸汽或碱水清洗地面，保持车间良好的环境。定期检查消防设备，确保其生产安全。

可见，生物技术油脂生产加工质量安全涉及原料采购、生产加工、产品销售和使用等多个环节，相关企业及行业监管部门都应加强管理。

此外，生产企业应加强采购、销售人员的法规和职业道德教育，遵纪守法，采购合格原料。不得收购混杂油进行精炼加工和销售，杜绝泔水油、工业用动物油进入食用油脂行业。做好产品销售记录，杜绝饲料级动物油脂流入食品加工行业。油脂加工企业应根据相关油脂生产加工法规要求，对油料供货单位定期进行评价，必要时实地考察供货企业原料、生产现场和质量管理情况。禁止采购无生产许可证企业的产品，不采购原料采购、生产管理混乱企业的油料。饲料监管部门应加强饲料级动物油脂生产企业的监管，重点是原料采购和产品销售记录。对配备精炼设备的企业重点监管，增加监督检查频次。对油脂加工企业、饲料加工企业不按规定采购和使用油脂原料的行为应做相应的处罚。

5. 标准操作程序、良好操作规范、危害分析和关键控制点与 ISO9000 质量管理体系之间的关系

良好操作规范规定了食品加工企业应具备良好的生产设备、合理的生产过程、完善的质量管理和严格的检测系统，确保最终产品的质量（包括食品安全卫生）符合法规要求。在对管理文件、质量管理要求方面，良好操作规范与ISO9000 系列标准的要求是一致的。良好操作规范是适用于所有相同类型产品的食品生产企业的原则，而危害分析和关键控制点则依据食品生产厂及其生产过程的不同而不同。良好操作规范体现了食品企业卫生质量管理的普遍原则，而危害分析和关键控制点则是针对每一个企业生产过程的特殊原则。良好操作规范的内容是全面的，它对食品生产过程中的各个环节各个方面都制定出具体的要求，是一个全面质量保证系统。危害分析和关键控制点则突出对重点环节的控制，以点带面来保证整个食品加工过程中食品的安全。形象地说，良好操作规范如同一张预防各种食品危害发生的网，而危害分析和关键控制点则是其中的纲。

标准操作程序是依据良好操作规范的要求而制定的，用来指导和规范日常的工作，是将油脂生产加工的步骤和要求以统一格式描述出来，在当前条件下最优化的操作程序设计，其目的在于让操作人员通过相同的程序使得操作结果一致。标准操作程序必须形成文件，这在良好操作规范中是没有要求的。良好操作规范通常与标准操作程序的程序与工作指导书是密切相关的，良好操作规范为它们明确了总的规范和要求。油脂生产企业必须遵守良好操作规范的规定，然后建立并有效地实施标准操作程序。

危害分析和关键控制点是建立在良好操作规范、标准操作程序基础上的预防性的食品安全控制体系，是通过在生产和分销过程中可能发生危害的环节应用相应的控制方法来防止食品安全问题发生的一种体系。其控制食品安全危害、将不

合格因素消灭的过程中，体现的预防性与 ISO9000 族标准的过程控制、持续改进、纠正体系的预防性是一致的。ISO9000 质量管理体系侧重于软件要求，强调最大限度满足顾客要求，对不合格产品强调的是纠正，而良好操作规范、标准操作程序、危害分析和关键控制点侧重于对硬件的要求，强调保证食品安全，强调危害因素控制、消灭在过程中。

　　ISO9000 质量体系所控制的范围较大，危害分析和关键控制点控制的内容是 ISO9000 质量体系的质量目标之一，但 ISO9000 质量体系没有危害分析的过程控制方法，因此油脂加工企业仅靠建立 ISO9000 质量体系很难达到食品安全的预防性控制要求。危害分析和关键控制点是建立在良好操作规范、标准操作程序基础之上的控制危害的预防性体系，与质量管理体系相比，它的主要目标是食品安全，因此可以将管理重点放在影响产品安全的关键加工点上，在预防方面显得更为有效，是食品安全预防性控制的有效方法，填补了 ISO9000 质量体系在食品安全的预防性控制方面的缺点。

参 考 文 献

[1] Giménez I, Herrera M, Escobar J, et al. Distribution of deoxynivalenol and zearalenone in milled germ during wheat milling and analysis of toxin levels in wheat germ and wheat germ oil. Food Control, 2013, 34(2): 268-273.

[2] Wu Y, Ye J, Zhang B, et al. A fast analytical approach for determination of 16 kinds of mycotoxins in vegetable oils using stable isotope dilution and ultra high performance liquid chromatography-tandem mass spectrometry. Chinese Journal of Analytical Chemistry, 2018, 46(6): 975-984.

[3] Zhu J G, Wu L P, Zhang Q, et al. Simultaneous determination of 7 major mycotoxins in vegetable oil by HPLC-MS/MS with multi-component immunoaffinity column. Chinese Journal of Oil Crop Sciences, 2016, 38(5): 658-665.

[4] Shi J W, Liu F Z. Determination of aflatoxin B_1 in edible vegetable oil by immunoaffinity column purification and HPLC-MS/MS. China Oils and Fats, 2014, 39(5): 85-87.

[5] Afzali D, Ghanbarian M, Mostafavi A, et al. A novel method for high preconcentration of ultra trace amounts of B_1, B_2, G_1 and G_2 aflatoxins in edible oils by dispersive liquid-liquid microextraction after immunoaffinity column clean-up. Journal of Chromatography A, 2012, 1247: 35-41.

[6] Dallegrave A, Pizzolato T M, Barreto F, et al. Methodology for trace analysis of 17 pyrethroids and chlorpyrifos in foodstuff by gas chromatography-tandem mass spectrometry. Analytical and Bioanalytical Chemistry, 2016, 408(27): 7689-7697.

[7] Katarzyna M, Kalenik T K, Wojciech P. Sample preparation and determination of pesticides in fat-containing foods. Food Chemistry, 2018, 269: 527-541.

[8] Jiang H L, Li N, Cui L, et al. Recent application of magnetic solid phase extraction for food safety analysis. TrAC Trends in Analytical Chemistry, 2019, 120: 115632.

[9] Rao W U, Fei M A, Zhang L X, et al. Simultaneous determination of 11 phenolic compounds in perilla oil by high performance liquid chromatography tandem mass spectrometry. Chinese Journal of Analytical Chemistry, 2015, 43(10): 1600-1606.

[10] Shi Z H, Hu J D, Li Q, et al. Graphene based solid phase extraction combined with ultra high performance liquid chromatography-tandem mass spectrometry for carbamate pesticides analysis in environmental water samples. Journal of Chromatography A, 2014, 1355: 219-227.

[11] Wu R, Ma F, Zhang L, et al. Simultaneous determination of phenolic compounds in sesame oil using LC-MS/MS combined with magnetic carboxylated multi-walled carbon nanotubes. Food Chemistry, 2016, 204: 334-342.

[12] Ma F, Li P, Zhang Q, et al. Rapid determination of trans-resveratrol in vegetable oils using magnetic hydrophilic multi-walled carbon nanotubes as adsorbents followed by liquid chromatography-tandem mass spectrometry. Food Chemistry, 2015, 178: 259-266.

[13] Wang H, Yang H M, Guo Q L, et al. Simultaneous determination of benzo(*a*)pyrene and aflatoxins (B$_1$, B$_2$, G$_1$, G$_2$) in vegetable oil by high performance liquid chromatography-tandem mass spectrometry. Journal of Instrumental Analysis, 2014, 33(8): 911-916.

[14] Gong X M, Reng Y P, Dong J, et al. Determination of 18 mycotoxin contaminants in peanuts and oils by gel permeation chromatography and ultra performance liquid chromatography-tandem mass spectrometry. Journal of Analysis and Testing, 2011, 30(1): 6-12.

[15] Xiong Y, Tang T X, Li Y, et al. Determination of phthalic acid esters in Chinese herb oil. China Oils and Fats, 2013, 38(4): 57-60.

[16] Zhao H, Chen X, Chen S, et al. Determination of 16 mycotoxins in vegetable oils using a QuEChERS method combined with high-performance liquid chromatography-tandem mass spectrometry. Food Additives & Contaminants: Part A, 2017, 34(2): 255-264.

[17] Sharmili K, Jinap S, Sukor R. Development optimization and validation of QuEChERS based liquid chromatography tandem mass spectrometry method for determination of multimycotoxin in vegetable oil. Food Control, 2016, 70: 152-160.

[18] Purcaro G, Morrison P, Moret S, et al. Determination of polycyclic aromatic hydrocarbons in vegetable oils using solid-phase microextraction-comprehensive two-dimensional gas chromatography coupled with time-of-flight mass spectrometry. Journal of Chromatography A, 2017, 1161(1-2): 284-291.

[19] Li J, Liu D, Tong W, et al. A simplified procedure for the determination of organochlorine pesticides and polychlorobiphenyls in edible vegetable oils. Food Chemistry, 2014, 151: 47-52.

[20] Chung S, Chen B. Development of a multiresidue method for the analysis of 33 organochlorine pesticide residues in fatty and high water content foods. Chromatographia, 2015, 78(7-8): 565-577.

[21] Sun C L, Sun J T, Hu J N. Phase transfer catalyzed saponification pretreatment method of sample for the determination of benzo(*a*) pyrene in edible oil. China Oils and Fats, 2020, 45(11): 113-115.

[22] Ni Z, Tang F, Qu M. Determination of heavy metals content in vegetable oils with different preprocessing methods. China Oils and Fats, 2012, 37(7): 85-87.

[23] Zhang N, Huang C, Feng Z, et al. Metal-organic framework-coated stainless steel fiber for solid-phase microextraction of polychlorinated biphenyls. Journal of Chromatography A, 2018, 1570: 10-18.

[24] Li N, Wu L J, Nian L, et al. Dynamic microwave assisted extraction coupled with dispersive micro-solid-phase extraction of herbicides in soybeans. Talanta, 2015, 142: 43-50.

[25] Mao X, Yan A, Wan Y, et al. Dispersive solid-phase extraction using microporous sorbent UiO-66 coupled to gas chromatography-tandem mass spectrometry: a QuEChERS-type method for the determination of organophosphorus pesticide residues in edible vegetable oils without matrix interference. Journal of Agricultural and Food Chemistry, 2019, 67(6): 1760-1770.

[26] Kresge C T, Leonowicz M E, Roth W J, et al. Ordered mesoporous molecular sieves synthesized by a liquid-crystal template mechanism. Nature, 1992, 359: 710-712.

[27] Liang Z, Qin H, Wu R, et al. Recent advances of mesoporous materials in sample preparation. Journal of Chromatography A, 2012, 1228: 193-204.

[28] Zhao D, Feng J, Huo Q, et al. Triblock copolymer syntheses of mesoporous silica with periodic 50 to 300 angstrom pores. Science, 1998, 279(5350): 548-552.

[29] Tanev P T, Pinnavaia T J. A neural templating route to mesoporous molecular sieves. Science, 1995, 267(5199): 865-867.

[30] Zhang Y, Li G, Wu D, et al. Recent advances in emerging nanomaterials based food sample pretreatment methods for food safety screening. TrAC Trends in Analytical Chemistry, 2019, 121: 115669.

[31] Sánchez-Arévalo C M, Olmo-García L, Fernández-Sánchez J F, et al. Polycyclic aromatic hydrocarbons in edible oils: an overview on sample preparation, determination strategies, and relative abundance of prevalent compounds. Comprehensive Reviews in Food Science and Food Safety, 2020, 19(6): 3528-3573.

[32] Huang S, Chen X, Wang Y, et al. High enrichment and ultra-trace analysis of aflatoxins in edible oils by a modified hollow-fiber liquid-phase microextraction technique. Chemical Communications, 2017, 53(64): 8988-8991.

[33] Zheng H B, Ding J, Zheng S J, et al. Facile synthesis of magnetic carbon nitride nanosheets and its application in magnetic solid phase extraction for polycyclic aromatic hydrocarbons in edible oil samples. Talanta, 2016, 148: 46-53.

[34] Ji W, Zhang M, Duan W, et al. Phytic acid-stabilized super-amphiphilic Fe_3O_4-graphene oxide for extraction of polycyclic aromatic hydrocarbons from vegetable oils. Food Chemistry, 2017, 235: 104-110.

[35] Zhou Y, Zhao W, Lai Y, et al. Edible plant oil: global status, health issues, and perspectives. Frontiers in Plant Science, 2020, 11: 1315.

[36] Jiang L, Hassan M M, Ali S, et al. Evolving trends in SERS-based techniques for food quality and safety: a review. Trends in Food Science & Technology, 2021, 112: 225-240.

[37] 罗淑年, 代雅杰, 于坤弘, 等. 食用植物油脂生产质量安全因素及监测. 大豆科技, 2021,

(3): 18-22.

[38] Zachara A, Gałkowska D, Juszczak L. Method validation and determination of polycyclic aromatic hydrocarbons in vegetable oils by HPLC-FLD. Food Analytical Methods, 2017, 10: 1078-1086.

[39] 刘宜奇, 胡长鹰. 食品中多环芳烃的安全性研究进展. 食品科学, 2019, 40(19): 353-362.

[40] 钱立. 表面增强拉曼光谱法用于食用油中苯并芘的快速检测. 扬州: 扬州大学, 2021.

[41] Qi W, Tian Y, Lu D, et al. Research progress of applying infrared spectroscopy technology for detection of toxic and harmful substances in food. Foods, 2022, 11(7): 930.

[42] 张志刚, 姚玉军, 顾翔宇, 等. 植物油中塑化剂、苯并芘来源及沙棘籽油风险减控方法. 中国油脂, 2021, 46(10): 88-91, 115.

[43] 刘欢, 易声伟, 赵博. 塑化剂污染的现状及防控措施. 食品安全导刊, 2021, (20): 19-21.

[44] Chang J W, Yan B R, Chang M H, et al. Cumulative risk assessment for plasticizer-contaminated food using the hazard index approach. Environmental Pollution, 2014, 189: 77-84.

[45] 衣玲学, 高磊, 赵丽君, 等. 邻苯二甲酸二丁酯中红外吸收光谱的理论分析及检测. 光谱学与光谱分析, 2016, 36(9): 2789-2792.

[46] 李亚楠. 紫外光谱结合化学计量学在复杂体系快速分析中的应用. 西宁: 青海师范大学, 2020.

[47] Al-Rimawi F. Development and validation of a simple reversed-phase HPLC-UV method for determination of malondialdehyde in olive oil. Journal of the American Oil Chemists Society, 2015, 92(7): 933-937.

[48] 翟晓虎, 杨海锋, 陈慧英, 等. 丙二醛的毒性作用及检测技术研究进展. 上海农业学报, 2018, 34(1): 144-148.

[49] 秦小园, 张建新, 于修烛, 等. 紫外光谱法检测食用油过氧化值. 食品科学, 2013, 34(12): 199-202.

[50] 黄章程. 原子吸收光谱法在食品重金属检测中的应用. 化工管理, 2020, (34): 174-175.

[51] 符海琰, 李昌模, 黄晓涛, 等. 米糠油精炼过程中重金属迁移规律的研究. 中国油脂, 2016, 41(10): 76-79.

[52] Li K, Yang H, Yuan X, et al. Recent developments of heavy metals detection in traditional Chinese medicine by atomic spectrometry. Microchemical Journal, 2021, 160: 105726.

[53] Mdluli N S, Nomngongo P N, Mketo N. A critical review on application of extraction methods prior to spectrometric determination of trace-metals in oily matrices. Critical Reviews in Analytical Chemistry, 2022, 52(1): 1-18.

[54] 秦慧芳, 王颖, 彭俏, 等. 微波消解-火焰原子吸收光谱法测定油脂样品中的 9 种金属元素. 食品工业科技, 2021, 43(11): 1-15.

[55] 张晓凤, 柏俊杰. 现代仪器分析实验. 重庆: 重庆大学出版社, 2020.

[56] 尹佳, 余琼卫, 赵琴, 等. 固相萃取-高效液相色谱联用测定食用油中的 4 种多环芳烃. 中国油脂, 2015, 40(3): 52-56.

[57] 杜瑞, 万丽斌, 高火亮, 等. 固相萃取-高效液相色谱法检测植物油中 15 种多环芳烃. 粮食与油脂, 2022, 35(1): 158-162.

[58] Yasmin E A, Abdel-Fattah D M, Ahmed E D. Some biochemical studies on trans fatty acid-

containing diet. Diabetes & Metabolic Syndrome Clinical Research & Reviews, 2019, 13(3): 1753-1757.

[59] 刘配莲, 谭磊, 刘杲华. 气相色谱测定植物油中反式脂肪酸方法的探讨. 中国油脂, 2015, 40(10): 83-85.

[60] Antwi-Boasiako O, Sander K. Mechanisms of action of trans fatty acids. Advances in Nutrition, 2019, 11(3): 697-708.

[61] 孙慧珍. 植物油中反式脂肪酸的测定及其受热过程中的变化规律. 泰安: 山东农业大学, 2016.

[62] García-Vara M, Postigo C, Palma P, et al. QuEChERS-based analytical methods developed for LC-MS/MS multiresidue determination of pesticides in representative crop fatty matrices: olives and sunflower seeds. Food Chemistry, 2022, 386: 132558.

[63] Lehotay S J, Sapozhnikova Y, Han L, et al. Analysis of nitrosamines in cooked bacon by QuEChERS sample preparation and gas chromatography-tandem mass spectrometry with backflushing. Journal of Agricultural & Food Chemistry, 2015, 63(47): 10341-10351.

[64] 马双, 程妮郦, 莫敏, 等. 改进 QuEChERS 法快速检测食用植物油中多种有机磷农药残留的研究. 中国油脂, 2019, 44(9): 86-90, 94.

[65] 徐芷怡, 陈梦婷, 侯锡爱, 等. QuEChERS-高效液相色谱-串联质谱法同时测定芝麻油中 7 种农药残留. 分析化学, 2020, 48(7): 928-936.

[66] 高尧华, 滕爽, 宋卫得, 等. 大豆、花生及粮油中 56 种农药残留量的检测方法. 大豆科学, 2018, 37(2): 284-294.

[67] Sharma S, Cheng S F, Bhattacharya B, et al. Efficacy of free and encapsulated natural antioxidants in oxidative stability of edible oil: special emphasis on nanoemulsion-based encapsulation. Trends in Food Science & Technology, 2019, 91: 305-318.

[68] Erickson M D, Yevtushenko D P, Lu Z X. Oxidation and thermal degradation of oil during frying: a review of natural antioxidant use. Food Reviews International, 2022, DOI: 10.1080/87559129.2022.2039689.

[69] Silva M V D, Santos M R C, Silva I R A, et al. Synthetic and natural antioxidants used in the oxidative stability of edible oils: an overview. Food Reviews International, 2021, DOI: 10.1080/87559129.2020.1869775.

[70] 肖菁, 吴卫国, 彭思敏. 食用油抗氧化剂及其安全性研究进展. 粮食与油脂, 2021, 34(9): 10-13, 17.

[71] 李书国, 袁涛, 王丽然. 电化学分析法同时测定植物油中的抗氧化剂 TBHQ 和 VE. 中国粮油学报, 2013, 28(5): 90-95.

[72] 郭敬轩, 赵凤娟, 卫敏. 油脂中抗氧化剂 BHA 的电化学检测方法研究. 食品科技, 2015, 40(8): 318-321.

[73] 丁阳月, 张林, 崔月婷, 等. 电化学传感器在植物油合成抗氧化剂检测方面的应用. 中国食品学报, 2018, 18(10): 302-307.

[74] 李晓倩. 油脂中抗氧化剂 BHT 的电化学检测. 食品科技, 2021, 46(3): 297-301.

[75] Turner N W, Bramhmbhatt H, Szabo-Vezse M, et al. Analytical methods for determination of mycotoxins: an update (2009－2014). Analytica Chimica Acta, 2015, 901: 12-33.

[76] Ma Z, Zhuang H. A highly sensitive real-time immune-PCR assay for detecting benzo[a]pyrene

in food samples by application of biotin-streptavidin system. Food Analytical Methods, 2018, 11(3): 862-872.

[77] Zhang Y F, Gao Z X. Antibody development and immunoassays for polycyclic aromatic hydrocarbons (PAHs). Current Organic Chemistry, 2017, 21(26): 2612-2621.

[78] Pschenitza M, Hackenberg R, Niessner R, et al. Analysis of benzo[*a*]pyrene in vegetable oils using molecularly imprinted solid phase extraction (MISPE) coupled with enzymelinked immunosorbent assay (ELISA). Sensors, 2014, 14(6): 9720-9737.

[79] Bordin K, Sawada M M, Rodrigues C E D, et al. Incidence of aflatoxins in oil seeds and possible transfer to oil: a review. Food Engineering Reviews, 2014, 6: 20-28.

[80] Meulenberg E P. Immunochemical methods for ochratoxin a detection: a review. Toxins, 2012, 4(4): 244-266.

[81] Sanders M, Guo Y, Iyer A, et al. An immunogen synthesis strategy for the development of specific anti-deoxynivalenol monoclonal antibodies. Food Additives & Contaminants: Part A, 2014, 31(10): 1751-1759.

[82] Aiko V, Mehta A. Occurrence, detection and detoxification of mycotoxins. Journal of Biosciences, 2015, 40: 943-954.

[83] Qi N, Yu H, Yang C, et al. Aflatoxin B_1 in peanut oil from Western Guangdong, China, during 2016 – 2017. Food Additives and Contaminants: Part B, 2019, 12: 45-51.

[84] Malu S P, Donatus R B, Ugye J T, et al. Determination of aflaxtoxin in some edible oils obtained from Makurdi Metropolis, North Central Nigeria. American Journal of Chemistry and Application, 2017, 4: 36-40.

[85] Paepens C, Saeger S D, Sibanda L, et al. A flow-through enzyme immunoassay for the screening of fumonisins in maize. Analytica Chimica Acta, 2004, 523(2): 229-235.

[86] Voss K A, Riley R T, Waes G V. Fetotoxicity and neural tube defects in CD_1 mice exposed to the mycotoxin fumonisin B_1. JSM Mycotoxins, 2006, (4): 67-72.

[87] Maragos C M, Kim E K. Detection of zearalenone and related metabolites by fluorescence polarization immunoassay. Journal of Food Protection, 2004, 67(5): 1039-1043.

[88] Maragos C M, Plattner R D. Rapid fluorescence polarization immunoassay for the mycotoxin deoxynivalenol in wheat. Journal of Agricultural & Food Chemistry, 2002, 50(7): 1827-1832.

[89] Zhu Z, Feng M, Zuo L, et al. An aptamer based surface plasmon resonance biosensor for the detection of ochratoxin A in wine and peanut oil. Biosensors and Bioelectronics, 2015, 65: 320-326.

[90] Rejeb I B, Arduini F, Arvinte A, et al. Development of a bio-electrochemical assay for AFB_1 detection in olive oil. Biosensors and Bioelectronics, 2009, 24: 1962-1968.

[91] Dridi F, Marrakchi M, Gargouri M, et al. Thermolysin entrapped in a gold nanoparticles/polymer composite for direct and sensitive conductometric biosensing of ochratoxin A in olive oil. Sensors and Actuators B: Chemical, 2015, 221: 480-490.

[92] Abdolmaleki K, Khedri S, Alizadeh L, et al. The mycotoxins in edible oils: an overview of prevalence, concentration, toxicity, detection and decontamination techniques. Trends in Food Science & Technology, 2021, 115: 500-511.

[93] Ma X, Wang W, Chen X, et al. Selection, characterization and application of aptamers targeted

to Aflatoxin B_2. Food Control, 2015, 47: 545-551.

[94] Lu Z, Chen X, Wang Y, et al. Aptamer based fluorescence recovery assay for aflatoxin B_1 using a quencher system composed of quantum dots and graphene oxide. Microchimica Acta, 2015, 182: 571-578.

[95] Chen Q, Yang M, Yang X, et al. A large Raman scattering cross-section molecular embedded SERS aptasensor for ultrasensitive Aflatoxin B_1 detection using CS-Fe_3O_4 for signal enrichment. Spectrochimica Acta Part A: Molecular and Biomolecular Spectroscopy, 2018, 189: 147-153.

[96] Zheng M Z, Richard J L, Binder J. A review of rapid methods for the analysis of mycotoxins. Mycopathologia, 2006, 161(5): 261-273.

[97] Thompson V, Maragos C M. Fiber-optic immunosensor for the detection of fumonisin B_1. Journal of Agricultural and Food Chemistry, 1996, 44(4): 1041-1046.

[98] Wong L S, Wong C S. A new method for heavy metals and aluminium detection using biopolymer-based optical biosensor. IEEE Sensors Journal, 2015, 15(1): 471-475.

[99] Talhinhas P, Neves-Martins J, Oliveira H, et al. The distinctive population structure of *Colletotrichum* species associated with olive anthracnose in the Algarve region of Portugal reflects a host-pathogen diversity hot spot. FEMS Microbiology Letters, 2009, 296: 31-38.

[100] Moral J, Xaviér C, Viruega J R, et al. Variability in susceptibility to anthracnose in the world collection of olive cultivars of cordoba (Spain). Frontiers in Plant Science, 2017, 8: 1892.

[101] Azevedo-Nogueira F, Gomes S, Carvalho T, et al. Development of high-throughput real-time PCR assays for the *Colletotrichum acutatum* detection on infected olive fruits and olive oils. Food Chemistry, 2020, 317: 126417.

[102] Wu Y, Zhang H, Han J, et al. PCR-CE-SSCP applied to detect cheap oil blended in olive oil. European Food Research & Technology, 2011, 233(2): 313-324.

[103] Zhang H, Wu Y, Li Y, et al. PCR-CE-SSCP used to authenticate edible oils. Food Control, 2012, 27(2): 322-329.

[104] Bazakos C, Khanfir E, Aoun M, et al. The potential of SNP-based PCR-RFLP capillary electrophoresis analysis to authenticate and detect admixtures of Mediterranean olive oils. Electrophoresis, 2016, 37(13): 1881-1890.

[105] Call D R, Borucki M K, Loge F J. Detection of bacterial pathogens in environmental samples using DNA microarrays. Journal of Microbiological Methods, 2003, 53(2): 235-243.

[106] Shantha T, Sreenivasa M V. Photo-destruction of aflatoxin in groundnut oil. Indian Journal of Technology, 1977, 15: 453-454.

[107] Liu R, Jin Q, Huang J, et al. Photodegradation of aflatoxin B_1 in peanut oil. European Food Research and Technology, 2011, 232: 843-849.

[108] Samarajeewa U, Jayatilaka C, Ranjithan A, et al. A pilot plant for detoxification of aflatoxin B_1-contaminated coconut oil by solar irradiation. Mircen Journal of Applied Microbiology and Biotechnology, 1985, 1(4): 333-343.

[109] Zhang Z S, Xie Q F, Che L M. Effects of gamma irradiation on aflatoxin B_1 levels in soybean and on the properties of soybean and soybean oil. Applied Radiation and Isotopes, 2018, 139: 224-230.

[110] Magzoub R, Yassin A, Abdel-Rahim A, et al. Photocatalytic detoxification of aflatoxins in Sudanese peanut oil using immobilized titanium dioxide. Food Control, 2019, 95: 206-214.

[111] Abuagela M O, Iqdiam B M, Baker G L, et al. Temperature-controlled pulsed light treatment: impact on aflatoxin level and quality parameters of peanut oil. Food and Bioprocess Technology, 2018, 11: 1350-1358.

[112] Bai X, Sun C, Xu J, et al. Detoxification of zearalenone from corn oil by adsorption of functionalized GO systems. Applied Surface Science, 2018, 430: 198-207.

[113] Parker W A, Melnick D. Absence of aflatoxin from refined vegetable oils. Journal of the American Oil Chemists Society, 1966, 43: 635-638.

[114] Ji N, Diao E, Li X, et al. Detoxification and safety evaluation of aflatoxin B_1 in peanut oil using alkali refining. Journal of the Science of Food and Agriculture, 2016, 96: 4009-4014.

[115] Ma C G, Wang Y D, Huang W F, et al. Molecular reaction mechanism for elimination of zearalenone during simulated alkali neutralization process of corn oil. Food Chemistry, 2020, 307: 125546.

[116] Chen R, Ma F, Li P W, et al. Effect of ozone on aflatoxins detoxification and nutritional quality of peanuts. Food Chemistry, 2014, 146: 284-288.

[117] Ciegler A, Lillehoj E, Peterson R, et al. Microbial detoxification of aflatoxin. Applied Microbiology, 1966, 14: 934-939.

[118] Chang X, Liu H, Sun J, et al. Zearalenone removal from corn oil by an enzymatic strategy. Toxins, 2020, 12: 117.

[119] 张潇, 赵明海, 刘福生, 等. 标准操作规程(SOP)由来、书写要求及其作用. 实验动物科学, 2007, (5): 43-47.

[120] 王瑛瑶, 贾照宝, 张霜玉. 水酶法提油技术的应用进展. 中国油脂, 2008, (7): 24-26.

[121] 钟华锋, 黄国宏, 杨春城, 等. HACCP 在柿饼加工中的应用研究. 食品工程, 2007, (4): 50-52, 57.

[122] Food and Drug Administration. Current good manufacturing practice and hazard analysis and risk-based preventive controls for human food. https://www.federalregister. gov/documents/ 2018/09/12/2018-19855/current-good-manufacturing-practice-hazard-analysis-and-risk-based-preventive-controls-foruman#:～:text=In%20the%20Federal%20Register%20of%20September%202017%2C%202015%2C, %2880%20FR%2055908%3B%20the%20E2%80%9Crule%20establishing%20part%20117%E2%80%9D%29(2018-09-12).

[123] Garayoa R, Vitas A I, Díez-Leturia M, et al. Food safety and the contract catering companies: food handlers, facilities and HACCP evaluation. Food Control, 2011, 22: 2006-2012.

[124] 袁大炜, 俞伟, 俞晔, 等. 出口油脂企业建立 HACCP 体系的意义及要点分析. 科技创新导报, 2013, (5): 255-256.

[125] 何昊. ISO9000 质量管理体系在生产企业中的应用探讨. 经济与社会发展研究, 2021, (20): 105.